U0184255

现代水声技术与应用丛书

杨德森　主编

水声建模与声呐工程设计

周利生　编著

科学出版社
龍門書局
北京

内 容 简 介

水声模型在现代声呐工程设计中起着指导、支撑、分析和评估等多重作用。本书在回顾声呐装备发展历程的基础上，从声呐设计者的视角阐述目标信号、水声传播、背景噪声/混响等的经典模型及其发展，介绍水声模型在现代声呐工程设计中的应用，阐述现代声呐工程设计的基本流程和主要方法，给出声呐性能测试的要点和基本方法，涵盖现代声呐工程设计涉及的主要方面。

本书系统性较强，继承了经典理论、模型与方法，凝练了国内声呐技术研究和装备型号研制的经验。可供从事声呐技术研究、装备研发和使用等工作的专业人员借鉴，也可供水声工程专业本科生和研究生学习参考。

图书在版编目（CIP）数据

水声建模与声呐工程设计 / 周利生编著. —北京：龙门书局，2023.12

（现代水声技术与应用丛书 / 杨德森主编）

国家出版基金项目

ISBN 978-7-5088-6373-3

Ⅰ. ①水… Ⅱ. ①周… Ⅲ. ①水声工程-系统建模 ②水声工程-系统仿真 ③声呐-工程设计 Ⅳ. ①TB56-39 ②U666.72

中国国家版本馆 CIP 数据核字（2023）第 246164 号

责任编辑：王喜军 狄源硕 张 震 / 责任校对：杜子昂

责任印制：徐晓晨 / 封面设计：无极书装

科学出版社
龍門書局 出版

北京东黄城根北街 16 号

邮政编码：100717

http://www.sciencep.com

三河市春园印刷有限公司印刷

科学出版社发行 各地新华书店经销

*

2023 年 12 月第 一 版 开本：720 × 1000 1/16

2023 年 12 月第一次印刷 印张：21 3/4 插页：2

字数：446 000

定价：198.00 元

（如有印装质量问题，我社负责调换）

"现代水声技术与应用丛书"

编　委　会

丛 书 序

海洋面积约占地球表面积的三分之二，但人类已探索的海洋面积仅占海洋总面积的百分之五左右。由于缺乏水下获取信息的手段，海洋深处对我们来说几乎是黑暗、深邃和未知的。

新时代实施海洋强国战略、提高海洋资源开发能力、保护海洋生态环境、发展海洋科学技术、维护国家海洋权益，都离不开水声科学技术。同时，我国海岸线漫长，沿海大型城市和军事要地众多，这都对水声科学技术及其应用的快速发展提出了更高要求。

海洋强国，必兴水声。声波是迄今水下远程无线传递信息唯一有效的载体。水声技术利用声波实现水下探测、通信、定位等功能，相当于水下装备的眼睛、耳朵、嘴巴，是海洋资源勘探开发、海军舰船探测定位、水下兵器跟踪导引的必备技术，是关心海洋、认知海洋、经略海洋无可替代的手段，在各国海洋经济、军事发展中占有战略地位。

从 1953 年中国人民解放军军事工程学院（即“哈军工”）创建全国首个声呐专业开始，经过数十年的发展，我国已建成了由一大批高校、科研院所和企业构成的水声教学、科研和生产体系。然而，我国的水声基础研究、技术研发、水声装备等与海洋科技发达的国家相比还存在较大差距，需要国家持续投入更多的资源，需要更多的有志青年投入水声事业当中，实现水声技术从跟跑到并跑再到领跑，不断为海洋强国发展注入新动力。

水声之兴，关键在人。水声科学技术是融合了多学科的声机电信息一体化的高科技领域。目前，我国水声专业人才只有万余人，现有人员规模和培养规模远不能满足行业需求，水声专业人才严重短缺。

人才培养，著书为纲。书是人类进步的阶梯。推进水声领域高层次人才培养从而支撑学科的高质量发展是本丛书编撰的目的之一。本丛书由哈尔滨工程大学水声工程学院发起，与国内相关水声技术优势单位合作，汇聚教学科研方面的精英力量，共同撰写。丛书内容全面、叙述精准、深入浅出、图文并茂，基本涵盖了现代水声科学技术与应用的知识框架、技术体系、最新科研成果及未来发展方向，包括矢量声学、水声信号处理、目标识别、侦察、探测、通信、水下对抗、传感器及声系统、计量与测试技术、海洋水声环境、海洋噪声和混响、海洋生物声学、极地声学等。本丛书的出版可谓应运而生、恰逢其时，相信会对推动我国水声事业的发展发挥重要作用，为海洋强国战略的实施做出新的贡献。

在此，向 60 多年来为我国水声事业奋斗、耕耘的教育科研工作者表示深深的敬意！向参与本丛书编撰、出版的组织者和作者表示由衷的感谢！

中国工程院院士　杨德森

2018 年 11 月

自　序

我国的声呐装备起步于研仿，设计从测绘、分析开始，是逆向设计。经过60多年几代声呐科技工作者的努力，在实现自主研制的基础上，形成了较完整的指标体系和设计、试制、定型、生产体系，设计已转变为从需求分析出发，基于文本的正向设计，大大缩小了与世界先进国家的差距。但与我国认识海洋、开发海洋，保卫海洋国土、捍卫正当海洋权益，建设海洋强国的迫切需求相比，无论是品类还是规模，水声装备都还有巨大的发展空间，是青年人创新创业的沃土。

声呐通过感知海水介质的振动来实现各种功能，海洋的复杂多变造成了声呐设计的困难。一项好的声呐工程设计很大程度上依赖于适当的水声模型。本书共11章。第1章概论，简述声呐在国内外的发展历史、水声建模和声呐工程设计的概念等。第2章声呐原理与工作环境，介绍声呐方程和海洋环境，使读者了解影响声呐性能的诸要素及其相互联系。第3章至第6章属建模部分，从声呐设计角度分别阐述水声目标信号模型、水声传播模型、声呐背景噪声模型和混响模型。第7章至第11章属设计部分，第7章声呐基阵与阵增益、第8章声呐信号信息处理分别介绍声呐工程设计必备的空、时处理基础；第9章论述主、被动声呐总体设计的流程和方法；第10章介绍声呐主要分机的设计要点；第11章简述声呐性能测试，是对建模和设计的验证。全书比较系统地向读者介绍现代声呐工程设计涉及的主要方面。

本书在撰写过程中，中国船舶集团有限公司高级专家陈伏虎研究员，第七一五研究所杜栓平研究员、马启明研究员、董义俊研究员、姜晔明研究员、王方勇研究员提供了大量有益的意见和建议；第七一五研究所邹丽娜研究员、李栋博士、蒋富勤高级工程师、陈托研究员、冯玮博士、王庆高级工程师、王昊高级工程师参与了本书大量的整理工作；还有许多第七一五研究所的同事对本书的初稿提出了中肯的修改意见。在此，对以上同事一并表示衷心的感谢！同时，也向60多年来，筚路蓝缕、勇毅前行，为我国水声事业不懈奋斗、耕耘的老一辈水声科研与教育工作者表示崇高的敬意！

由于本书内容涉及面较广以及限于作者水平，书中难免存在不足之处，敬请读者批评指正。

周利生

2023年8月10日于杭州小和山

目　录

主要符号表

序号	符号	名称	单位
1	c	声速	m/s
2	ρ	密度	kg/m^3
3	BL	反射损失	dB
4	SNR	信噪比	dB
5	SL	声源级	dB
6	TS	目标强度	dB
7	NL	噪声级	dB
8	PL	传播损失	dB
9	RL	混响级	dB
10	DI	指向性指数	dB
11	DT	检测阈	dB
12	EL	回波级	dB
13	FOP	性能因数	dB
14	FOM	优质因数	dB
15	SE	信号余量	dB
16	P	功率	W
17	f	频率	Hz
18	λ	波长	m
19	RZ	会聚区跨度	km
20	G_{c}	会聚区增益	dB
21	I	声强	W/m^2
22	B	频带带宽	Hz
23	f_{c}	截止频率	Hz
24	λ_{c}	截止波长	m
25	r	距离	m
26	ω	角频率	rad/s
27	E	弹性模量	—
28	BS	散射强度	dB
29	AG	阵增益	dB
30	R_θ	指向性因数	—
31	LB	旁瓣级	dB

续表

序号	符号	名称	单位
32	P_D	检测概率	—
33	P_FA	虚警概率	—
34	PG	处理增益	dB
35	IF	积分因子	—
36	B_n	有效噪声带宽	Hz
37	f_s	采样频率	Hz
38	p	声压	Pa
39	v	速度	m/s
40	RFS	随机有限集	—
41	Vas	价值因素	—
42	Suco	支撑条件	—
43	Res	限制条件	—
44	Goal	目标函数	—
45	Dem()	需求矩阵	—
46	η	基阵电声转换效率	—
47	f_opt	最佳工作频率	Hz
48	ML	水听器灵敏度级	dB
49	DR	动态范围	—
50	OR	观察范围	—
51	S_U	发送电压响应	Pa·m/V
52	S_I	发送电流响应	Pa·m/A
53	S_W	发送功率响应	$\mathrm{Pa^2 \cdot m^2/W}$
54	M	灵敏度	V/Pa

第1章 概　　论

声波是海洋中唯一可远距离传播的信息载体。声呐通常被认为是英文缩写SONAR（sound navigation and ranging，声波导航与测距）的音译（国标译为声呐，国军标译为声纳，早期曾译为声拿），是利用声波，通过电、声转换和信号信息处理实现水下探测、定位、识别、跟踪、导航、通信等功能的设备的总称。声呐按工作方式分为被动声呐和主动声呐两大类：通过接收目标辐射声波来工作的声呐称为被动声呐；通过发射声波，并接收回波来工作的声呐称为主动声呐。声呐也可按照功能分为警戒声呐、侦察声呐、通信声呐、导航声呐、探雷避碰声呐、水中兵器自导声呐等；按照声呐基阵类型分为艇（舰）艏阵声呐、舷侧阵声呐、拖曳声呐、航空吊放声呐、声呐浮标/潜标及海底固定式声呐等。

1.1 声呐简史

1.1.1 国外声呐简史

1842年，焦耳（Joule）发现了磁致伸缩效应，即磁场会使某些物质发生形变。1880年，居里兄弟（Pierre Curie 和 Jacques Curie）发现了压电效应，即当某些晶体材料受到压力时会在某一对晶面上出现电荷。人们由此联想到了声电转换机理与效应在水声领域的应用，进而发明了水声换能器，为声呐的发明奠定了技术基础。至今磁致伸缩换能器和压电换能器仍被广泛应用于各类声呐设备中。

世界上最早的声呐雏形是1906年由英国海军科研人员刘易斯·尼克森（Lewis Nixon）所发明，在当时叫作“水听器”（hydrophone），主要用来听测冰山噪声，保障舰船航行安全，第一次世界大战（1914年7月～1918年11月）期间开始用来侦测水下的德国U型潜艇。使用时，需要舰船停下来，以避免潜艇信号被自噪声掩盖，由于是被动工作，只能得到目标方位。为同时得到目标的距离，应对德国U型潜艇对海上运输线的巨大威胁，法国物理学家保罗·朗之万（Paul Langevin）与俄国电气工程师希洛斯基（Constantin Chilowski）经过三年多的努力，利用石英换能器和真空管放大器，于1918年2月研制成功了世界上第一部探测潜艇的主动声呐设备；同期，1916年，在英国工作的加拿大物理学家罗伯特·波义耳（Robert

Boyle）承揽下英国的声呐项目，1917年在拜访了朗之万并与其交流后，于1918年3月也研制成功了与朗之万类似的主动声呐设备。由于该声呐项目当时归盟军潜艇探测调查委员会（Allied Submarine Detection Investigation Committee，ASDIC）管辖，因此英国人将其称为“ASDIC”（中文常译为潜艇探测器）[1]。第一次世界大战后，这种主动声呐陆续普遍装备水面舰艇，并与深水炸弹相结合，使水面舰艇具备了猎杀水下潜艇的能力。同期，德国海军研发了被动声呐阵列，称为“Gruppenhorchgerät”（GHG），1935年开始装备部队。GHG由两组24个水听器单元组成，分别安装于U型潜艇艏部两侧，能探测潜艇舷侧140°的方位。第二次世界大战（1939年9月～1945年9月）期间，交战双方投入大量的人力和物力开展水声领域内的各项研究工作，并取得了众多成果，如各种主、被动声呐纷纷问世；水声制导鱼雷、现代音响水雷和扫描声呐等都是第二次世界大战时期的产物[2]；为了配合反潜巡逻机破解U型潜艇的狼群战术，美国于1942年成功研制出第一型声呐浮标AN/CRT-1，并很快投入作战使用[3]。1942年8月10日，美国“S-44”号潜艇在航道设伏，将日本古鹰级巡洋舰二号舰“加古号”当场击沉，创下潜艇依赖声呐探测而击沉大型水面战舰的先河。

第二次世界大战后，声呐装备进入高速发展期，以大基阵、大功率、复杂信号处理、低频化、综合处理、环境适配、一体化、协同化等为特征的各类声呐装备不断涌现。美国在声呐研制领域始终走在前列：20世纪50年代推出艇艏圆柱阵被动声呐 AN/BQR-2，艇艏圆柱阵主动声呐 AN/BQS-3，海底网络声监视系统（sound surveillance underwater system，SOSUS），吊放声呐AN/AQS-1等；60年代至80年代推出球形阵主/被动声呐AN/BQS-6，潜艇声呐系统AN/BQQ-2（其主/被动声呐 AN/BQS-6 的球形阵外包裹着被动声呐 AN/BQR-7 的马蹄阵），拖曳线列阵声呐 AN/BQR-15，潜艇综合声呐系统 AN/BQQ-5，低频分析与记录（low frequency analysis and recording，LOFAR）浮标AN/SSQ-28，被动拖曳线列阵声呐AN/SQR-14（15、18、19），定向频率分析与记录（directional frequency analysis and recording，DIFAR）浮标AN/SSQ-53，水面舰艇综合反潜系统AN/SQQ-89等；90年代后又陆续推出了宽孔径舷侧阵被动声呐AN/BQG-5，潜艇一体化声呐系统AN/BQQ-10，战略型拖曳线列阵声呐系统（surveillance towed-array sensor system，SURTASS），战略型主/被动拖曳线列阵声呐系统（surveillance towed-array sensor system/low frequency active，SURTASS/LFA），综合水下监视系统（integrated undersea surveillance system，IUSS），多基地主动声呐反潜战（multi-static active anti-submarine warfare，MAASW）系统等。

由于现代核潜艇作为隐蔽的核攻击力量肩负给予敌方“二次核打击”的重任以及潜艇在现代海战中所具有的极端重要性两方面原因，美国以外的世界各国也都对研发声呐装备特别重视。俄、日、英、法、德、以色列等国都形成了各具特色的声呐装备。当前国际上，潜艇声呐装备、水面舰船声呐装备、机载声呐装备、无人平台声呐装备和水下预警探测声呐装备可谓琳琅满目、不胜枚举。

此外，随着人类对海洋开发越来越重视，声呐在海洋观测、海洋工程等民用领域，也日益发挥越来越重要的作用。可以这么说，有多少种利用电磁波的设备，就有多少种利用声波的声呐设备。

然而，与电磁波不需介质快速传播不同，声波依靠海水介质传播，且速度仅为电磁波的二十万分之一。由于海洋潮汐、洋流、锋面、内波，温度、盐度、深度等自然因素的复杂性和空时变化特性决定了水下声场的极其复杂性，迄今人类对海洋的认识远不如对陆地、天空的认识。所以，水声科学在很大程度上仍然是一门实验科学，尚有巨大的发展空间。因而，利用水下声波实现对目标的可靠检测、定位、识别和跟踪本质上就有很大的难度，反潜对各国海军而言，都还是严峻挑战。

1.1.2 声呐装备的代际特征

声呐自发明100多年以来，随军事需求和水声物理（技术）、电子技术的发展而不断迭代发展。在先进国家大致可分为六代。

第一代声呐装备以单换能器或简单基阵、分立模拟电路、机械扫描、人工听音判别为主要技术特征（简单声呐）。典型装备包括美国WCA和WFA系列主动声呐、水下听音器JP、全向被动声呐浮标AN/CRT-1等。

第二代声呐装备以相控阵列、分立模拟/数字电路、预成波束、电子扫描为主要技术特征，圆柱阵、平板阵、线列阵、球形阵等常见声呐阵型逐步发展成熟，警戒、识别、测距、测向、侦察、探雷、通信等声呐功能大都是独立的装备（独立声呐）。典型装备包括艇艏圆柱阵被动声呐AN/BQR-2、球形阵主/被动声呐AN/BQS-6、海底网络声监视系统SOSUS等。

第三代声呐装备以数字电路、数字信号处理、集中显示与控制等为主要技术特征，基阵向大型、复合、低频方向发展，形式更加多样，出现了集成多部声呐设备的声呐系统（综合声呐），具备海底弹跳、会聚区、深海声道等的利用能力。典型装备包括声呐系统AN/BQQ-5、反潜系统AN/SQQ-89、DIFAR浮标AN/SSQ-53等。

第四代声呐装备以面向功能和任务的一体化设计为主要技术特征（一体化声呐）。相比于第三代声呐，呈现为声呐系统总体架构一体化、水下基阵多功能一体化、数据管理一体化、信号/信息处理一体化等特点，探测、侦察、通信等功能以软件模块方式纳入一体化声呐系统实现，先前的各独立声呐设备形态基本消失。信息处理采用一体化开放式硬件结构，具备硬软件资源动态调度能力，商用现货（commercial off-the-shelf，COTS）产品和技术逐步成熟并被广泛应用，装备技术水平和战技性能大幅提升，迭代加速。对声场的利用呈现精细化的趋势，各类声呐使用（作战）支持软件开始装备部队。典型装备包括美国声呐系统 AN/BQQ-10、战略型拖曳线列阵声呐系统 SURTASS 等。

第五代声呐装备以多基地协同探测、多平台信息综合处理、接触级数据融合和水下态势快速生成为主要技术特征（体系化声呐）。典型装备包括多基地主动声呐反潜战系统 MAASW、固定式监视系统（fixed surveillance system，FSS）、固定分布式系统（fixed distributed system，FDS）、先进可部署系统（advanced deployable system，ADS）和战略型主/被动拖曳线列阵声呐系统 SURTASS/LFA、近海水下持续监视网（persistent littoral undersea surveillance network，PLUSNet）、深海分布式探测系统（deep water active distributed system，DWADS）等。依托各类装备构建了岸、海、空、天、潜、深海六维立体的对水下监视网络，综合形成了多层次、立体的对潜预警探测能力。平台反潜探测是在体系支持下的二次发现。

第六代声呐装备以基于大数据的智能化、无人化为主要技术特征，具备虚实互动、自主决策、自主学习与演进等能力，其中，数据和算法是核心，算力和网络是技术手段，无人化和有人无人相结合是形态（体系化智能声呐）。无人机搜潜系统、水下无人潜航器声呐系统、无人水面船水声系统、可机动快速布放水下分布式网络化警戒探测系统、潜标等无人化水声探测装备，通过网络互联互通，将人工智能技术与水声技术高度融合，实现自主式工作，既可以自成体系独立运用，也可按需接入舰/潜/机声呐系统、区域水下警戒探测系统等其他水声任务系统，协同形成探测优势，并将探测优势实时转化为决策力优势，以适应智能化体系作战的需求。

1.1.3　我国声呐简史

我国自 20 世纪 50 年代末开始进行水声技术研究与声呐装备研制。声呐装备发展历经引进苏联装备和技术，研仿苏联装备，自行研制第一代声呐装备，引进和借鉴国外技术自行研制第二代声呐装备，独立研制新原理、新体制装备等五个阶段。

改革开放前，我国通过引进苏联装备和技术、研仿苏制“北极-M”站、“斯维脱-M”侦察站等装备，为“33”型鱼雷攻击潜艇研制了 H/SQZ-261 型综合声呐、H/SQX-061 型水声通信站等五型声呐设备。在此基础上，我国开展了声呐装备自行研制工作，典型装备包括 H/SQZ-263 型综合声呐、H/SJD-302 型舰用回声声呐、H/SQC-551 型水声侦察声呐、H/SKD-141 型吊放声呐等。这一代声呐普遍采用大基阵、相控多波束等技术，相当于国外同类声呐的第二代产品。

改革开放后，我国与西方各声呐装备先进国家有了合作交流，组织专家赴各先进国家进行了全面技术考察和装备、技术引进谈判。最终根据当时条件和可能有选择地引进了几型装备和部分技术进行消化吸收。在借鉴的基础上，我国全面开展了新一代潜用声呐系统、舰用水声系统及航空机载搜潜系统的研制，典型声呐装备包括 H/SQZ-××5 型综合声呐、H/SJD-××9 型回声声呐等。这一代声呐实现了综合显示和综合控制，采用了当时先进的数字化技术和信号处理技术，同等条件下，功能性能达到国外第三代声呐的水平。

21 世纪以来，我国水声技术和装备取得了突飞猛进的发展，形成了较为完整的潜艇、水面舰艇、反潜飞机和海岸预警平台声呐（水声、搜潜）系统和设备谱系。典型装备包括海洋监视船水声系统、主被动拖曳线列阵声呐、新型舷侧阵声呐、编队水声系统等。对时空分布式感知的水下信息可进行分层次综合处理，形成综合态势，实现警戒探测、通信保障、导航定位、海洋观测、信息对抗等功能，可有效支撑要域搜潜、要道封控、编队护航等作战任务。

进入新时代，建设海洋强国上升为国家战略。2018 年，习近平主席在南海海域检阅部队时强调："在新时代的征程上，在实现中华民族伟大复兴的奋斗中，建设强大的人民海军的任务从来没有像今天这样紧迫。"在"机械化、信息化、智能化三化融合发展"战略的指引下，作为研究海洋、开发海洋、保卫海洋国土的主力装备，声呐系统和各类设备又迎来新一轮发展机遇，呈现第四代、第五代、第六代装备协调推进、百舸争流的兴旺发展局面。

1.1.4 声呐设备与声呐系统

在工程管理上，将声呐装备分为声呐设备和声呐系统（在国内，水面平台称水声系统、航空平台称搜潜系统）两个层次。通常，单部声呐称为声呐设备，多部声呐组成声呐系统（水声系统、搜潜系统）。从工程设计的视角看，二者并无本质差异，都须按照系统工程原理开展研制工作，整个声呐系统（水声系统、搜潜系统）本质上就是一部大声呐。所以，在本书中，我们不区分实际型号工程中的声呐设备和声呐系统。

1.2 模型思维与水声建模

1.2.1 模型思维

模型思维就是运用各种模型辅助思考，帮助我们快速决策、高效解决问题的结构化思维方式。由于海洋水声环境的复杂性，模型思维可以帮助我们简化声呐工程设计问题，提高工程设计效率。进入 21 世纪，随着算力的快速增长和大数据时代的到来，模型在工程中的应用越来越广泛、深入。基于模型的定义（model-based definition，MBD）、基于模型的系统工程（model-based systems engineering，MBSE）逐渐成为工程的主流。

运用模型解决问题时，需注意以下几点。

一是模型的局限性。由于建模过程都对问题做了假设和简化，所以模型都是在特定条件下才成立。因此，在运用模型时，应对模型建立的边界条件和适用范围有清晰的理解，避免南橘北枳。

二是模型的多样性。即使对问题的假设和简化相同，由于所持的数学观念或使用的数学方法不同，对同一个实际问题也有不同的数学模型。所以，在运用模型时要多比较互鉴，取长补短。

三是模型的渐进性。世界是复杂的，随着人们认知和实践能力的提高，各门学科中的数学模型也存在一个不断完善或者推陈出新的过程。因而，运用模型也要与时俱进，以求更精准地解决问题。

1.2.2　水声建模

狭义的水声建模研究如何准确细致地解读海洋声场的物理规律，并用数学解析或数值方法加以描述[4]；广义的水声建模还包括对水声目标、声呐性能等的建模。常用的水声建模方法包括基于观测数据的经验归纳分析法和基于物理规律的数学推导法。随着计算机科学技术的快速发展，海洋声学数值模型的开发和应用得到了迅猛发展。只有数值方法才能允许我们考虑海洋声学问题中的全部复杂情况[5]。一般地，水声模型可归纳为水声目标信号模型、基础声学模型（传播、噪声、混响）、海洋环境模型（海面、水体、海底）以及以上述模型为基础构建的声呐性能模型。

1. 水声目标信号模型

水声目标信号模型主要包括水中目标辐射噪声模型和水中目标散射声模型。

水中目标辐射噪声模型是对目标辐射的噪声场及其特性的数学表征。水中目标辐射噪声主要包括螺旋桨噪声、机械噪声和水动力噪声，其特性与水中目标类型、结构、航行工况等密切相关，具有唯一性和可鉴别性，是对目标进行远程探测与分类/识别的重要依据，通常可采用连续谱、线谱和包络谱或其他更精细特征予以表征。

水中目标散射声模型是对水中目标在入射声波激励下形成的散射声场及其特性的数学表征。水中目标散射声主要由目标对入射声波的反射、透射、衍射或绕射等效应而产生，与目标的形状、尺度、结构和表面声学特性等因素有关，是主动声呐目标检测和识别的重要依据。经典散射模型主要包括亮点模型和弹性散射模型。

在中高频信号激励下，目标对声波的反射作用占主导，复杂目标的回波都是由若干个子回波叠加而成的，每个子回波可以看作从某个散射点或散射中心发出的波，这个散射中心就是亮点[6]，整个目标可以等效成一组空间分布亮点。目标回波的多亮点特性主要由目标的几何形状和材料表面声学性质决定，运用亮点模型可以对潜艇的目标回波结构进行预报和识别。弹性散射模型还考虑了目标的弹性散射效应，包括弹性共振激发和再辐射等一系列复杂效应，是对声目标散射效应的更精确表达，尤其在中低频段较亮点模型更加准确。

2. 水声传播模型

水声传播模型是对声波在实际海洋环境中传播特性及其分布规律的数学表征，可以用波动方程予以描述。依据边界条件、数值求解方法的不同，形成了射线模型、简正波模型和抛物方程模型等计算模型。

射线模型将声波的传播看作一束无数条垂直于等相位面的射线的传播，适用于介质折射率在波长尺度的空间范围内变化甚小时的情况。对于浅海，在低频情况下，由于海深与波长尺度可比，一个波长范围内的环境参数变化剧烈，射线声学应用条件难以满足，并且对焦散区的处理也非常困难，因此，射线模型常用于高频、深海声传播建模。

简正波模型是求解波动方程的理论模型，可以获得波动方程的标准解析解。该模型用简正波（特征函数）来描述声传播，每一阶简正波都是方程的一个特解，各阶简正波叠加，结合边界条件和源条件，可以获得声传播的简正波解。经典简正波模型不能处理环境随距离变化的情况。由于频率升高时波导中可传播的简正波的模式数会增加，计算时间也会相应变长，因此简正波模型适用于低频、浅海声场计算。

将抛物方程近似理论引入到求解水声波动方程，就有了抛物方程模型。抛物方程模型具有快速、灵活的优点，可有效解决与距离有关环境下的声传播问题。抛物方程模型在处理声道水平变化和三维变化的声场方面具有优越性，但不能计算近场，不能计算水平变化比较剧烈的声场。

在海洋中，声传播是随距离、深度以及水平方位角三维变化的，因此建立快速准确并与实际海洋环境条件相吻合的三维声场模型成为重要发展方向。

3. 背景噪声模型

声呐背景噪声是指声呐接收端收到的除目标信号以外的外源性干扰的总和。声呐背景噪声按照来源可以分为海洋环境噪声、声呐平台噪声（平台机械振动噪声、水动力噪声）、拖曳线列阵拖曳噪声等。背景噪声模型是对这些干扰的数学表征。

海洋环境噪声，也称自然噪声，其噪声源多种多样，主要包括地壳运动、潮汐、海洋湍流、波浪的海水静压力效应、水下生物、海面风场、降水、船舶航行、地震勘探、工业和建设活动等。目前在声呐设计中广泛应用的是基于大量海洋环境噪声试验研究和数据统计分析的经验模型。

平台机械振动噪声一般由舰船或声呐本身不同部件的机械振动引起，这些振动一方面通过船体或平台结构直接传至声呐，另一方面通过振动直接向水中辐射经水声信道传至声呐，典型的如螺旋桨噪声等。不同的振动方式决定了噪声的频谱分量，例如轴承上的机械摩擦产生连续谱，当激起结构件共振时，还叠加有线谱。因此，机械噪声通常是强线谱和弱连续谱的叠加。该类噪声模型通常采用仿真分析或实际测量方式获得，常用功率谱进行表征。

水动力噪声是不规则和起伏的水流流过水中运动物体时产生的噪声，不规则的流引起的压力起伏，可以激励影响位置附近发生振动，也可以直接辐射出去传至声呐接收端。流噪声也是水动力噪声的一种形式，它是黏滞液体流动的正常特征。水动力噪声的强度和频谱特性通常会受到许多因素的影响，例如水流速度、物体表面形状、表面粗糙度、物体运动状态等。

从声呐设计视角看，在声呐基阵导流罩部位，平台机械振动噪声和水动力噪声尤为重要，由于距离声呐接收传感器近，对声呐性能影响最直接，是制约舰壳声呐性能的主要因素之一。声呐基阵导流罩内噪声特性目前尚无可利用的通用模型，一般采用试验测量的方式获得，通过治理降低对声呐的影响。

拖曳线列阵声呐在拖曳过程中由于基阵护套与水流的作用会在护套内形成拖曳噪声，主要由湍流边界层起伏压力直接传递、流激缆阵振动直接传递及其激起的压力波组成。拖曳噪声是拖曳线列阵声呐水听器接收噪声的主要成分，高航速下是制约拖曳线列阵声呐性能的主要背景噪声源。目前，常用的建模方法有湍流边界层起伏压力波数响应模型、呼吸波和扩展波波数响应模型、流激振动流体动力数值建模等。

4. 混响模型

声呐发射的声波在海洋波导中传播时，因海洋界面及介质的不均匀性引起的声散射的总和称作混响。海洋波导中产生混响的散射体主要有三种：一是存在于海水本身或其体积之中，如海洋生物、海水本身的不均匀结构，它们引起的混响称作体积混响；二是位于海面或海面附近的散射体，它们产生的混响称作海面混响；三是在海底或海底附近的散射体，它们引起的混响称作海底混响。后面两种混响，统称界面混响。从声呐看海洋混响产生的机理，其包含去回双程声传播和一次声散射过程。因此，混响模型的发展与水声传播模型和声散射模型密切相关。混响模型根据关注的要素不同，可以分为基于数据统计的混响经验统计模型和基于物理散射理论的混响模型。基于数据统计的混响经验统计模型主要反映了混响的幅度统计特性，无法反映海洋波导效应、散射体散射效应，缺乏对混响形成物理机制的描述。因此，很多学者利用微扰理论和基尔霍夫（Kirchhoff）近似等物理散射理论，结合海洋声传播模型，给出了海底、海面以及深海混响模型。

海洋混响建模的发展需不断改进海底起伏等效声参数模型，以提高混响计算的准确性和精度，同时更加注重对声场空间相关性、时间相关性、统计特性等的预报，以更好地支撑声呐信号信息处理。

1.3　工程思维与声呐工程设计

1.3.1　工程思维

工程是有组织的一群人以一组设想的目标为依据，运用有关的科学知识，采用技术手段，借鉴实践经验，创造具有预期使用价值的新的人造物品活动的总称。工程思维就是用工程的眼光看待事物和处理问题，是一种聚焦“实现”，统筹兼顾的系统化思维方式。它有如下要求。

一是综合兼优。“决定木桶蓄水量的是最短的那块板。”综合兼优就是通过合理选择、适当配置、优化组合和综合集成，追求整体最优前提下的组分最优，达到整体和组分兼优、功能特性和通用特性兼优，消除系统中的短板。

二是环境适配。工程产品都是在环境中发挥作用，提供价值，环境适配就是在工程内部综合兼优的基础上追求内外兼优。对声呐而言，由于声波要靠海水介质传播，声呐使用环境对声呐使用性能影响重大，必须作为要素一并综合考虑。另外，声呐与上级系统的适配和与使用者的适配也越来越重要，用户体验要放到更加突出的位置。

三是过程受控。现代工程是技术过程和管理过程交织嵌套的过程网络，过程受控的目标就是追求技术过程和管理过程的综合兼优，以既定的步骤、阶段性的输入/输出完成每个过程增值，通过过程质量控制确保工程和产品质量，实现工程目标。

在上述整体、内外、技术和管理寻优时，要善于妥协、折中，懂得工程上不存在绝对的最优解，只有特定情境与语境下的相对优化解。

工程架起了科学发现、技术发明与产业发展之间的桥梁。在新一轮科技革命和产业变革深入发展的当下，工程将扮演越来越重要的角色，发挥越来越大的作用。

1.3.2　声呐工程设计

设计就是为某个目的规划实施结果和路径，设计是工程的灵魂。本书所称声呐工程设计是指根据研制总要求（或立项批复）的要求，对声呐研制生产使用所需的技术、环境、资源等条件进行综合分析、论证，形成研制方案，编制产品规范、图样、明细表、说明书和试验大纲等整套产品文件的活动。这些活动包括设计策划、设计输入、设计输出、设计评审、设计验证、设计确认和设计更改控制等，贯穿方案阶段、工程研制（初样机、正样机）阶段和鉴定定型（状态鉴定、列装定型）阶段。从装备研制程序和系统工程上来说，设计还应向前延伸到立项论证阶段进行的需求分析与确定，但该阶段的工作主要由专门的论证部门承担，所以本书没有涉及。当前基于文本的声呐工程设计的典型流程图大致如图 1-1 所示（图中虚线表示设计和验证的对应关系）。

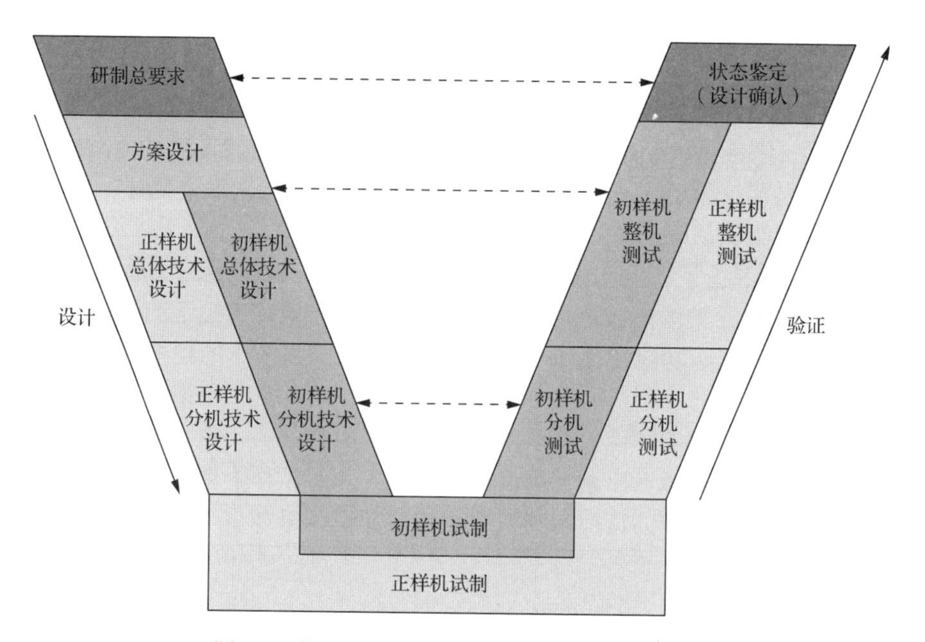

图 1-1　基于文本的声呐工程设计的典型流程图

1. 设计策划

“凡事预则立，不预则废”是我们古人的智慧；做事必须运用“策划—实施—检查—处置（plan-do-check-action，PDCA）过程方法”则是现代质量管理体系的要求。设计策划就是设计起始时围绕工程目标，对设计涉及的方方面面进行顶层谋划，制订项目设计计划的活动。主要包括：明确行政、技术两条指挥线及其职责权限；工作分解结构和设计阶段划分及转阶段条件；标准化、装备通用特性工作要求；特性分类要求；软件工程要求；新技术、新器材、新工艺试验验证要求；技术状态管理要求；质量管理要求以及设计资源配置要求等。设计计划的详略程度、控制强度、控制重点应根据工程项目的特点和复杂程度、项目组的不同组成等具体情况而定，以设计过程受控为原则。

由于理论上工程项目不允许失败，所以策划时还要在进行全面细致的风险分析基础上，对风险控制做出具体要求。

2. 方案阶段

有一份好的研制方案，工程就成功了一半。方案阶段工作的目标就是要得出好的声呐研制方案。首先是在广泛调研的基础上，借鉴组织以往的经验、适度创新，选择技术路线，进行初步方案设计；然后凝练确定原理样机规模和关键技术清单，分别开展关键技术攻关和验证、优选，开展原理样机研制与试验；在关键技术已解决、原理样机试验表明方案切实可行、研制保障条件已基本落实后，进行阶段总结，确定研制方案，并编制各分机（分系统）研制任务书。

好的声呐方案设计如下：一是科学基础扎实，论证充分、准确，通常有多方案的比较；二是与平台总体适配性好；三是技术路线既创新性强，又符合相关设计规范，“意料之外，情理之中”；四是声呐整体上结构合理，各分机（分系统）相互支持、综合兼优，可产生协同效应，有“工程之美”；五是关键技术已经适当验证，研制风险可控。

3. 工程研制阶段

研制方案确定后，项目进入工程研制阶段，这个阶段“细节决定成败”。新研声呐项目在本阶段一般开展初样机和正样机两轮样机研制，改进类项目一般只进行一轮样机研制。

本阶段始于初样机技术设计，接着是初样机试制，然后开展初样机试验测试，系统分解和系统集成的过程通过测试彼此关联，在部件、整件、分机（分系统）、各层次迭代，在集成之上综合、在综合之上集成，直到功能性能、战技指标基本达到研制总要求的规定，技术状态实现成套设备（系统）最优下的局部兼优，试制、试验中暴露的技术问题已经解决或有切实可行的解决措施，方可转入正样机研制；正样机重复初样机从技术设计到整机试验测试的过程，在有效解决初样阶段功能性能存在问题基础上，提高可靠性、维修性、保障性、测试性、安全性、环境适应性等装备通用质量特性，以全面满足研制总要求的规定。

现代声呐都是复杂的信息化装备。就规模而言，使用的电子元器件有的就达到数十万件，程序代码达到数百万行。落实、落细研制方案，做好工程研制阶段的工作：一是要秉持“有问题，共同商量；有困难，共同克服；有裕量，共同掌握；有风险，共同承担；有荣誉，共同分享”的团队合作精神；二是要做细技术状态管理工作，在各个层级上抓住“界面与接口”这个“牛鼻子”，严格控制设计更改，“能不改的尽量不改，验证不充分的坚决不改”；三是严肃认真按照“定位准确、机理清楚、问题复现、措施有效、举一反三”的技术“归零”要求对待发现的每一个问题和故障，并视情按照“过程清楚、责任明确、措施落实、严肃处理、完善规章”的管理“归零”要求实施管理改进。

4. 鉴定定型阶段

正样机完成试验测试，功能性能达到研制总要求的规定后，声呐研制转入鉴定定型阶段，由具备资格的第三方依据有关鉴定定型规定，制定装备功能性能、通用质量特性、软件鉴定定型试验大纲，对声呐装备进行全面试验考核，以确认其达到研制的总要求。声呐装备一般批量不大，状态鉴定后即可小批量生产，若是需大批量生产的，还需完成列装定型。状态鉴定是设计确认的一种形式。

1.4 水声模型与声呐工程

水声模型在现代声呐工程中起着指导、支撑、分析和评估等多重作用，一项好的声呐工程设计很大程度上依赖于适当的水声模型。

声呐总体设计中，可利用水声模型分析声呐基阵工作频段、基阵孔径、发射源级、背景噪声特性等参数对声呐作用距离、探测精度等性能的影响，这对声呐系统方案设计中正确地选择系统参数实现最佳设计具有重要指导作用。声呐工程设计完成后，要利用水声模型对声呐性能进行评估，完成对设计的校核工作。

声呐信号信息处理设计中，可利用声场传播特性、目标统计分布特性与时频特征、背景噪声/混响/干扰等的统计分布特性与时频特征、目标与背景的差异性特征等模型，获取目标检测算法的时空处理增益，降低虚警率；可利用声场传播特性、声场时空分布特征等模型，实现对目标方位、距离、深度的三维定位，提高定位精度；可通过对不同类型目标特征的精细化建模，有效提高目标识别的正确率、降低误报率、缩短识别反应时间等。

声呐装备使用中，利用水声模型，可根据设定的感兴趣目标、海洋水声环境和探测范围等要求，估算声呐装备接收基阵的布放深度、工作频带，发射基阵的发射功率、发射波形参数等，这对声呐操作者正确优选探测模式和工作参数达到最佳探测效果发挥着重要的指导作用。通过水声建模可预报声呐装备在给定海洋环境、平台运动工况、目标/干扰态势等实际使用条件下的作用距离，辅助指挥员进行作战方案制订、平台航路设计。

随着声呐工程设计从基于文本向基于模型发展，水声模型将在声呐工程设计和实际使用中发挥越来越重要的作用。

1.5 声呐实际使用效能

声呐装备的实际使用效能固然是设计出来的，但很大程度上也是使用研究出来的。这是因为声呐的实际使用效能取决于声呐本身的优质因数（factor of merit，FOM）、声波传播条件和战法三者的综合作用。而声呐使用研究就是解决如何使三者综合效果最优，即实际使用效能随时随地最佳这个问题。由于海洋潮汐、洋流、内波、温度等环境的复杂性和空时变化特性决定了水下声传播的极其复杂性，从而决定了声呐战法的复杂性。研制总要求规定的声呐战技指标对应的是典型条件下的性能。声呐的实际使用效能要在理论预期指导下，通过在日常训练中不断摸索和总结来提高。

参 考 文 献

[1] Ainslie A A. 声呐性能建模原理[M]. 张静远, 颜冰, 译. 北京: 国防工业出版社, 2015.
[2] 刘伯胜, 雷家煜. 水声学原理[M]. 哈尔滨: 哈尔滨工程大学出版社, 1993.
[3] 鲜勇, 鲁宏捷, 李佳庆. 国外航空声呐浮标发展综述[J]. 电光与控制, 2019, 26(8): 67-70.
[4] Etter P C. 水声建模与仿真[M]. 蔡志明, 等译. 3 版. 北京: 电子工业出版社, 2005.
[5] 延森, 库珀曼, 波特, 等. 计算海洋声学[M]. 周利生, 王鲁军, 杜栓平, 译. 2 版. 北京: 国防工业出版社, 2017.
[6] 汤渭霖, 范军, 马忠成. 水中目标声散射[M]. 北京: 科学出版社, 2018.

第 2 章　声呐原理与工作环境

2.1　声 呐 原 理

2.1.1　基本组成与工作过程

各种声呐虽然用途不同、形态各异，但都主要由接收分系统（含声呐基阵、前置预处理分机）、信号信息处理分系统、显示控制分系统等组成，主动声呐还要增加发射分系统（含发射机和声呐基阵）。声呐工作时需入水的部分通常称为湿端，其余部分称为干端。本书以探测声呐为主展开论述。

被动声呐通过接收目标辐射的声波并经适配的信号处理来实现对目标的探测。被动声呐工作过程示意图如图 2-1 所示。

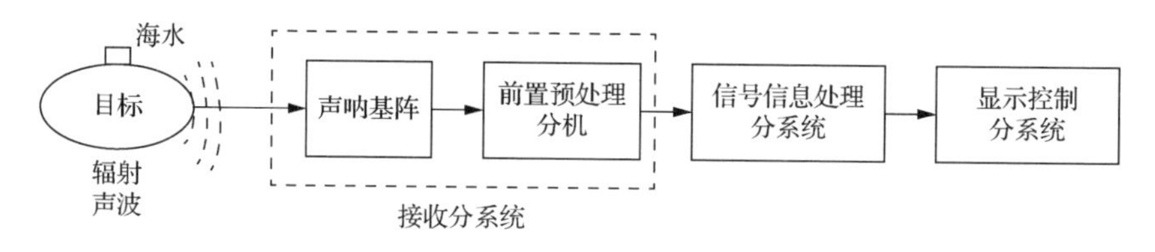

图 2-1　被动声呐工作过程示意图

主动声呐向海水中发射声波，通过接收目标对发射声波的回波并经适配的信号处理来实现对目标的探测。主动声呐工作过程示意图如图 2-2 所示。

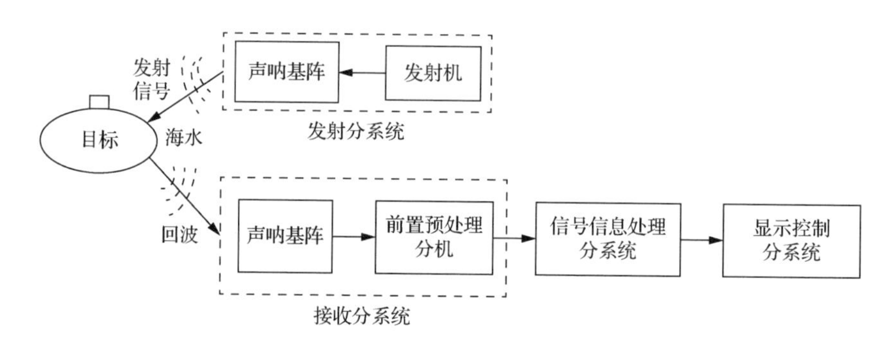

图 2-2　主动声呐工作过程示意图

1. 声呐基阵

水声换能器通过电能与声能之间的转换在水下发射声波或感知声波。一定数量的换能器按特定的空间分布形式组合就构成声呐基阵，从而可以产生更强的辐射声波或获取对声波感知的空间增益。常见的基阵形态有平面阵、圆柱阵、线列阵、球形阵、共形阵等。接收基阵和发射基阵可以分置，也可以合置，主要取决于平台和安装空间。收、发基阵合置虽然节省空间，但各自难以最优，设计掣肘较多。

表征接收基阵性能的主要参数有阵增益、波束宽度和旁瓣级。阵增益表征声呐基阵的输出信噪比相对于单个阵元信噪比所提升的程度，常采用分贝值来表示。阵增益越大，对特定方向目标所获得的信噪比越大；波束宽度越小，空间分辨能力越佳，测量精度越高。旁瓣级是指向性图中旁瓣值归一化的声级，旁瓣级反映了声系统抑制噪声干扰和假目标的能力，旁瓣级越小，对干扰的抑制能力越好。这三项指标不仅相互联系，而且相互制约。

表征发射基阵性能的参数主要有声源级、波束宽度和旁瓣级。声源级是发射基阵向特定方向辐射声功率的能力，以远场声压折算到距离声中心 1m 处来计算。波束宽度代表了声呐基阵辐射声能的覆盖范围，一般指辐射声压级与主轴最大点相比下降 3dB 的角度范围。旁瓣级反映了发射基阵在主波束以外角度辐射声能的能力，可理解为在预期声能辐射范围之外的能量“泄漏”情况，原则上越低越好。

2. 声呐发射机

声呐发射机的主要功能是产生多通道大功率电信号，激励对应的换能器基阵产生声波，它与声呐基阵一起组成声呐发射分系统。发射机通常由主控单元、信号产生单元、多通道功率变换器、基阵匹配网络及高压电源等组成。

表征发射机性能的主要参数有工作频段、发射功率、通道数、发射效率等。工作频段表征能够工作的最低频率和最高频率，频段越宽能力越强。发射功率是指最大输出电功率，功率越大能力越强。通道数是指能够同时产生激励信号的最大单元数，通常与换能器基阵的单元数对应。发射效率是指输出电功率与输入电功率之比，效率越高，能量利用率越高，对散热条件的要求越低。通常工作频率越低、发射功率越大，发射机体积重量越大；发射效率越高，则体积重量越小。

3. 声呐前置预处理分机

前置预处理分机对接收水听器输出的模拟电信号进行阻抗匹配、低噪声放大、滤波、增益控制等信号调理措施后，再进行各通道同步采样转换为数字信号，按照约定的网络通信协议经汇聚整理输出至信号处理分系统，其与声呐基阵一起组成声呐的接收分系统，实现对目标微弱信号的高保真接收与数字化网络传输。

前置预处理分机的主要技术指标一般包括等效输入噪声、动态范围、滤波特性、相位一致性、增益控制、通道间串扰、采样频率、数字量化位数、数据传输率等。对于探测来讲，在工作频段的等效输入噪声和动态范围是最重要的指标，直接影响远距离弱目标和近距离强目标的探测能力。

4. 声呐信号信息处理分系统

信号信息处理分系统对声呐基阵接收到的经前置预处理后的数字信号在最大限度地抑制噪声/混响的基础上检测、增强目标并估计出与目标相关的有用信息或参数，主要包括时域滤波、频谱分析、波束形成、目标位置与运动参数估计（测向、测距、深度估计、航速估计、航向估计等）、特征提取、类型判别等，在海洋环境噪声/混响等干扰背景中实现声呐对感兴趣目标的检测（detection）、定位（localization）、跟踪（track）与分类/识别（classification/recognition）。

信号信息处理分系统的性能一般包括处理增益、参数估计精度以及算法稳健性等。算法稳健性可通过各算法在最优与最差情况下偏离理想处理效果的量值进行衡量，有信噪比偏离、测量精度偏离、辨识偏离等。

5. 声呐显示控制分系统

显示控制分系统是声呐操作人员与系统设备进行双向信息交互的媒介，主要由标准显控台构成。它通过对系统信息数据的采集、提取和可视化加工，以操作人员的视觉感知、听觉反馈为基础，运用人机交互和人因工程学原理，辅以图形、图像、字符及音频等方式方法，对传感信息和水声数据进行综合展示，使操作人员可依据直观、高效的人机界面快速判定探测目标的位置坐标、运动要素和特征参数等信息；同时系统采用科学的人机控制交互方法，精准、有效地控制系统内各设备按操作人员意图有序、协调地协同工作，达成声呐各项功能，并可根据复杂海洋环境，快速实现设备工作参数调整。

显示控制分系统性能可以通过显示画面的容量、分辨率，操作便利性、响应速度，以及职手对信息理解、应用的难易程度等方面进行衡量。

2.1.2　主要指标

装备指标分为专用特性指标和通用特性指标两大类。专用特性指标因声呐功能的不同而有所不同，就探测而言主要有作用距离、测量精度、观察范围、目标分辨力、目标分类/识别正确率等；通用特性指标包括可靠性、维修性、电磁兼容性和声兼容性等。

1. 专用特性指标

1）作用距离

作用距离指标主要包括发现距离、跟踪距离、近程盲距等。

（1）发现距离。

在规定的声学环境、安装平台和目标等条件下，针对声源级或目标强度确定的目标，在声呐有效观察扇面内，发现目标时目标标志点（目标位置真值基准点）到声呐声中心的最大距离。

（2）跟踪距离。

在规定的声学环境、安装平台和目标等条件下，针对声源级或目标强度确定的目标，在声呐有效观察扇面内，能满足稳定跟踪目标判定准则，目标标志点距声呐声中心的最大距离。

（3）近程盲距。

在规定的声学环境、安装平台和目标等条件下，针对目标强度确定的目标由远而近相对运动，在主动声呐有效观察扇面内，丢失目标时目标标志点距声呐声中心的距离。

2）测量精度

测量精度指标主要包括测向精度、测距精度等，精度的量化指标往往用误差表征。

（1）测向精度。

在规定的声学环境、安装平台和目标等条件以及预定的机动方式下，在声呐有效观察扇面内，目标在跟踪距离指标规定的距离以内，声呐读取目标舷角数值相对声呐声中心到目标标志点舷角真值的系统误差和随机误差（二阶中心矩）或二阶原点矩测向误差。

（2）测距精度。

在规定的声学环境、安装平台和目标等条件以及预定的机动方式下，在声呐有效观察扇面内，目标在规定的距离上，对有测距要求的声呐，读取目标距离数值相对声呐到目标距离真值的系统误差和随机误差（二阶中心矩）或二阶原点矩测距误差。

3）观察范围

观察范围指标主要包括有效水平观察扇面、有效垂直观察扇面、观察盲区等。

4）目标分辨力

目标分辨力指标主要包括方位分辨力、距离分辨力等。

（1）方位分辨力。

在规定的声学环境、安装平台和目标等条件下，针对两个辐射噪声级相当的目标，两个目标方位或舷角相互接近直至在声呐显示器上无法分辨时，两个目标的标志点分别与声呐声中心连线的夹角为声呐的方位分辨力。

（2）距离分辨力。

在规定的声学环境、安装平台和目标等条件下，针对同一方位和深度上两个反射本领或辐射噪声级相当的目标，两个目标相互接近直至在声呐显示器上无法分辨时的距离为声呐的距离分辨力。

5）目标分类/识别正确率

声呐对规定的目标类型的目标实施分类/识别，其正确分类/识别的次数与分类/识别总次数的比值为目标分类/识别正确率。

2. 通用特性指标

通用特性指标是武器装备产品开发中除功能特性外要满足的质量特性。随着装备研制要求的提高，通用特性也从早期的可靠性、维修性、电磁兼容性发展到目前的“六性”和“兼容性”。“六性”包括可靠性、维修性、保障性、测试性、安全性和环境适应性。“兼容性”包括电磁兼容性和声兼容性。

2.1.3 声呐方程

1. 定义

声呐方程是反映声呐系统特性、声传播信道特性、目标特性之间数量关系的等式。在声呐设计和使用中，这些特性通常用声呐方程参量或其组合进行描述。声呐方程有七个参量，可以分成三类。第一类是由声呐设备确定的参量，即发射声源级（source level，SL）、阵增益（array gain，AG）或指向性指数（directivity index，

DI）和检测阈（detection threshold，DT）；第二类是水声环境和水声场确定的参量，即传播损失（propagation loss，PL）、混响级（reverberation level，RL）、噪声级（noise level，NL）；第三类是与目标有关的参量，它们是声源级（SL）、目标强度（target strength，TS）。以上参量的定义见表 2-1。声呐方程简明地反映了声信号从生成、传播、接收、处理到决策之间各个要素的关系，示意图如图 2-3 所示。

表 2-1　声呐基本参量表[1]

序号	声呐参量	符号	定义
1	声源级	SL	远场处声强值按球面扩展规律折算到声源等效声中心 1m 处的表观声强级
2	目标强度	TS	远场处声强值折算到距离目标有效声中心 1m 处的反向散射声强级与入射平面波的声强级的差值
3	传播损失	PL	声波在传播过程中，由于吸收、扩展和散射而引起声强级减小的量值。在声呐方程中取声源级与传至某接收点处的声强级之差
4	混响级	RL	表示混响大小的声强级
5	噪声级	NL	声呐用水听器所在处的声呐背景噪声的声强级
6	阵增益	AG	声呐基阵的输出信噪比（分贝数）与阵元平均的输入信噪比（分贝数）的差值。在信噪比很大的情况下，或在各向同性的噪声场中，阵增益等于阵的指向性指数
7	指向性指数	DI	指向性因数以 10 为底的对数乘以 10。指向性因数为换能器在其主轴上远场一定点所辐射的声压的二次方，与通过该点的换能器同心球面上同频率声压的二次方的比值
8	检测阈	DT	在给定检测判决置信级下，能判定信号存在的接收机最小输入信噪比

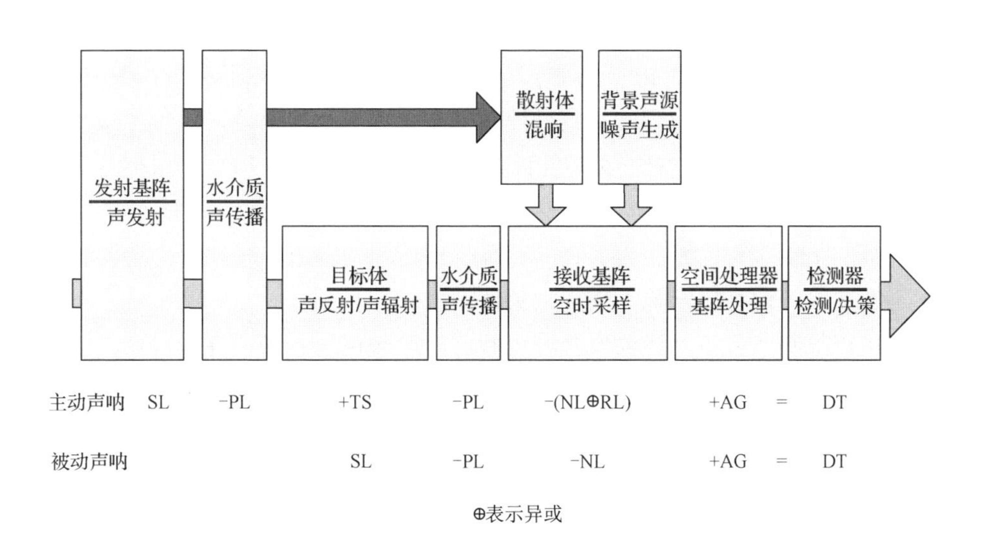

图 2-3　主动声呐和被动声呐的声呐方程及示意图

声呐方程不是数学上的恒等式，而是声呐分析的框架。声呐方程右边的检测阈 DT 是一个数值，左边的那些参数本身就是声呐设备、海水介质和目标参数的复杂函数，它们可以变化，但它们之间的关系最终必须等于这个数值。检测阈不是根据左边各个参数值计算出来的，而是信号处理输出端要求的，DT 值越低，说明设备的处理能力越强，因为有虚警和漏报，需多次判决的统计结果来判断目标的有无。因此，检测阈实际上是一个与统计概率有关的参数。从信号处理的角度，声呐方程也可描述为

输入信号级–输入噪声级+信噪比增益=输出端要求的信噪比

上述主动声呐方程中，虽然混响背景和噪声背景同时存在，但一般认为只有一种占主要成分。图 2-4 为两种背景的示意图。

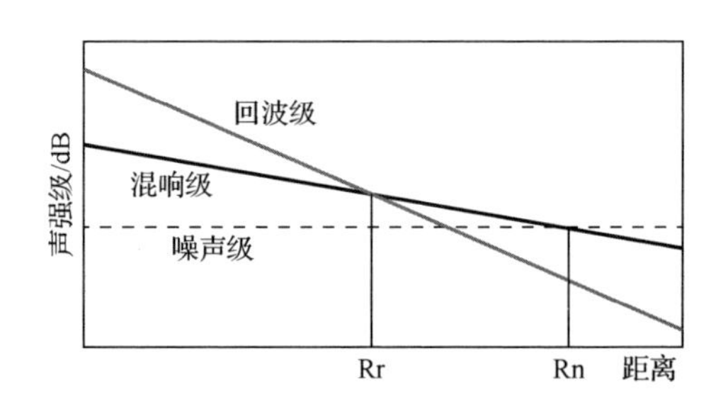

图 2-4　混响背景和噪声背景的示意图

回波级（echo level，EL）因扩展和吸收衰减随距离增加而衰减，混响级 RL 也随距离增加而衰减，但混响级衰减速度低于回波级衰减速度，而噪声级与距离无关。从图 2-4 中看到，混响级与回波级交点确定的距离为 Rr，当目标距离大于 Rr 时，混响级大于噪声级，也大于回波级，这种情况称为混响限制条件，噪声级与混响级的交点确定的距离为 Rn，当目标距离大于 Rn 时，噪声级大于混响级，也大于回波级，这种情况称为噪声限制条件。

在噪声限制条件下，当收发基阵合置时，若噪声为各向同性噪声场，阵增益又可以表示为指向性指数 DI，主动声呐方程变形为

$$(SL-2PL+TS)-(NL-DI)=DT \tag{2-1}$$

在混响限制条件下且收、发基阵合置时，主动声呐方程变形为

$$(SL-2PL+TS)-RL=DT \tag{2-2}$$

在被动声呐方程中，若噪声为各向同性噪声场，阵增益又可以表示为指向性指数 DI，被动声呐方程变形为

$$(SL-PL)-(NL-DI)=DT \tag{2-3}$$

在声呐的使用和设计过程中，经常还会遇到若干个声呐参量的组合量，这些组合量具有明确的物理意义，可以反映声呐某个方面的性能。常用声呐组合参量见表 2-2。

表 2-2　声呐组合参量表[1]

序号	声呐参量	参数组合	定义
1	回波级（EL）	SL−2PL+TS	主动声呐工作时，辐射脉冲声波在目标上反射回到水听器处的回波声强级
2	性能因数（figure of performance，FOP）	SL−(NL−DI)	检验声呐设备工作特性的参数。它等于在阵元输出端测得的声源级与噪声级之差
3	优质因数（FOM）	SL−(NL−DI+DT)	度量声呐完成某功能的能力的参数。对于主动声呐，当目标强度为 0dB 时，优质因数等于可允许的最大双程传播衰减分贝值；对于被动声呐，优质因数等于可允许的最大单程传播衰减分贝值
4	最小可检测信噪比（minimum detectable signal to noise ratio，MDSNR）	DT−DI	声呐按给定的检测指标能检测到的目标在水听器输入端的最小信噪比。最小可检测信噪比即为声呐完成检测功能时的优质因数
5	信号余量（signal excess，SE）	SL−PL−NL−(DT−DI)	被动声呐方程中检测器输出信噪比超过检测阈的量。当信号余量为零时，在检测阈规定的概率条件下检测刚好实现
6	回波余量（echo excess，EE）	SL−2PL+TS−NL−(DT−DI)	在主动声呐方程中回波信号级超过噪声掩蔽级的量。当回波余量为零时，在检测阈规定的概率条件下检测刚好实现
7	噪声掩蔽级	NL+(DT−DI)	噪声干扰条件下水听器阵输出端的最小可检测信号级
8	混响掩蔽级	RL+DT	混响干扰条件下水听器阵输出端的最小可检测信号级

2. 作用

声呐方程有两个重要的基本用途。一个用途是对已有的或正在设计、研制中的声呐设备进行性能预报。这时设备的设计特点和若干参数是已知的或假设的，要求对另一些声呐参数做出估计，以检验设备的某些重要性能。另一个用途是用于声呐设计。这时，预先规定了所设计设备的职能及相应的各项战技指标，在此条件下，应用声呐方程反复计算和权衡折中，以达到参数的合理选取和设备的最佳设计[2]。

3. 应用限制

声呐方程应用的局限性表现为两个方面：一是它只计算信号与噪声的平均功率，没有考虑介质和目标的随机起伏以及整个声场的时空统计特性，现代声呐可能还需利用平均功率以外的信息（如目标散射的精细结构、声传播的多途结构等），以及与信号波形特征相联系的重要参数（如距离与多普勒分辨力等），上述都没有反映在声呐方程中；二是它关注的核心是基于能量检测的作用距离，已难以满足现代探测声呐检测—定位—识别—跟踪综合寻优的设计需求，基于特征的信号检测与辨识、智能化信息处理等已成为声呐信号信息处理技术重点发展方向，被认为是提升对安静/隐身目标远距离发现/辨识能力，提高声呐综合探测效能的有效途径。完整的声呐性能分析评估和设计工作，尚需综合考虑各方面的因素。

2.2　声呐工作环境

声呐通过感知海水介质的振动来实现各种功能，其性能随海洋环境时空变化起伏很大，海洋环境是声呐设计和使用中较为关注的要素之一。

海洋作为声信号传播的载体和介质，本身由温度、盐度和密度描述，它是空间和时间的函数。海洋介质从属于海洋系统，海洋系统从属于更大的地球-月亮-太阳系统，存在各种尺度的力作用。按尺度大小分为重力、旋转力、热动力、机械力、内部力等，此外还受边界力作用。这些力共同作用产生的波、潮、流、环等被统称为海洋地球物理波。海洋地球物理波承载着海洋地球物理流体动力学性质，决定着海洋介质的各种性质。

声呐通过声呐基阵与海洋介质进行信息交互，水声在海洋中的传播通道为声信道。声波从声源发出到被声呐基阵接收，会与海洋地球物理波进行卷积、干涉、调制、交互，或称之为波导、反射、折射和色散，即声信号在海洋中传播时将产生扩展和衰减效应、折射/反射/散射效应、波导效应、多途效应以及起伏效应等多种物理效应，从而使声信号能量衰减，波形发生畸变，导致声呐性能的起伏。

2.2.1　海洋声学环境

1. 海水中的声速与声吸收

1）声速

声在海水中的传播速度（简称声速）是一个决定海洋声传播特性的基本物理量。它是温度、压力（深度）和盐度的函数。多年来，海洋研究学者相继提出了多种声速经验公式。这里仅列出其中一个[3]：

$$c(T_{\mathrm{w}},S,z)=1449+4.6T_{\mathrm{w}}-0.055T_{\mathrm{w}}^{2}+(1.39-0.012T_{\mathrm{w}})(S-35)+0.017z \tag{2-4}$$

式中，c 为声速（m/s）；T_{w} 为温度（℃）；S 为盐度（以千分数表示，‰）；z 为深度（m）。参数取值范围为 $0℃\leqslant T_{\mathrm{w}}\leqslant 30℃$，$30‰\leqslant S\leqslant 40‰$，$0\mathrm{m}\leqslant z\leqslant 8000\mathrm{m}$。

当温度为 10℃、深度为 0m、盐度为 35‰时，声速为 1490m/s。以此标准声速为基础，存在几个声速增量的近似系数，可以将二者有效地匹配起来计算声速。

（1）温度：声速增加幅度随温度的增加而减少。0℃时温度增加1℃，声速增加4.5m/s；20℃时温度增加1℃，声速增加2.3m/s。

（2）盐度：每增加1‰，声速增加1.3m/s。

（3）深度：每增加1000m，声速增加17m/s。

深度z与静水压力p_{w}密切相关。其中静水压力为$p_{\mathrm{w}} \approx 1.0\times 10^{4} z(\mathrm{Pa})$，1个标准大气压为$1\mathrm{atm}=1.013\times 10^{5}\mathrm{Pa}$，即深度每下降10m，相当于增加1个标准大气压。

2）声速剖面

声速剖面（sound speed profile，SSP）$c(z)$是海洋中声速随深度z变化的剖面。一般定义$z=0$为海面，海深增加的方向为正。将$c(z)$对深度z求导，得到声速梯度：

$$g(z)=\frac{\mathrm{d}c(z)}{\mathrm{d}z} \tag{2-5}$$

声速梯度的单位为(m/s)/m（以下简写为s^{-1}）。当声速随海水深度增加而增加时，即$g(z)>0$，称为正梯度分布；$g(z)<0$，称为负梯度分布；$g(z)=0$，称为等声速分布。典型深海声速剖面和分层结构如图2-5所示。

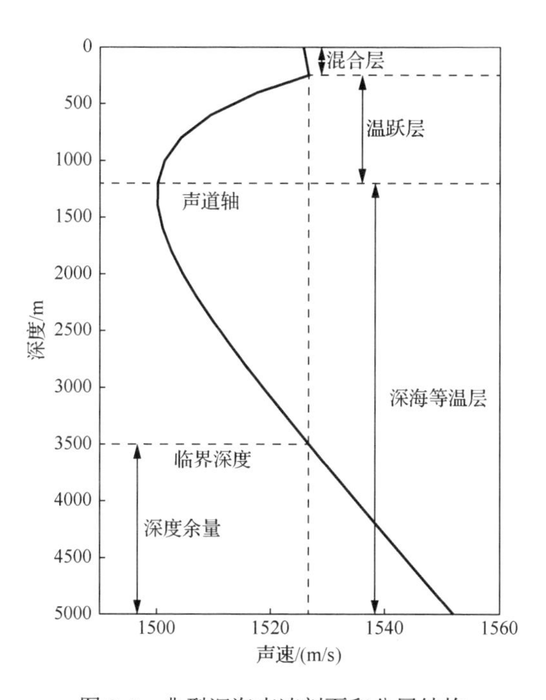

图2-5　典型深海声速剖面和分层结构

声速剖面在水声传播和声呐性能分析中起着十分重要的作用。典型的声速剖面模型有 Munk（孟克）深海声速剖面模型、折线模型等。

（1）Munk 深海声速剖面模型。

Munk 给出了深海声道声速剖面的数学表达式[4]：

$$c(z)=c_{\min}\left\{1+\varepsilon\left[\mathrm{e}^{-\eta}-(1-\eta)\right]\right\} \tag{2-6}$$

式中，$\eta=\dfrac{2(z-z_{\min})}{L_{\mathrm{B}}}$，$z_{\min}$ 为声速极小值的深度，L_{B} 为波导宽度；$c_{\min}$ 为声速极小值；ε 为偏离极小值的位置。当 $L_{\mathrm{B}}=1200\mathrm{m}$、$z_{\min}=1100\mathrm{m}$、$c_{\min}=1500\mathrm{m/s}$、$\varepsilon=0.00737$ 时，Munk 深海声速剖面模型见图 2-6。

（2）折线模型。

折线模型是用不同声速梯度的折线来近似实际的声速剖面。第 i 段折线在深度 z 处的声速为

$$c_i(z)=c_{i-1}(H_{i-1})+g_i(z-H_{i-1}),\quad H_{i-1}<z\leqslant H_i, i=1,2,\cdots \tag{2-7}$$

式中，c_0 为海面 $H_0=0$ 处的声速。折线深度上的声速为 $c_i(z)=c_{i-1}(H_{i-1})+g_i(H_i-H_{i-1})$。因此，如果给定 c_0，以及每一段的 H_i 和 g_i，就可以描绘出声速剖面。

典型的夏季和冬季深海声速剖面可以用折线模型表示。折线模型分成三段，如图 2-7 所示。冬季时，第一层（近海面）建模为等温层；夏季时，第一层则建模为弱负梯度层。

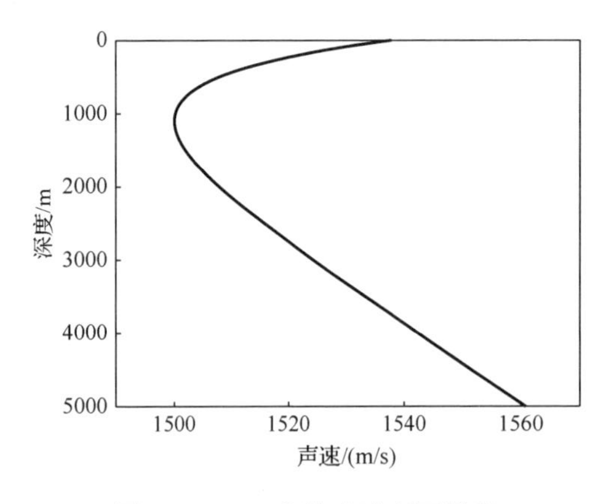

图 2-6　Munk 深海声速剖面模型

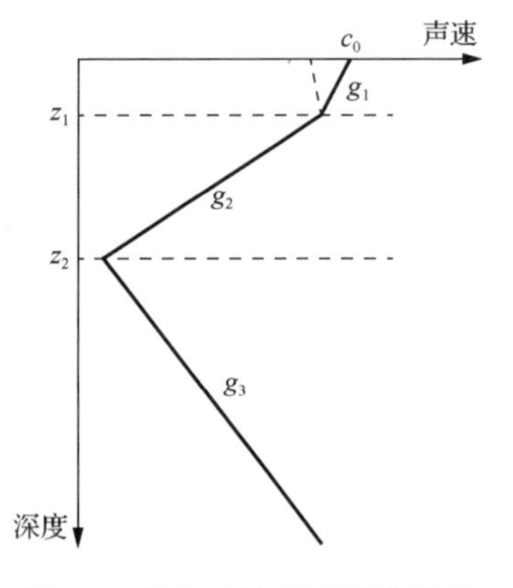

图 2-7　深海声速剖面折线模型

几个主要参数的典型取值见表 2-3。

表 2-3　深海声速剖面折线模型参数的典型取值

季节	c_0/(m/s)	g_1/s^{-1}	g_2/s^{-1}	g_3/s^{-1}	z_1/m	z_2/m
冬季	1530	0.02	−0.055	0.016	100	1000
夏季		−0.1				

浅海最简单的建模是将包括海面和海底构建为两个平行的界面，海面为声学上绝对软的界面，水层厚为H，海水介质的密度为$\rho_1(z)$，声速为$c_1(z)$；海底定义为半无限大空间，海底介质的密度为ρ_2，声速为c_2，z_b为海底深度。一般来说，$c_2 > c_1(z)$。

浅海声速剖面同样可以用折线模型表示，几个典型模型如下。

A．等声速模型。

单参数模型，取声速c。折线图见图 2-8（a）。

B．弱正梯度模型。

双参数模型，取海面声速（即深度为 0 时）c_0和梯度g_1。弱正梯度一般存在于等温层，g_1典型取值为$0.017\mathrm{s}^{-1}$，折线图见图 2-8（b）。

（3）弱负梯度模型。

双参数模型，取海面声速c_0和梯度g_1。梯度值与季节有关。夏季时，g_1一般大于$-0.05\mathrm{s}^{-1}$。折线图见图 2-8（c）。

（4）强跃变模型。

多参数模型，折线图见图 2-8（d）。各参数推荐值见表 2-4。

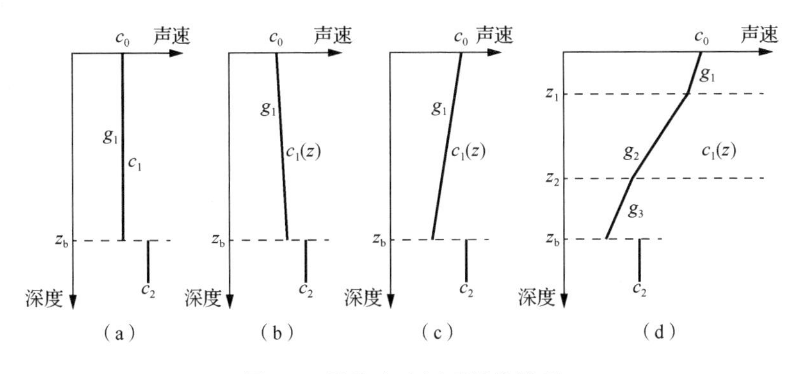

图 2-8　浅海声速剖面折线模型

表 2-4　浅海强跃变声速剖面折线模型参数的典型取值

g_1/s^{-1}	g_2/s^{-1}	g_3/s^{-1}	z_1/m	z_2/m
−0.3	−1.5	−0.05	15	35

3）声吸收

海水中的声吸收是水声信道的一个重要特性。声吸收是指由于物理或化学作用，声能转换为其他形式（如热能）的过程，代表着真正的声能量在传播介质中的损失。而散射是将从原传播方向来的能量进行重新分布的过程，声能本身并没有损失。

吸收损失可用吸收系数来表征。介质的声吸收系数的定义为每千米声强减小的分贝数，即 dB/km。吸收损失与盐度、温度和深度有关，也跟频率有很大关系。在 T_w=4℃、S=35‰、pH=8.0 和深度 1000m 的条件下，Thorp（索普）提出的经验公式为[5-9]：

$$\alpha(f) \approx 3.3\times10^{-3} + \frac{0.11f^2}{1+f^2} + \frac{44f^2}{4100+f^2} + 3.0\times10^{-4} f^2 \tag{2-8}$$

式中，$\alpha(f)$ 为吸收系数（dB/km）；f 为频率（kHz）。

按 Thorp 吸收公式计算得到的吸收系数与频率的关系见图 2-9 所示。

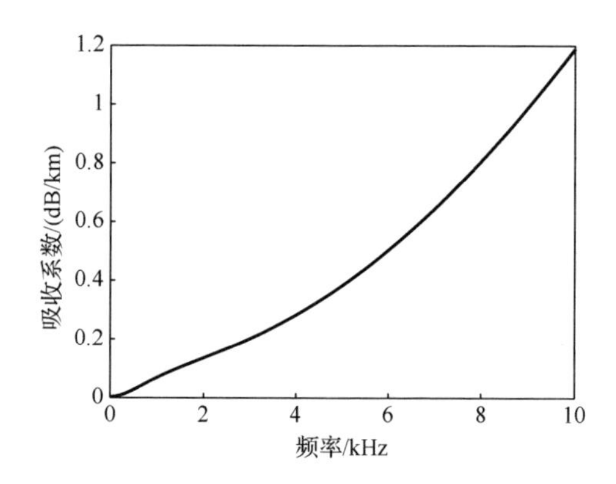

图 2-9　Thorp 吸收公式预测的吸收系数随频率的变化

2. 海面及其声学特性

海面是影响声传播的一个重要环境因素。如果海面是完全平坦的，那么对声波的影响可看作镜面反射。但实际上，由于风、洋流、降雨、风暴等影响，海面往往是不平坦的，并引起在粗糙的空气-海水边界上的声散射。波浪破碎等因素会产生近表面气泡，造成声的产生、散射、反射和吸收等。这些现象大多与风速有关。

1）风速和波高

海洋风速与波高有关。受地表摩擦作用，越靠近表面，风速越小。因此，在标准的海洋风速测量中一般取离海面 10m 高度作为标准高度，定义在 10m 高度的风速为 v_{10}。其他非标准高度风速依风速沿垂向变化规律进行折算。

气象组织通常将风力分为 12 级，将海况分为 10 级，每级有相应的有效波高。任一个由 n 个波浪组成的波群，根据波高由大到小依次排列，前 n/3 个波称为有效波，取这些波的平均波高就是有效波高 $H_{1/3}$（单位为m）。有效波高反映了海面的粗糙度。粗糙度对海面声散射有着直接的影响。有效波高与风速有关，两者的关系可由下面的经验公式表示[9]：

$$H_{1/3}=0.566\times10^{-2}V^2 \tag{2-9}$$

式中，V 是离海面 19.5m 测得的风速（kn）。另一个表示波高的量是平均波高：

$$H_{\mathrm{mean}}=0.624H_{1/3} \tag{2-10}$$

海面的粗糙度可以用瑞利参数 R_{rl} 表示：

$$R_{\mathrm{rl}}=2ka\sin\theta \tag{2-11}$$

式中，k 是波数；a 是海面波浪的均方根振幅；θ 是相对水平面的掠射角。在声学上，当 $R_{\mathrm{rl}}\ll1$ 时，可认为海面是平滑的；当 $R_{\mathrm{rl}}\gg1$ 时，可认为海面是粗糙的。

2）海面声学特性

海面声反射损失是指在反射方向上声强损失的量，它实际上是入射功率不再集中在原来的反射方向，而在各个声线方向上功率的重新分布。在低频（<1kHz）或低风速（<5m/s）时，可以假设海面是完全平滑的，可将其视为一个理想的声反射体。即声源从平滑海面反射的声强，与海面对称虚源入射的声强相比，两者基本相等，相位反转 180°，即反射系数为-1，反射损失接近于 0。

当高频或海面在风的影响下变得粗糙时，声波随机散射，海面的反射损失不再为 0。虽然从接收点看，依然有虚源，但虚源的面积已经扩展。与平滑海面情况相比，强度变小，损失增加。

由于海面是一个动态变化的平面，测量得到的结果往往有很大的变化范围，而且具有很强的时变性。因此，对预测模型的实验校准很难。虽然目前有很多海面反射损失模型，但这些模型得到的预测结果往往相差较大。一个公认的基本结论是损失和频率与波高的乘积密切相关，如经常采用的 Marsh（马什）模型[10]：

$$\alpha_{\mathrm{s}}=-10\lg[1-0.0234(fH_{\mathrm{mean}})^{3/2}] \tag{2-12}$$

式中，α_{s} 为海面声反射损失（dB）；f 为频率（kHz）；H_{mean} 为平均波高（ft，1ft=0.3048m）。这个方程适用于小掠射角（入射声波方向和反射面之间的夹角），反射损失一般不超过 3dB。

3. 海底及其声学特性

海底是海洋的另一个声反射和散射界面。相比于海面，海底有海底台地、山脉和盆地，大部分面积覆盖着一层层厚厚的沉积物，其组成成分因地而异，从软泥、沙质到坚硬的山石。海底沉积层各层的密度不同，因而各层的声速值也不同。沉积物下面一般是基岩，基岩的密度和声速都很高，因此，一般可认为是硬边界。

海面损失主要是由海面的粗糙度引起的，而海底除了粗糙度外，其海底特性更为复杂，如海底的倾斜、海底底质（声速和密度）的不均匀等。海底损失还与频率有关，随着频率的增加而增加。因此，预测海底损失要比海面损失更困难。

图 2-10 是海底声的反射和折射原理图。水声特性与底质、声反射系数、频率、掠射角等有关。海底声反射系数可确定声波与海底相互作用的声能量损耗值。对于均匀液态的海底可以得到瑞利反射系数：

$$V(\theta)=\frac{m\sin\theta-\sqrt{n^2-\cos^2\theta}}{m\sin\theta+\sqrt{n^2-\cos^2\theta}} \tag{2-13}$$

式中，θ 为掠射角；$m=\rho_1/\rho_0$，$n=c_1/c_0$，ρ_0 和 c_0 分别为海水的密度和声速，ρ_1 和 c_1 分别为底质的密度和声速。

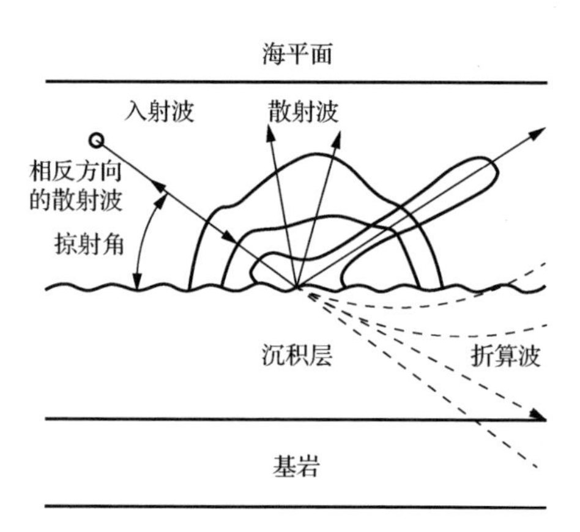

图 2-10　海底声的反射和折射原理图

由于海底沉积物及分层结构的复杂性，实际测量中仅能测其综合效果，即海底的反射损失，以分贝表示。反射损失定义为

$$\mathrm{BL}=-10\lg\frac{I_{\mathrm{r}}}{I_{\mathrm{i}}}=-20\lg\frac{|p_{\mathrm{r}}|}{|p_{\mathrm{i}}|} \tag{2-14}$$

式中，I_{r} 为垂直入射时反射波的声强；I_{i} 为入射波的声强；p_{r} 为垂直入射时反射波的声压；p_{i} 为入射波的声压。

为了使用方便，地声研究学者对海底底质类型做了高度简化的分类，大致可分为以下九类，见表 2-5。

表 2-5　沉积物类型及参数以及计算出的垂直反射系数和垂直反射损失[2,11]

编号	沉积物类型	密度/(g/cm^3)	声速/(m/s)	垂直反射系数	垂直反射损失 BL/dB
1	粗粒沙	2.034	1836	0.4098	7.4
2	细粒沙	1.957	1753	0.3916	8.1
3	极细沙	1.866	1697	0.3571	8.9
4	泥沙	1.806	1668	0.3352	9.5
5	砂质淤泥	1.787	1664	0.3294	9.6
6	淤泥	1.767	1623	0.3132	10.1
7	砂-粉砂黏土	1.590	1580	0.2502	12.0
8	黏土质粉砂	1.488	1546	0.2045	13.8
9	粉砂黏土	1.421	1520	0.1803	14.9

由于海底的粗糙程度与底质类型不同，海底的反射损失与入射角度的关系也不同。图 2-11 为九类典型海底底质反射损失与掠射角的关系曲线[2]。

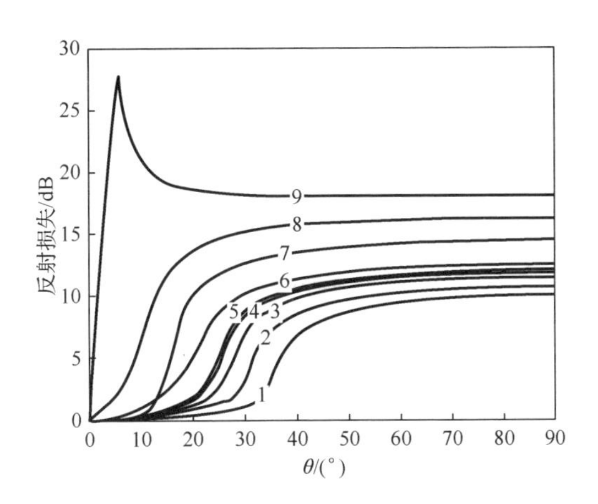

图 2-11　九类典型海底底质反射损失与掠射角的关系曲线

海水中的声速一般小于海底声速，所以存在一个临界角，在掠射角小于临界角时出现全反射，理论上损失为零。此临界角为

$$\theta_c = \arccos(c_1/c_2) \tag{2-15}$$

式中，c_1/c_2 为海水中声速与海底声速之比。如果海底声速小于海水中声速，则可能存在一个全透射角：

$$\theta_p = \arcsin\left[\frac{(c_1/c_2)^2 - 1}{(\rho_1/\rho_2)^2 - 1}\right]^{1/2} \tag{2-16}$$

在这个角度上的反射系数为零，反射损失无限大。

对沉积物进行取样分析是了解其声学特性的一种重要研究手段。Hamilton（汉密尔顿）经过大量数据综合之后，建立了沉积物的吸收损耗与孔隙率的关系[12]：

$$\alpha = Kf^{m} \times 10^{3} \tag{2-17}$$

式中，f 为频率；m 为指数，取值为 0.9～1.1；K 为系数，取值与孔隙率有关。

4. 其他声学特性

除了海面、海底的不均匀性和海水温度、盐度的垂直分层特性以外，海洋内部的其他不均匀性，如海流、内波和深水散射层等也会扰乱海水介质的垂直分层性质，是引起声场起伏的一类重要原因。

1）海流

海流形成的原因主要有两种。第一种原因是海面上的风力驱动，形成风生海流。这种流动随深度的增大而减弱，涉及的深度通常只有几百米，相对于几千米深的大洋而言可视为薄层。第二种原因是海水的温度、盐度变化引起海水的流动。海水密度的分布与变化直接受温度、盐度的支配，而密度的分布又决定了海洋压力场的结构。实际海洋中的等压面往往是倾斜的，即等压面与等势面并不一致，这就在水平方向上产生了一种引起海水流动的力，从而导致海流的形成。另外，海面上的增密效应又可直接引起海水在垂直方向上的运动。温度、盐度环流开始时通常是垂直流，然后下沉，最终在与其密度一致的海水深度处变成水平流。海流边缘将海洋分割成物理性质差异很大的不同水团锋区，声波经过海流边缘传播时，即使声源位置有微小偏移，也会引起强烈的声波起伏。

我国渤海、黄海、东海的海流主要由黑潮暖流和沿岸流两个流系组成，具有气旋式环流的特征。黑潮暖流系是由黑潮主干及其分支（台湾暖流、对马暖流和黄海暖流）组成，沿岸流系自北向南主要有辽南沿岸流、辽东沿岸流、渤海沿岸流、苏北沿岸流和闽浙沿岸流。南海因其位于热带季风区，夏季盛行西南风，冬季盛行东北风，季风方向与海区长轴一致，所以有利于稳定流系的发展。南海表面环流在风的作用下，具有季风漂流的特性。西南季风期间，南海为东北流，东北季风期间，则大部分区域为西南流。

2）内波

内波是发生在海洋内部的波动，其表现为海洋内部不同密度水层界面上产生的一种波动。如果海水密度稳定分层并有扰动源存在，那么内波就可以产生。它像海面波浪一样广泛存在于各大洋。内波属于重力波，其幅度是深度的函数，一般比海面波浪具有更大的波长和幅度。由于内波具有很强的随机性，其振幅、波长和周期分布在很宽的范围内，一般分别为几米到几十米，近百米到几十千米，几分钟到几十小时。在开阔海洋中，内波的传播速度可达数米每秒到数十米每秒。近岸内波传播速度不超过数十厘米每秒。

当内波出现时，可以通过在同一点连续一段时间内测量温度（用温度计垂直阵）的变化来观察内波。图2-12为内波通过一个观察站时温度在1.5h内的变化情况[9]，可以看出明显的温度振荡变化。

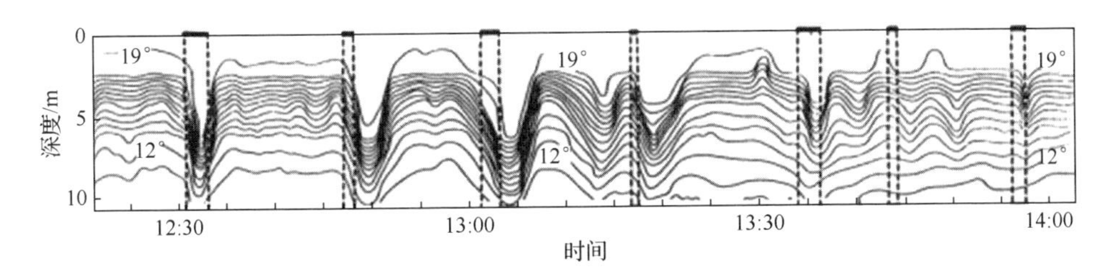

图2-12　某内波引起的等温线随深度的变化情况（1.5h）

研究表明，内波对于声场的扰动是由内波对海水介质声速分布的扰动而引起的，内波不仅使声能量的传播受到限制，特别是在频率为50Hz～20kHz范围内的信号尤为明显，而且还会引起信号的幅度和相位变化，具有很强的空变和时变特性。当频率低于50Hz时，由于波长相对较长，声传播影响较小，而当频率大于20kHz时，其波长只有几厘米，属于中尺度特性的内波对声传播影响不明显。我国南海是内波的多发海域。

3）深水散射层

海洋有机物可以简单地分为四大类：浮游生物、自游生物、海底生物和藻类。它们主要通过以下几个方面对水声产生影响：产生噪声、衰减和散射声信号、造成假目标以及污损声呐换能器。例如，某些海洋生物产生的声音能增大背景噪声级；鱼群、密集的浮游生物以及浮游的巨藻等能使声信号衰减；鲸、海豚或大的鱼群通常可以成为主动声呐的假目标；船底附着的甲壳动物等能污损声呐导流罩和换能器表面，从而间接地降低声呐的效能。

深水散射层（deep scattering layer，DSL）是全球各大洋深水海域中普遍存在的一个水平层，层中聚居着密集的生物群。这些生物体的气囊受声波照射时能引起共振，产生声散射，形成较强的混响背景，这也是体积混响的主要来源之一。深水散射层的生物体随纬度、深度、昼夜时间和季节变化，弄清散射层的规律对声呐的使用和设计有重要的意义。大部分声散射层在一昼夜内要移动两次：也许是光照的原因，当黄昏来临时，它们升到靠近水面；在黎明时，它们又下移到深度大于300～400m的地方。生物群体在海洋中有不同的深度分布，深水散射层有时是多层次的。图 2-13 给出了深水散射层的散射强度与频率的关系[12]。晚上生物群上升，谐振频率下降；白天生物群下沉，谐振频率上升。

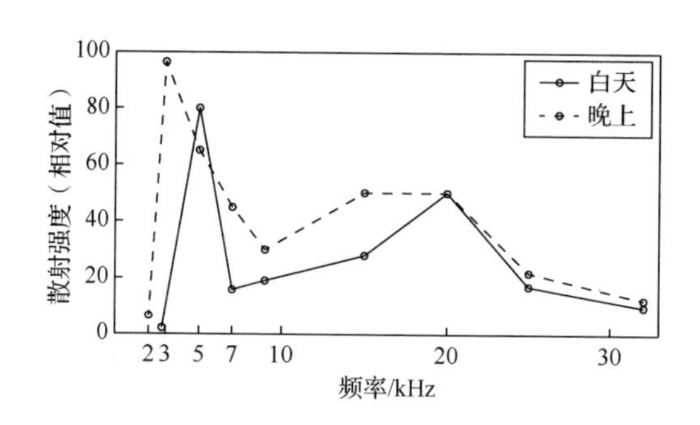

图 2-13　深水散射层的散射强度与频率的关系

2.2.2　声呐平台/安装环境

平台/安装环境是声呐基阵的载体，是限制声呐基阵尺寸、可观察空间的主要因素，同时又是声呐自噪声干扰的主要来源。多数声呐装备以海上运动的舰艇作为安装平台，其基阵所在的空间往往也是舰艇壳体的一部分，与舰艇的线性及总体结构性能密切相关，受到较严格限制。舰艇自身各类振动噪声源由于与基阵结构相连、距离又近，是影响声呐装备性能的重要干扰。

基阵安装在艏部导流罩内的壳体声呐，其平台干扰来自三个方面：一是舰艇壳体和导流罩本身的振动，以及它们激发的二次辐射噪声（平台机械噪声）；二是舰艉的螺旋桨噪声和海底反射噪声；三是平台航行的流噪声和高航速下水流对导流罩的冲击振动激发的声辐射（二者合称平台水动力噪声）。

舷侧阵一般安装在潜艇下部艇体上，向两侧延伸并与艇体共形，安装位置的空间跨度较大，不同位置受水动力噪声和机械噪声、螺旋桨噪声影响的情况也不同。一般来说，在低航速时，舷侧阵前面部分噪声的主要成分是机械噪声，水动力噪声比其低 10～20dB；在高航速时，水动力噪声的作用增加，其比机械噪声大 5～10dB。舷侧阵后面部分的自噪声均以机械噪声为主，低航速时水动力噪声比机械噪声低 30～40dB，高航速时水动力噪声比机械噪声低 10～15dB。

拖曳线列阵声呐用长拖缆使其接收基阵远离母平台，可以显著减少母平台噪声对声呐的影响。但是，平台的辐射噪声仍会导致拖曳线列阵探测存在盲区、弱视区，平台的航速影响拖曳线列阵的布放深度和流噪声，平台转向机动会导致阵型畸变，影响探测性能，平台安装空间限制拖曳线列阵长度及其收放绞车尺寸、重量等。

2.3　声呐工作特点

声呐与雷达具有相近的工作原理，均利用波的特性实现远程目标探测。不同的是雷达利用的是电磁波，它不需媒介就可传播，速度快，达到 30km/s；而声呐利用的声波是机械波，需要通过海洋这个媒介传播，速度只有电磁波传播速度的二十万分之一。因此，声呐探测性能随介质变化表现出更强的随机性和起伏性，面临独有的问题和难点。

一是海洋声学环境具有复杂性和时空变化性，声呐探测具有不确实性。由于声波对介质的依赖性强，海底、海面、水体密度，海洋锋、涡、流及其他动力特性均对海洋中的声传播产生显著影响。但目前人们对海洋声学环境及海洋声传播规律基础认知仍不全面，尚难以对海洋环境进行确定性表征和建模，现有环境知识的掌握和利用尚难以克服环境时变、空变给声呐探测带来的不确实性影响。

二是受限于海水声传播速度和声频谱资源，声呐探测仅能实现相对低分辨的信息感知。支持远距离传播的声频谱资源仅在千赫兹级，加上海洋声信道的多途和频散效应影响，声波理论可承载的目标信息量十分有限，声信号的时频分辨能力理论上远不及电磁波信号。

三是声呐探测面临的干扰多、目标信号弱，存在所谓“两个一千”问题。据统计，海洋中商船、渔船等干扰的数量是声呐目标（通常指感兴趣的目标）数量的一千倍，而干扰辐射噪声强度是目标信号强度的一千倍，且随着声学减振降噪技术及声隐身技术进步，目标辐射噪声强度及目标强度还在持续降低。所以，声呐工作环境是天然的高虚警环境，声呐信号信息处理面临的是极端低信噪比条件。

与其他探测体制相比，声呐工作性能的影响和制约因素更多，影响机理更加复杂，声呐工作性能的提升需克服多方面的影响和约束。因此，在声呐系统设计过程中要充分掌握和利用目标、声传播、海洋环境噪声及平台干扰等的特性知识，通过多要素协同设计，以确保系统设计最优。在这过程中，一方面需要加强海洋声学环境观察研究与建模，更好地认识隐秘的海洋，另一方面需要加强研究如何利用海洋环境的不确实性知识，达到灵敏且宽容的声呐信号信息处理的目标。发展和建立不确实/变化海洋环境下声呐理论框架和结构是声呐工作者面临的永恒课题。

参考文献

[1] 中国船舶集团有限公司. 舰艇及其装备术语 第 16 部分：水声: GJB 175.16A—2020[S]. 北京：国家军用标准出版发行部，2021.

[2] 汪德昭，尚尔昌. 水声学[M]. 2 版. 北京：科学出版社, 2013.

[3] Kinsler L E, Frey A R. Fundamentals of acoustics[M]. 2nd ed. New York: John Wiley & Sons, Inc., 1962.

[4] Munk W H. Sound channel in an exponentially stratified ocean with application to SOFAR[J]. The Journal of the Acoustical Society of America, 1974, 55(2): 220-226.

[5] 刘智深, 关定华. 海洋物理学[M]. 济南: 山东教育出版社, 2004.

[6] Thorp W H. Deep ocean sound attenuation in the sub- and low-kilocycle-per-second region[J]. The Journal of the Acoustical Society of America, 1965, 38(4): 648-654.

[7] Thorp W H. Analytic description of the low-frequency attenuation coefficient[J]. The Journal of the Acoustical Society of America, 1967, 42(1): 270.

[8] Fisher F H. Sound absorption in sea water[J]. The Journal of the Acoustical Society of America, 1977, 62(3): 558-564.

[9] Etter P C. Underwater acoustic modeling and simulation[M]. 3rd ed. London: Spon Press, 2003.

[10] Marsh H W, Schulkin M, Kneale S G. Scattering of underwater sound by the sea surface[J]. The Journal of the Acoustical Society of America, 1961, 33(3): 334-340.

[11] Hamilton E L. Compressional-wave attenuational in marine sediments[J]. Geophysics, 1972, 37(4): 620-646.

[12] 刘伯胜, 雷家煜. 水声学原理[M]. 哈尔滨: 哈尔滨工程大学出版社, 1993.

第 3 章　水声目标信号模型

在前面两章中，我们对声呐的发展历史、基本组成、原理和工作环境进行了介绍，对反映目标特性、声传播信道特性、声呐系统特性之间数量关系的声呐方程进行了讨论。从本章开始至第 8 章，我们将依次介绍水声目标信号模型、水声传播模型、声呐背景噪声模型、混响模型、声呐基阵与阵增益、声呐信号信息处理基本理论，为声呐工程设计奠定基础。本章将建立水声目标信号模型，分析声呐的信号源特性。

3.1　目标辐射噪声模型

3.1.1　舰船辐射主要噪声源

被动声呐的探测对象是水下声学目标，包括水面舰艇、潜艇等大型水中运动军用目标，也包括鱼雷、水下无人航行器（unmanned underwater vehicle，UUV）等水下航行小目标以及像商船之类的民用目标。本章重点描述水面舰艇、潜艇等典型目标，并用“舰船”泛指。这些目标运动时会辐射声信号，并通过海水介质向外传播。舰船辐射噪声可分为如下三大类。

机械噪声：指由舰船内部机械运动产生的噪声。

螺旋桨噪声：指舰船在水中航行时螺旋桨转动所产生的噪声，是舰船的主要噪声源。

水动力噪声：指由舰船周围湍流边界层内的扰动、壁面上的脉动压力以及流体与船体结构耦合作用导致的结构振动等引起的噪声。有的研究人员将螺旋桨噪声视为水动力噪声的一种。

1．机械噪声

舰船机械设备种类繁多，如用于航行的主机（往复式发动机、汽油机、柴油机、主电机、经航电机等）以及配套的推进装置（转轴、轴承、减速器等），还有各种辅机（主发动机、变流机、空调机、通风机、各种泵等）以及复杂的管路、阀门、齿轮箱等。这些机械设备在工作过程中产生振动，通过底座或支架传递到船体，从而引起船体振动并向海洋中辐射声波。

机械噪声的噪声源如下。

（1）不平衡的旋转部件，如不圆的轴或电机电枢。

（2）重复但不连续工作的部件，如齿轮、电枢槽、涡轮机叶片等。

（3）往复部件，如柴油机中活塞在气缸里往复运动（吸气、压缩、爆炸、排气等）。

（4）泵、管道、阀门中流体的空化和湍流，冷凝器排气。

（5）在轴承和轴颈上的机械摩擦。

其中，前三种方式产生线谱，噪声中的主要成分是振动的基频及其谐波分量，随着航速的增加，频率和振幅可能都会增大，特定速度下，噪声成分可能与其他类结构件产生谐振，从而引起辐射信号显著增强；后两种方式产生连续谱噪声，当激起结构部件共振时还叠加有线谱。因此，舰船机械噪声可以看作强线谱和弱连续谱的叠加。

图 3-1 给出了几种舰船噪声连续谱，可以看出，不同类型舰船在连续谱结构和形状上呈现出一定的差异，但有时不同类型舰船的连续谱噪声单从谱图上看其结构非常相似，只是能量不同，这时采用机械连续谱噪声进行舰船目标类型区分是很困难的。

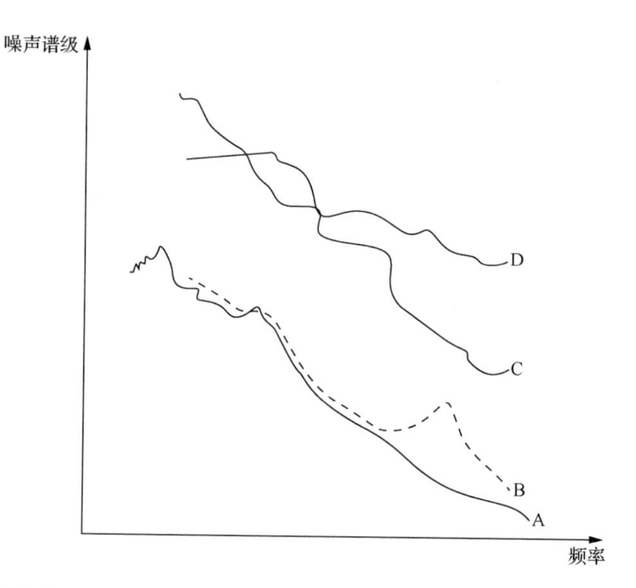

图 3-1　几种舰船噪声连续谱比较图（A、B 为潜艇，C 为护卫舰，D 为驱逐舰）

图 3-2 给出了某货轮在两种不同转速下的线谱分布图[1]，其主机类型为六缸二冲程柴油机，可以看出，不同工作速率下产生的机械线谱频率不同。对该货轮来说，低速下辅机发电机往复旋转产生的线谱占主要成分，随着转速的提高，螺旋桨往复运动产生的线谱逐渐增强，甚至掩盖了辅机线谱。

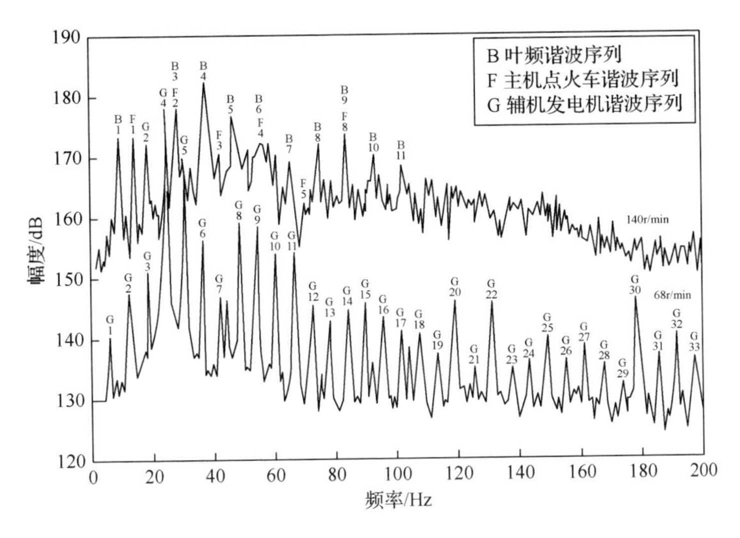

图 3-2　某货轮两种不同转速下的线谱分布图

2. 螺旋桨噪声

螺旋桨噪声是在舰船航行时由螺旋桨所产生的噪声。虽然螺旋桨是舰船动力设备的一部分，但螺旋桨噪声与机电设备的产生机理和谱的形状有很大的不同，属于水动力噪声。不同于机械噪声通过船的壳体向外辐射，螺旋桨噪声是直接辐射到水中。螺旋桨噪声主要包括螺旋桨旋转噪声和空化噪声。螺旋桨旋转噪声主要出现在低航速时且未产生气泡之前。当螺旋桨产生气泡后，主要以空化噪声为主。

1）螺旋桨旋转噪声

螺旋桨旋转噪声是螺旋桨在不均匀流场中工作引起的干扰力和螺旋桨的机械不平衡引起的干扰力所产生的噪声。螺旋桨线谱噪声又称为“唱音”。其频谱主要决定于桨轴转速和桨叶数，常称为叶频。叶频可表示为

$$f_m = mnf_r \tag{3-1}$$

式中，m 为谐波次数；n 为螺旋桨叶数；f_r 为螺旋桨旋转频率，即轴频。被调制在螺旋桨噪声上的这些频谱反映了螺旋桨旋转、螺旋桨叶片及一定谐波关系等信息，可以作为目标识别的依据。

2）空化噪声

空化是液体内局部压力降低时，液体内部或液固交界面上蒸汽或气体的空穴（气泡）形成、发展和溃灭的过程。螺旋桨在旋转时，叶片尖上的表面会产生负压区，如果负压达到足够高，就会出现空化，这些气泡破裂时会发出尖的声脉冲，大量的气泡破裂发出一种很响的嗞嗞声，即所谓的空化噪声。

空化噪声谱由连续谱和线谱两部分构成。第一部分是由紧靠桨叶区域的大量瞬态气泡的崩溃和反弹产生，其频谱是连续的，其特性与桨叶片形状、桨叶面积、

叶距分布等因素有关。第二部分是由螺旋桨附近区域中大量稳定气泡的周期性受迫振动产生，其频谱是离散的线谱。在一定转速下，当螺旋桨叶片旋转产生的涡旋的频率与桨叶固有频率相近时，还会产生桨鸣。

空化噪声谱有一个一定宽度的频谱峰，依频谱峰可以分为两段：高频段和低频段。高频段连续谱随频率的平方下降，即大约以 6dB/oct 的斜率下降；低频段连续谱随频率的增加而增加。空化噪声随舰船航速和螺旋桨转速的增加而增加，随深度的增加而降低。潜艇的空化噪声相对较小，而水面舰艇的空化噪声较大。如图 3-3 所示，潜艇航速增加或下潜深度减小时，这个峰会向低频移动，这是因为在高航速和浅深度情况下，容易产生大量的气泡，从而产生大量的低频噪声，使得谱峰向低频段移动。对潜艇来说，空化现象只在潜艇达到临界航速时才产生，当超过临界航速时，空化噪声会突然增大。

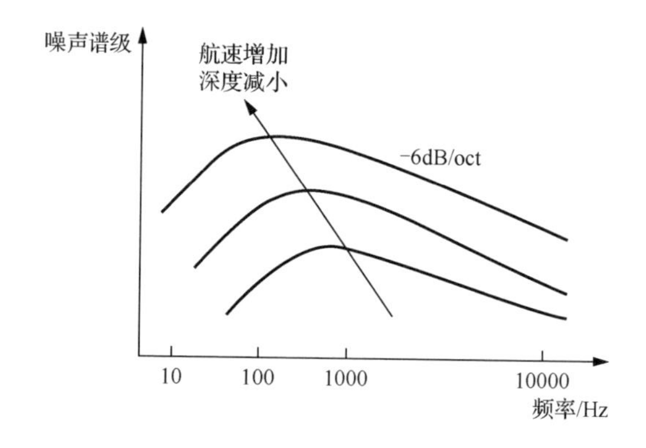

图 3-3　空化噪声谱随航速与深度的变化关系

3. *水动力噪声*

水动力噪声主要有流噪声、航行船只船艏和船艉的拍浪声以及主要水循环系统入水口处和排水口处的噪声等。湍流边界层（turbulent boundary layer，TBL）压力起伏[2]是流噪声的重要声源，舰船航行过程中，当航速达到某一速度时，可能会引起舰船壳体某部分发生共振，从而辐射出较强的线谱（几百赫兹），这部分线谱可以作为目标检测和识别的重要信息；拍浪声与舰船航行速度、海况条件等密切相关，水面和水下目标拍浪声特征也有一定差异。水动力噪声主要分布在低频段，其谱级随频率增加而减小，湍流辐射噪声谱主要为连续谱，分布频段从低频到 100Hz 以上，海面波浪引起的水动力噪声分布在 500～25000Hz 的高频段[3]。水动力噪声特征反映了舰船目标的航行状态、工作环境等信息。比较水面舰艇和潜艇可知，二者工作区域流场不同，航行过程中水动力噪声有较大差异，这些信息可以作为区分目标的鉴别性特征。

3.1.2　舰船辐射噪声谱特性

在建模时，我们对辐射噪声的声谱特性和谱级十分感兴趣，但不同舰船的辐射噪声谱级是一个十分复杂的函数，与噪声源、频率、速度等很多因素有关，其基本规律如下。

（1）频率规律。对于水面舰艇，几乎在整个频段上，频率每增加一倍，谱级下降 5～6dB。对于潜艇，低于某个频率时谱基本是平坦的；之后，随频率增加，谱级下降，一般会比水面舰艇下降更快，在低速航行时，甚至会超过 10dB。

（2）速度规律。对于水面舰艇，在 160Hz～4kHz 频率范围内，速度每增加一倍，谱级增加 4～18dB，而且吨位越大，速度斜率越大。相较于水面舰艇，潜艇速度变化对谱级的影响较小，而且对各个频率上的影响也各不相同。

螺旋桨噪声和舰船机械噪声都包含连续谱、宽带和瞬态三种分量。每一种噪声分量都有不同的产生机理。连续谱分量主要取决于舰船的排水量、柴油电机的质量、柴油电机的安装方式等因素；线谱分量主要由一些离散谱线组成，主要来自电子设备、泵、转叶等，很低频率的音频主要源于螺旋桨的转轴。瞬态信号一般不具有周期性，往往无法预知，它与舰船的操作有关，如变深及其结构性的动作、机动平台移动等。先抛开瞬态分量，舰船辐射噪声谱模型可以表述为强线谱和弱连续谱的叠加。图 3-4 是不同航速下潜艇的辐射噪声谱示意图。

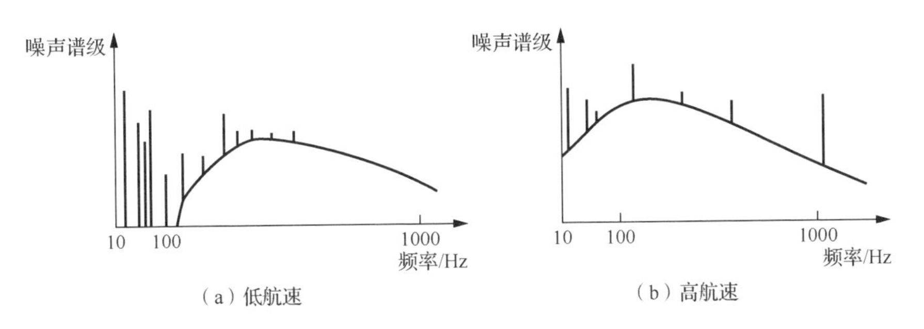

图 3-4　不同航速下潜艇的辐射噪声谱示意图[4]

舰船辐射噪声的基本特征如下。

（1）连续谱的频段从几赫兹到数十千赫兹，其中低频段为 6～12dB/oct 的正斜率，高频段为-6dB/oct 的负斜率，在几十赫兹到二百赫兹之间出现平直谱或峰值；其声级和峰值随舰船的型号、航速和深度的不同而变化。当吨位和航速增加时，总声级相应增加，峰值频率会下移，谱级变化更为缓慢。实际测量舰船辐射噪声的连续宽带谱中有时不存在峰值，这是因为在低频段还有其他噪声源产生的噪声，如机械振动产生的噪声等。宽带谱中低频段主要的噪声是机械噪声。

（2）线谱集中在 500Hz 以下的低频段，少数会延伸到 1kHz 以上；随着频率增大，线谱逐渐被连续谱所掩盖。若叶片共振或存在噪声较大的减速器，则螺旋桨连续谱上会叠加一条或一组高频谱线，在高航速时，螺旋桨噪声增大，由空化产生的连续谱占主要地位，并移向低频，掩盖了很多线谱。同时，某些线谱能级增大，频率增大，而其他由恒速运转的辅机产生的谱级不变，且不受航速增加的影响。电调制的一个重要的谱线频率是 50Hz 或 60Hz，它们对应于不同体制的发电机频率。潜艇与水面舰艇等军用平台采用了大量的隐身降噪措施，特别是潜艇，超过连续谱的强线谱几乎不会出现，线谱的数量也相当少。

除了上述所说的舰船辐射噪声谱之外，螺旋桨的周期性调制还会产生调制谱。调制谱是水声目标识别的重要特征，通过提取调制谱可以获得舰船螺旋桨结构的相关参数。调制谱同样是由连续谱和线谱两部分组成，其中稳定的线谱主要由基频及其谐波组成，基频通常为螺旋桨轴转动的频率。

3.1.3 舰船辐射噪声信号模型

如前所述，舰船辐射噪声谱由连续谱和线谱叠加而成。连续谱和线谱分别对应舰船的宽带辐射信号与窄带辐射信号。实际中，通过建立舰船辐射噪声的宽带功率谱和窄带功率谱模型，可以得到舰船辐射噪声总声级，用于被动声呐工程的设计；建立调制谱模型并对其分析处理是水声被动目标识别较有效的特征提取方法之一。这里主要从舰船辐射噪声的连续谱、线谱和调制谱出发，建立舰船辐射噪声信号模型。

1. 舰船宽带辐射噪声信号模型

1）宽带信号定义

在本书中，宽带信号指由多个子带信号构成的频带较宽的信号。一般在频带内，宽带信号的功率谱是不平坦的。在一般处理中，通常假设在每个子带内，噪声谱与频率无关。鉴于辐射噪声的声谱特性，此处定义辐射噪声声源谱级为

$$\mathrm{SL}(f)=10\lg\left(\frac{P(f)}{P_{\mathrm{ref}}}\right) \tag{3-2}$$

式中，$P(f)$ 为辐射噪声谱；P_{ref} 为在 $r=1\mathrm{m}$ 参考距离上的声功率，即 $P_{\mathrm{ref}}=0.67\times 10^{-18}\times 4\pi r^2=0.67\times 10^{-18}\times 12.6=8.4\times 10^{-18}\,\mathrm{W}$。总声源级为

$$\mathrm{SL}=10\lg\left(\int 10^{\mathrm{SL}(f)/10}\mathrm{d}f\right) \tag{3-3}$$

2）典型宽带功率谱模型

在很多时候，宽带功率谱的形状是有规律的，通过这种规律性可以很快地求解出总功率。一个最简单的模型是分段模型，分段模型将谱分成若干段，认为每一段的每倍频程衰减是常值，因此可以用$[f_{n_1}, f_{n_2}, A_n]$来描述第 n 段的谱与频率的关系，其中，f_{n_1}为第 n 段的起始频率，f_{n_2}为第 n 段的终止频率，A_n为该段的每倍频程衰减量。

（1）一段线模型。

若分段数只有一段，即整个频率范围$[f_1, f_2]$内，谱级每倍频程线性变化量为 A，已知频率 f_0 处的谱级为$\mathrm{SL}(f_0)$，则

$$\mathrm{SL}(f)=\mathrm{SL}(f_0)+A\log_2\left(\frac{f}{f_0}\right) \text{或} \mathrm{SL}(f)\approx \mathrm{SL}(f_0)+\frac{10A}{3}\lg\left(\frac{f}{f_0}\right) \tag{3-4}$$

$$P(f)=P(f_0)\left(\frac{f}{f_0}\right)^{A/3} \tag{3-5}$$

若 $A\neq -3$，则在此频段内的总功率为

$$P_{\mathrm{T}}=\int_{f_1}^{f_2} P(f_0)\left(\frac{f}{f_0}\right)^{A/3}\mathrm{d}f=\frac{1}{A/3+1}\frac{P(f_0)}{f_0^{A/3}}\left(f_2^{A/3+1}-f_1^{A/3+1}\right) \tag{3-6}$$

令 $B=f_2-f_1$ 为频带带宽。定义中心频率为

$$f_{\mathrm{m}}=\frac{1}{A/3+1}\left(\frac{f_2^{A/3+1}-f_1^{A/3+1}}{\Delta B}\right)^{3/A} \quad (A\neq -3) \tag{3-7}$$

则有

$$P_{\mathrm{T}}=P(f_{\mathrm{m}})B \tag{3-8}$$

带内总声源级计算为

$$\mathrm{SL}=\mathrm{SL}(f_{\mathrm{m}})+10\lg B \tag{3-9}$$

下面是几种典型 A 取值时的总声源级计算。

A．若 $A=0\mathrm{dB}$，即谱为平坦的，则 $P(f)=P(f_0)$。频带$[f_1, f_2]$的总功率为

$$P_{\mathrm{T}}=P(f_0)(f_2-f_1)=P(f_0)B \tag{3-10}$$

总声源级为

$$\mathrm{SL}=\mathrm{SL}(f_1)+10\lg B \tag{3-11}$$

中心频率可以取带内任何值。

B．若 $A=3\mathrm{dB}$，则 $P(f)=P(f_0)\left(\frac{f}{f_0}\right)$，声功率与频率呈线性下降关系：

$$\mathrm{SL}(f)=\mathrm{SL}(f_0)+10\lg\left(\frac{f}{f_0}\right) \tag{3-12}$$

总声功率为

$$P_{\mathrm{T}}=\int_{f_1}^{f_2}P(f_0)\left(\frac{f}{f_0}\right)\mathrm{d}f=\frac{P(f_0)}{2f_0}(f_2^2-f_1^2)=\frac{P(f_0)}{2f_0}(f_2+f_1)B \tag{3-13}$$

中心频率为 $f_{\mathrm{m}}=\dfrac{f_2+f_1}{2}$，则

$$P_{\mathrm{T}}=B\cdot P(f_{\mathrm{m}}) \tag{3-14}$$

式中，$P(f_{\mathrm{m}})=\left(\dfrac{f_{\mathrm{m}}}{f_0}\right)P(f_0)$，则总声源级为

$$\mathrm{SL}=\mathrm{SL}(f_{\mathrm{m}})+10\lg B \tag{3-15}$$

【例 3-1】信号功率谱级以每倍频程 3dB 增加，已知在 250Hz 处的谱级为 107dB。求 0Hz 至 250Hz 带宽内总声源级。

中心频率为 $f_{\mathrm{m}}=125\mathrm{Hz}$，其谱级为 $\mathrm{SL}(f_{\mathrm{m}})=104\mathrm{dB}$，有

$$\mathrm{SL}=104+10\lg 250=104+24=128(\mathrm{dB}) \tag{3-16}$$

C．若 $A=-3\mathrm{dB}$，则 $P(f)=P(f_0)\left(\dfrac{f}{f_0}\right)^{-1}$，声功率与频率呈线性下降关系。

$$\mathrm{SL}(f)=\mathrm{SL}(f_0)-10\lg\left(\frac{f}{f_0}\right) \tag{3-17}$$

总声功率为

$$P_{\mathrm{T}}=\int_{f_1}^{f_2}P(f_0)\left(\frac{f}{f_0}\right)^{-1}\mathrm{d}f=f_0P(f_0)(\ln f_2-\ln f_1) \tag{3-18}$$

中心频率为 $f_{\mathrm{m}}=\dfrac{B}{\ln f_2-\ln f_1}$，则

$$P_{\mathrm{T}}=\frac{f_0}{f_{\mathrm{m}}}B\cdot P(f_0) \tag{3-19}$$

总声源级为

$$\mathrm{SL}=\mathrm{SL}(f_{\mathrm{m}})+10\lg B \tag{3-20}$$

D．若 $A=-6\mathrm{dB}$，且 f_0 频率时的谱级为 $\mathrm{SL}(f_0)$，则

$$\mathrm{SL}(f)=\mathrm{SL}(f_0)-6\log_2\left(\frac{f}{f_0}\right) \tag{3-21}$$

声功率与频率的平方成反比：

$$P(f)=P(f_0)\left(\frac{f}{f_0}\right)^{-2} \tag{3-22}$$

频率每翻一倍，谱级下降−6dB。频带 $[f_1,f_2]$ 的总声源级为

$$P_{\mathrm{T}}=P(f_0)f_0^2(f_1^{-1}-f_2^{-1})=P(f_0)f_0^2\frac{f_2-f_1}{f_1f_2}$$
$$\mathrm{SL}=\mathrm{SL}(f_0)+20\lg f_0+10\lg\left(f_1^{-1}-f_2^{-1}\right) \tag{3-23}$$

此时的 f_{m} 正好为频带 $\left[f_1,f_2\right]$ 的几何中心频率，$f_{\mathrm{m}}=\sqrt{f_1f_2}$ 。$P(f_{\mathrm{m}})=P(f_0)\left(\dfrac{f_{\mathrm{m}}}{f_0}\right)^{-2}$ 。则式（3-23）为

$$P_{\mathrm{T}}=P(f_{\mathrm{m}})B \text{ 或 } \mathrm{SL}=\mathrm{SL}(f_{\mathrm{m}})+10\lg B \tag{3-24}$$

因此，我们可以先计算几何中心频率，再求几何中心频率点处的声强，用式（3-24）就能直接求得带级。

如果 $f_2\gg f_1$，也可简化为

$$\mathrm{SL}=\mathrm{SL}(f_0)+20\lg f_0-10\lg f_1 \tag{3-25}$$

下面举一个特殊例子：若 $f_0=f_1$，则

$$\mathrm{SL}=\mathrm{SL}(f_0)+10\lg f_0 \tag{3-26}$$

式（3-26）与谱为平坦（A=0dB）且频带为 $[0,f_1]$ 的谱的总声源级相同。

【例 3-2】信号谱级以每倍频程 6dB 衰减，已知在 1000Hz 处的谱级为 95dB。求 250Hz 至 10kHz 带宽内总声源级。

方法 1：用式（3-23）计算。

$$\mathrm{SL}=95+20\lg 1000+10\lg\left(-\frac{1}{10^4}+\frac{1}{250}\right)\approx 95+60-24=131(\mathrm{dB})$$

方法 2：用式（3-24）计算。

几何中心频率为 $f_{\mathrm{m}}=\sqrt{250\times 10000}\approx 1600\mathrm{Hz}$，此处的谱级为

$$\mathrm{SL}(1600)=\mathrm{SL}(1000)-6\log_2\left(\frac{1600}{1000}\right)=95-4=91(\mathrm{dB})$$

带宽为 $B=10000-250=9750\mathrm{Hz}$，则

$$\mathrm{SL}=\mathrm{SL}(1600)+10\lg 9750\approx 91+40=131(\mathrm{dB})$$

方法 3：用式（3-26）计算。

$$\mathrm{SL}(250)=\mathrm{SL}(1000)-6\log_2\left(\frac{250}{1000}\right)=95+12=107(\mathrm{dB})$$

$$\mathrm{SL}=\mathrm{SL}(250)+10\lg 250\approx 107+24=131(\mathrm{dB})$$

（2）二段线模型。

一个典型的二段线模型为图 3-5 所示的谱级图，用五个参数就能完整地描述辐射噪声谱级曲线：转换频率 f_{T}、二段线的每倍频程变化量（A_1 和 A_2）、某一已知频率 f_{p} 的谱级 $\mathrm{SL}(f_{\mathrm{p}})$。

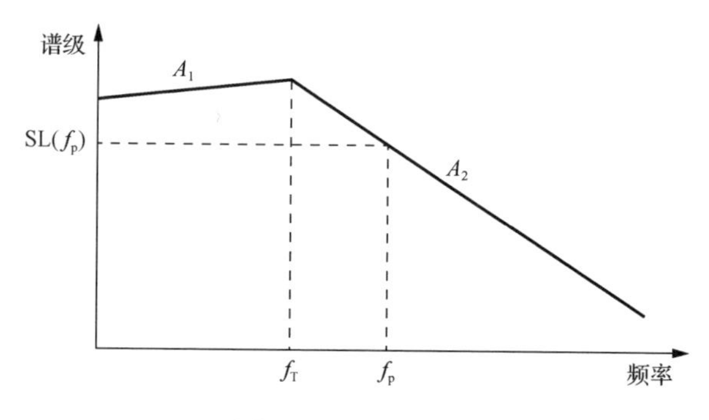

图 3-5　二段线模型

在隐身降噪和声呐总体设计中宽带噪声谱通常采用二段线模型。假设总声段的频率范围为$[f_\mathrm{L}, f_\mathrm{H}]$，转换频率为$f_\mathrm{T}$。在频带$[f_\mathrm{L}, f_\mathrm{T}]$内，噪声级以每倍频程$A_1$的规律变化。在频带$[f_\mathrm{T}, f_\mathrm{H}]$内，噪声级以每倍频程$A_2$的规律变化，即

$$\mathrm{SL}(f)=\begin{cases}\mathrm{SL}(f_\mathrm{T})+A_1\log_2(f/f_\mathrm{T}), & f<f_\mathrm{T}\\ \mathrm{SL}(f_\mathrm{T})+A_2\log_2(f/f_\mathrm{T}), & f\geqslant f_\mathrm{T}\end{cases} \tag{3-27}$$

式中，

$$\mathrm{SL}(f_\mathrm{T})=\begin{cases}\mathrm{SL}(f_\mathrm{p})+A_1\log_2(f_\mathrm{T}/f_\mathrm{p}), & f_\mathrm{p}<f_\mathrm{T}\\ \mathrm{SL}(f_\mathrm{p})+A_2\log_2(f_\mathrm{T}/f_\mathrm{p}), & f_\mathrm{p}\geqslant f_\mathrm{T}\end{cases}$$

这样我们可以根据一段线模型计算带宽内声功率的公式分别计算出两段声功率P_{T_1}和P_{T_2}：

$$P_{\mathrm{T}_1}=P(f_{\mathrm{m}_1})B_1 \tag{3-28}$$

$$P_{\mathrm{T}_2}=P(f_{\mathrm{m}_2})B_2 \tag{3-29}$$

式中，f_{m_1}和f_{m_2}分别为第一段的中心频率和第二段的中心频率；$B_1=f_\mathrm{T}-f_\mathrm{L}$和$B_2=f_\mathrm{H}-f_\mathrm{T}$分别为第一段的频带带宽和第二段的频带带宽。

再将两段声功率相加，总声功率为

$$P_\mathrm{T}=P_{\mathrm{T}_1}+P_{\mathrm{T}_2} \tag{3-30}$$

舰船噪声级简单模型可以取$A_1=0\mathrm{dB}$，$A_2=-6\mathrm{dB}$。已知频率点取f_0（一般取$f_0=1000\mathrm{Hz}$），对应的声源谱级为$\mathrm{SL}(f_0)$，那么式（3-27）可以简化为

$$\mathrm{SL}(f)=\begin{cases}\mathrm{SL}(f_0)-6\log_2(f_\mathrm{T}/f_0), & f<f_\mathrm{T}\\ \mathrm{SL}(f_0)-6\log_2(f/f_0), & f\geqslant f_\mathrm{T}\end{cases} \tag{3-31}$$

f_T的取值与噪声类型、速度等有关。一般潜艇在低速航行时取 200～250Hz，水面舰艇在 300Hz 以上。在声呐建模计算时，可以规定一些典型的目标辐射噪声级。表 3-1 为常用的水面舰艇或潜艇辐射噪声级模型。

表 3-1　常用的水面舰艇或潜艇辐射噪声级模型

类型	1kHz 时的谱级/dB	转换频率 f_T/Hz	总声源级 (5Hz～10kHz)/dB
潜艇 I	90	200	130
潜艇 II	105	200	145
水面舰艇 I	132	250	171
水面舰艇 II	138	300	176
鱼雷 I	118	200	158
鱼雷 II	128	300	166.5

【例 3-3】已知在 1kHz 处的谱级为 95dB，转换频率为 250Hz。在低频段，信号谱平坦，$A_1 = 0\text{dB}$，在高频段，信号谱级以每倍频程 $A_2 = -6\text{dB}$ 衰减，求 10Hz 至 10kHz 带宽内总声源级。

简单地计算 250Hz 处的谱级：

$$\text{SL}(250)=\text{SL}(1000)+6\log_2\frac{1000}{250}=\text{SL}(1000)+12=107(\text{dB})$$

第一段带级为

$$\text{SL}_1=\text{SL}(250)+10\lg B_1=107+10\lg 240\approx 131(\text{dB})$$

第二段的中心频率为 $f_{\text{m}_2}=\sqrt{250\times 10000}=1581\text{Hz}$，$B_2=9750\text{Hz}$，则总声源级为

$$\text{SL}(1581)=\text{SL}(1000)+6\lg\frac{1000}{1581}=95-4\approx 91(\text{dB})$$

第二段带级为

$$\text{SL}_2=\text{SL}(1581)+10\lg B_1=91+10\lg 9750\approx 131(\text{dB})$$

总声源级为

$$\text{SL}=10\lg\left(10^{\text{SL}_1/10}+10^{\text{SL}_2/10}\right)\approx 134(\text{dB})$$

（3）多段线模型。

如果段数不止两个，则需要多段线模型。如果已知一个频率点 f_p 的谱级 $\text{SL}_n(f_\text{p})$（这里不妨假设 f_p 落在第 n 段），那么其他频率点的源级可以由此推算。假设此频率在 m 段，则

$$\text{SL}_m(f)=\begin{cases}\text{SL}_n(f_\text{T})+A_n\log_2(f_{n-1}/f_\text{p})+A_{n-1}\log_2(f_{n-2}/f_{n-1})+\cdots \\ +A_m\log_2(f_m/f) & (m<n)\\ \text{SL}_n(f)+A_n\log_2(f_n/f_\text{p}) & (m=n)\\ \text{SL}_n(f_\text{T})+A_n\log_2(f_n/f_{n+1})+A_{n+1}\log_2(f_{n+1}/f_{n+2})+\cdots \\ +A_m\log_2(f/f_m) & (m>n)\end{cases}\tag{3-32}$$

再用前文的每频段求声强级和谱级的方法，计算出每一段的总声强 P_{T_n}，再合

成整个频段的总声强，并转换为总声源级。

（4）通用模型。

对没有规律的已知谱级求总声源级，就必须知道所有谱线的声强级。一个近似的办法是认为子频带带宽 ΔB（例如 100Hz）内的谱级是相同的，先求出该频段内的频带谱级，再用式（3-33）求得总声源级：

$$\mathrm{SL}=10\lg(\Delta B)+10\lg\left(\sum_i 10^{\mathrm{SL}_i/10}\right) \tag{3-33}$$

式中，SL_i 为第 i 个计算频段的谱级。

【例 3-4】已知宽带噪声谱如图 3-6 所示，求上限频率为 900Hz，下限频率分别为 800Hz、700Hz、600Hz、500Hz 和 400Hz 时的宽带噪声级。

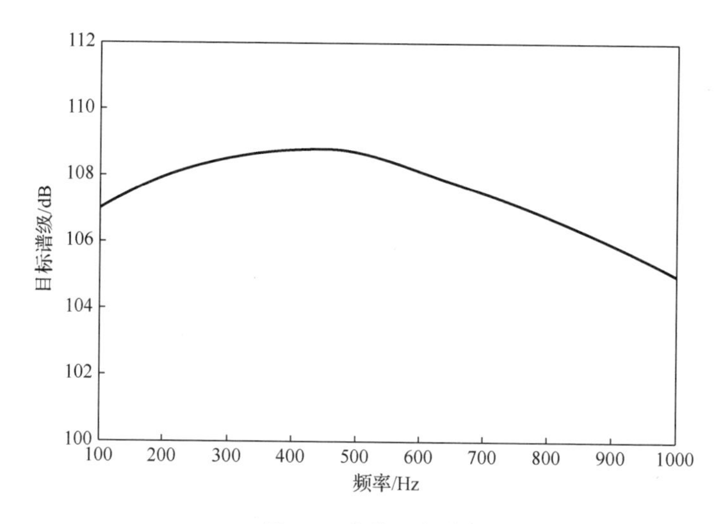

图 3-6　宽带噪声谱

将整个频段分成五个子频带，每个子频带的宽度均为 100Hz。假设每个子频带内的谱级是平坦的，对应为中心频率的值。计算每个子频带的噪声级，并根据式（3-33）求和相应的频段的噪声级。整个计算过程描述在表 3-2 中。

表 3-2　各子频带的噪声级

f/(dB/Hz)	SL_i/dB	$10^{\mathrm{SL}_i/10}$/(W/Hz)	$\Delta B\sum_i 10^{\mathrm{SL}_i/10}$/W	SL/dB	频带/Hz
850	106.3	4.27×10^{10}	4.27×10^{12}	126.3	800～900
750	107.1	5.13×10^{10}	9.40×10^{12}	129.7	700～900
650	107.8	6.03×10^{10}	15.43×10^{12}	131.9	600～900
550	108.5	7.08×10^{10}	22.51×10^{12}	133.5	500～900
450	108.8	7.59×10^{10}	30.10×10^{12}	134.8	400～900

3）等效带宽

令功率谱为$P(f)$，其总功率为

$$P_{\mathrm{T}}=\int_0^{\infty}P(f)\mathrm{d}f \tag{3-34}$$

将其折算到一个幅度为$P_0(f_0)$［一般取$P(f_0)$］、宽度为B_0的矩形谱，即

$$P_{\mathrm{T}}=\int_0^{\infty}P(f)\mathrm{d}f=P\left(f_0\right)\cdot B_0 \tag{3-35}$$

那么B_0为等效带宽，

$$B_0=\frac{\int_0^{\infty}P(f)\mathrm{d}f}{P\left(f_0\right)} \tag{3-36}$$

由这个定义可以推出一个结论，假设两个信号的谱形状相同，若只是绝对幅度不同，即$P_1(f)=\alpha P_2(f)$，那么其等效带宽不变。此结论很容易被证明。这个公式同样适用于有限频率范围$[f_1,f_2]$，

$$P_{\mathrm{T}}=\int_{f_1}^{f_2}P(f)\mathrm{d}f \tag{3-37}$$

也可将其折算到一个幅度为$P_0(f_0)$［一般取$P(f_0)$］、宽度为B_0的矩形谱，即

$$P_{\mathrm{T}}=P\left(f_0\right)\cdot B_0 \tag{3-38}$$

$$\mathrm{SL}=\int_{f_1}^{f_2}P(f)\mathrm{d}f=\mathrm{SL}(f_0)+10\lg B_0=\mathrm{SL}(f_0)+\mathrm{BW} \tag{3-39}$$

式中，$\mathrm{BW}=10\lg B_0$为等效带宽级。总声源级等于某个频率处的谱级和等效带宽级之和。

【例 3-5】以例 3-4 中的宽带噪声谱为例，求[400Hz, 900Hz]频带内的等效带宽大小。

以 400Hz 处的功率谱幅度为基准，即取$f_0=400\mathrm{Hz}$，则$P(f_0)=7.59\times10^{10}\,\mathrm{W/Hz}$，根据表 3-2 中的计算结果，总功率为$P_{\mathrm{T}}=30.10\times10^{12}\,\mathrm{W}$，因此等效带宽为

$$B_0=\frac{P_{\mathrm{T}}}{P(f_0)}=\frac{30.10\times10^{12}}{7.59\times10^{10}}\approx396.6(\mathrm{Hz})$$

2. 舰船窄带辐射信号模型

窄带通常是指带宽相比于中心频率很小的频带，意味着窄带信号可以近似用单频信号来描述，所以有时也称单音信号。很多时候定义窄带的频带带宽为$\Delta B=1\mathrm{Hz}$。然而在实际处理中，很难完全将带宽限定在 1Hz。在信号处理中，采用离散傅里叶变换将时域信号转换为频域信号，可以得到在频率轴上所能得到的最小频率间隔，这一间隔作为窄带信号的频率带宽：

$$\Delta B=\frac{f_{\mathrm{s}}}{N} \tag{3-40}$$

式中，f_s 为采样频率；N 为采样点数。

令窄带信号中心频率为 f_0，信号功率谱为 $P(f)$，f 表示频率。针对线谱，可以认为

$$P(f)=\begin{cases}P(f_0), & f=f_0\\ 0, & \text{其他}\end{cases} \tag{3-41}$$

窄带信号可更一般地定义为具有谐波簇的信号，即存在多个具有倍数关系的频率，$f_0,2f_0,3f_0,\cdots$，对应的谱级分别为 $P(f_0),P(2f_0),P(3f_0),\cdots$。

假设舰船窄带辐射信号由 N 条线谱组成，总声源级表示如下：

$$\mathrm{SL}=10\lg\sum_{i=1}^{N}10^{\mathrm{SL}(f_i)/10} \tag{3-42}$$

式中，$\mathrm{SL}(f_i)$ 表示第 i 条线谱的声源谱级，一般比同一频率处的连续谱级高 3～10dB。

3. 舰船辐射噪声调制模型

舰船辐射噪声调制谱的分析处理过程如图 3-7 所示。首先针对舰船辐射噪声带通滤波，选取合适的频带进行调制谱分析。由于调制谱分析的对象是噪声信号的包络，因此对带通滤波后的噪声信号做检波处理，获取舰船辐射噪声包络。然后通过低通滤波滤除包络中的高频成分，最后对所得包络信号进行功率谱分析获得调制谱。

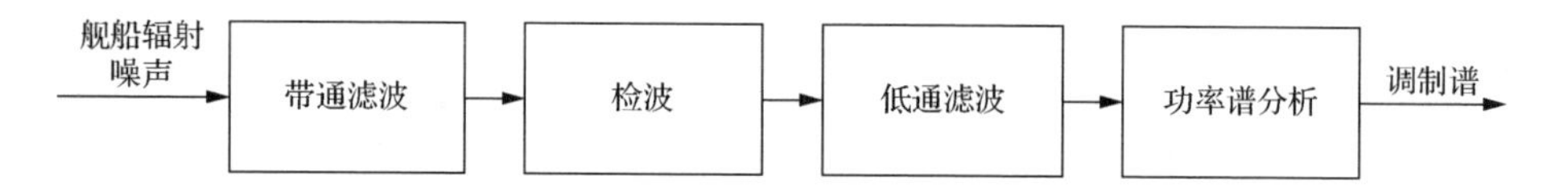

图 3-7　舰船辐射噪声调制谱的分析处理过程

舰船辐射噪声调制特性可以建模为一个受窄带调制的宽带随机过程，数学模型[5]可以表示为

$$p(t)=[1+m(t)]n_{\mathrm{cav}}(t)=\left[1+\sum_{i=1}^{L}A_i\cos(\mathrm{i}\omega t+\theta_i)\right]n_{\mathrm{cav}}(t) \tag{3-43}$$

式中，$m(t)$ 为周期调制信号，由基频及各次谐波组成，是慢变周期函数；A_i、θ_i 为第 i 次谐波的调制度和初相位；ω 为角频率；$n_{\mathrm{cav}}(t)$ 为宽带噪声。假设不考虑海洋环境噪声，$n_{\mathrm{cav}}(t)$ 为平稳高斯随机过程。

这里通过仿真举例说明舰船辐射噪声谱模型的生成过程与分析处理结果。

设舰船辐射噪声信号的参数如下。

（1）频带[10Hz,1000Hz]。

（2）200Hz 以下为平台区，平台区以上频率能量按每倍频程 6dB 衰减。

（3）线谱频率分别为 40Hz、75Hz 和 130Hz，线谱高出连续谱背景 10～15dB。

（4）螺旋桨调制基频 2.5Hz，4 叶桨。

（5）目标辐射噪声级：130dB@1kHz。

信号产生过程如下。

（1）生成指定螺旋桨调制基频、桨叶数的宽带调制信号和其他随机噪声（如高斯随机噪声），如果指定调制频段，可将宽带调制信号经过一带通滤波器实现。

（2）生成指定频率的线谱成分，并根据设定的线谱强度计算线谱幅度。

（3）按指定平台区和频谱衰减规律，设计相应的滤波器。

（4）将（1）和（2）中生成的连续谱和线谱叠加，利用（3）中设计的滤波器对叠加后的信号进行滤波。

（5）根据目标辐射噪声级，对（4）中滤波后的信号进行幅度调整，满足设置的谱级。

图 3-8（a）给出了已知设置参数的舰船辐射噪声时域信号，图 3-8（b）给出了其频谱分析结果，图 3-8（c）给出了其调制谱分析结果。

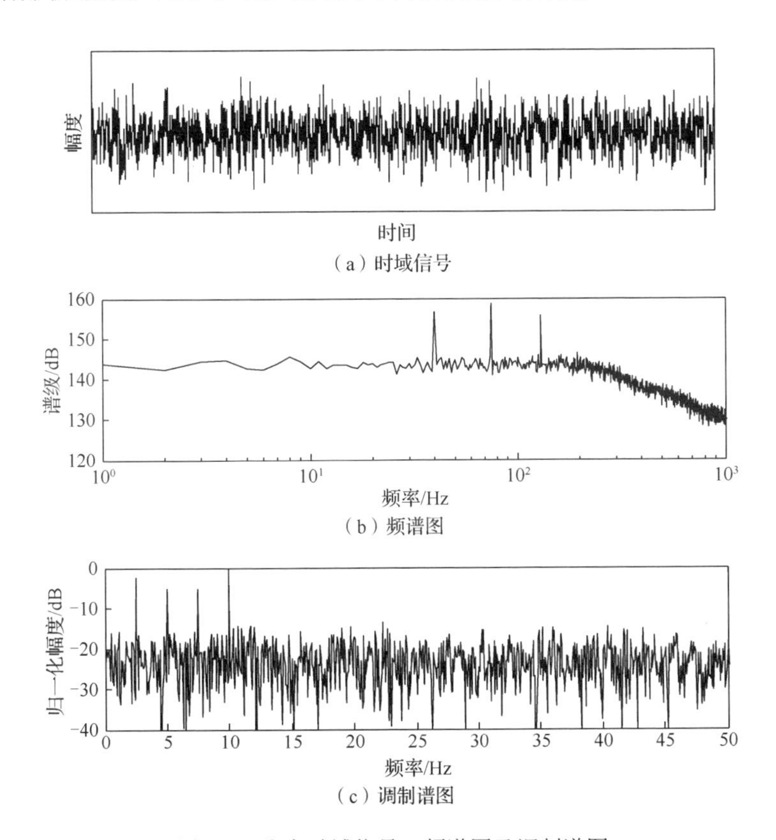

图 3-8　仿真时域信号、频谱图及调制谱图

3.2 目标散射声模型

3.2.1 目标散射特性

当声波在海洋环境中传播时会碰到各种各样的障碍物，如水下的海洋生物、潜艇、鱼雷、潜标、水下潜器等，这些障碍物会对声波的传播产生影响[6]。当入射声波遇到障碍物时，会在障碍物的表面激发次级声源，它们向周围介质中辐射次级声波，习惯上将这些次级声波统称为散射波。声散射涉及反射、透射、衍射、共振激发和再辐射等一系列物理过程。当障碍物尺度远大于入射波波长时，散射波以反射声波为主；当障碍物尺度远小于入射波波长时，反射声波成分变得极小，散射波向空间各个方向辐射；当障碍物尺度和入射波波长相当时，反射、绕射、散射过程都将起作用，这时散射波是这些过程激发的次级波的集合。

3.2.2 目标散射的回波模型

1. 回波亮点模型

1）亮点模型

亮点模型是在线性目标模型下解释目标回波形成的近似模型，其理论依据是在高频和 Kirchhoff 近似条件下目标散射声场的菲涅耳半波带原理。在高频条件下，一个复杂体目标的声散射回波，可以看成由其表面上多个光滑表面的菲涅耳半波带区域反射的子回波叠加而成，每个子回波都可以看成从某一个散射点发出的波，这个散射点就是亮点，它可以是真实的亮点，也可以是某个等效的亮点。

在线性目标模型下，目标回波是各个亮点回波的相干叠加，总的传递函数可表示为

$$H(r,\omega)=\sum_{m=1}^{N}A_m(r,\omega)\mathrm{e}^{\mathrm{i}\omega\tau_m}\mathrm{e}^{\mathrm{i}\varphi_m} \tag{3-44}$$

式中，A_m 是幅度，反映该亮点的强度；τ_m 是时延，由等效散射中心相对于某个参考点的声程决定；φ_m 是该亮点回波形成时产生的相位跳变，它与目标的形状和亮点的性质有关。A_m、τ_m、φ_m 三个参数确定了该亮点的性质。

根据形成机理，可以把声呐目标亮点分成如下两类。

（1）几何类亮点，它主要由目标的几何外表决定，表面光滑，曲率半径大的镜反射亮点贡献往往是第一位的，其次是边缘或棱角的反射亮点。

（2）弹性类亮点，它们是在特定条件下出现的表面绕行波或弹性散射波对应的亮点。

根据亮点模型理论，可得到声呐目标回波的一般模拟公式：

$$S(\omega)=P_i(\omega)\sum_{m=1}^{N}A_m \mathrm{e}^{\mathrm{i}\omega\tau_m}+N(\omega) \tag{3-45}$$

由于我们主要考察回波的波形特性，公式中舍去了几何扩展与相位跳变项，A_m、τ_m 分别表示各亮点相对于某一亮点的幅度与时延，$N(\omega)$ 表示附加的噪声项，一般采用白噪声模型。由式（3-45）得到的回波波形取决于发射信号、亮点个数 N、A_m、τ_m 及噪声等因素。

图 3-9 给出了具有不同亮点结构的目标回波波形仿真及其时频谱图。图 3-9（a）的目标回波由 5 个亮点组成，亮点的相对时延（距离）间距在 0～67ms（0～50m）内均匀随机产生；图 3-9（b）的目标回波由 50 个亮点组成，亮点的相对时延（距离）间距在 0～670ms（0～500m）内均匀随机产生。两类回波中亮点的相对幅度均在 0～1 内均匀随机产生，入射信号为双曲调频（hyperbolic frequency modulation，HFM）信号，信噪比约 15dB。

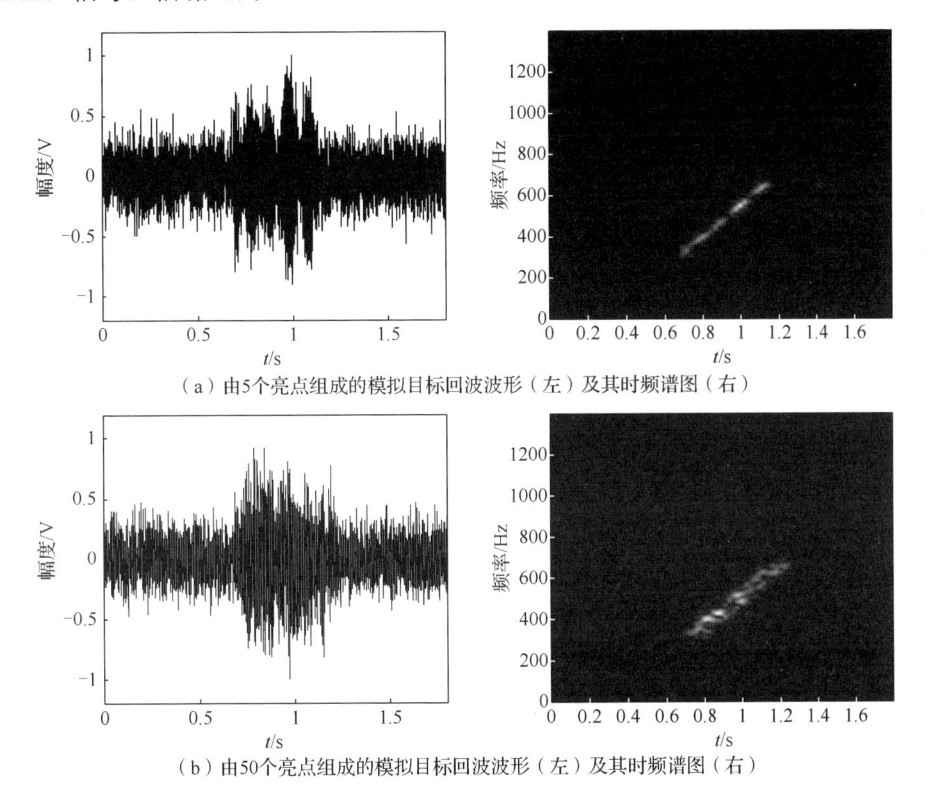

（a）由5个亮点组成的模拟目标回波波形（左）及其时频谱图（右）

（b）由50个亮点组成的模拟目标回波波形（左）及其时频谱图（右）

图 3-9　具有不同亮点结构的目标回波波形仿真及其时频谱图

相比于目前主动声呐工作频段内的声波波长，一般的人造金属目标属于水下大尺度体目标，符合亮点模型的使用范围，其回波信号可用亮点模型来描述。如潜艇目标，其亮点主要由艇艏和艇艉的棱角散射亮点以及艇体、舰桥镜面反射亮点组成，可根据亮点模型得到潜艇目标的模拟回波。

仿真计算得到了人造金属目标的多亮点回波，如图 3-10 所示，并与实际目标回波（图 3-11）进行对比。

（1）设目标的主要亮点数目为 5，主要亮点的最大相对时延为 $2L/c$，其中，$L=100\text{m}$，$c=1500\text{m/s}$。各亮点的时延及幅度设置如表 3-3 所示。

（2）除主要亮点外，还存在一些低强度背景亮点，背景亮点由随机产生的 10 个亮点组成，各亮点幅度在最强亮点幅度的 0.2 倍内随机产生，时间延迟在 $0\sim 2L/c$ 内随机产生。

（3）信噪比约 10dB。

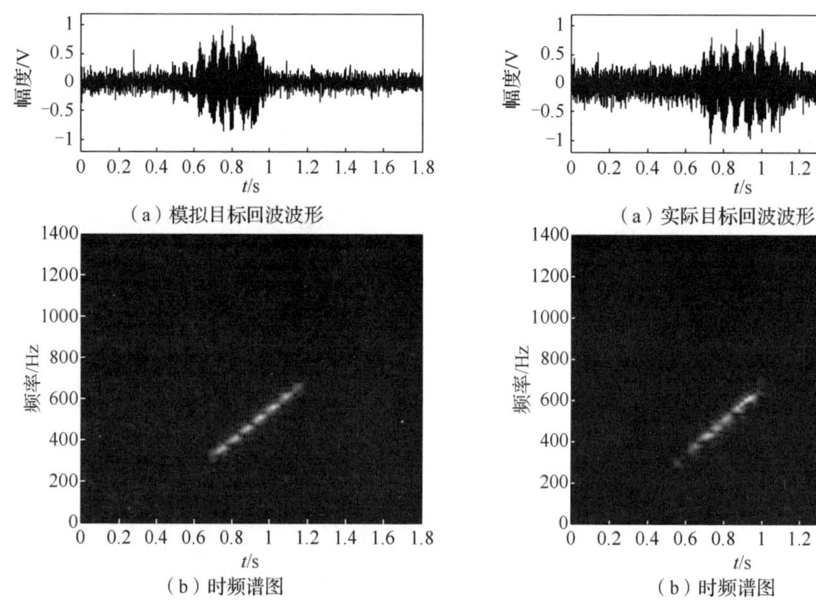

图 3-10　模拟人造金属目标回波波形及其时频谱图

图 3-11　实际目标回波波形及其时频谱图

表 3-3　亮点参数的设置

τ_1	τ_2	τ_3	τ_4	τ_5
11.0ms	114.6ms	113.1ms	131.7ms	1ms
A_1	A_2	A_3	A_4	A_5
0.661	0.720	0.515	0.762	0.367

比较图 3-10 与图 3-11 可看到，基于亮点模型仿真的目标回波波形及其时频谱结构与实际目标回波具有较强的相似性，说明亮点模型较好地反映了目标回波的形成机理，仿真数据可用于验证目标回波的特征提取性能，以弥补实际目标回波数据不足的问题。

2）潜艇目标回波的亮点结构特点

国内外通过实验测试和理论仿真，研究了潜艇目标的亮点结构特点，其亮点主要由 3～6 个突出亮点和一些随机的背景亮点组成[7]。

突出亮点主要包括以下几点。

（1）艇体表面镜反射形成的亮点，该亮点在正横方向入射时强度较大。

（2）艇艏部位以及艇艉螺旋桨等位置存在的一些线状边缘产生的棱角散射回波亮点，亮点强度与入射方位角有关。

（3）其他光滑表面镜反射形成的小范围移动亮点。

背景亮点主要包括以下几点。

（1）潜艇其他部位棱角和边缘部位产生的棱角散射波，它们随入射方位角的变化随机出现，强度一般较小。

（2）弹性类亮点不属于几何亮点，而是由入射声波沿壳体表面的绕行波和弯曲波形成的亮点，它们强度较弱，可当作随机噪声处理。

图3-12给出了利用潜艇目标四周多个角度入射脉冲的回波信号得到的匹配滤波包络图，图中显示了不同角度亮点变化情况。

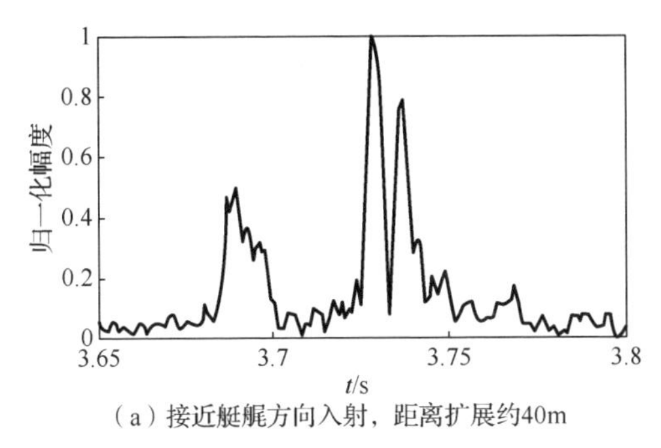

（a）接近艇艉方向入射，距离扩展约40m

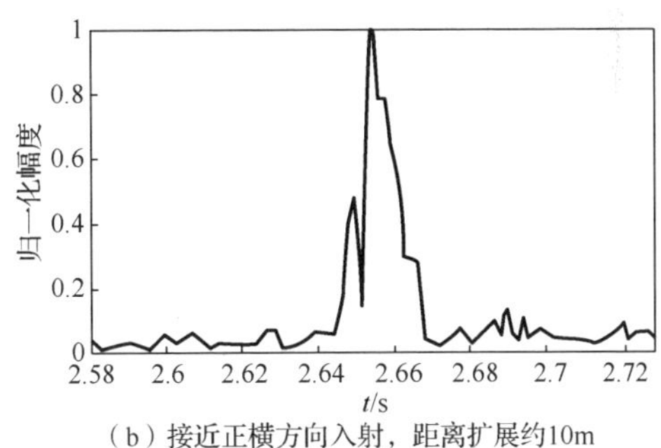

（b）接近正横方向入射，距离扩展约10m

图 3-12　目标回波的亮点结构

2. 弹性散射模型

早期，学者主要着眼于刚性目标的散射，后来通过对弹性球、圆柱、球壳等典型问题进行理论分析和实验研究，逐渐认识到对于水中目标结构，弹性散射是不可忽略的。当声波入射到弹性目标时，入射声波能透入物体内部，并激发内部声场，特别是当物体内部声波波长小于目标半径时，内部波动过程变得重要，目标振动所辐射的声波将非常明显。对弹性目标来说，其回波信号中主要包含了弹性目标的外形信息以及更重要的本质特征（本身材质、内部填充等），因此研究弹性物体的散射特性，将有助于声呐目标的检测和识别。

这里简要讨论平面波在弹性球壳的声散射。取球坐标(r,θ,φ)，坐标圆点在球心O，球半径为a，如图 3-13 所示。设单位振幅的简谐平面波沿 z 方向入射到球，略去时间因子后入射波可以表示成$\mathrm{e}^{\mathrm{i}kz}=\mathrm{e}^{\mathrm{i}kr\cos\theta}$，不依赖于方位角$\varphi$，只依赖于极角$\theta$，简化为二维问题。

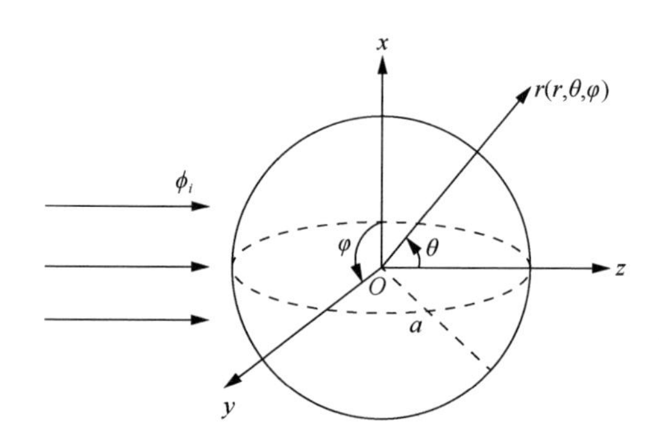

图 3-13 平面波在弹性球壳的散射

对于位移矢量u，用标量势函数ϕ和矢量势函数ψ表示：

$$u=\nabla\phi+\nabla\times\psi \tag{3-46}$$

式中，ϕ与ψ满足波动方程：

$$-\nabla\times\nabla\times\psi=\frac{1}{c_{\mathrm{T}}^2}\frac{\partial^2\psi}{\partial^2 t} \tag{3-47}$$

$$\nabla^2\phi=\frac{1}{c_{\mathrm{L}}^2}\frac{\partial^2\phi}{\partial^2 t} \tag{3-48}$$

其中，c_{L}与c_{T}分别是纵波的速度和横波的速度，

$$c_{\mathrm{L}}=\left[(\lambda+2\mu)/\rho\right]^{1/2} \tag{3-49}$$

$$c_{\mathrm{T}}=(\mu/\rho)^{1/2} \tag{3-50}$$

设k_i为第i种介质中的波数，分别以纵向和横向两种方式计算k_i，结果如下：

$$k_{i\mathrm{L}}^2=\frac{w^2\rho_i}{\lambda_i+2\mu_i} \tag{3-51}$$

$$k_{i\mathrm{T}}^2=\frac{w^2\rho_i}{\mu_i} \tag{3-52}$$

依据式（3-47）和式（3-48）对时间求导，将波数代入势函数方程并求解，则可得到在球坐标系下的解为

$$\phi_i = \sum_{n=0}^{\infty} \mathrm{P}_i(\cos\theta)\left[a_l^i \mathrm{J}_l(k_{i\mathrm{L}} r) + b_l^i \mathrm{N}_l(k_{i\mathrm{L}} r)\right] \tag{3-53}$$

$$\psi_i = \sum_{n=0}^{\infty} \frac{\partial}{\partial\theta} \mathrm{P}_i(\cos\theta)\left[c_l^i \mathrm{J}_l(k_{i\mathrm{T}} r) + d_l^i \mathrm{N}_l(k_{i\mathrm{T}} r)\right] \tag{3-54}$$

式中，J_l 是第一类球形贝塞尔函数；N_l 是第二类球形贝塞尔函数；P_i 是勒让德（Legendre）函数；a_l^i、b_l^i、c_l^i、d_l^i 与边界条件有关，称为散射函数。

对弹性球壳声散射的脉冲响应做仿真试验，结果如图 3-14 所示。

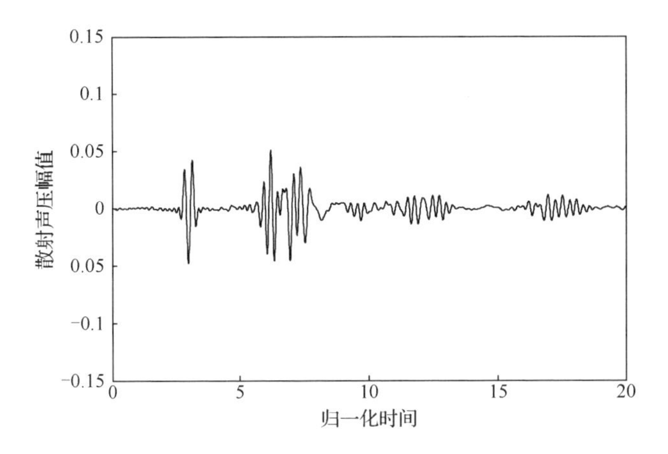

图 3-14　弹性球壳声散射的脉冲响应

利用高斯形冲击信号作为发射信号与弹性球壳声散射脉冲响应做卷积运算，获得仿真弹性球壳在极窄脉冲下的回波信号，球壳的材质为钢质，半径为 0.53m，厚度为 26.5mm。从图 3-14 中可见，弹性球壳在冲击信号下的回波类似于一系列的窄带信号。

图 3-15 为弹性球壳声散射脉冲响应的频谱，可见在 $ka = 40$ 附近出现了频率增强效应。由图 3-14 与图 3-15 可得，从弹性球壳的回波信号中分离各类声散射成分后，可以基于时频特征识别散射回波。

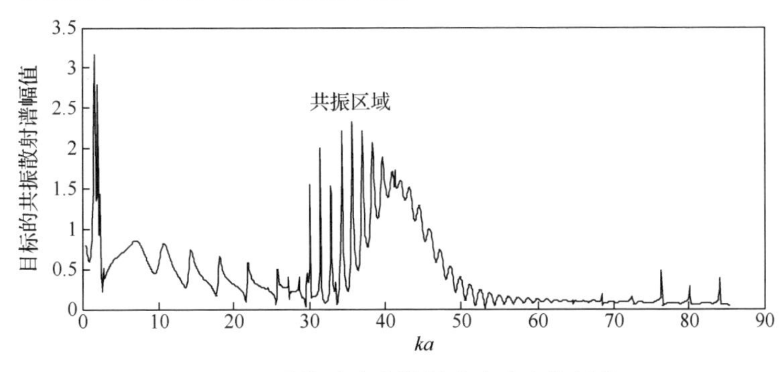

图 3-15　弹性球壳声散射脉冲响应的频谱

3. 目标回波的时延扩展特性

在水声学中，通常回波脉冲的宽度都要宽于入射脉冲，根据前文可知，这是因为目标表面不同区域产生的回波信号经过不同的传播路径到达接收点的时间不同，这使得回波信号的脉冲宽度变长。

对于典型水下目标回波时延扩展特性，可以用亮点模型来解释，示意图如图 3-16 所示，图中，L 为目标尺度，L_r 为径向尺度，θ_i 为入射波与目标艏向角的夹角。

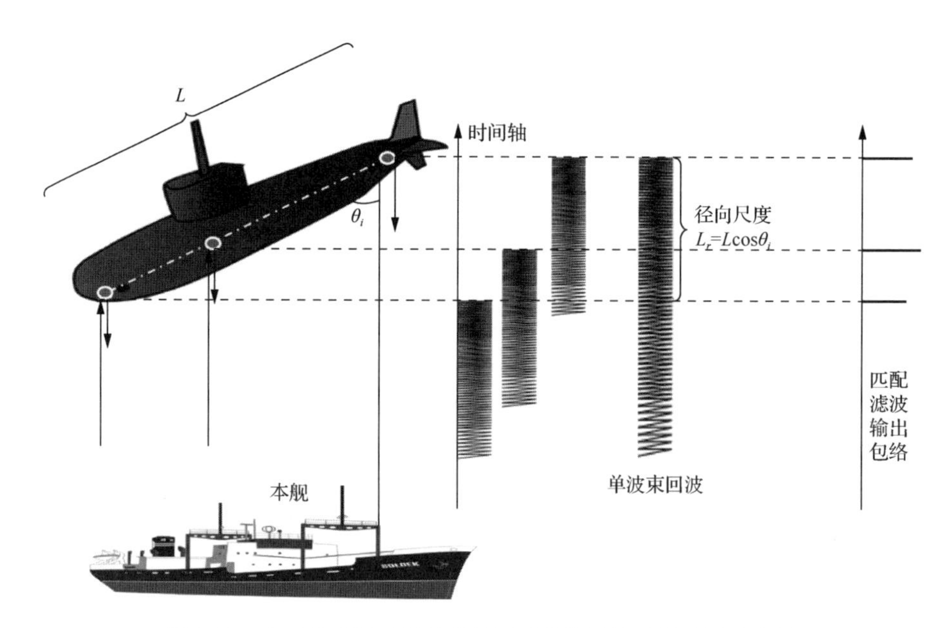

图 3-16　亮点模型下目标尺度扩展引起的回波时延扩展示意图

定义目标与本舰连线上的投影绝对值为目标径向尺度。在亮点模型下，目标的尺度扩展将引起目标回波的时延扩展，自由场环境下，目标径向尺度理论上与目标时延扩展成正比[8]。在浅海波导环境下，除了目标尺度扩展外，界面多途效应的影响也会导致回波时间上的扩展。图 3-17 为试验数据中得到的目标回波与友舰同频直达波的时延扩展比较，对比分析表明，目标尺度扩展仍是引起回波时间扩展的主要因素。

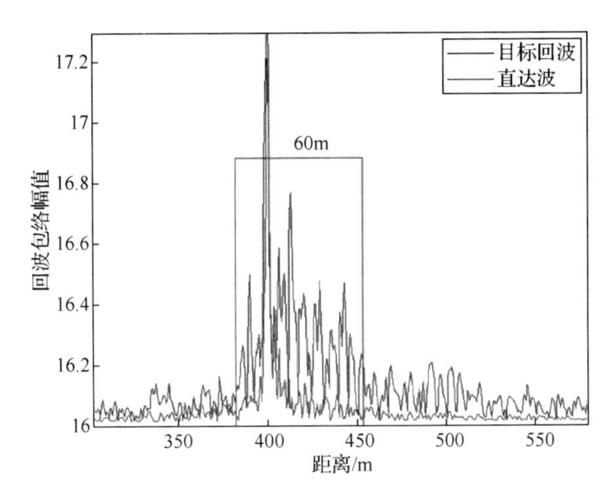

图 3-17　目标回波与友舰同频直达波的时延扩展比较（彩图附书后）

因此，通过提取目标回波的时延扩展，理论上可以提取目标的径向尺度。目标的径向尺度初步反映了目标的尺度大小，可作为目标识别的依据之一[9]。图 3-18 为同一水面船目标不同入射角回波时延扩展的比较。

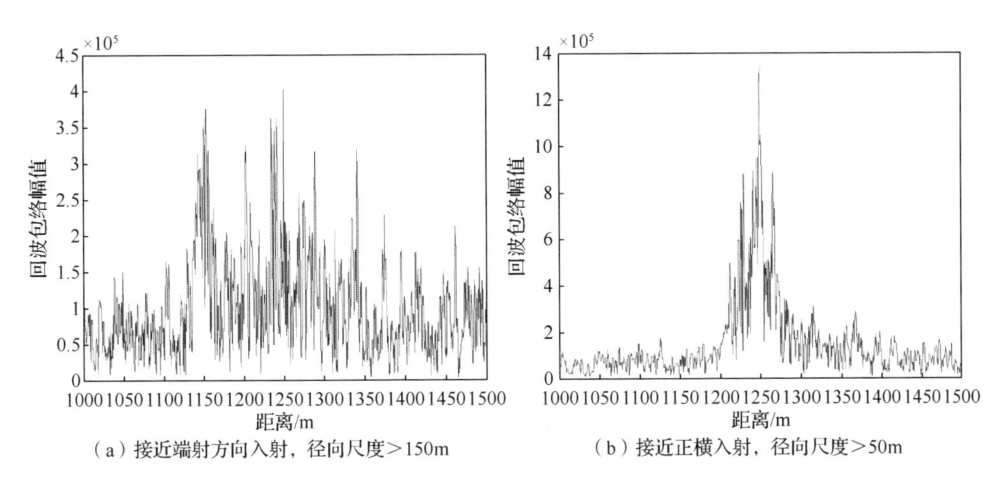

（a）接近端射方向入射，径向尺度＞150m　（b）接近正横入射，径向尺度＞50m

图 3-18　同一水面船目标不同入射角回波时延扩展比较

由图 3-17 和图 3-18 不难得出结论：即便在多途信道影响下，回波时延扩展的大小仍然与目标径向尺度近似成比例，方位变化规律不变。

4. 运动目标的回波多普勒特性

多普勒效应是指由于发射装置和接收装置之间存在的相对径向运动以及由于

环境干扰而产生的接收信号频率产生频移的现象。如果声源相对于介质以速度分量 v_{src} 向固定接收器移动，则接收器接收信号频率将发生改变。令声源频率为 f_{src}，接收器接收频率为 f_{rcv}，则

$$f_{\text{rcv}} = f_{\text{src}} \frac{c}{c - v_{\text{src}}} \tag{3-55}$$

式中，c 为介质中的声速。同样地，如果接收器相对声源以速度 v_{rcv} 运动，则接收器接收频率变为

$$f_{\text{rcv}} = f_{\text{src}} \frac{c - v_{\text{rcv}}}{c} \tag{3-56}$$

一般地，当声源和接收器同时相对运动时，接收器接收频率为

$$f_{\text{rcv}} = f_{\text{src}} \frac{c - v_{\text{rcv}}}{c - v_{\text{src}}} \tag{3-57}$$

这种因声源和接收器相对运动产生的频率变化称为多普勒频移。接收信号和声源信号的频率变化量为

$$\Delta f = f_{\text{src}} \frac{v_{\text{rcv}} - v_{\text{src}}}{c - v_{\text{src}}} \approx f_{\text{src}} \frac{\Delta v}{c} \tag{3-58}$$

对于主动收发合置声呐，由于入射信号和反射信号相向而行，因此频率变化量是式（3-58）中频率变化量的二倍，即

$$\Delta f = f_{\text{src}} \frac{2\Delta v}{c} \tag{3-59}$$

这里 Δv 是目标径向速度，目标径向速度指目标速度在目标与本舰连线上的投影。在主动声呐探测过程中，可以利用多普勒频移特性对目标径向速度进行估计，从而为目标识别提供依据[10]。单频脉冲信号有着良好的频移分辨力，因此多作为主动声呐脉冲信号探测目标径向速度。对于单频脉冲信号，主要通过分段快速傅里叶变换（fast Fourier transform，FFT）谱分析法提取目标的单频回波与同方向混响的单频频差，估计目标的径向速度。图 3-19 为利用实测数据对动目标所在的单频回波数据进行分段和谱分析后得到的目标多普勒特征与速度估计结果，对比同向回波到达前的混响、目标回波、同向回波到达后的混响的接收频率差异，可以很方便地提取目标径向速度。

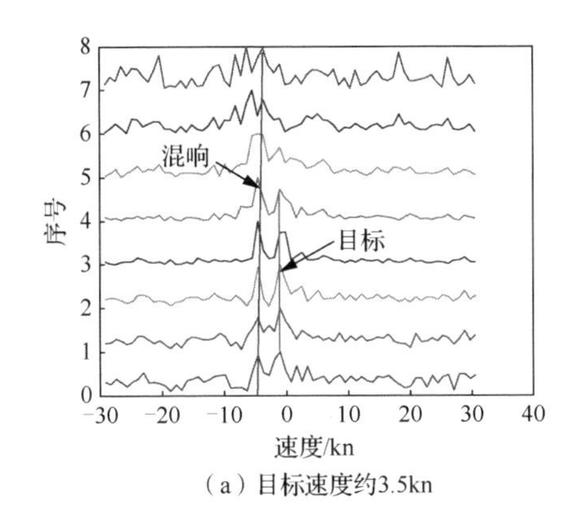

（a）目标速度约3.5kn

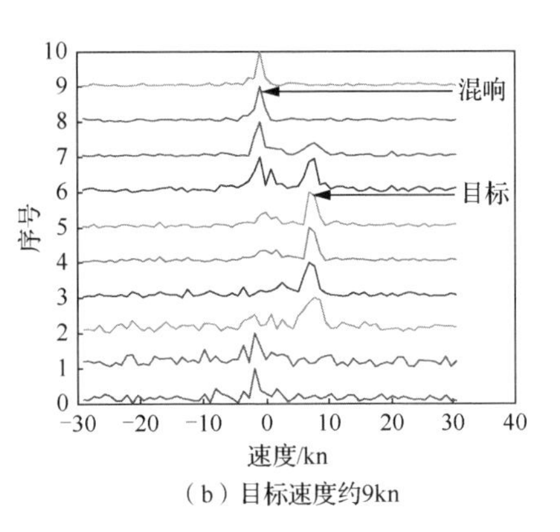

（b）目标速度约9kn

图 3-19　水下高速运动目标多普勒特征与速度估计

3.2.3　典型水下目标的回波特征

1. 目标强度的定义

在主动声呐中，目标强度可用来衡量目标反射信号回波的能力。这里的目标是指感兴趣的观察物，如潜艇等。其余反射回的声波不是回波，而是混响。

在声呐方程中，目标强度 TS 定义为远场处声强值折算到距离目标有效声中心 1m 处的反向散射声强与入射平面波的声强之比的分贝数，即[11]

$$\mathrm{TS}=10\lg\left(\frac{I_\mathrm{r}}{I_\mathrm{i}}\right) \tag{3-60}$$

式中，I_i 可以理解为假设目标不存在时该处的声强；I_r 为在距离目标有效声中心参考距离上的反射声强，参考距离一般取 1m。一般用脉冲回波在远场测量，所以要根据传播损失折算到参考距离上。在很多时候，这个参考距离经常在物体的内部。图 3-20 为声以平面波形式作用到目标上并被反射的示意图。对大目标来说，其反射强度是一个正值，但并不能理解为目标返回的声能较入射时增强了（这是违反能量守恒定律的），这是纯粹引入参考距离或面积所带来的结果。

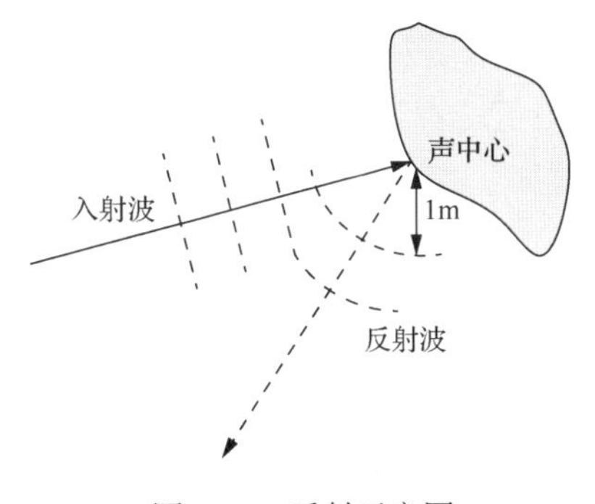

图 3-20　反射示意图

2. 目标强度的计算模型

1）简单几何形状物体的目标强度

表 3-4 为不同形状物体的目标强度。这些值都是在最好的条件下，根据压缩率、密度、内部结构等所推导的理想值。这些值仅可作为对目标强度的粗略估计，在实际测量时可能会有较大偏差。

表 3-4　不同形状物体的目标强度[12]

几何形状	目标强度 $=10\lg A$	入射方向	条件
球体（大）	$R^2/4$	所有，R 为球体半径	$kR \gg 1$，$r \gg R$，r 为距离
球体（小）	$1082R^6/\lambda^4$	正入射，R 为球体半径	$kR \ll 1$，$kr \gg 1$
椭圆体	$\left[bc/(2a)\right]^2$	平行 a 轴，a、b、c 是椭球的主半轴	$ka,kb,kc \gg 1$，$r \gg a,b,c$
圆柱体	$\dfrac{RL^2}{2\lambda}\left(\dfrac{\sin\beta}{\beta}\right)^2\cos^2\theta$	与法线成 θ 角，$\beta = kL\sin\theta$，R 为柱半径	$kR \gg 1$，$r \gg L^2/\lambda$
凸表面	$R_1R_2/4$	垂直于表面，R_1 和 R_2 为主曲率半径	$kR_1,kR_2 \gg 1$，$kr \gg 1$
平滑凸物体	$A/(16\pi)$	所有方向上取平均，A 为全部表面面积	各个线度与曲率半径均大于波长 λ
矩形平板	$\dfrac{L_1L_2}{\lambda^2}\left(\dfrac{\sin\beta}{\beta}\right)^2\cos^2\theta$	与含有 L_1 边的法线平面成 θ 角，$\beta = kL_1\sin\theta$	$r > L_1^2/\lambda$，$kL_2 \gg 1$，$L_1 > L_2$
圆形平板	$\dfrac{(\pi R)^2}{\lambda^2}\left[2\dfrac{\mathrm{J}_1(\beta)}{\beta}\right]^2\cos^2\theta$	与法线成 θ 角，$\beta = 2kL_1\sin\theta$，R 为平板半径	$r > R^2/\lambda$，$kR \gg 1$
三棱反射体	$L^4/(9\lambda^2)(1-0.00076\theta^2)$	与对称轴成 θ 角，L 为棱边长度	线度大于波长 λ

注：采用国际标准单位，尺寸单位为米（m），强度单位为分贝（dB）。

2）经验模型

人们通过大量的实验测量，从统计意义上给出了常见目标的目标强度的经验值。在声呐方程计算时，可直接取这些经验值。表 3-5 为潜艇目标的目标强度典型值。表 3-6 是其他常用声呐目标的目标强度经验值[4]。

表 3-5　潜艇目标的目标强度典型值

方位	TS/dB		
	小型艇	大型艇（有涂层）	大型艇（无涂层）
正横	5	10	25
中间	3	8	15
艇艏或艇艉	0	5	10

表 3-6　其他常用声呐目标的目标强度经验值

目标	方位	TS/dB
水面舰艇	正横	25
	偏离正横	15
水雷	正横	0
	偏离正横	−25～−10
鱼雷	随机	−15
拖曳基阵	正横	0（最大值）
鲸（30m）	背脊方向	5
鲨鱼（10m）	背脊反向	−4
冰山	任意	10（最小值）

随着隐身技术的发展，这些经验取值一般趋于保守。因此，在采用时要根据实际情况做适当调整。

参 考 文 献

[1] Arveson P T, Vendittis D J. Radiated noise characteristics of a modern cargo ship[J]. The Journal of the Acoustical Society of America, 2000, 107(1): 118-129.

[2] Katz R A, Galib T, Cembola J. Mechanisms underlying transitional and turbulent boundary layer (TBL) flow-induced noise in underwater acoustics (Ⅱ)[J]. Journal de Physique IV Proceedings, 1994, 4: 1063-1066.

[3] Skvortsov A, Gaylor K, Norwood C, et al. Scaling laws for noise generated by the turbulent flow around a slender body[C]. Undersea Defense Technology, 2009: 182-186.

[4] Urick R J. 水声原理[M]. 洪申, 译. 3 版. 哈尔滨: 哈尔滨船舶工程学院出版社, 1990.

[5] 吴国清. 背景噪声中检测舰船辐射噪声的周期调制的性能估算[J]. 声学学报, 1982, 7(4): 222-232.

[6] 何祚镛, 赵玉芳. 声学理论基础[M]. 北京: 国防工业出版社, 1981.

[7] Christopher W N, Gilroy L E. An improved BASIS model for the BeTSSi submarine[R]. Defence R&D Canada, DRDC TR 2003-199, 2003.

[8] Liu Y J, Rizzo F J. A weakly-singular form of the hypersingular boundary integral equation applied to 3-D acoustic wave problems[J]. Computer Methods in Applied Mechanics and Engineering, 1992, 96(2): 271-287.

[9] Seybert A F, Rengarajan T K. The use of CHIEF to obtain unique solution solutions for acoustic radiation using boundary integral equations[J]. The Journal of the Acoustical Society of America, 1987, 81(5): 1299-1306.

[10] 范军, 汤渭霖, 卓琳凯, 等. 水下非刚性目标回波特性预报的板块元方法[R]. 国防科技报告, 2005.

[11] 汤渭霖, 范军, 马忠成. 水中目标声散射[M]. 北京: 科学出版社, 2018.

[12] Odges R P. Underwater acoustics: Analysis, design and performance of sonar[M]. New Jersey: John Wiley & Sons, 2011.

第4章 水声传播模型

在声呐方程中，传播损失是一项重要参数。水声传播模型的基础理论是波动方程。采用不同的边界条件、数值求解方法，得到了射线、简正波和抛物方程等计算模型。本章从水声传播建模、水声传播特性两个方面展开描述。

4.1 水声传播建模

4.1.1 水声传播简化模型

针对水声传播模型，人们首先从一些简化的模型入手，继而研究出更符合实际情况的模型。例如，在无边界的自由场环境下，声波传播以球面波形式扩展。在远场条件下，可近似为平面波。在上下受限但无边界反射或散射损失的环境下，声波传播以柱面波形式扩展。而实际海洋环境是上下受限且存在反射、散射等因素的波导环境，声波传播的传播损失通常介于两者传播损失之间。

下面从传播损失的角度描述这些简化的模型。

1. 传播损失

声波在海水中传播时能量会逐步损失，常用传播损失（PL）这一物理量来表征。首先定义传播因子为 Y 点信号功率 P_Y 与 X 点信号功率 P_X 之比：

$$F_{\mathrm{B}}(r)=\frac{P_Y}{P_X} \tag{4-1}$$

式中，Y 点为声传播到达点；X 点为声传播起始点，通常为距离声源 1m 处；r 为两点之间的距离。那么，基于功率的传播损失为

$$\mathrm{PL}(r)=-10\lg F_{\mathrm{B}}(r)=10\lg P_X-10\lg P_Y \tag{4-2}$$

在绝大多数定义中，传播损失是声波在传播过程中，由于吸收、扩展和散射等因素引起声强级减小的量值，即取 X 点处的声强级与传至 Y 点处的声强级之差：

$$\mathrm{PL}(r)=10\lg I_X-10\lg I_Y \tag{4-3}$$

式（4-3）和式（4-2）是有差别的。声强是一个与特性阻抗有关的值，而特性阻抗是一个与传播介质有关的数值。如果声源点与接收点的特性阻抗相同，两种定义的传播损失是等价的，否则用这个定义就会出现较大的误差。

在自由场环境中，传播损失是距离的单调函数。但在复杂的波导环境中，通常存在多路径。接收点接收的信号是由不同路径传播来的信号叠加而成的，如直达路径信号与海面反射路径信号。由于这些信号存在相位差，出现了相长相消的干涉现象。假设接收点接收到的两条路径信号为 $p(r_1)$ 和 $p(r_2)$，相干合成的信号功率为

$$P_Y = \left|p(r_1)+p(r_2)\right|^2 = \left|p(r_1)\right|^2 + \left|p(r_2)\right|^2 + 2\left|p(r_1)\right|\cdot\left|p(r_2)\right|\cos\varphi \tag{4-4}$$

式中，φ 为两条路径信号的相位差，与频率、发射源与接收点的位置差等因素有关。式（4-4）中右边第三项表示两条路径的干涉项。此时，传播损失的计算考虑相位因素，称为相干传播损失。如果对相干传播损失在频率或距离上平均，第三项趋于 0。非相干合成的信号功率为

$$P_Y = \left|p(r_1)\right|^2 + \left|p(r_2)\right|^2 \tag{4-5}$$

即忽略多条路径间相位差引起的相干叠加，此时计算得到的传播损失称为非相干传播损失。

影响传播损失的因素主要有扩展、吸收、散射、多路径、波效应（波导泄漏）等。其中，扩展损失是声能从声源向外扩展时有规律减弱的几何效应。扩展损失随距离变化，且与海深、声速梯度、海底结构、海面状况、声源深度、接收点深度等有关，故扩展损失的计算往往是非常复杂的，有时会采用近似公式进行描述。

2. 球面波模型

如图 4-1（a）所示，若将声源置于无边界、等声速、等密度、无损失的介质中，则各个方向上辐射的功率相等。故根据能量守恒定律，对于任意包围声源且半径不断增大的球面，通过它们的声功率等于总声功率 P，且不随距离变化。所以由功率=强度×面积，有

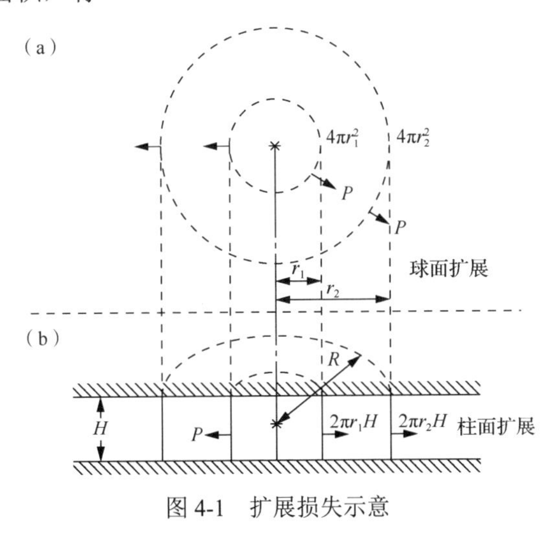

图 4-1　扩展损失示意

∗ 为声源

$$Q(r)\cdot 4\pi r^2 = Q_0\cdot 4\pi r_0^2 \tag{4-6}$$

式中，Q_0为参考距离r_0处的均方声压；$Q(r)$为距离r处的均方声压。

当r_0取 1m 时，则至距离r处的传播因子和传播损失为

$$F_{\mathrm{B}}(r) = \frac{Q(r)}{Q_0} = \left|\frac{r}{r_0}\right|^{-2} = r^{-2} \tag{4-7}$$

$$\mathrm{PL}(r) = -10\lg\left(\frac{Q(r)}{Q_0}\right) = 20\lg r(\mathrm{dB}) \tag{4-8}$$

式（4-8）称为球面扩展损失或反平方扩展损失。

换个角度求解传播损失，根据波动方程可求解出各向均匀球面波的声压$p(r)$为

$$p(r) = \frac{A}{r}\mathrm{e}^{\mathrm{i}(kr-\omega t)} \tag{4-9}$$

式中，A为离声源单位距离处的声压振幅值；r为距离；k为波数；ω为角频率；t为时间。相应的传播损失为

$$\mathrm{PL}(r) = -10\lg\left(\frac{|p(r)|^2}{|p(1)|^2}\right) = 20\lg r(\mathrm{dB}) \tag{4-10}$$

在远场条件下，A/r随距离变化小，在一定距离范围内认为其近似不变，记为A_0，则平面波的声压$p(r)$可表示为

$$p(r) = A_0\mathrm{e}^{\mathrm{i}(kr-\omega t)} \tag{4-11}$$

综合扩展损失和吸收损失，球面波的传播损失为

$$\mathrm{PL}(r) = 20\lg r + \alpha r\times 10^{-3}(\mathrm{dB}) \tag{4-12}$$

式中，r为距离（m）；α为吸收系数（dB/km）。

3. 柱面波模型

实际上，海洋并不是无边界的，它上有海面、下有海底。当声在其中传播时，假设没有边界反射或散射损失，声能被限制在高度等于海水深度H、半径为R的圆柱体中，如图 4-1（b）所示。穿过包围声源且水平方向半径不断增大的任意柱面的功率为

$$Q(r)\cdot 2\pi Hr = Q_0\cdot 2\pi Hr_0 \tag{4-13}$$

当r_0取 1m 时，则至距离r处的传播因子和传播损失为

$$F_{\mathrm{B}}(r) = r^{-1} \tag{4-14}$$

$$\mathrm{PL}(r) = 10\lg r(\mathrm{dB}) \tag{4-15}$$

式（4-15）称为柱面扩展损失或反一次方扩展损失。

同理，柱面波的声压 $p(r)$ 可写为

$$p(r)=\frac{A}{\sqrt{r}}\mathrm{e}^{\mathrm{i}(kr-\omega t)} \tag{4-16}$$

相应的传播损失为

$$\mathrm{PL}(r)=-10\lg\left(\frac{|p(r)|^2}{|p(1)|^2}\right)=10\lg r(\mathrm{dB}) \tag{4-17}$$

综合扩展损失和吸收损失，柱面波的传播损失为

$$\mathrm{PL}(r)=10\lg r+\alpha r\times 10^{-3}(\mathrm{dB}) \tag{4-18}$$

在很多情况下，可以用近似公式来描述声传播扩展损失。在浅海中，可分为近、中、远三种距离情况：①距声源较近时，海底反射相对幅度较小，影响不大，声强随距离按球面波规律衰减；②远距离时，只有有限个无附加衰减的简正波或附加衰减较小的前一、二阶简正波起主要作用时，声强随距离近似按柱面波规律衰减；③中等距离时，需考虑一定阶数简正波的综合效应，声强随距离衰减规律介于球面波与柱面波规律之间，这时的声强随距离可以按−3/2 次方规律衰减，典型的指数取值为−1.7，相应的传播因子和传播损失为

$$F_{\mathrm{B}}(r)=r^{-1.7} \tag{4-19}$$

$$\mathrm{PL}(r)=17\lg r(\mathrm{dB}) \tag{4-20}$$

综合扩展损失和吸收损失，按−1.7 次方规律扩展的传播损失为

$$\mathrm{PL}(r)=17\lg r+\alpha r\times 10^{-3}(\mathrm{dB}) \tag{4-21}$$

4.1.2　海洋波导声传播模型

声传播模型的基础理论是波动方程。波动方程是由理想流体介质下连续性方程（质量守恒定律）、欧拉方程（牛顿第二定律）和绝热状态方程（热力学定律）通过联立、近似、推导，得到的一个小振幅下声波传播的二阶线性偏微分方程：

$$\nabla^2\Psi=\frac{1}{c^2}\frac{\partial^2\Psi}{\partial t^2} \tag{4-22}$$

式中，∇^2 为拉普拉斯算子，在直角坐标系下为 $\nabla^2=\partial^2/\partial x^2+\partial^2/\partial y^2+\partial^2/\partial z^2$。

假设势函数为谐和解 $\Psi=\phi\exp(-\mathrm{i}\omega t)$，可得到亥姆霍兹（Helmholtz）方程：

$$\nabla^2\phi+k^2\phi=0 \tag{4-23}$$

式中，$k=\omega/c$ 为波数；ϕ 为波的振幅。

对亥姆霍兹方程的不同求解方法可以构建出不同的声传播模型，如简正波模型、射线模型和抛物方程模型等，相应的声学模型软件有 KRAKEN、BELLHOP 和 RAM 等。图 4-2 为几种声传播模型的理论方法之间的关系[1]。

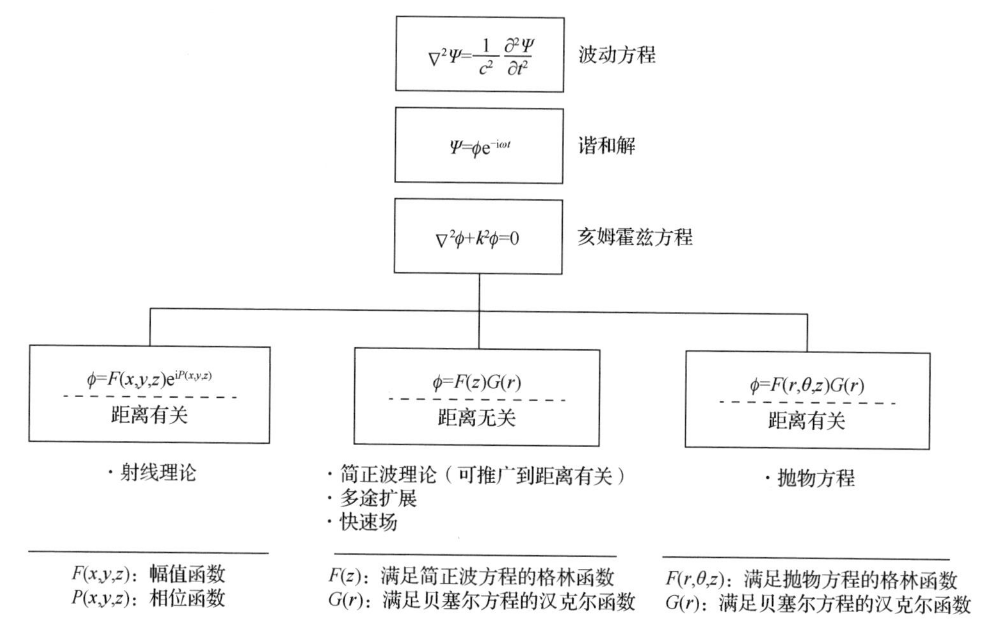

图 4-2　几种声传播模型的理论方法之间的关系

波动方程有多种类型的数值解。不同的理论模型适用于不同的应用场景。在实际使用中，可根据需要选择相应的声场模型。不同传播模型的应用范围如表 4-1 所示[1]。

表 4-1　不同传播模型的应用范围

传播模型	应用							
	浅海				深海			
	低频（<500Hz）		高频（>500Hz）		低频（<500Hz）		高频（>500Hz）	
	距离无关	距离有关	距离无关	距离有关	距离无关	距离有关	距离无关	距离有关
射线	○	○	◑	●	◑	◑	●	●
简正波	●	◑	●	◑	●	◑	◑	○
多途扩展	○	○	◑	○	◑	○	●	○
快速场	●	○	●	○	●	○	◑	○
抛物方程	◑	●	○	○	◑	●	◑	◑

注：●表示模型适用；◑表示模型精度或计算速度受限；○表示模型不适用。

下面简要介绍三种传播模型：简正波模型、射线模型和抛物方程模型。

1. 简正波模型

对亥姆霍兹方程，利用变量分离技术，寻求一种 $p(r,z)=\Psi(r)Z(z)$ 形式的非强迫解，其中 $\Psi(r)$、$Z(z)$ 分别是距离 r、深度 z 的函数。经推导，这些解可用模函数 $Z_m(z)$ 和水平波数 k_{rm} 进行表征。声压可重写为

$$p(r,z)=\sum_{m=1}^{\infty}\Psi_m(r)Z_m(z) \tag{4-24}$$

利用 $Z_m(z)$ 的正交性，可以得到

$$\frac{1}{r}\frac{\mathrm{d}}{\mathrm{d}r}\left(r\frac{\mathrm{d}\Psi_m(r)}{\partial r}\right)+k_{rm}^2\Psi_m(r)=-\frac{\delta(r)Z_m(z_\mathrm{s})}{2\pi r\rho(z_\mathrm{s})} \tag{4-25}$$

式中，$\rho(z_\mathrm{s})$ 是深度 z_s 处的密度。式（4-25）的标准解为

$$\Psi_m(r)=\frac{\mathrm{i}}{4\rho(z_\mathrm{s})}Z_m(z_\mathrm{s})\mathrm{H}_0^{(1,2)}(k_{rm}r) \tag{4-26}$$

式中，$\mathrm{H}_0^{(1)}$ 和 $\mathrm{H}_0^{(2)}$ 分别为一类汉克尔函数和二类汉克尔函数，对应不同的辐射条件。在时间因子为 $\exp(-\mathrm{i}\omega t)$ 情况下，辐射条件规定当 $r\to\infty$ 时能量应该向外辐射，故取一类汉克尔函数，可得到声场：

$$p(r,z)=\frac{\mathrm{i}}{4\rho(z_\mathrm{s})}\sum_{m=1}^{\infty}Z_m(z_\mathrm{s})Z_m(z)\mathrm{H}_0^{(1)}(k_{rm}r) \tag{4-27}$$

汉克尔函数用近似式表示，则式（4-27）为[2]

$$p(r,z)\approx\frac{\mathrm{i}}{\rho(z_\mathrm{s})\sqrt{8\pi r}}\mathrm{e}^{-\mathrm{i}\pi/4}\sum_{m=1}^{\infty}Z_m(z_\mathrm{s})Z_m(z)\frac{\mathrm{e}^{\mathrm{i}k_{rm}r}}{\sqrt{k_{rm}}} \tag{4-28}$$

因此，声场可以表示为一系列简正波的叠加。简正波模型是描述浅海声场的主要方法，也可用于描述低频深海声场。图 4-3 是一组基于 Munk 深海声速剖面模型的简正波计算结果，声源频率为 50Hz。可以看出，各简正波并不是完全的正弦波，第 m 阶简正波有 m 个过零点。另外，简正波在声道轴附近振荡，在靠近海面或海底时指数衰减。模式阶数越大，模式振荡越剧烈。

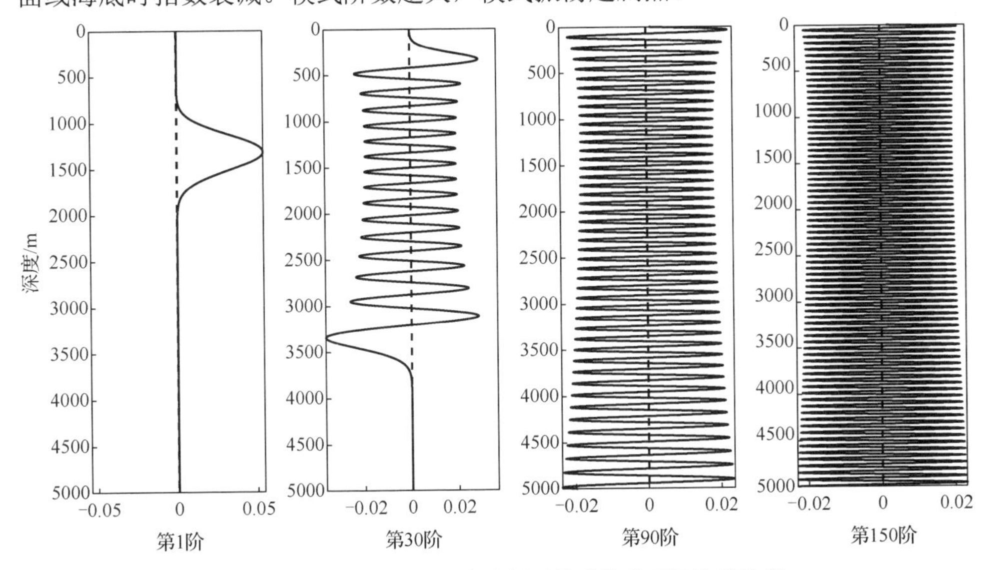

图 4-3　基于 Munk 深海声速剖面模型的简正波计算结果

那么，传播损失可写为

$$\mathrm{PL}(r,z)=-20\lg\left|\frac{p(r,z)}{p_0(r)}\right| \tag{4-29}$$

式中，$p_0(r)=\mathrm{e}^{\mathrm{i}k_0 r}/(4\pi r)$ 是自由空间中点源的声压，则有

$$\mathrm{PL_i}(r,z)\approx-20\lg\left|\frac{1}{\rho(z_\mathrm{s})}\sqrt{\frac{2\pi}{r}}\sum_{m=1}^{\infty}\frac{1}{\sqrt{k_{rm}}}Z(z_s)Z(z)\mathrm{e}^{\mathrm{i}k_{rm}r}\right| \tag{4-30}$$

式（4-30）是相干传播损失的计算公式，在求和之前考虑了相位因素。在某些情况下，计算非相干传播损失是有用的，非相干传播损失为

$$\mathrm{PL}(r,z)\approx-20\lg\frac{1}{\rho(z_\mathrm{s})}\sqrt{\frac{2\pi}{r}}\sqrt{\sum_{m=1}^{\infty}\left|\frac{1}{\sqrt{k_{rm}}}Z(z_s)Z(z)\mathrm{e}^{\mathrm{i}k_{rm}r}\right|^2} \tag{4-31}$$

从式（4-31）可以看出，求和是在幅度基础上进行叠加而忽略了相位影响。另外，非相干传播损失经常用于浅海问题。因为在浅海，简正波与海底接触，而对海底的特性往往缺乏了解，这时用相干传播损失来预测干涉图的细节已经没有物理意义了。

【例 4-1】在浅海负梯度环境下（假定海深 100m，海面声速 1530m/s，声速梯度 $-0.05\mathrm{s}^{-1}$），声源发射频率为 200Hz，发射深度和接收深度均为 50m。图 4-4 是浅海负梯度条件下相干传播损失（实线）与非相干传播损失（虚线）的计算结果。可以看出，非相干传播损失可以认为是相干传播损失平滑后的结果。

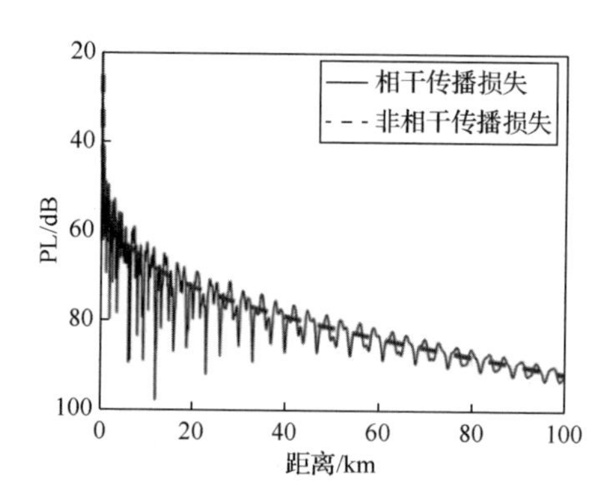

图 4-4　相干与非相干两种传播损失计算结果

上述简正波模型是建立在与距离无关环境假设基础之上的。将简正波模型扩展到与距离有关的环境，主要有“模式耦合”和“绝热近似”两种方法，如 COUPLE 模型就是基于耦合简正波理论开发的。耦合简正波在处理非均匀波动问题上，它的精确程度较高，是检验其他模型的标准解。

Porter[3]开发了一个声学工具箱，拥有多种声学模型软件，能够处理一些复杂的海洋模型。声学工具箱结构如图 4-5 所示。它涵盖了 KRAKEN 简正波模型、BELLHOP 射线/波束轨迹模型、SCOOTER 谱积分快速场程序（fast field program，FFP）模型和 SPARC 时域 FFP 模型[3]。

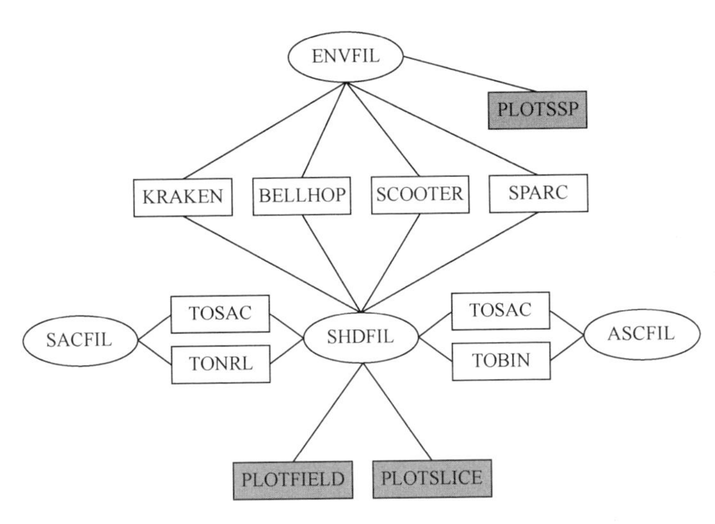

图 4-5　声学工具箱结构

【例 4-2】图 4-6（a）为浅海弱负梯度声速剖面。海深为 100m，声源深度为 10m，工作频率为 1000Hz，接收点与声源的距离为 40km。经过执行 KRAKEN.exe 程序后，可计算得到不同深度情况下的声场分布，如图 4-6（b）所示。

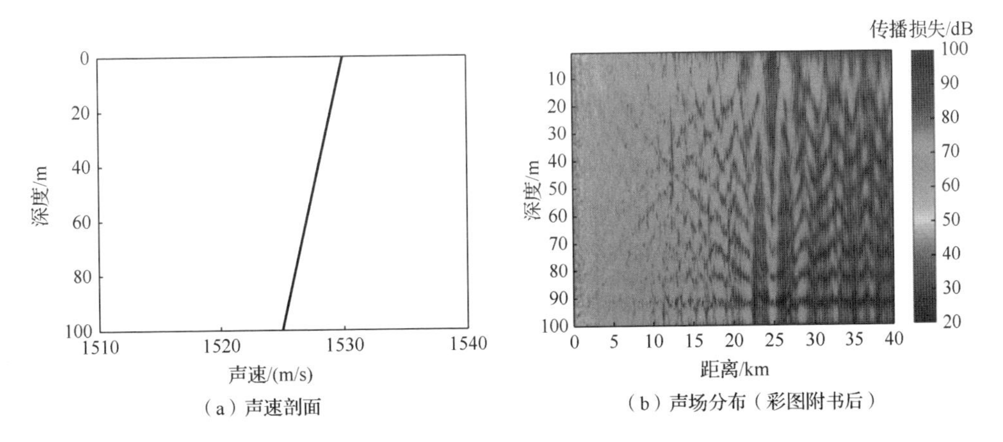

（a）声速剖面　（b）声场分布（彩图附书后）

图 4-6　浅海环境下的声场分布

2. 射线模型

射线模型是数学上最简单、物理意义上最直观、发展最早的声场分析方法，其基本思想是接收点接收到的声强被认为是许多根本征声线的相干叠加。每一根本征声线以各自的出射角度从声源沿着垂直于等相位面的声线路径传播，经折射、反射等过程到达接收点。

射线理论在数学上是波动理论的高频近似。在高频条件下，根据亥姆霍兹方程可推导出：

$$\nabla\varphi = n^2(x,y,z) \tag{4-32}$$

$$\nabla\cdot(A^2\nabla\varphi)=0 \tag{4-33}$$

式中，φ 是程函；$n(x,y,z)$ 是折射率；A 是振幅。式（4-32）和式（4-33）分别称为程函方程和强度方程，是射线声学的两个基本方程。

根据程函方程可以求出声线的方向，导出声线的传播时间与传播轨迹，根据强度方程可以求出声线的声压幅度，进而可求解得到波动方程中的声压 p。

传统射线理论把声波看作无数条垂直于等相位面的声线向外传播。利用斯内尔定律，可以计算出声线走过的路程。考虑一个最简单的模型：介质声速随深度线性变化，其声速梯度为 g 。在这种模型下，声线可表示为不同曲率半径的圆弧。声线弯曲图如图 4-7 所示。

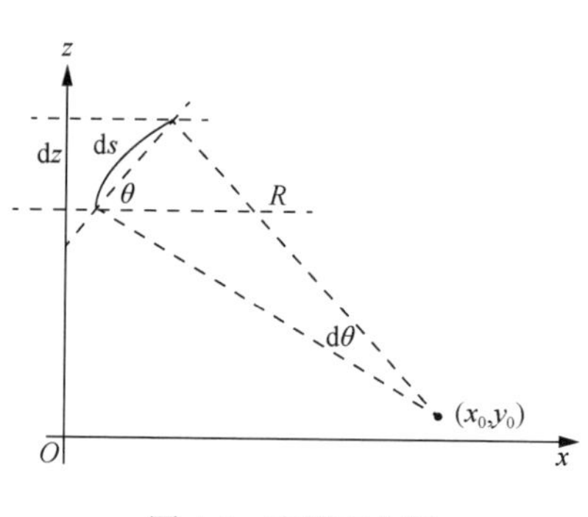

图 4-7　声线弯曲图

图中声线的曲率半径为

$$R=\frac{\mathrm{d}s}{\mathrm{d}\theta}=-\frac{c}{g\cos\theta} \tag{4-34}$$

根据斯内尔定律，$c/\cos\theta$ 是常数。因此，声线弯曲程度取决于声速梯度 g。当 $g=0$ 时，R 无穷大，即声线为直线；否则，声线为一个圆弧，$|g|$ 越大，$|R|$ 越小，即声线弯曲越厉害。反之，$|g|$ 越小，$|R|$ 越大。这就是折射效应。

图 4-8 画出了声速分别为负梯度和正梯度垂直分布时的声线弯曲。从图中可以看出，声线永远是弯向低声速区。根据斯内尔定律，可由已知的声速梯度分布推算出声线轨迹。在负梯度水层中，声速随深度增加而下降，声线掠射角随深度增加而增加，因而声线向下弯向海底，如图 4-8（a）所示。当声线与某一水平面（如海面）相接触时，声线出射角 θ_{m} 为

$$\theta_{\mathrm{m}} \approx \arccos\left(1+\frac{z_0 g}{c_0}\right) \tag{4-35}$$

式中，z_0 为声源点与海平面的垂直距离；c_0 为海平面的声速。相对应的水平距离为

$$r_{\mathrm{m}} = -\frac{2c_0}{g}\sin\theta_{\mathrm{m}} \tag{4-36}$$

在正梯度水层中，声速随深度增加而增加，声线掠射角随深度增加而减小，声线向上弯向海面，如图 4-8（b）所示。

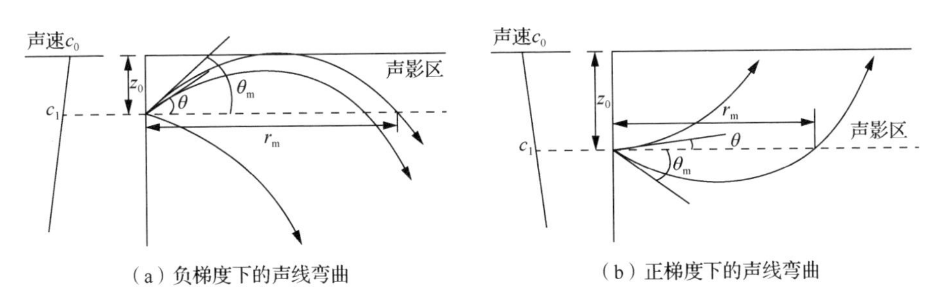

图 4-8　声速负梯度和正梯度下的声线弯曲

【例 4-3】当弱负梯度 $g=-0.05\mathrm{s}^{-1}$ 时，相应的声线曲率半径约为 30km。如果声源在水下 300m，则 $\theta_{\mathrm{m}}=8.1°$，$r_{\mathrm{m}}=8.5\mathrm{km}$。所以声线弯曲实际上是微小的，但这一微小的声线弯曲却能显著地影响声场，造成了声影区。而当强负梯度（如深海主跃变层）$g=-0.3\mathrm{s}^{-1}$ 时，声线曲率半径只有 5km。

绘制声线轨迹通常可以利用这些圆弧特性。如果已知初始掠射角 θ_1 和声速的垂直分层分布 $c(z)$，就可以按照斯内尔定律求出海洋中任意深度处声线的掠射角，自然也就确定了任意深度处声波的传播方向。

BELLHOP 是一款采用射线跟踪方法计算水平非均匀海洋环境下声场信息的软件。相比于 KRAKEN 软件，BELLHOP 更为快捷，可以计算各种有用的物理信息，如传播损失、本征声线、到达和接收的时间序列等。射线跟踪方法主要包括高斯波束跟踪方法和几何波束跟踪方法两种。其中高斯波束跟踪方法的基本思想是将高斯强度分布与每条声线联系起来，该声线为高斯声束的中心声线，这些声线能较平滑地过渡到声影区，所提供的结果与全波动模型的结果更为一致。射线模型的频率适用范围并没有明确的公式，有一个经验公式可供参考[4]：

$$f > 10\frac{c}{H} \tag{4-37}$$

式中，f 为频率（Hz）；c 为声速（m/s）；H 为海深（m）。

【例 4-4】图 4-9（a）为深海冬季声速剖面，折线模型参数详见第 2 章。海深为 5000m，声道轴深度为 1000m，声源深度为 30m，工作频率为 500Hz，接收点

与声源的距离为100km。经过执行BELLHOP.exe程序后，可计算得到不同深度的声场分布，如图4-9（b）所示。

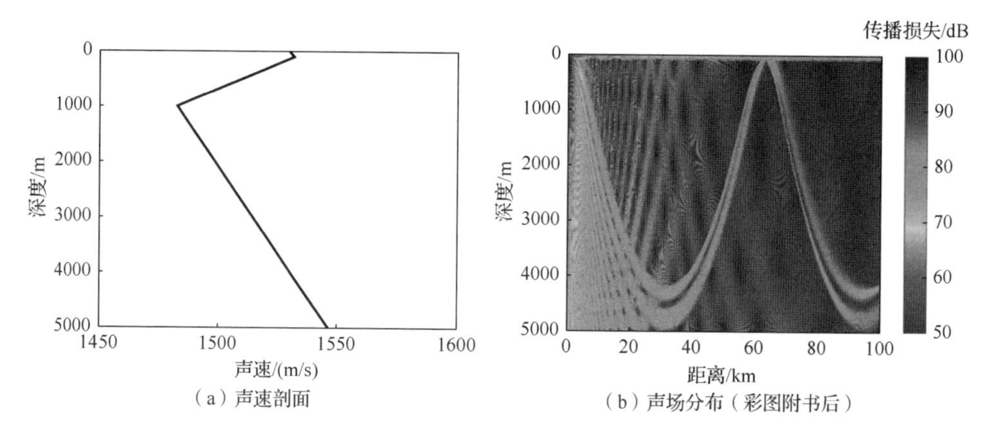

（a）声速剖面　　（b）声场分布（彩图附书后）

图4-9　深海环境下的声场分布

3. 抛物方程模型

假定海洋环境参数是方位对称的，则可以得到标准的二维亥姆霍兹方程，即

$$\frac{\partial^2 p}{\partial r^2}+\frac{1}{r}\frac{\partial p}{\partial r}+\frac{\partial^2 p}{\partial z^2}+k_0^2 n^2 p=0 \tag{4-38}$$

式中，$p(r,z)$是声压；$k_0=\omega/c_0$是参考波数；$n(r,z)=c_0/c(r,z)$是折射率。

远场条件下，可推导出简化的椭圆波动方程为

$$\frac{\partial^2\psi}{\partial r^2}+2\mathrm{i}k_0\frac{\partial\psi}{\partial r}+\frac{\partial^2\psi}{\partial z^2}+k_0^2(n^2-1)\psi=0 \tag{4-39}$$

式中，ψ为包络函数。

对传播角度做小角度近似，可得标准的抛物方程（parabolic equation，PE）：

$$2\mathrm{i}k_0\frac{\partial\psi}{\partial r}+\frac{\partial^2\psi}{\partial z^2}+k_0^2(n^2-1)\psi=0 \tag{4-40}$$

可以认为式（4-40）仅对偏离水平方向10°～15°的传播角度才是精确的。

定义两个算子：

$$P=\frac{\partial}{\partial r},\quad Q=\sqrt{n^2+\frac{1}{k_0^2}\frac{\partial^2}{\partial z^2}} \tag{4-41}$$

则椭圆波动方程可写为

$$\left[P^2+2\mathrm{i}k_0P+k_0^2(Q^2-1)\right]\psi=0 \tag{4-42}$$

对其进行因式分解，可分为前向波和后向波两个分量：

$$\left(P+\mathrm{i}k_0-\mathrm{i}k_0Q\right)\left(P+\mathrm{i}k_0+\mathrm{i}k_0Q\right)\psi-\mathrm{i}k_0\left[P,Q\right]\psi=0 \tag{4-43}$$

式中，$[P,Q]\psi = PQ\psi - QP\psi$ 是算子 P 和 Q 的换位式。假定随距离的变化足够弱，可忽略 $[P,Q]\psi$，只考虑前向波，则有

$$P\psi = \mathrm{i}k_0(Q-1)\psi \tag{4-44}$$

即广义的抛物方程可写为

$$\frac{\partial \psi}{\partial r} = \mathrm{i}k_0\left(\sqrt{n^2 + \frac{1}{k_0^2}\frac{\partial^2}{\partial z^2}} - 1\right)\psi \tag{4-45}$$

对算子 Q 采用不同的近似，可以得到不同形式的抛物方程解，如基于 Padé（帕德）级数展开的宽角抛物方程模型，其算子 Q 可展开为

$$Q = \sqrt{1+q} \approx 1 + \sum_{j=1}^{m}\frac{a_{j,m}q}{1+b_{j,m}q} + O(q^{2m+1}) \tag{4-46}$$

式中，

$$q = n^2 - 1 + \frac{1}{k_0^2}\frac{\partial^2}{\partial z^2} \tag{4-47}$$

$$a_{j,m} = \frac{2}{2m+1}\sin^2\left(\frac{j\pi}{2m+1}\right) \tag{4-48}$$

$$b_{j,m} = \cos^2\left(\frac{j\pi}{2m+1}\right) \tag{4-49}$$

则抛物方程可写为

$$\frac{\partial \psi}{\partial r} \approx \mathrm{i}k_0\left[\sum_{j=1}^{m}\frac{a_{j,m}\left(n^2 - 1 + \frac{1}{k_0^2}\frac{\partial^2}{\partial z^2}\right)}{1 + b_{j,m}\left(n^2 - 1 + \frac{1}{k_0^2}\frac{\partial^2}{\partial z^2}\right)}\right]\psi \tag{4-50}$$

该方程可用有限差分法或有限元法求解。

基于抛物方程的传播计算软件 RAM 是采用分裂-步进 Padé 算法开发的。当声学参数随距离变化时，通过应用能量守恒加以修正。它采用自启动器来构造初始条件（或起始场），这是 PE 方法中精确而有效的方法。抛物型波动方程的数值解涉及反复求解三对角方程组。RAM 的关键部分已经通过运算次数最小化和采用特殊消除方案得到优化，这些方法对于海深变化的问题很有效。分裂-步进 Padé 算法基于有理函数近似，三对角方程组对应于有理近似中的不同项，这在并行计算中获得了显著的效率。RAM 能够很好地用于计算水平变化的深海波导声场。

【例 4-5】图 4-10（a）为深海夏季声速剖面。考虑 3° 斜坡环境，声源处海深为 100m，声源深度为 50m，工作频率为 200Hz。经过执行 RAM.exe 程序后，可计算得到声场分布图，如图 4-10（b）所示。声波沿着斜坡向下传至深海声道轴，并在深海声道轴附近实现远距离传播，这种现象称为“泥流效应”。

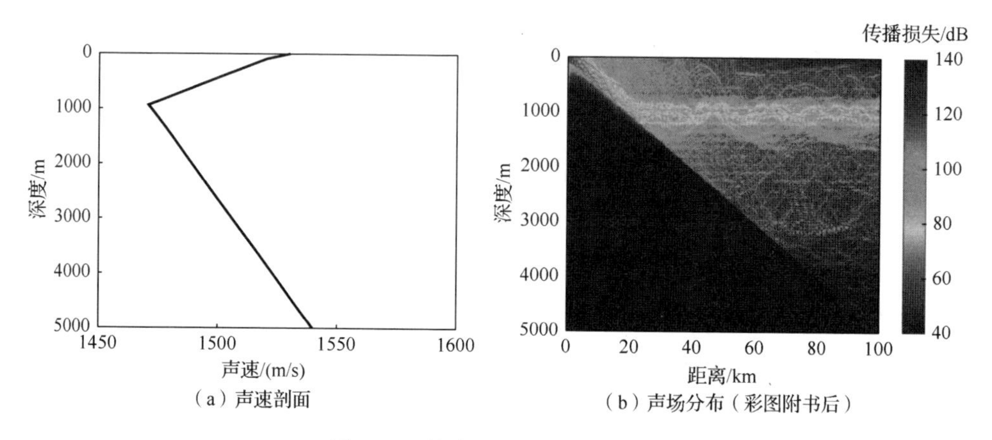

（a）声速剖面　（b）声场分布（彩图附书后）

图 4-10　斜坡环境下的声场分布

在海洋中，声传播是随距离、深度以及水平方位角三维变化的。通过以上介绍可以看出，经典的模型无论是射线模型、简正波模型还是抛物方程模型，都难以精确反映声波在海洋中随距离、深度以及水平方位三维变化的实际情况，因此建立快速准确并与实际海洋环境条件相吻合的三维声场模型成为重要发展方向。

4.2　水声传播特性

4.2.1　浅海声传播特性

1. 最佳工作深度

当声源与接收器位于不同的深度时，声传播特性存在差异。最佳工作深度是声呐在一定使用场景下，依据探测性能最佳、隐身性能最佳等不同准则，选择合理的工作深度。

图 4-11 为四种水文条件下的被动探测性能仿真结果。不同水文条件下声速剖面的声速参数见表 4-2。传播损失按简正波模型非相干传播损失公式计算，假定传播损失 80dB 为探测的门限。图 4-11（a）、（c）、（e）、（g）给出了四种水文条件下不同深度声源在不同接收深度下的探测距离，图 4-11（b）、（d）、（f）、（h）给出了归一化结果（在不同声源深度下，分别将不同接收深度的探测距离除以该声源深度的最大探测距离，即“1”表示当前声源深度下的最佳接收深度）。不同水文条件、不同声源深度下的最佳工作深度不同。在实际中，需要结合现场情况和仿真分析结果，选择合适的工作深度。

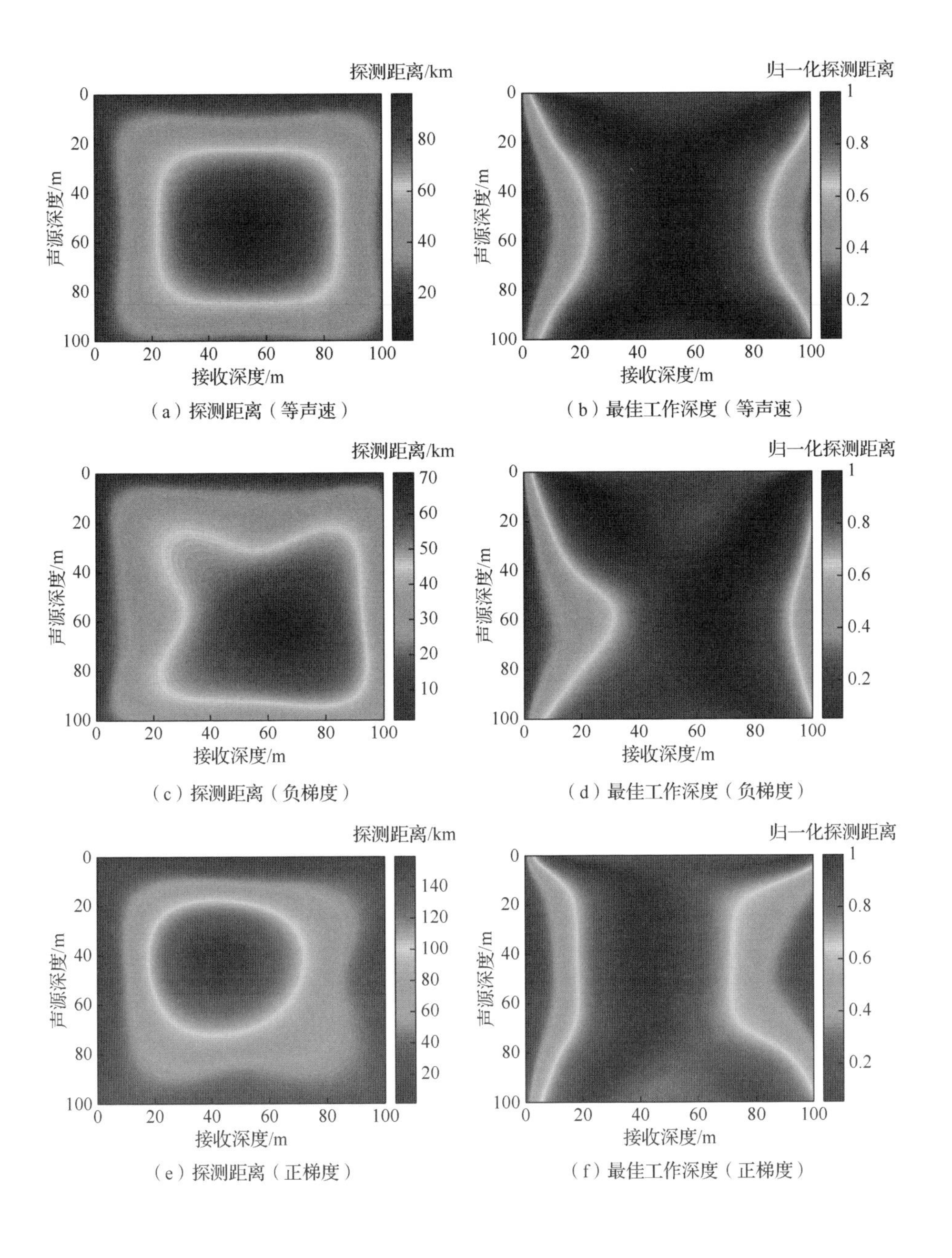

（a）探测距离（等声速）　（b）最佳工作深度（等声速）

（c）探测距离（负梯度）　（d）最佳工作深度（负梯度）

（e）探测距离（正梯度）　（f）最佳工作深度（正梯度）

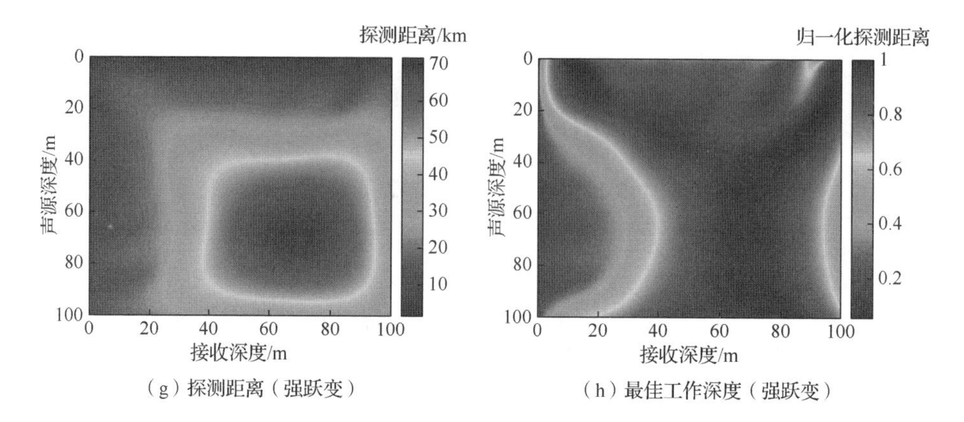

（g）探测距离（强跃变）　（h）最佳工作深度（强跃变）

图 4-11　不同水文条件下的探测距离和工作深度（声源频率为 150Hz）（彩图附书后）

表 4-2　不同水文条件下声速剖面的声速参数

序号	声速剖面类型	典型声速
1	等声速	$c = 1500\text{m/s}$
2	负梯度	$c = 1500\text{m/s}$， $g = -0.05\text{s}^{-1}$
3	正梯度	$c = 1500\text{m/s}$， $g = 0.05\text{s}^{-1}$
4	强跃变	$c = 1520\text{m/s}$， $g_1 = -0.3\text{s}^{-1}$， $g_2 = -1.5\text{s}^{-1}$， $g_3 = -0.05\text{s}^{-1}$

2. 最佳传播频率

对于给定的深度，存在一个传播损失最小的最佳传播频率。它是高频和低频下传播理论和衰减理论相互竞争的结果。在高频段，海水损耗和散射损耗随频率的升高而增加。在低频段，随着波长的增加，透入到海底的声能逐渐增加，使得海水中的总声能随频率的降低而减少。因此，在高频段和低频段时衰减较大，两者之间存在衰减最小的频率，称为最佳传播频率，如图 4-12 所示。最佳传播频率与海深密切相关，声速剖面次之，海底类型的影响最小[1]。

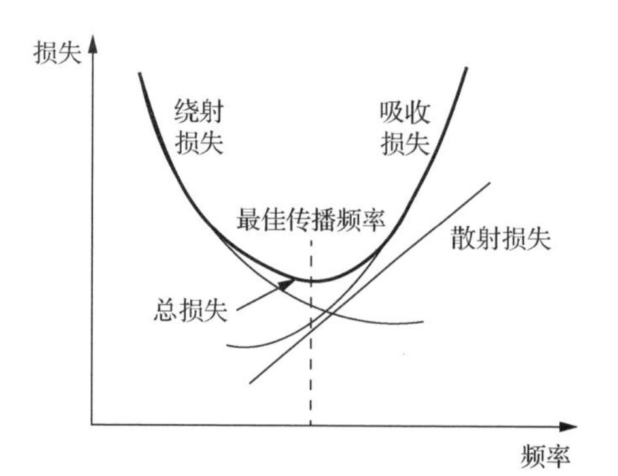

图 4-12　传播损失最小的频率

在浅海，随着声波频率的下降，存在一个低频截止频率，当信号频率低于截止频率时，声波不能在海水中远距离传播。截止频率和截止波长分别为

$$f_c = \frac{c_w}{4H\sqrt{1-(c_w/c_b)^2}} \tag{4-51}$$

$$\lambda_c = 4H\sqrt{1-(c_w/c_b)^2} \tag{4-52}$$

式中，c_w和c_b分别为海水声速和海底声速。如果海底声速与海水声速差异不大，则截止频率会变大；如果海底为硬底质，则截止波长接近4倍的海深，即$\lambda_c \to 4H$。

【例4-6】假定海水声速为$c_w = 1490\text{m/s}$，海底声速为$c_b = 1600\text{m/s}$，那么不同海深情况下的低频截止频率如图4-13所示。可以看出，海深100m时，截止频率约为10Hz。对大多数声呐来说，10Hz以下的频段并不在它的工作频段内，对声呐性能的影响有限。

3. 声场干涉现象

在观察浅海宽带声传播数据时发现，在水平传播距离和频率的二维平面上出现了明暗相间的干涉条纹，如图4-14所示（图中灰度表示传播损失大小，颜色越深，传播损失越大）。由于声波的干涉，频谱上出现了一系列的峰谷，这一现象又称为"梳状滤波效应"。干涉现象用简正波理论可解释为不同阶数的简正波相互干涉引起的。当声源距离为r、深度为z_s、接收深度为z时，接收点的声强可表示为

$$I(r,z,z_s,\omega) \equiv \langle pp^* \rangle = A^2(\omega)\left[\sum_m B_m^2 + \sum_{m\neq n} B_m B_n^* \cos\left(\Delta k_{rmn}(\omega)r\right)\right] \tag{4-53}$$

式中，$B_m = \sqrt{\frac{2\pi}{k_{rm}r}} Z_m(z_s)Z_m(z)$；$A(\omega)$是声源频谱；$\Delta k_{rmn}(\omega)$是简正波的水平波数差，即$\Delta k_{rmn}(\omega) = k_{rm}(\omega) - k_{rn}(\omega),\quad m \neq n$。

式（4-53）的中括号内，第一项是非相干项；第二项是相干项，它造成声强在距离-频率平面上出现干涉条纹。

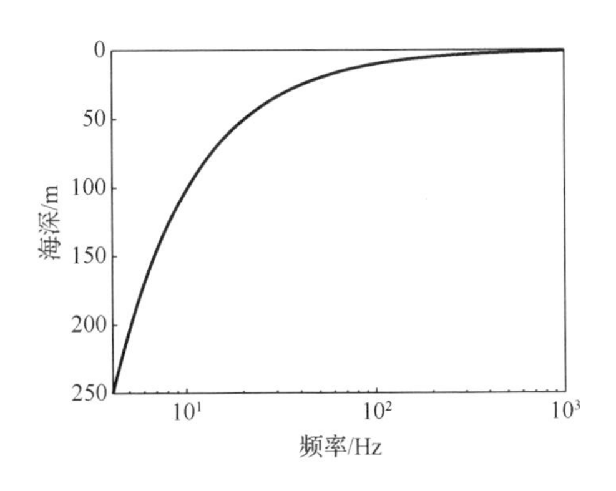

图4-13　截止频率与深度关系

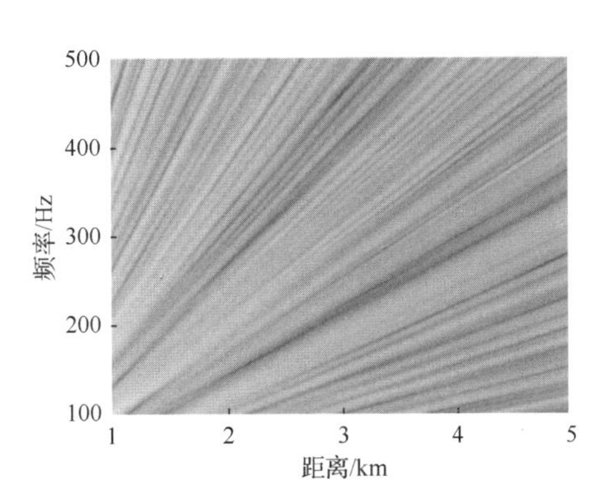

图4-14　干涉条纹

1982 年，苏联学者 Chuprov[5]首先提出了波导不变量 β，仅用一个标量参数反映了距离、频率和干涉条纹斜率的关系，描述了声场的频散特性和相长相消的干涉结构。波导不变量的表达式为

$$\beta = \frac{\mathrm{d}\omega}{\mathrm{d}r}\frac{r}{\omega} = -\frac{\Delta S_{pmn}}{\Delta S_{gmn}} \tag{4-54}$$

式中，ΔS_{pmn} 是第 m 阶与第 n 阶简正波相慢度（相速度的倒数）的差分；ΔS_{gmn} 是第 m 阶与第 n 阶简正波群慢度（群速度的倒数）的差分。从式（4-54）可以看出，有两种估计波导不变量的方法：一是通过对距离-频率二维图进行图像处理，提取干涉条纹的斜率来估计 β 值；二是根据海洋环境先验知识进行声传播建模，计算简正波的群速度和相速度来估计 β 值。波导不变量的具体值在不同环境下是变化的。在浅海良好或中等水文环境下，低频段的波导不变量近似为 1。

4.2.2　深海声传播特性

深海声传播时，常用的六种基本传播模式为：直达路径（direct path，DP）、表面波导（surface duct，SD）、海底反弹（bottom bounce，BB）、会聚区（convergence zone，CZ）、深海声道（deep sound channel，DSC）和可靠声路径（reliable acoustic path，RAP），如图 4-15 所示。在实际应用中，可以利用这些传播模式的特点实现目标探测。

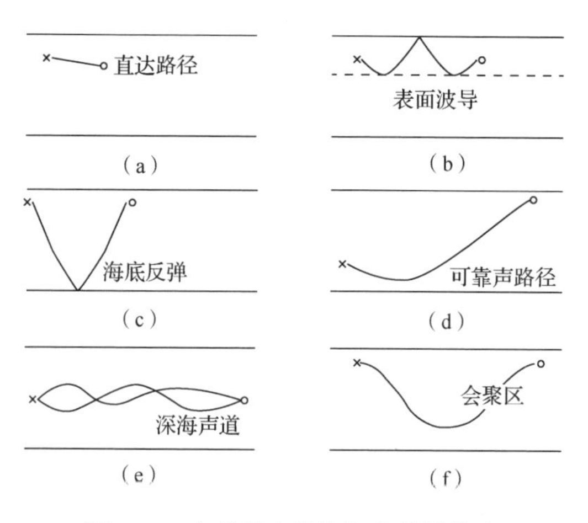

图 4-15　六种基本的深海声传播模式

×声源　　○接收点

1. 表面波导

在海洋中，混合层的厚度是随季节变化的，冬季厚度大，最大可达 300m（如在北大西洋）。而在夏天，由于受阳光的剧烈照射，海水表面温度高，在混合层形成强的负梯度，表面层的厚度很小，甚至没有。

在表面正声速梯度情况下，位于混合层的声源发射声线后，会向上折射弯曲并与海面接触，且经过多次海面反射，形成上通道边界。在声线以大于 θ_m 角向下出射时，声能量将透过混合层后，向更深处传播。而当声线以小于 θ_m 角向下出射时，到达分层界面后弯曲向上，而不能抵达更深远处的区域，即形成声影区。在出射角 $\pm\theta_m$ 范围内，声能被限制在海面与分层界面的通道中，这个通道被称为表面波导（又称表面声道），如图 4-16 所示。

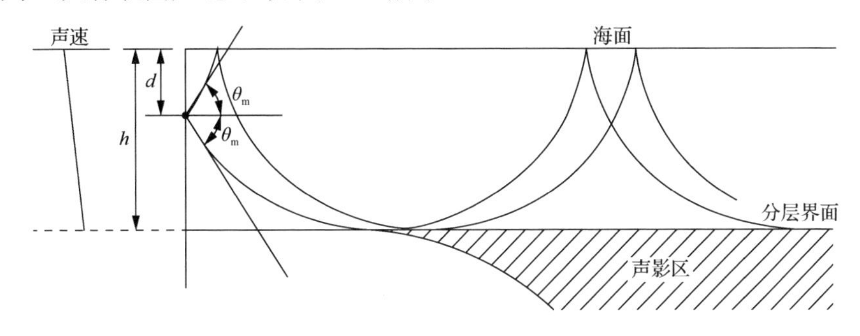

图 4-16　表面波导

表面波导的传播损失可表示为

$$\mathrm{PL}(r)=10\lg r_0+10\lg r+\left(\alpha+9\times\alpha_s\sqrt{\frac{-g}{h}}\right)r\times10^{-3}\,(\mathrm{dB}) \tag{4-55}$$

式中，$r_0=h/(2\sin\theta_m)$；α 是海水吸收系数；α_s 是一次海面反射损失。当声源处于混合层之下时（图 4-17），会产生增大声影区起始点距离的效果，同时声影区会扩大至海表面。所以对于水面舰艇或直升机探潜，需要使用变深声呐，利用深度机动能力来改善探测效果。

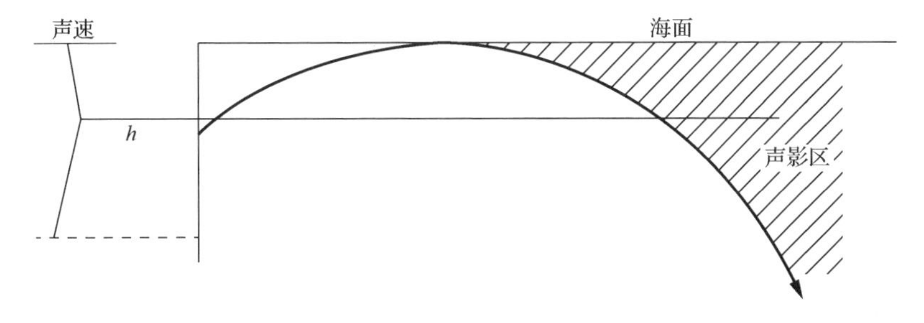

图 4-17　声波在表面波导中的传播（较深处的声源）

2. 会聚区

会聚区是在邻近海面的区域里出现的高声强区。会聚区传播是深海声传播的典型特征之一。之所以称为会聚区，是因为从近海面声源发射的声波会形成一个向下的波束，这一波束沿着深海折射路径传播后，重新出现在近海面，在距声源数十千米处产生一个高声强区（会聚区或聚焦区），如图 4-18 所示（图中各线条表示不同的声传播路径）。这种现象随着距离的增大而反复出现。高声强区之间的距离称为会聚区跨度，高声强区本身的宽度称为会聚区宽度。会聚区之所以重要，是因为它能够高强度、低失真地远距离传播信号。

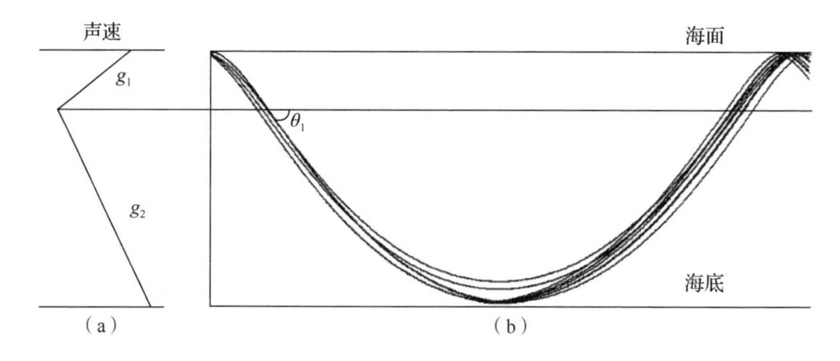

图 4-18　深海会聚区

要形成深海会聚区，需要满足以下两个条件：一是海水声速分布必须形成声道型声速梯度；二是海水深度大于共轭深度。其中，声道型声速梯度是指形成深海声道必须具备的声速梯度，即上层海水为负梯度，下层海水为正梯度，两层之间存在声速极小值，见图 4-18（a)；如果声道轴以下某处的声速等于声道轴以上声源处的声速，则该深度称为共轭深度。

会聚区跨度随地理位置的不同而有很大的差异。假设声速剖面为两层折线模型，其声速梯度分别为 g_1 和 g_2，海面声速为 c_0，则会聚区跨度为[6]

$$\mathrm{RZ} = 2c_0 \sin\theta_1 \left(\frac{1}{|g_1|} + \frac{1}{|g_2|} \right) \tag{4-56}$$

式中，θ_1 为两层模型相邻界面处的声线掠射角。两个会聚区之间为声影区，该区域没有直达声线覆盖，声强较低。

【例 4-7】以典型的夏季深海声速剖面折线模型为例，参数见表 2-3，可以得出会聚区跨度约为 65km，其宽度为 3～5km。会聚区宽度会随着区号的增加而增加，第二会聚区在 130km，其宽度比第一会聚区宽。依此类推，直到数百千米远处的会聚区无法区分。对主动系统来说，因传播损失（来去双向）的缘故，除第一会聚区可被利用外，后续的会聚区很难被利用；但对被动系统来说，则可以利用该传播特点检测到第二甚至第三会聚区的目标信号。

考虑接收点与声源同深条件下的会聚区传播损失随距离变化的情况。在近距离，传播损失与球面波扩展规律接近。在声影区，声强的大小取决于海底反射。声影区一直持续到会聚区出现。在会聚区，声强增加并超过球面波扩展损失的部分称为会聚区增益（G_c）。第一会聚区的增益大约为 25dB。第二会聚区的增益要比第一会聚区的增益小，大约为 10dB。具体的会聚区增益与实际使用场景有关。

会聚区的传播损失可表示为

$$\mathrm{PL}(r) = 20\lg r + \alpha r \times 10^{-3} - G_c\,(\mathrm{dB}) \tag{4-57}$$

3. 可靠声路径

如图 4-19 所示，当声源位于临界深度以下时，声线会向上弯曲抵达海面，从而形成一个从声源到近程海面的声通道。根据声场传播互易原理，也可以将接收基阵放置在临界深度以下。在这个通道中，声波对海面效应和海底损失都不敏感，所以这条通道是“可靠的”，称为可靠声道，相应的声传播路径称为可靠声路径。

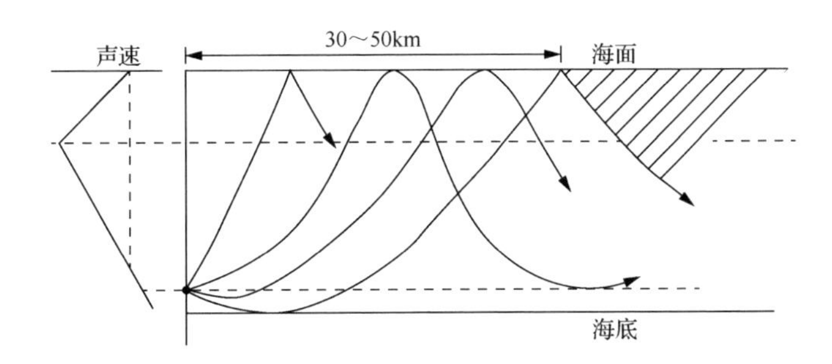

图 4-19　可靠声路径

在可靠声道中，传播损失可以按球面波扩展规律进行计算：

$$\mathrm{PL}(r) = 20\lg r_t + \alpha r_t \times 10^{-3}\,(\mathrm{dB}) \tag{4-58}$$

式中，$r_t \approx \sqrt{d^2 + r^2}$ 为声线走过的距离，r 为声源与接收点的水平距离，d 为声源深度。直达路径模式的传播损失与之类似，不再赘述。

4. 深海声道

在主温跃层的负声速梯度与深海等温层的正声速梯度之间，存在一个最小声速。如果声源放在此深度附近，所发射的声功率有一部分可以传播到很远的距离。因为它没有受到海面或海底反射损失的影响，完全通过折射路径进行声传播，如图 4-20 所示。声波传播处于聚焦状态，将此深度上产生聚焦效应的层区称为深海声道，也称 SOFAR 声道（sound fixing and ranging channel）。深海声道是深海中具有稳定声道轴的声道。

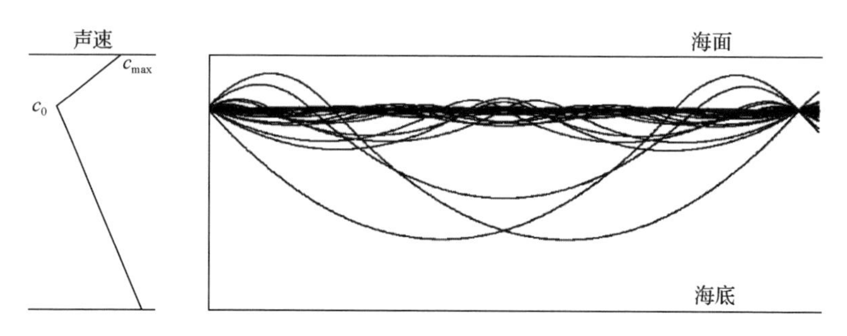

图 4-20　深海声道传播示意

不同纬度的声道轴深度是变化的，从中纬度海区的 1000m 逐渐变到极地海区的海面。作为一种波导，存在低损耗折射路径的条件是声道轴要远离海面，否则会受到海面的影响，从而产生较大的损失。被限制在波导中的这部分声能正比于折射传播声线的出射开角。声源在声道轴上时，这个开角可直接由斯内尔定律确定为 $\theta_{max} = \arccos(c_0 / c_{max})$，$c_0$ 为声道轴上的声速（即最小声速），c_{max} 是声道轴与海面之间的最大声速（通常在混合层底部）。例如在太平洋深海中，其声源最大开角约为±15°。在高纬度区，这个开角会变小。

由于声波被限制在圆柱体内，传播损失可以按圆柱扩展规律进行计算：

$$\mathrm{PL}(r) = 10\lg r + \alpha r \times 10^{-3}\ (\mathrm{dB}) \tag{4-59}$$

5. *海底反弹*

声向下出射抵达海底时，经海底反弹后声线向上传播到海面，如图 4-21 所示。到达海面声强的强弱取决于海底性质和反射损失随入射角的变化情况。如果海底是硬底质，反射损失较小，则有可能在海面一定距离上形成声环带。环带的长度随着声呐波束的俯角变化，且在小入射角的情况下，环带会很宽。但不同于会聚区的环带，这里不存在聚焦增益。

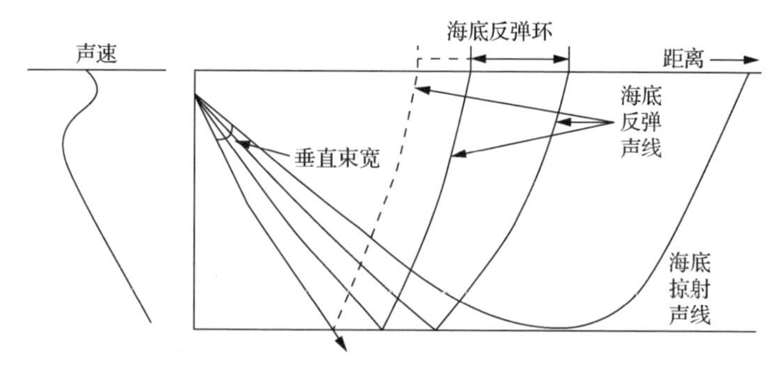

图 4-21　海底反弹传播

与声源同深的接收点声信号，近距离时主要是直达波，进入声影区后，则主要是海底反射波。这条海底反射波不仅需要考虑声线路径长度，还要考虑海水的吸收损失和海底的反射损失：

$$\mathrm{PL}(r)=20\lg r_{\mathrm{t}}+\alpha r_{\mathrm{t}}\times 10^{-3}+\alpha_{\mathrm{b}}\,(\mathrm{dB}) \tag{4-60}$$

式中，r_{t} 为声线走过的距离；α_{b} 是一次海底反射损失。若声源与接收点同深，则有

$$r_{\mathrm{t}}\approx 2\sqrt{(h-d)^2+(r/2)^2} \tag{4-61}$$

式中，r 为声源与接收点的水平距离；h 为海深；d 为声源深度。

图 4-22 是深海海底反弹条件下的传播损失，声源与接收点深度相同。在近距离，海底反射的声强相比于直达波（以球面波扩展进行计算）基本可以忽略不计。而随着距离的增加，海底反射波逐渐成为主要成分。图中最上面的虚线为根据水平距离计算的传播损失曲线（$20\lg r$），中间的虚线为根据海底反射声线路径长度计算的传播损失曲线（$20\lg r_{\mathrm{t}}$），最下面的虚线则是在 $20\lg r_{\mathrm{t}}$ 的基础上加上了海底反射损失和吸收损失的影响。

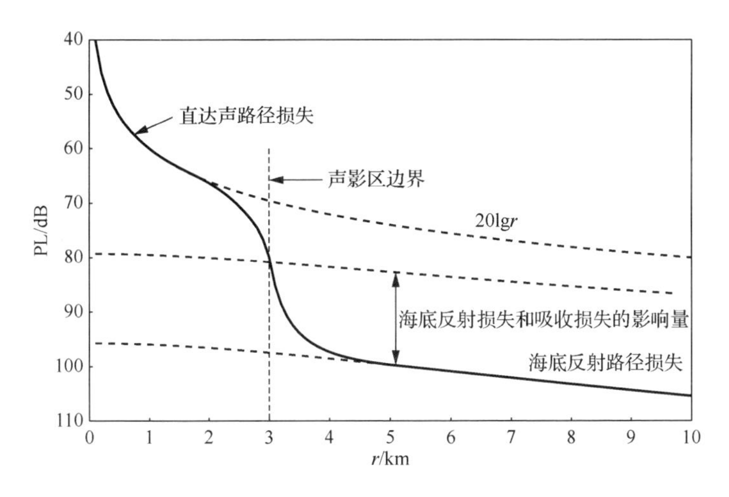

图 4-22　深海海底反弹条件下的传播损失

4.2.3　声场相关特性

声场的相关特性可以用时间相关性、空间相关性等进行描述。作为二阶统计量，声场的时空相关特性反映了信道在时域和空域上的起伏特征，对声呐的设计和使用具有非常重要的意义。

1. 时间相关性

声场的时间相关性对许多实际应用有着重要的影响。如对声源进行检测和定位时，常常需要对一定时长的声信号进行积分，获得足够的处理增益。而这个时间长度的选取就取决于信号的相关时间。

时间相关性表征了不同时刻接收到的同一目标信号之间的互相关特性。两个信号的相似程度可以用相关系数来表征。水听器接收到的相隔时延 τ 的两组信号分别为 $p(t)$ 和 $p(t+\tau)$，时间相关系数可表示为[7]

$$\rho(\tau)=\frac{\int_{-\infty}^{\infty}p(t)p(t+\tau)\mathrm{d}t}{\sqrt{\int_{-\infty}^{\infty}p^2(t)\mathrm{d}t\int_{-\infty}^{\infty}p^2(t+\tau)\mathrm{d}t}} \tag{4-62}$$

式中，τ 表示时延。

时间相关系数下降到 0.707 时对应的时间间隔称为时间相关半径。同理，空间相关系数下降到 0.707 时对应的空间间隔称为空间相关半径。

海洋内波的存在会影响声信号的时间相关半径。南海某次试验对比分析了线性内波以及孤立子内波环境下声场时间相关半径的统计特性。试验数据（175～225Hz）表明大振幅孤立子内波的存在极大地降低了声场的时间相关半径，声场时间相关半径从线性内波环境下的 1～3h，降低为孤立子内波环境下的小于 20min[8]。

尽管经验模型在诠释相关损失的物理机理方面存在不足，但这不影响经验模型在实际应用中发挥重要的作用。Yang[9]通过对前人实验的总结，提出了时间相关半径 $\tau_{0.707}$ 与收发距离 r 和声源频率 f 之间满足

$$\tau_{0.707}=Cf^{-3/2}r^{-1/2} \tag{4-63}$$

式中，C 是比例常数，与内波幅度有关。

2. 空间相关性

在实际海洋环境中，多途传播效应以及声散射等都会引起声传播波形的畸变，导致信号空间相关性的下降。空间相关性表征了不同位置接收到的同一目标信号之间的互相关特性。根据两个水听器在海洋中布放的相对位置，空间相关性又分为水平横向相关性、水平纵向相关性和垂直相关性，如图 4-23 所示。一般来说，海洋声场的水平横向相关由介质随机起伏决定，垂直相关由多途传播决定，而水平纵向相关与这两个因素皆有关系[10]。

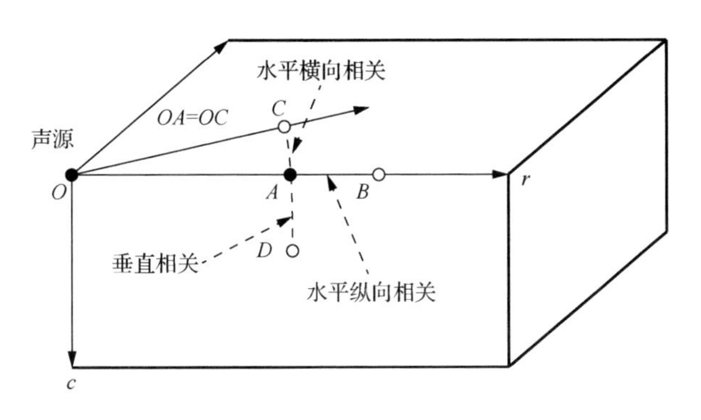

图 4-23　声场空间相关性分类示意图

假设水听器分别位于相同距离并有一定深度间隔的(r,z_r)、$(r,z_r+\Delta z)$点，其中，z_r表示水听器位于距离r处的深度，Δz表示深度间隔，则这两个水听器同时接收的信号波形之间的互相关系数为垂直相关系数。定义为[11]

$$\rho(\Delta z)=\max_{\tau}\frac{\int_{-\infty}^{\infty}p_{z_r}(t)p_{z_r+\Delta z}(t+\tau)\mathrm{d}t}{\sqrt{\int_{-\infty}^{\infty}p_{z_r}^{2}(t)\mathrm{d}t\int_{-\infty}^{\infty}p_{z_r+\Delta z}^{2}(t+\tau)\mathrm{d}t}} \tag{4-64}$$

式中，$p_{z_r}(t)$和$p_{z_r+\Delta z}(t+\tau)$分别为两点接收信号的声压。

深海声场垂直相关特性对提高垂直阵阵列增益和水下目标探测性能具有重要意义。南海某次实验的深海垂直相关特性如图 4-24 所示[12]：①在直达声区内，声场垂直相关半径几乎可以覆盖整个水深，且随着深度增加，直达声和海面反射声到达的时间差增加，相关半径略有下降；②在第一声影区内，声场能量的主要来源为经一次海底反射和一到两次海面反射的声线，垂直相关整体偏低；③第一会聚区内垂直相关系数随着接收深度的增加而呈周期性振荡，并且与声能量在深度上的分布具有相似结构，这是高声强区域的两组反转声线在垂直方向上周期性干涉的结果。

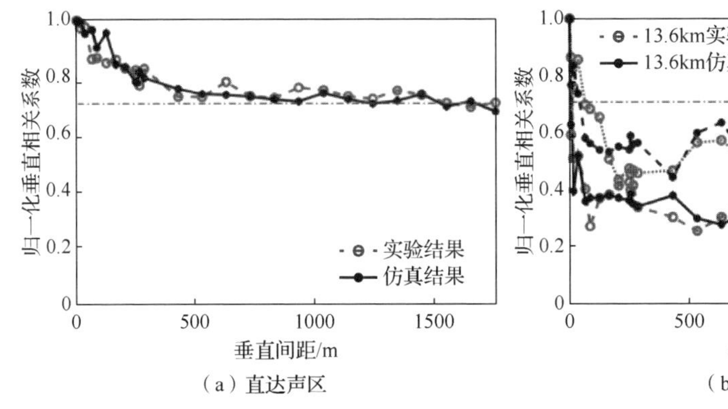

（a）直达声区

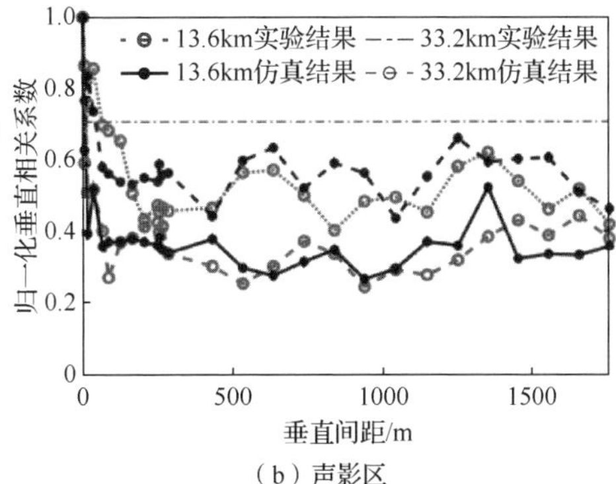

（b）声影区

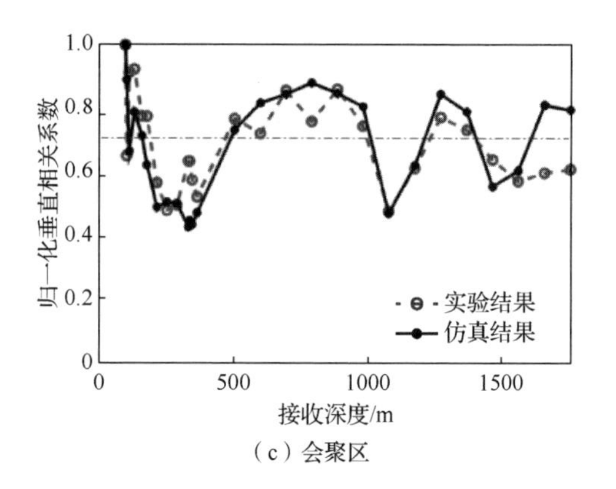

（c）会聚区

图 4-24　深海垂直相关特性

一般情况下，声场的水平相关是水平纵向相关和水平横向相关叠加的结果。但水平横向相关半径通常远大于水平纵向相关半径，因此水平纵向相关受到更多的关注。

假设水听器分别位于相同深度并有一定纵向间隔的(r,z_r)、$(r+\Delta r,z_r)$点（满足$\Delta r \ll r$），则这两个水听器同时接收的信号波形之间的互相关系数为水平纵向相关系数。定义为[11]

$$\rho(\Delta r)=\max_{\tau}\frac{\int_{-\infty}^{\infty}p_r(t)p_{r+\Delta r}(t+\tau)\mathrm{d}t}{\sqrt{\int_{-\infty}^{\infty}p_r^2(t)\mathrm{d}t\int_{-\infty}^{\infty}p_{r+\Delta r}^2(t+\tau)\mathrm{d}t}} \tag{4-65}$$

式中，$p_r(t)$和$p_{r+\Delta r}(t+\tau)$分别为两点接收信号的声压。

水平纵向相关性是设计大孔径水平阵的重要依据，对后续的信号处理也有重要的参考意义。下面以水平纵向相关性为例，研究浅海、斜坡和深海等环境下的空间相关特性。

1）浅海声场水平纵向相关性

选取水平线列阵通道数 512，水听器间距 2m。海底为半无限空间，声速为 1670m/s，密度为 1.8g/cm^3，底质每波长的衰减为 1.0dB。声源位于基阵端射方位，声源距离为 10km，海深为 100m。

考虑等声速、负梯度、正梯度、强跃变四种声速剖面情况，参数详见表 4-2 所示。声源频率 100～200Hz，在不同声源深度（7m、60m）和水听器深度（20m、60m）时，基阵信号水平纵向相关系数如图 4-25 所示。从图中可以看出：①不同声速剖面下的水平纵向相关半径不同。②强跃变声速剖面时，对“上发上收”“上发下收”“下发上收”“下发下收”这四种情况的仿真结果进行比较：“下发下收”时基阵信号水平纵向相关半径较大，相关性较强；“上发下收”时基阵信号水平纵向相关半径较小，相关性较弱。

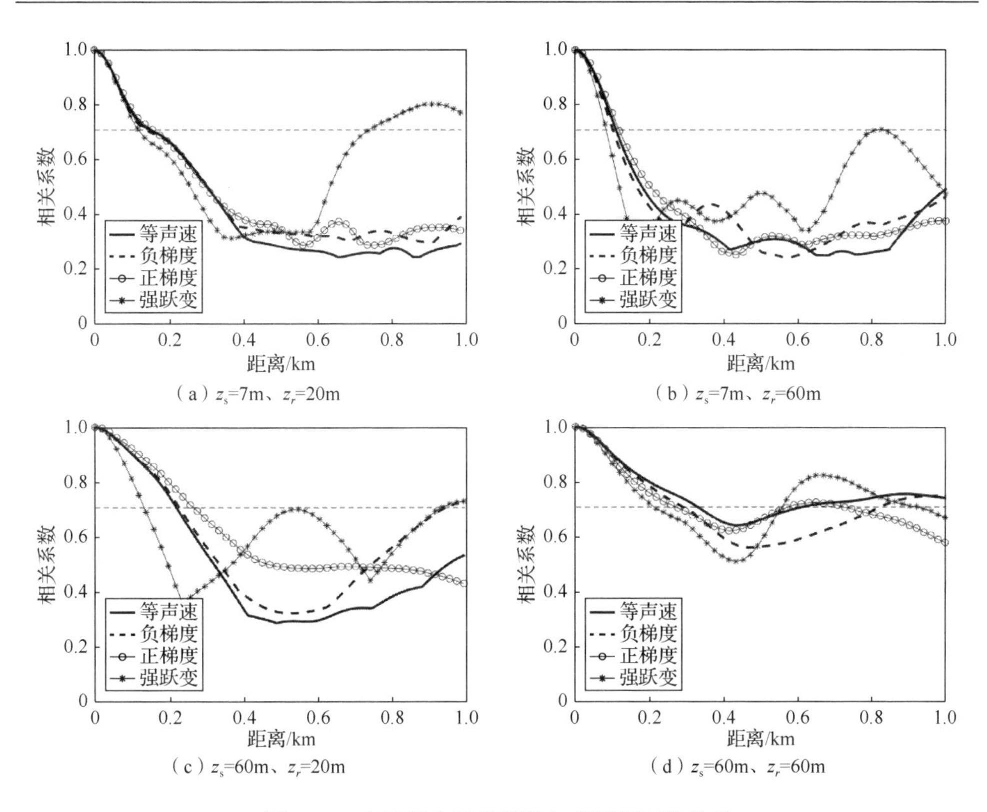

(a) z_s=7m、z_r=20m　(b) z_s=7m、z_r=60m

(c) z_s=60m、z_r=20m　(d) z_s=60m、z_r=60m

图 4-25　水平纵向相关系数与声速剖面的关系

2）斜坡海域声场水平纵向相关性

选取倾斜海底波导，如图 4-26 所示。0～10km 水平距离上，海深由 100m 逐渐增大到 200m；海水声速为 1500m/s；海底为半无限空间，声速为 1670m/s，密度为 1.8g/cm^3，底质每波长的级差衰减为 1.0dB。水平线列阵通道数 512 个，水听器间距 2m。声源均位于基阵的端射方向。传播分为两种情况：①将声源放置在 0km 处，接收基阵放置在距离 10km 处，即下坡传播情况；②将声源放置在 10km 处，接收基阵放置在距离 0km 处，即上坡传播情况。

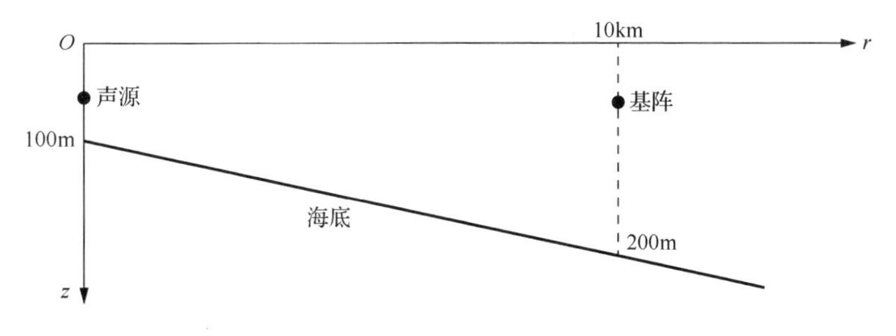

图 4-26　倾斜海底波导示意图

不同声源深度、不同接收深度时相对第一个水听器信号的基阵信号水平纵向相关系数曲线如图 4-27 所示。对比上坡和下坡传播情况的仿真结果，可以看出：下坡传播的水平纵向相关半径大于上坡传播的水平纵向相关半径。

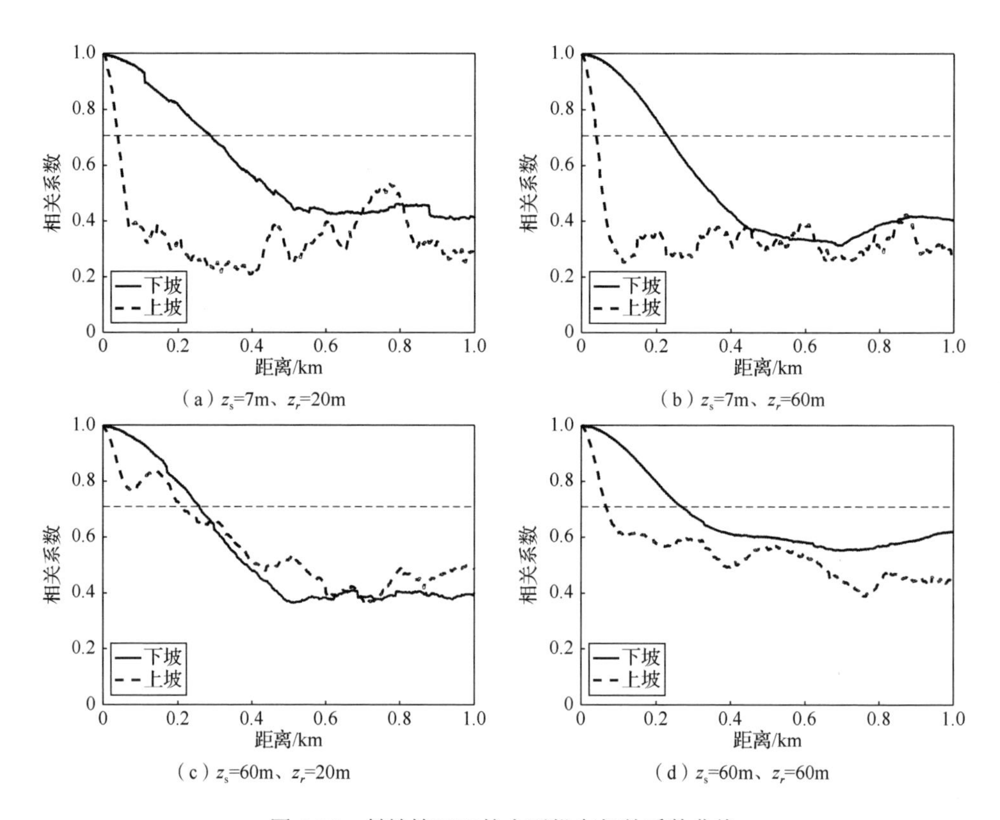

图 4-27　斜坡情况下的水平纵向相关系数曲线

3）深海声场水平纵向相关性

海深 5000m，声速剖面采用 Munk 深海声速剖面。海底为半无限空间，其声速为1670m/s、密度为1.8g/cm^3、底质每波长的级差衰减为1.0dB、声源频率 50～100Hz。

图 4-28 给出了声源和水听器深度均为 100m 时第一会聚区与声影区的水平纵向相关系数随距离间隔的变化曲线。可以看出，会聚区的水平纵向相关半径大于声影区的相关半径。

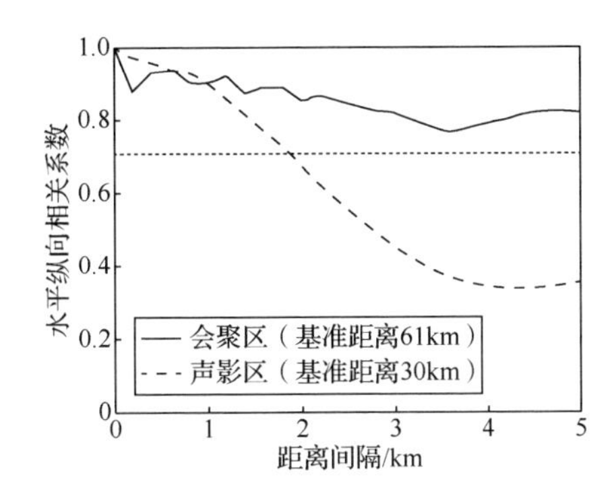

图 4-28　水平纵向相关系数随距离间隔的变化曲线

参 考 文 献

[1] Etter P C. Underwater acoustic modeling and simulation[M]. 3rd ed. London: Spon Press, 2003.
[2] Jensen F B, Kuperman W A, Porter M B,et al. Computational ocean acoustics[M]. New York: Springer, 2011.
[3] Porter M B. The KRAKEN normal model program[R]. SACLANT Undersea Research Centre, 2001.
[4] 刘伯胜, 雷家煜. 水声学原理[M]. 2 版. 哈尔滨: 哈尔滨工程大学出版社, 2010.
[5] Chuprov S D. Interference structure of a sound field in a layered ocean[C]//Brekhovskikh L M, Andreevoi I B. Ocean Acoustics, Current State, Moscow, Nauka, 1982: 71-91.
[6] Etter P C. Underwater acoustic modeling: Principles, techniques and applications[M]. Amsterdam: Elsevier Science Publisher LTD, 1991.
[7] 邵炫. 陆架斜坡海域空时相关特性及检测方法研究[D]. 西安: 西北工业大学, 2017.
[8] 胡平, 彭朝晖, 李整林. 浅海内波环境下声场时间相关特性[J]. 应用声学, 2021, 40(5): 731-737.
[9] Yang T C. Temporal coherence of sound transmissions in deep water revisited[J]. The Journal of the Acoustical Society of America, 2008, 124(1): 113-127.
[10] 肖鹏. 深海会聚区及影区声传播与声场特性研究[D]. 西安: 西北工业大学, 2017.
[11] 李鋆, 李整林, 任云, 等. 深海声场水平纵向相关性[J]. 声学技术, 2014, 33(2): 96-98.
[12] 李整林, 董凡辰, 胡治国, 等. 深海大深度声场垂直相关特性[J]. 物理学报, 2019, 68(13): 205-223.

第 5 章　声呐背景噪声模型

对声呐来说，当背景噪声掩蔽感兴趣的信号时，背景噪声就成了问题。本章阐述声呐系统背景噪声的构成及含义，分析它们的机理和特性，给出主要经验公式和模型，为声呐系统的设计、研制提供模型基础。

5.1　声呐背景噪声概念与成分

声呐背景噪声指声呐用水声换能器所接收的除目标回波/目标辐射噪声之外的其他成分。声呐背景噪声的声源有多种，主要分为三类：海洋环境噪声、声呐自噪声和混响。每一类又可细分为更小的噪声类，如图 5-1 所示。

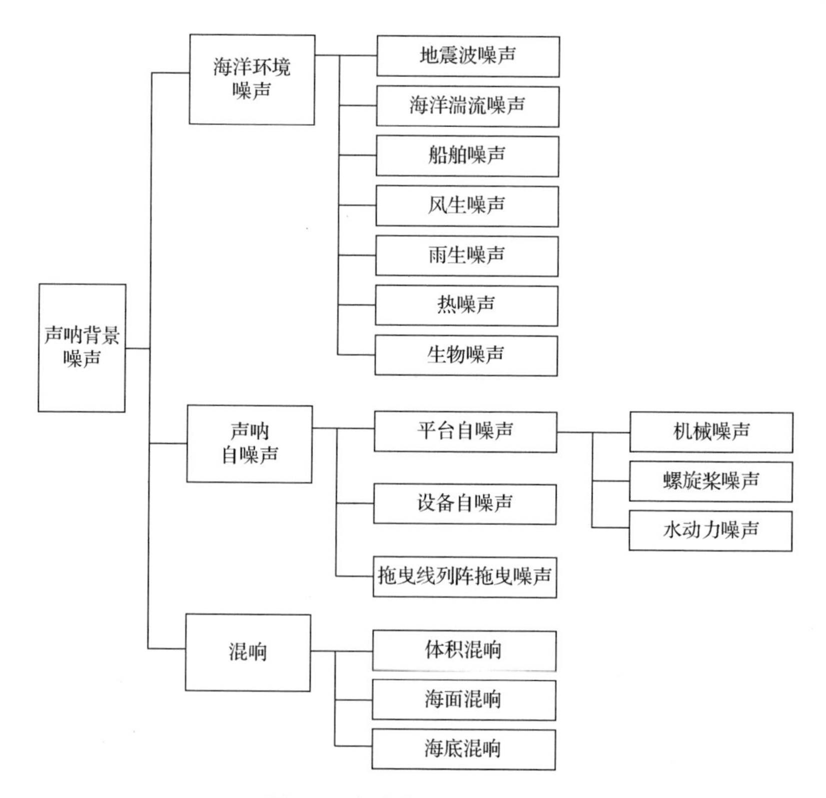

图 5-1　声呐背景噪声的构成

第一类海洋环境噪声，是指海洋本身的自然噪声，是海洋各种发声源共同作用产生的噪声，泛指除声呐自噪声和某些局部的可辨别的噪声源产生的噪声之外的海洋本身的所有噪声。海洋环境噪声与海洋介质（水体、风、雨、生物、地震等）密切相关，主要包括地震波噪声、海洋湍流噪声、船舶噪声、风生噪声、雨生噪声、热噪声、生物噪声等。

第二类声呐自噪声，是指装在舰艇、潜艇等平台上的声呐接收到载体自身所发出的噪声，主要包括平台自噪声、设备自噪声、拖曳线列阵拖曳噪声等。平台自噪声主要与平台/载体及其运动有关，是声呐水听器或声呐基阵所接收到的其载体产生的噪声，包括螺旋桨噪声、机械噪声和水动力噪声三类，在高航速下可能还会有空化噪声。设备自噪声是声呐设备本身产生的电路噪声，包括声呐线路中的电过程噪声（声呐接收放大系统固有噪声）和由舰艇上的电极与电磁极构成的电子噪声（电子噪声可沿声呐动力电源电路进行“渗透”）。一般来说，对于低频声呐，设备自噪声不是主要噪声源，在建模时可以忽略不计，但是对于高频声呐，设备自噪声是制约声呐性能的重要因素，需要在建模时考虑。

另一类特殊的背景噪声是主动声呐特有的混响。混响是主动声呐发射的声波在非均匀介质和它的边界散射的结果。经不均匀介质散射的波能被接收基阵所接收，并作为声呐工作的干扰而表现出来。这类噪声将在第 6 章具体描述。

这些噪声都是相互独立的，因此可以线性叠加。反过来，我们通过对各个噪声进行分析，可以得到总噪声的部分特性。在接收点上，声呐基阵接收的是多个不同的噪声源的叠加。每一个噪声源都会形成一个或几个噪声场分量，这些噪声源在谱特性和幅值上都不相同。相同声呐因为安装平台或条件不一样，其噪声组成的分量不相同，对噪声功率的贡献也不相同。对于壳体被动声呐，其噪声主要由海洋环境噪声、平台噪声、结构噪声、水动力噪声和电噪声等组成。如果是主动声呐，还应包括混响，有时混响甚至是主要成分。对于固定式声呐，海洋环境噪声一般是主要的成分。

5.2　海洋环境噪声模型

5.2.1　海洋环境的主要噪声源及其特性分析

海洋环境噪声是在任何海区和任意气象条件下都存在的一种永恒噪声，其声源广泛，既有自然声源，也有人为声源。考虑声呐的主要工作范围和使用性能，这里涉及的噪声类型主要包括海洋湍流噪声、船舶噪声、风生噪声、雨生噪声、热噪声、生物噪声等。

海洋湍流是一种混沌的、不规则的流动状态，其流动参数随时间和空间的变化而变化，因此湍流是三维的非定常流动，且流动空间分布着形状各异和大小不同的涡旋。湍流的压力变化会引起噪声，湍流使得水听器、电缆等颤动也会引起噪声。

船舶在航行时，推进器和各种机械都在工作，它们产生的噪声是最广泛的海洋水下人为噪声，是海洋环境噪声的主要组成部分。船舶噪声的谱级特性和时空特性一般取决于四个因素：当前船舶噪声源的数目、源的分布、传播损失、观测点相对于航道的位置。

风生噪声是风对海面作用产生的噪声。其成因可能有几种情况：第一种因素是风作用在海面产生浪花，浪花的破碎会产生爆裂噪声；第二种因素是在海面附近饱和空气的海水中，由于波浪扰动作用而产生的气泡空化或破裂产生的噪声；第三种因素是海面的风成浪过程中所产生的，由于风经常不断地在海面产生扰动，会产生不同的波长的波浪，并以与波长有关的速度沿海面行进，在行进过程中向海中深处辐射压力波。

雨落在水面产生的噪声称为雨生噪声。雨生噪声的产生主要有三个方面的物理机理：①雨滴冲击海面；②雨滴冲击海面后的小雨滴震荡；③海表面下带入的空气产生的气泡振动。其中后两项为雨生噪声的主要因素。下雨时又往往与风级有关，建模还要考虑风的影响。

热噪声是海水介质的热运动产生的噪声，它与海水介质的温度成正比，遍布于整个海洋。热噪声比其他噪声的谱级要小得多，一般来说在大部分条件下可以忽略。

海洋生物发出的声音，在本质上一般是短暂的，且有各种各样的时间分布、空间分布和频谱分布。主要的发声生物有甲壳类、鱼类和海洋哺乳动物。在海洋哺乳动物中，发声最强的是鲸。

5.2.2 海洋环境噪声建模

1. *海洋湍流噪声*

湍流是甚低频（very low frequency，VLF）（1～10Hz）段的主要声源。目前常用的湍流噪声模型是 Sadowski 等[1]总结的经验公式：

$$\mathrm{NL_{Tur}}(f)=108.5-57.6\lg f \qquad (1<f<10\mathrm{Hz}) \tag{5-1}$$

2. *船舶噪声*

大多数此类噪声级的大小是由试验数据结合理论推导或由经验模型获取的。

Ross[2]提出了典型商船航行噪声级的经验公式：

$$\mathrm{NL}_{\mathrm{ship1}} = 175 + 60\lg(U_{\mathrm{pro}}/25) + 10\lg(N_{\mathrm{pro}}/4) \tag{5-2}$$

式中，U_{pro} 为螺旋桨末端转速；N_{pro} 为螺旋桨叶数。

Hamson[3]提出的经验公式为

$$\mathrm{NL}_{\mathrm{ship2}} = 186 - 20\lg f + 6\lg(v_{\mathrm{s}}/12) + 20\lg(L/300) + 10\lg N_{\mathrm{sn}} \tag{5-3}$$

式中，v_{s} 为船速（kn）；L 为船长（ft）；N_{sn} 为每平方米船舶数量。

当船舶数众多且种类繁杂时，上述的经验模型并不能很好地描述船舶噪声。一般认为，船舶噪声与船舶的繁忙程度（船舶密度）有关。我们将船舶密度定义为某一瞬时单位面积内的船舶数量，分为五级，如表 5-1 所示。

表 5-1　船舶密度分级表

等级	船舶密度等级	船舶密度（每 1000 平方千米内船舶数量，单位为艘）
SL5	很重	50000
SL4	重	5000
SL3	中等	500
SL2	轻	50
SL1	很轻	5

图 5-2 为不同船舶密度等级下的船舶噪声级，它的基本规律是频率范围在几十赫兹到几百赫兹，并在 100Hz 左右有一个宽峰。频率小于 100Hz 时船舶噪声级随频率增加而增加，频率大于 100Hz 时船舶噪声级随频率下降较快（斜率大于 −6dB/oct），频率大于 1kHz 时船舶噪声级可以忽略不计[4]。

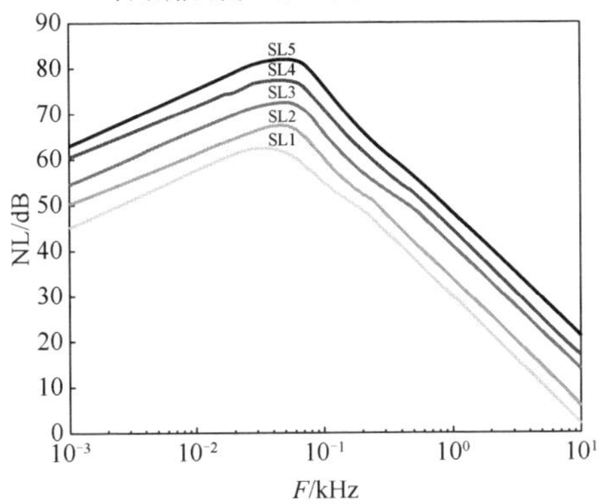

图 5-2　不同船舶密度等级下的船舶噪声级

3. 风生噪声

风生噪声与海况或风力有直接的关系，不同的海况有着不同的风速。风力与海况的对应关系见表 5-2。

表 5-2　风力与海况对照表

风级	风级名称	风速/(m/s)	海面波浪	海况等级	风浪名称	有效波高/m
0	无风	0～0.2	平静	0	无浪	0
1	软风	0.3～1.5	微波峰无飞沫			
2	轻风	1.6～3.3	小波峰未破碎	1	微浪	0～0.1
3	微风	3.4～5.4	小波峰顶破裂	2	小浪	0.1～0.5
4	和风	5.5～7.9	小浪白沫波峰	3	轻浪	0.5～1.25
5	清风	8.0～10.7	中浪折沫峰群	4	中浪	1.25～2.5
6	强风	10.8～13.8	大浪白沫离峰	5	大浪	2.5～4.0
7	疾风	13.9～17.1	破峰白沫成条	6	巨浪	4.0～6.0
8	大风	17.2～20.7	浪长高有浪花	7	狂浪	6.0～9.0
9	烈风	20.8～24.4	浪峰倒卷	8	狂涛	9.0～14.0
10	狂风	24.5～28.4	海浪翻滚咆哮	9	怒涛	≥14.0
11	暴风	28.5～32.6	波峰全呈飞沫			
12	台风	>32.6	海浪滔天			

假设背景噪声源均匀分布在无限大的海平面上，位于深度 z 的接收点接收的噪声是这些噪声的贡献之和，以此可以得到总声功率为[5]

$$P(f)=2\pi K_{\text{wind}}F_3(2\alpha z) \tag{5-4}$$

式中，$F_3(\cdot)$ 为三阶指数函数，$F_3(x)=\int_1^{\infty}\mathrm{e}^{-xt}/t^3\mathrm{d}t\approx \mathrm{e}^{-x}/(x+3-\mathrm{e}^{-0.434x})$ 为三阶指数积分；z 为接收点离海面的垂直距离；α 为吸收系数；K_{wind} 为噪声的声源因子。

噪声级与深度有关，为

$$\text{NL}_{\text{wind}}(f)\approx 10\lg\frac{2\pi K_{\text{wind}}}{2\alpha z+3-\exp(-0.868\alpha z)}-8.6\alpha z \tag{5-5}$$

若在浅水层 αz 很小，或者没有吸收衰减时，$2F_3(\cdot)$ 约为 1，则式（5-5）变为

$$\text{NL}_{\text{wind}}(f)\approx 5+10\lg K_{\text{wind}} \tag{5-6}$$

式中，K_{wind} 与频率、风速有关[5]：

$$K_{\text{wind}}=\frac{10^{4.12}V_{\text{apl}}^{2.24}}{(1.5+F^{1.59})10^{0.1\delta}} \tag{5-7}$$

其中，$F=f_{\text{k}}$ 为频率（kHz），其范围为 50kHz 以下；$V_{\text{apl}}=\max(v_{10},1)$ 为风速（m/s）；δ 为一个与温度变化有关的修正值，当温度变化很小时，可以忽略。将式（5-7）代入式（5-6）式有

$$\text{NL}_{\text{wind}}(f)\approx 46+22.4\lg V_{\text{apl}}-10\lg(1.5+F^{1.59}) \tag{5-8}$$

若频率较高（5kHz 以上），式（5-8）可以简化为

$$\text{NL}_{\text{wind}}(f)\approx 46+22.4\lg V_{\text{apl}}-17\lg F \tag{5-9}$$

在 500Hz～5kHz 频率范围和 2.5～40kn 风速范围内，频率每提高一倍，噪声级约下降 5dB（或者每提高 10 倍，噪声级下降 17dB），即噪声谱的斜率为-5dB/oct。图 5-3 为不同风速的风生噪声谱随频率的变化关系。

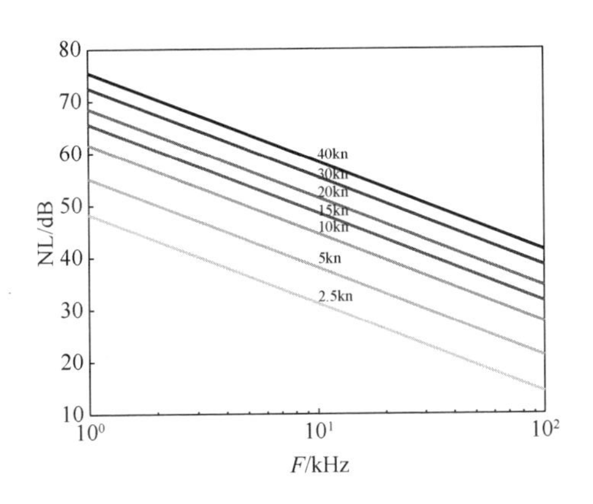

图 5-3　不同风速的风生噪声谱随频率的变化关系

在浅水层下，还需要考虑海底的反射和折射的影响。例如，砂底的背景噪声要比黏土底高 3～5dB。

也可以直接用 1kHz 时的各海况的噪声级计算：

$$\text{NL}_{\text{wind}}(f)\approx M_{\text{1kHz}}(\text{SS})-17\lg F \tag{5-10}$$

式中，$M_{\text{1kHz}}(\text{SS})$ 是海况为 SS 时 1kHz 频率处的噪声谱级，一般取表 5-3 所示的值。

表 5-3　1kHz 时各海况下的噪声谱级

海况 SS	$M_{\text{1kHz}}(\text{SS})$/dB	海况 SS	$M_{\text{1kHz}}(\text{SS})$/dB
0	44	3	64
1	53	4	67
2	59	5	69

式（5-10）适用于频率较高（1kHz 以上）时，较低的频率误差较大。用式（5-8）和式（5-10）分别计算的噪声级结果列于图 5-4。图中式（5-8）取风速为 7m/s，对应海况 SS=3。

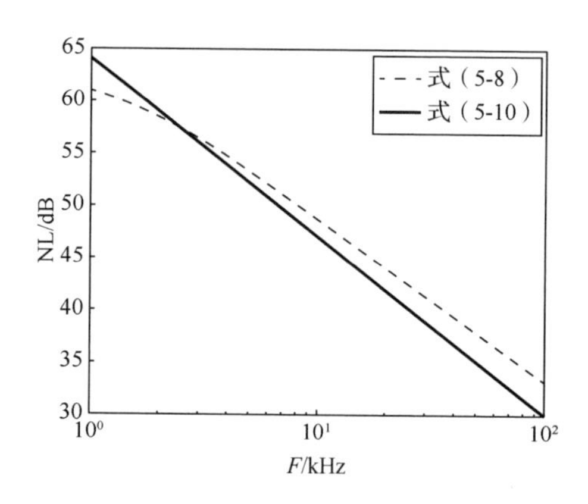

图 5-4　用式（5-8）和式（5-10）分别计算的噪声级

4. 雨生噪声

从总体来说，雨生噪声与风速 v_{10}、雨级 R_{Rain}、雨点分布等有关，其谱也是频率 F 的函数。较好的模型是 Scrimger（斯克林杰）给出的模型，适用于 1kHz 到 100kHz[5]：

$$\mathrm{NL}_{\text{Rain}}(f) \approx 10\lg K_{\text{Rain.20kHz}}(R_{\text{Rain}}, v_{10}) + \begin{cases} -10\lg F, & 1 \leqslant F < 10 \\ 49\lg F - 59, & 10 \leqslant F < 16 \\ 0, & 16 \leqslant F \leqslant 24 \\ -23\lg F + 31.7, & 24 < F \leqslant 100 \end{cases} \tag{5-11}$$

式中，$K_{\text{Rain.20kHz}}(R_{\text{Rain}}, v_{10})$ 为声源因子。

$$10\lg K_{\text{Rain.20kHz}}(R_{\text{Rain}}, v_{10}) = b(v_{10}) + a(v_{10})\lg\min\left(R_{\text{Rain}}, 10\right) \tag{5-12}$$

$$a(v_{10}) = \begin{cases} 25.0, & v_{10} \leqslant 1.5 \\ 5.0 + 5.7(5.0 - v_{10}), & 1.5 < v_{10} < 5.0 \\ 5.0, & v_{10} \geqslant 5.0 \end{cases} \tag{5-13}$$

$$b(v_{10}) = \begin{cases} 41.6, & v_{10} \leqslant 1.5 \\ 50.0 - 2.4(5.0 - v_{10}), & 1.5 < v_{10} < 5.0 \\ 50.0, & v_{10} \geqslant 5.0 \end{cases} \tag{5-14}$$

图 5-5 是在风速为 2m/s 的条件下计算获取的图。从图中可以看到，雨产生的噪声谱有一个标志性的谱形状，即在 15kHz 左右存在一个宽带峰，这不同于其他噪声谱。

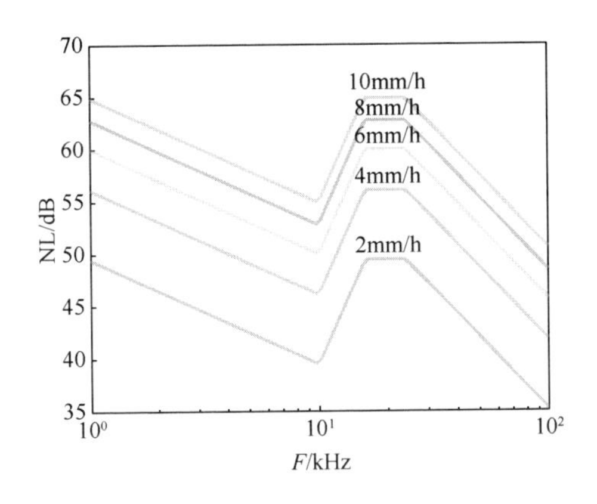

图 5-5　不同雨量强度下的雨生噪声谱

5. 热噪声

在频率高于 50kHz 的情况下，热噪声成为主要噪声源。热噪声主要是由分子运动所带来的噪声。Mellen（梅伦）第一次从理论上推导了热噪声的噪声谱级与频率的关系[4]：

$$NL_{\text{Thermal}}(f) \approx -14.7 + 20\lg F \tag{5-15}$$

这一公式的精度在 4%之内。热噪声随着频率的增加而增加。

6. 生物噪声

海洋生物噪声现象有多种形式，如海洋生物噪声谱具有明显的特征谱峰和特征谱线，且在含有谱峰的频带内，噪声级随时间变化，Gato[6]将此类噪声命名为“海洋生物大合唱”。但鼓虾噪声谱不具有特征谱峰，故不属于该范畴。某些海洋生物的发声会使某些频段的环境噪声级增高几十分贝，它们的分布深受季节和气候的影响[7]。其中，高密度成群的鼓虾可使 10Hz～20kHz 的环境噪声谱增加 40dB；鮟鱇鱼可使低频段噪声谱级增加 40dB，其基频为 200～300Hz；切萨皮克湾的叫鱼噪声谱级可达 107dB，其谱峰频率为 500～600Hz；新西兰附近海域里的海胆发声可使 1200～1600Hz 的环境噪声增加 25～30dB。

5.3　声呐平台自噪声模型

5.3.1　声呐平台自噪声源

舰船声呐平台自噪声源主要有三类，即螺旋桨噪声、机械噪声和水动力噪声。三种噪声与舰船的类型、吨位、外形和结构设计、设备布置以及声呐设备安装位置等诸多因素相关，它们以多种路径到达声呐基阵，产生噪声声场。

1. 螺旋桨噪声

螺旋桨噪声的产生机理已在第 3 章描述。螺旋桨噪声通过以下几条路径传播到声呐平台（图 5-6）：一是从水中直接传播（螺旋桨噪声一般是这种情况）或沿壳体衍射传播（图中数字 1），二是从海底（图中数字 3）、海面反射（图中数字 4）或通过水中散射体散射或反射（图中数字 5）传播，三是通过壳体直接传播（图中数字 2）。对水面舰艇和近水面航行的潜艇来说，直接传播和水面反射传播的作用大致相同，大于海底反射传播的作用，当海域较浅时，海底反射的作用会增大。

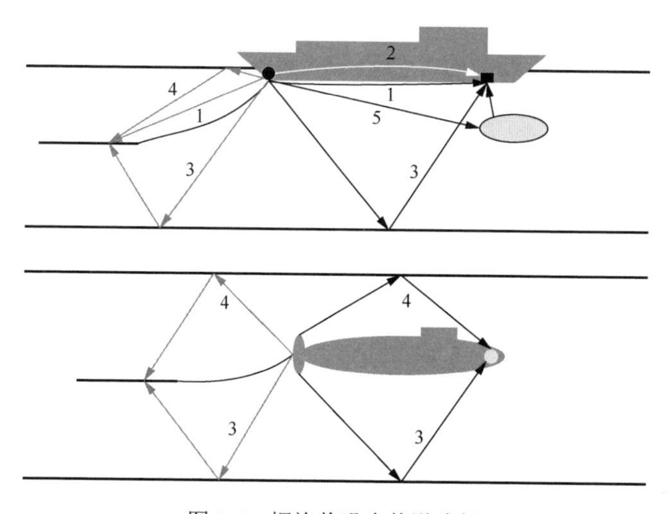

图 5-6　螺旋桨噪声传递路径

对艏部声呐导流罩声腔，螺旋桨噪声途经水体和海底、海面反射进入导流罩，并抬高导流罩内的噪声幅度。经海底反射的螺旋桨噪声对导流罩声腔噪声幅度的增加主要取决于海底的反射能力、位置深度和导流罩的结构。在石质海底情况下，当船的长度与所在位置的深度在同一量级时，导流罩内的噪声幅度要增加 8～10dB。螺旋桨噪声直达波和海底、海面反射波有较强的方向性，可以通过在其传播路径上设置声学障板，采用“阻抗失配”原理阻断、隔离噪声向导流罩声腔内的传递，抑制螺旋桨噪声对艏部声呐的干扰。

对拖曳线列阵来说，螺旋桨噪声是一个主要噪声源。

$$\mathrm{NL}_{\mathrm{p1}}(f)=\mathrm{SL}_{\mathrm{Pr}}(f)-20\lg r \tag{5-16}$$

式中，$\mathrm{SL}_{\mathrm{Pr}}(f)$ 为船舶螺旋桨辐射噪声级；r 为拖曳线列阵与螺旋桨的距离。拖曳线列阵拖缆长度决定了螺旋桨噪声对拖曳线列阵的影响。

2. 机械噪声

船舶机械设备振动通过基座等支承构件和管路等非支撑构件传递到船体结构，同时在舱室内产生空气噪声。舰船设备众多，远离舰船艏部的舱室，结构振动、空气噪声沿船体传播的衰减较大，以激励船体结构在水中产生的辐射噪声为主。临近舰船艏部舱室内的设备和空气噪声是影响导流罩声腔噪声的主要原因。

船体结构振动激励导流罩上、下平台及后壁板等刚性板壳结构，产生弯曲振动，在导流罩声腔内产生辐射噪声，以弯曲波形式传递到声呐基阵，在声呐基阵附近产生一个逐渐衰减的压力波，作用在水听器上。另外，结构振动也会通过声呐基阵的安装结构传递到水听器。

现代舰船机械设备大多采用减振降噪措施，如加浮筏系统，已大大降低了机械噪声成分。再加上声呐基阵或水听器采用一定的抗振抗噪设计，机械噪声已大为减少。

3. 水动力噪声

水动力噪声主要是由于高速海流的不规则起伏作用于水听器或其支座，以及载体外部结构（船体），激起其局部振动并向周围介质（空气、水）辐射的噪声，包括在湍流边界层内部的压力脉动传递到水听器表面产生的噪声、船壳在高速海流冲击及湍流作用下产生的壳体振动噪声、附件周围的空化以及远处流中涡旋辐射的噪声、船下附着的气泡撞击声呐导流罩引起的噪声、湍流中变化的压力引起壳板振动所辐射的噪声（声呐导流罩内的噪声一部分就是因此产生的）等。

流噪声是水动力噪声中一种。它是由在水听器附近湍流附面层中的湍流作用在水听器表面上的压力而形成的噪声。这个压力场不是声场，是“伪声”。因此，流噪声是一个典型的近场现象，它随着距离增加而快速衰减，对声呐自噪声的影响更大。这些振动有可能会激励结构元，特别在其谐振频率处，从而产生能辐射更远的噪声。典型的谐振源包括壳体、腔体和螺旋桨等。

声呐基阵外面一般安装平滑的导流罩来避开水流，以减少流噪声对其的影响。流体运动产生的湍流脉动压力作用在导流罩弹性结构上产生振动，在导流罩内外形成声场，声场又反作用于结构产生相互耦合。流噪声大小取决于速度和导流罩线型、结构、材料等。

5.3.2　舰壳声呐平台自噪声特性模型

舰壳声呐平台自噪声主要包括平台振动（机械振动和流激振动）噪声、螺旋桨噪声、湍流噪声和环境噪声。

基阵接收到的振动噪声主要包含两部分的贡献。第一部分是舰壳内机械的振动通过壳、基阵安装结构传到水听器敏感元件，这一部分贡献称作振动的直接传递；第二部分是壳体的振动在其周围的流体中激起声波，这种声波中的主要能量为相速和壳体振动波相同的、沿壳体法向衰减的衰减波，同时由于边界和其他不均匀结构的存在，声波中也含有可以传播到远场的行波分量。

通过亥姆霍兹方程，声呐接收点 R 接收的振动噪声声压 $P(R)$ 可表示为

$$P(R)=\frac{1}{4\pi}\iint_S p\frac{\partial}{\partial n}\left(\frac{\mathrm{e}^{jkr}}{r}\right)\mathrm{d}S-\frac{1}{4\pi}\iint_S\frac{\mathrm{e}^{jkr}}{r}\frac{\partial}{\partial n}p\mathrm{d}S \tag{5-17}$$

式中，r 是壳体表面单元 $\mathrm{d}S$ 到 R 点距离；p 是激励源在壳体表面产生的声压。上述方程可以通过有限元的方法数值求解潜艇不同点的振动噪声。

考虑到螺旋桨大小与传播距离的关系，可近似将螺旋桨噪声视为点源，因此螺旋桨噪声在空间上具有方向性。目前螺旋桨噪声是舰艇低频声呐，特别是低频拖曳声呐的重要近场背景噪声源。在浅海环境下，螺旋桨噪声通过界面的反射，也可能成为艏端圆柱阵和舷侧阵的重要背景噪声源。

对于壳体比较光顺情况，阵的大部分已位于表面附面层的转捩区和湍流充分发展区，因此由湍流边界层起伏压力产生的（在壳上有突起、凹陷情况下，可能会引起流激振荡，激起很强的噪声线谱）流噪声是一种重要的声呐背景噪声，特别是在高航速航行的条件下。

对海洋环境噪声而言，不同的噪声源产生的噪声的指向性和谱结构噪声有很大区别。在声呐主要工作频带内影响声呐工作性能的环境噪声主要由远处航船噪声和风生噪声两种主要成分组成，近距离上的航船噪声可视为具有较强指向性的背景噪声声源。根据大多数文献研究，一般认为频率在 500Hz 以上以风生噪声为主，300Hz 以下以远处航船噪声为主，300～500Hz 是远处航船噪声和风生噪声的过渡带。

舰壳声呐背景噪声一般为上述四类噪声的叠加，在数学公式上可以表示为

$$n(t,r)=\sigma_1 b_{\mathrm{v}}(t,r)+\sigma_2 b_{\mathrm{f}}(t,r)+\sigma_3 b_{\mathrm{c}}(t,r)+\sigma_4 b_{\mathrm{a}}(t,r) \tag{5-18}$$

式中，$b_{\mathrm{v}}(t,r)$、$b_{\mathrm{f}}(t,r)$、$b_{\mathrm{c}}(t,r)$ 和 $b_{\mathrm{a}}(t,r)$ 分别表示振动噪声、流噪声、螺旋桨噪声和环境噪声归一化时间波形；σ_1、σ_2、σ_3 和 σ_4 分别代表振动噪声、流噪声、螺旋桨噪声和环境噪声的幅度系数；它们的具体确定比较复杂，与舰艇工况、航速、海区、海况等多种因素有关。

5.3.3　拖曳声呐平台自噪声特性模型

1. 拖船干扰噪声模型

拖船干扰是指拖船辐射声场引起的干扰。拖船是相对拖曳线列阵而言的，可

以是水面舰艇，也可以是拖带线阵的潜艇。拖船干扰噪声经过海面海底反射通过多条路径到达拖曳线列阵，是一种具有多途角扩展特性的宽带相干干扰。拖船及拖曳线列阵布放形式如图 5-7 所示，假设拖缆长度为 l 且在水中的弯曲程度不大，拖线阵入水深度为 h，拖曳线列阵阵元数为 N，阵元间距为 d。

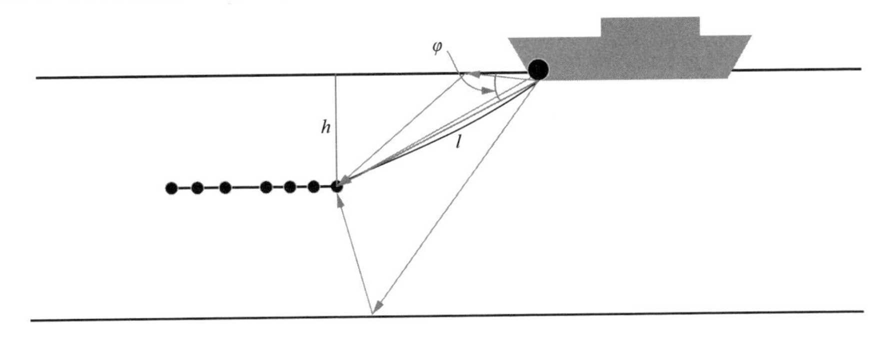

图 5-7　拖船及拖曳线列阵布放形式

拖曳线列阵平台辐射噪声与拖曳线列阵相距较近，是按照球面波传播的近场干扰，则拖曳线列阵阵元接收到的拖船干扰可表示为

$$X_1(t,f) = A_1(\varphi,f)S_1(t,f) \tag{5-19}$$

式中，$S_1(t,f)$ 为拖船噪声干扰源矩阵；$A_1(\varphi,f)$ 为近场球面波阵列流型矩阵，φ 为拖船噪声入射的角度。

$$A_1(\varphi,f) = \left[1,\exp\left(\mathrm{j}2\pi f(r_1-r_0)/c\right),\cdots,\exp\left(\mathrm{j}2\pi f(r_{N-1}-r_0)/c\right)\right]^{\mathrm{T}} \tag{5-20}$$

其中，

$$r_0 = \left|h/\cos(\varphi)\right| \tag{5-21}$$

$$r_1 = \sqrt{l^2 + d^2 - 2ld\cos(\pi-\varphi)} \tag{5-22}$$

$$r_{N-1} = \sqrt{l^2 + \left[(N-1)d\right]^2 - 2l(N-1)d\cos(\pi-\varphi)} \tag{5-23}$$

研究表明，浅海条件下，拖曳线列阵对接收本舰噪声的最大输出与本舰端射方向存在一个偏角，即拖船干扰具有指向性，该偏角一般在 0°～40° 范围内；深海条件下，拖船噪声经过声源到海底的整个水体，并经海底反射至拖曳线列阵，其最大输出一般偏移至 60°～90° 范围。基于历史海试数据，图 5-8、图 5-9 给出了浅海、深海条件下拖船干扰在对主动探测画面的影响（图中灰度表示能量的大小，颜色越深，能量越大）。

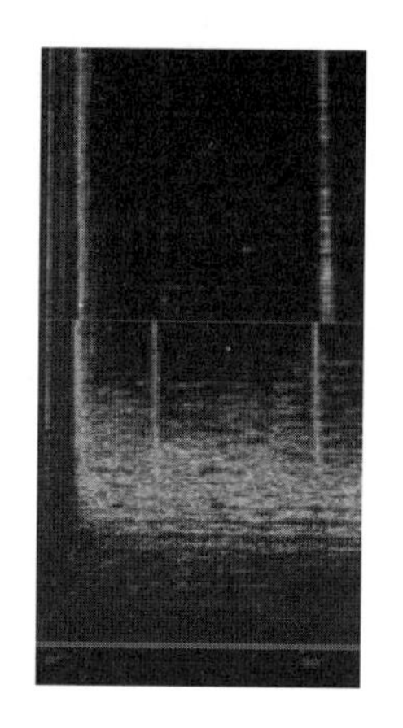

图 5-8　浅海拖船干扰噪声

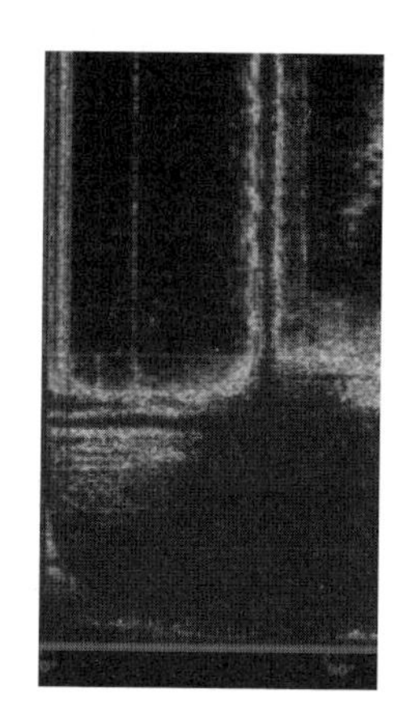

图 5-9　深海拖船干扰噪声

2. 拖曳噪声模型

由于拖曳线列阵声呐具有远离本艇噪声、工作深度可调、基阵孔径受母船限制小等优点，在远程目标探测中得到广泛应用。然而，拖曳线列阵声呐在拖曳工作时，却受到自身拖曳噪声的影响。

拖曳线列阵在水中拖曳时，水听器接收到的拖曳噪声主要包括：①拖曳线列阵护套表面湍流边界层压力起伏引起的流噪声；②拖缆抖动、拖曳线列阵尾部摆动引起的振动噪声。对于流激励产生的阵振动主要通过配置隔振段等措施来解决，如果拖曳线列阵采用良好的隔振措施后，湍流边界层（turbulent boundary layer，TBL）压力起伏则成为拖曳线列阵流噪声的主要噪声源。

1）湍流噪声理论模型

当拖曳线列阵工作时，为保证拖缆大致位于水平位置，就要以一定速度拖曳，护套和海水间存在相对运动，这样就会在护套的外表面形成湍流边界层。与舰船流噪声一样，拖曳线列阵护套表面湍流边界层常处于有速度起伏和压力起伏的湍流状态，与这种湍流边界层压力起伏有关的水动力噪声，虽不是真正的声波，但的确能影响水听器的输出，通常把这种由于套管表面水流运动引起的管内噪声称为流噪声。从现象上看，TBL 压力起伏是在湍流区内产生的，并且随着距离的增大而迅速衰减，是一个局部量。从物理机理看，TBL 压力起伏是由速度起伏引起的动量起伏。从数学上看，TBL 压力起伏在湍流区服从泊松方程，在湍流区外恒等于零，它是一种近场随机噪声。所以，TBL 压力起伏与声波有着本质区别，和舰船航行时的流噪声一样，也是“伪声”。拖曳线列阵护套外表面的湍流边界层结构如图 5-10 所示。

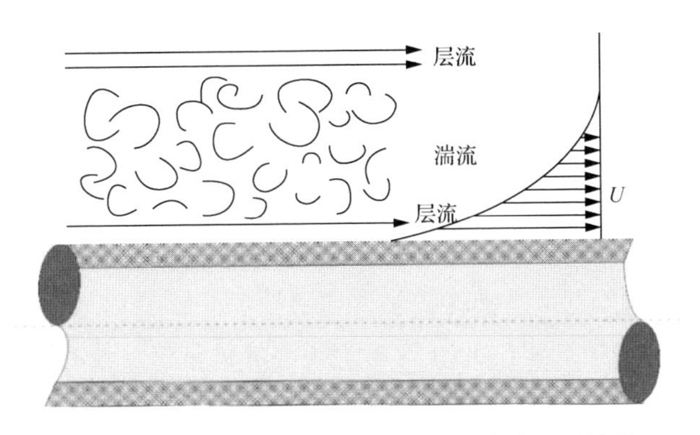

图 5-10　拖曳线列阵护套外表面的湍流边界层结构

U 为拖曳速度

护套外表面 TBL 压力起伏 Carpenter&Kewley（卡彭特-丘利）模型的基本表达式为

$$\Phi(k_x,\omega)=\frac{C^2\rho_2^2u_*^2R^2\left[(k_xR)^2+1/12\right]}{\left[(\omega R-u_c k_x R)^2/(hu_*)^2+(k_xR)^2+1/b^2\right]^{2.5}} \tag{5-24}$$

式中，R 为圆柱护套的外径；ρ_2 为外部流体的密度；u_c 为迁移速度；u_* 为 TBL 剪切速度；k_x 为轴向波数。文献[8]利用实验数据对参数进行了修正，具体数值为 $C=10, h=3.7, b=0.2$。

拖曳线列阵拖曳噪声有以下结论[8]：①TBL 压力起伏的能量主要集中在低频；②TBL 压力起伏的纵向空间相关半径远小于声波；③拖曳速度每增加 1m/s，TBL 压力起伏功率谱增加 5dB 左右；④TBL 压力起伏存在高波数迁移波。

TBL 压力起伏引起的流噪声要被管内水听器接收需通过弹性护套和管内流体两种介质，因此，护套柱壳和管内流体对压力起伏的传递特性是影响管内噪声场的重要因素。通常拖曳线列阵由圆柱形软护套及安装于内部的水听器、骨架、强力绳、海绵、电源线等器件组成，护套内部填充液体，水听器安装于护套内中心轴上。为方便讨论，建模时对拖曳线列阵护套内部骨架、强力绳、海绵、电源线等器件的影响不加考虑，简化模型如图 5-11 所示。

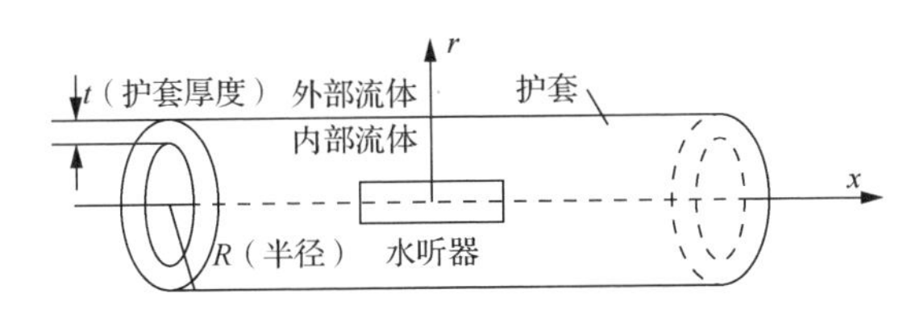

图 5-11　拖曳线列阵内部物理模型

假设拖曳线列阵在水中拖曳时护套表面的流场是周向均匀且拖曳线列阵足够长（两端的反射作用可以忽略），护套外表面 TBL 的压力起伏在空间上均匀、在时间上平稳，整个系统是线性的。在考虑护套和管内流体的作用时，TBL 压力起伏激励下拖曳线列阵管内水听器接收的流噪声谱可表示为

$$\Phi_0(\omega)=\int_{-\infty}^{\infty}\Phi(k_x,\omega)\left|T(k_x,\omega)\right|^2\left|\frac{\mathrm{J}_0(k_1r_0)}{\mathrm{J}_0(k_1b)}\right|^2\left|H(k_x)\right|^2\mathrm{d}k_x \tag{5-25}$$

式中，$T(k_x,\omega)$ 的物理意义是弹性护套传递函数；$\mathrm{J}_0(k_1r_0)/\mathrm{J}_0(k_1b)$ 为压力起伏在管内 $(r<b)$ 沿径向的传播规律，$\mathrm{J}_0(\cdot)$ 为第一类零阶贝塞尔函数，k_1 为护套管内流体的径向空间波数，$k_1^2+k_x^2=\omega^2/c_1^2$，$c_1$ 为声波在管内流体中的传播速度，ω 为角频率；b 为护套内径；r_0 为水听器半径；$H(k_x)$ 为单个水听器的波数响应函数。

护套管内填充流体的护套传递函数 $T(k_x,\omega)$ 表达式为

$$T(k_x,\omega)=\frac{1}{\mathrm{J}_0(k_1R)+\dfrac{2}{k_\mathrm{b}^2R}k_1R\mathrm{J}_1(k_1R)\alpha(k_x,\omega)} \tag{5-26}$$

式中，$\mathrm{J}_1(\cdot)$ 为第一类一阶贝塞尔函数，

$$\alpha(k_x,\omega)=\frac{\sigma_1^2k_x^2}{(1-\sigma_1^2)(k_\mathrm{e}^2-k_x^2)}+\beta^4k_x^4+\frac{1-k_\mathrm{e}^2R^2}{1-\sigma_1^2} \tag{5-27}$$

k_b 为膨胀波数：

$$k_\mathrm{b}^2=\frac{2\rho_1\omega^2R}{Et} \tag{5-28}$$

k_e 是护套扩展波波数：

$$k_\mathrm{e}^2=\frac{\omega^2\rho(1-\sigma_1^2)}{E} \tag{5-29}$$

其中，ρ_1 为管内液体密度，ρ 为护套管密度，R 为护套外径，E 为护套的复弹性模量，t 为护套厚度（$t/R\ll1$）。

系统传递函数的表达式为

$$h(k,r,\omega)=T(k,\omega)\cdot\frac{\mathrm{J}_0(k_1r)}{\mathrm{J}_0(k_1b)} \tag{5-30}$$

护套内在半径 r 处的水听器接收到的流噪声声压的自功率谱表达式为[9]

$$\Phi_\mathrm{p}(r,\omega)=\int_{-\infty}^{\infty}\Phi(k_x,\omega)\left|h(k_x,r,\omega)\right|^2\mathrm{d}k_x \tag{5-31}$$

相应的流噪声谱级表示为

$$\mathrm{NL_{flow}}=10\lg\left(\Phi_\mathrm{p}(k_x,\omega)\right)=10\lg\left(\int_{-\infty}^{\infty}\Phi(k_x,\omega)\left|h(k_x,r,\omega)\right|^2\mathrm{d}k_x\right) \tag{5-32}$$

计算相关基本参数如表 5-4 所示。

表 5-4　TBL 压力起伏谱和护套传递函数计算相关基本参数表

参数	数值	参数	数值
拖曳速度 U	7m/s	剪切波衰减因子 $\tan\delta$	0.3
剪切速度 u_*	$0.04U$	护套内径 b	15mm
迁移速度 u_c	$0.8U$	护套外径 R	18mm
管内流体声速 c_0	1150m/s	管外流体密度 ρ_2	1000kg/m^3
管内流体密度 ρ_0	761kg/m^3	管外流体声速 c_2	1500m/s
护套材料密度 ρ_1	1130m/s	圆柱面水听器半径 r_0	3mm
护套厚度 t	3mm	圆柱面水听器长度 L	25mm
弹性模量 E	6.25×10^7	水听器间距 d	100mm
泊松比 σ_1	0.5	$C=10.0, h=3.7, b=0.2$	

根据式（5-24）可得 TBL 压力起伏谱随轴向波数（k_x）的变化曲线，具体见图 5-12；根据式（5-26）可得护套传递函数随轴向波数的变化曲线，具体见图 5-13。

根据式（5-32），可以通过数值积分计算出安装在护套轴上的单水听器的自噪声响应。图 5-14 给出了拖曳速度分别为 $U=3\text{m/s}$、$U=4\text{m/s}$、$U=5\text{m/s}$、$U=6\text{m/s}$、$U=7\text{m/s}$ 时单水听器接收到的流噪声结果。从图中可以看出，拖曳速度每提升 1m/s，其流噪声将提高约 6dB。

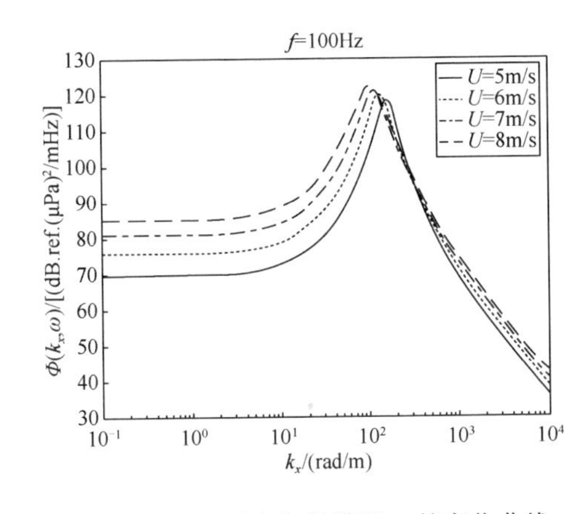

图 5-12　TBL 压力起伏谱随 k_x 的变化曲线

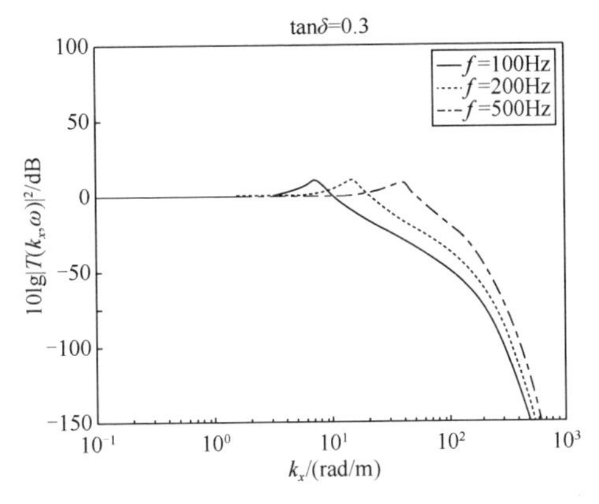

图 5-13　护套传递函数随 k_x 的变化曲线

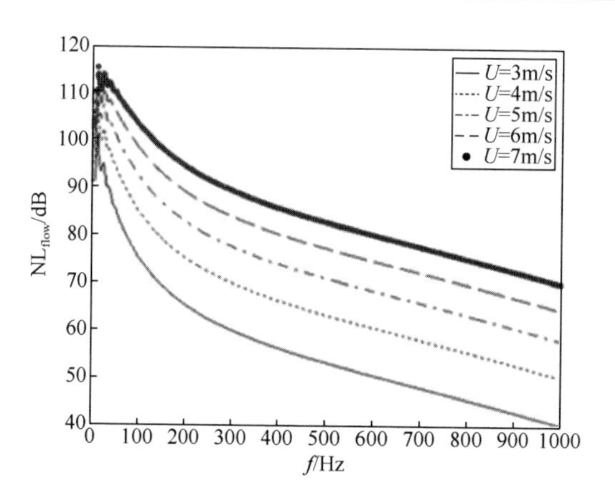

图 5-14　流噪声随拖曳速度的变化曲线

2）拖缆振动噪声理论模型

拖缆引起的振动噪声对拖曳线列阵的影响主要有两条途径：一是拖缆振动通过水介质产生辐射噪声；二是拖缆振动传递到线列阵因水听器加速度响应产生的噪声，以及线列阵因拖缆振动在阵段内部产生的呼吸波、膨胀波、共振波等。线列阵对拖缆振动的响应比较复杂，与线列阵内部填充材料、振动隔离结构、隔振模块性能、拖曳速度及成阵工艺密切相关。下面仅对拖缆振动模型进行分析。

（1）拖缆振动模型。

采用细长柔性杆理论，根据拖缆的特性，忽略其扭矩和弯矩，建立拖缆微元受力运动物理模型：

$$m\ddot{r} + c_{\mathrm{a}}\dot{r} - (T_{\mathrm{a}}r')' = F_{\mathrm{a}}(s,t) \tag{5-33}$$

式中，T_{a} 为缆上张力；m 为单位长度的质量；c_{a} 为线性阻尼系数；$F_{\mathrm{a}}(s,t)$ 为单位长度缆上分布载荷；s 为缆阵长度；t 为时间；r 为缆上任一点的位置。撇号表示对未伸长时缆阵长度坐标 s 的偏导，而对时间 t 的偏导则用圆点表示。依据连续介质理论，缆的格林-拉格朗日应变为

$$\varepsilon = \frac{1}{2}(r' \cdot r' - D_{\mathrm{s}}) \tag{5-34}$$

式中，D_{s} 为单位对角矩阵。

缆上张力与应变 ε 之间的关系为

$$T_{\mathrm{a}} = EA\varepsilon \tag{5-35}$$

式中，E 为拖缆弹性模量；A 为缆的截面积。缆上分布载荷 $F_{\mathrm{a}}(s,t)$ 包括重力、浮力、流体载荷等。

$$F_{\mathrm{a}}(s,t) = W_{\mathrm{a}} + B_{\mathrm{a}} + F_{\mathrm{a}} \tag{5-36}$$

式中，W_{a} 为单位长度缆重力；B_{a} 为单位长度缆浮力；F_{a} 为单位长度缆上的流体载荷。流体载荷 F_{a} 可表述如下：

$$F_{\mathrm{a}} = -\rho_{\mathrm{w}} A \ddot{r}_n - \frac{1}{2} C_n \rho_{\mathrm{w}} D |\dot{r}_n| \dot{r}_n - \frac{1}{2} \pi C_t \rho_{\mathrm{w}} D |\dot{r}_t| \dot{r}_t + p_{\mathrm{viv}} \tag{5-37}$$

式中，ρ_{w} 为流体密度；$\ddot{r}_n$ 为缆法向加速度；$\dot{r}_n$ 为缆法向速度；$\dot{r}_t$ 为缆切向速度；C_n 为缆法向阻力系数；C_t 为缆切向阻力系数；D 为缆直径；p_{viv} 为涡激振动载荷。

由拖缆、线列阵组成的柔性缆阵系统，也可采用上述模型进行振动分析计算。

（2）涡激振动载荷模型。

采用尾流振子范德波尔方程来模拟拖缆涡激振动：

$$\ddot{q} + \varepsilon_f \omega_f (q^2 - 1)\dot{q} + \omega_f^2 q = \frac{A_f}{D} \ddot{r}_n \tag{5-38}$$

式中，q 为尾流振子，与结构升力系数有关；ω_f 为涡漩脱落频率，$\omega_f = \dfrac{2\pi S_{\mathrm{t}} U}{D}$，$S_{\mathrm{t}}$ 为施特鲁哈尔数，$S_{\mathrm{t}} = 0.16$，U 为来流速度；ε_f 为非线性项中的小项，$\varepsilon_f = 0.3$；A_f 为结构对流体的耦合动力参数，一般取 12。通过尾流振子 q，可以获得涡激振动载荷 p_{viv} 为

$$p_{\mathrm{viv}} = \frac{1}{4} \rho_{\mathrm{w}} U^2 D C_{\mathrm{L0}} q \tag{5-39}$$

式中，C_{L0} 为升力系数。

将涡激振动载荷作为缆上分布载荷耦合进结构运动方程，形成流固耦合。通过结构与尾流振子的模型耦合，可实现拖缆涡激振动的仿真计算。这里以微重力拖缆、线列阵、尾绳组成的缆阵系统为例，计算航速 18kn 时缆阵在涡激载荷作用下的横向振动，计算时间为 16s。缆阵的横向振动位移沿缆阵长度方向的分布图如图 5-15 所示。从图中可知，拖缆上涡激振动幅度最大，线列阵上的涡激振动幅度较小，尾绳的涡激振动幅度相对较大。由图可知，拖缆涡激振动形成驻波。图 5-16 是阵首及阵尾处的振动频谱，3Hz 左右的振幅最大。图 5-17 是拖缆上的张力沿缆阵长度方向的分布（图右端为起始点，数据表示缆阵长度，向左为负值，单位为 m）。

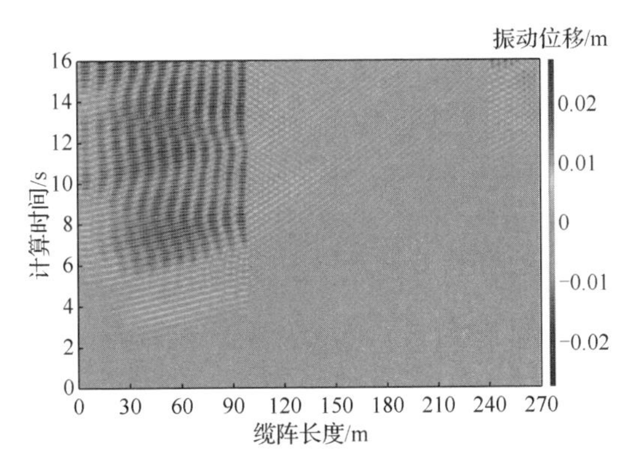

图 5-15　缆阵的横向振动位移沿缆阵长度方向的分布图（彩图附书后）

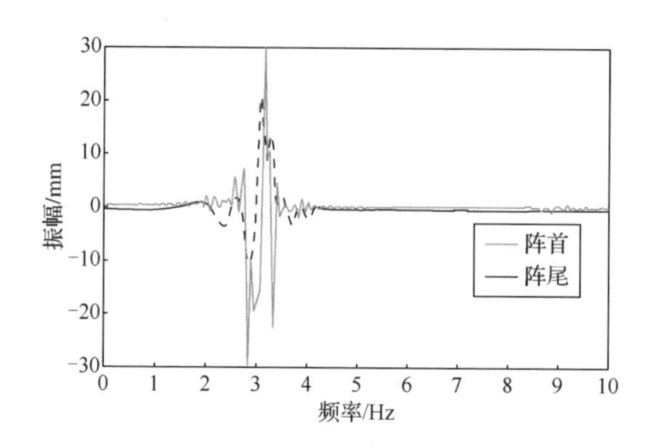

图 5-16　阵首及阵尾处的振动频谱

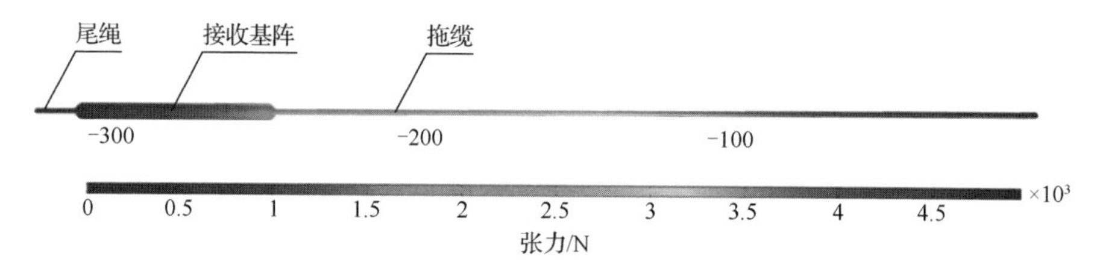

图 5-17　拖缆上的张力沿缆阵长度方向的分布图（彩图附书后）

5.3.4　机载声呐平台自噪声特性模型

从噪声的产生机理来看，直升机平台辐射噪声可分为两大类：气动噪声和机械噪声。气流的不稳定性振动及气流在流动过程中产生的大量涡旋、涡流与物体相互作用产生的噪声是气动噪声，如直升机旋翼、尾桨旋转产生的旋翼噪声，发动机进气排气声音等属于气动噪声。机械部件之间的碰撞、摩擦及周期性相互作用产生的噪声是机械噪声，如直升机上的传动装置、减速器等产生的噪声属于机械噪声。

直升机平台辐射噪声由上述噪声相互叠加构成，一般来说，可以用一个宽带连续谱和一系列线谱叠加来建模。其离散谱出现在桨叶通过频率（基频）的整数倍频上，主旋翼旋转噪声的基频在 10～25Hz，尾桨产生的旋转噪声基频在 50～100Hz，其谱幅随频率增加而衰减。宽带谱呈连续变化。在低频段线谱幅度高于连续谱。典型直升机的主旋翼和尾桨产生的噪声能量主要集中在 10～400Hz 频率范围内。在 600～800Hz 还存在有较强的线谱分量，可能是直升机发动机产生的噪声分量。

5.4　声呐背景噪声场空间特性模型

声呐背景噪声综合效应一般是多类噪声的叠加，在不同的工况或环境条件下，各类噪声的占比将有所差别并不断变化。声呐背景噪声的频谱通常是随机分布的，并且与频率相关；它的强度通常会随着时间变化，这种时变特性可能由天气、季节等引起；作为一种随机过程，其统计特性一般由概率密度函数或概率分布函数、数学期望、方差、相关函数或功率谱等来表征。在工程上，出于方便分析的考虑，常把噪声假设为高斯噪声或白噪声。由于各类噪声源本身具有指向性，且噪声源在海洋介质中具备一定的空间分布，从而使得噪声具有指向性。以下将围绕不同的噪声场给出空间特性模型。

5.4.1　各向同性噪声场空间特性模型

对于简单的噪声场空间特性模型，假定包含一个无限大均匀水层和平坦的界面，且噪声源是均匀分布的，因此各个方向上的噪声特性是相同的，即为各向同性噪声场模型，如图5-18所示。噪声的各向同性模型是复杂度最小的数学模型。远距离船舶和表面效应为主的环境噪声中间的过渡区、超过50kHz的噪声场经常是一个各向同性噪声场，其角分布噪声场强度为$|N|^2$。

对任意的(θ,ϕ)（水平角，垂直角），互谱密度可表示为

$$Q_{12}(d,f,\tau)=4\pi I_{\omega}\sin c\left(\frac{2d}{\lambda}\right)\mathrm{e}^{\mathrm{j}2\pi f\tau}=4\pi I_{\omega}\sin\left(\frac{2\pi d}{\lambda}\right)\bigg/\frac{2\pi d}{\lambda}\mathrm{e}^{\mathrm{j}2\pi f\tau} \tag{5-40}$$

式中，I_{ω}为角声强度，为常量；τ为时延。

归一化互谱密度并取实部，可得

$$q_{12}(d,f,\tau)=\mathrm{Re}\left[\frac{Q_{12}(d,f,\tau)}{Q_{12}(d,f,\tau=0)}\right]=\sin c\left(\frac{2d}{\lambda}\right)\cos\left(\frac{2\pi c\tau}{\lambda}\right) \tag{5-41}$$

对$\tau=0$，当$d=n\lambda/2$（n为任何整数）时空间相关为0。延迟的引入，使空间相关函数的第一个零点出现在$d/4\lambda$，即可使得间距为$\lambda/4$的两个水听器完全统计独立。各向同性噪声场的空间相关函数图如图5-19所示。

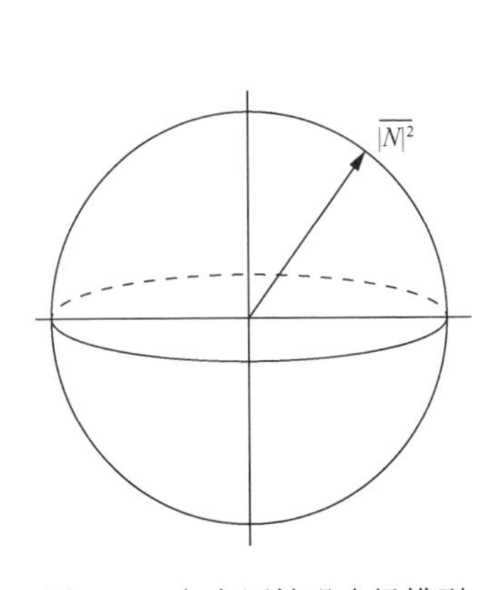

图5-18　各向同性噪声场模型

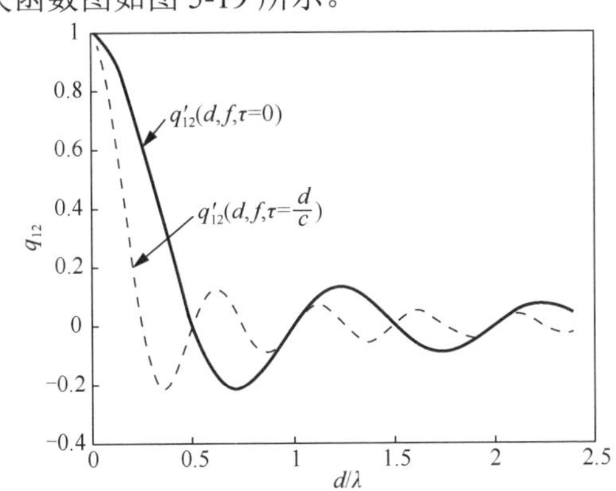

图5-19　各向同性噪声场的空间相关函数

5.4.2　半各向同性噪声场空间特性模型

图 5-20 为半各向同性噪声场模型，部分对称球面为均匀，而其他部分为零。在各向同性噪声场中，如果水听器置于边界附近，如海面附近，或某物件附近，可用此模型。

这种情况下，噪声场的空间相关函数为

$$Q_{12}(d,f,\tau)=I_{\omega}\left(\pi-2\phi_0\right)\exp(\mathrm{j}2\pi f\tau)\int_{-(\pi/2-\phi_0)}^{\pi/2-\phi_0}\exp\left(\mathrm{j}\frac{2\pi fd\sin\phi}{c}\right)\cos\phi\mathrm{d}\phi \tag{5-42}$$

参照式（5-41），通过对式（5-42）求解积分、归一化、取实部，可得

$$q_{12}(d,f,\tau)=\sin c\left(\frac{2d\cos\phi_0}{\lambda}\right)\cos\left(\frac{2\pi c\tau}{\lambda}\right) \tag{5-43}$$

半各向同性噪声场的空间相关函数如图 5-21 所示。

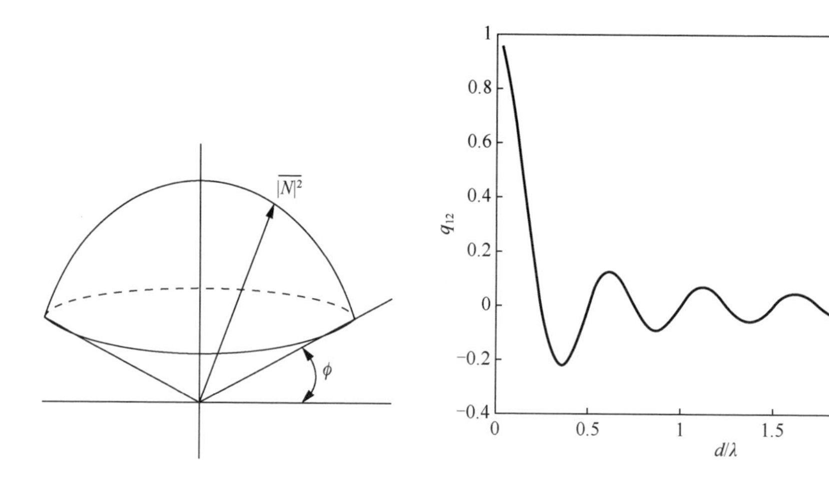

图 5-20　半各向同性噪声场模型　　　图 5-21　半各向同性噪声场的空间相关函数

5.4.3　表面生成噪声场空间特性模型

由于风在海表面的作用，假设海表面的每一个单元区都能向下面的水中辐射独立的噪声，这样就形成表面生成噪声源的噪声场模型，如图 5-22 所示。

空间相关函数为

$$Q_{12}(d,\lambda)=4\pi I_0\int_{-\pi/2}^{\pi/2}\int_{-\pi/2}^{\pi/2}\cos^2\psi\cos\theta\exp\left(\mathrm{j}\frac{2\pi d\sin\psi}{\lambda}\right)\mathrm{d}\psi\mathrm{d}\theta$$

$$=8\pi I_0(\pi)\left[\frac{\mathrm{J}_1\left(\frac{2\pi d}{\lambda}\right)}{\frac{2\pi d}{\lambda}}\right] \tag{5-44}$$

式中，$\mathrm{J}_1(\cdot)$ 为第一类一阶贝塞尔函数。归一化空间相关函数为

$$q_{12}(d,\lambda)=\frac{2\mathrm{J}_1\left(\frac{2\pi d}{\lambda}\right)}{\frac{2\pi d}{\lambda}} \tag{5-45}$$

表面生成噪声场的空间相关函数见图 5-23。两个水听器间距 $d\approx0.61\lambda$，要比各向同性噪声场时的间距（0.5λ）略大，且连续两个零点间距离也并不是常数。

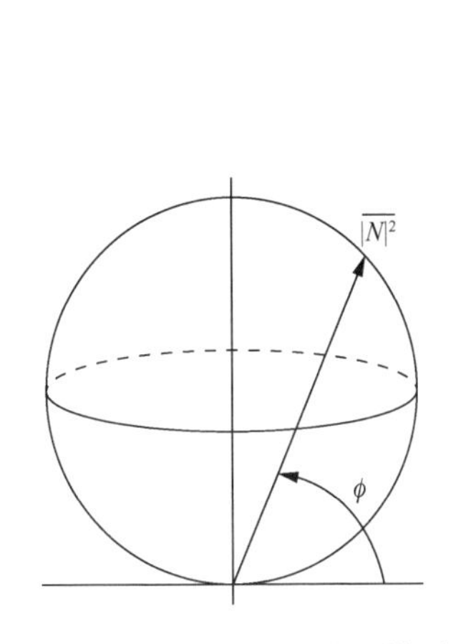

图 5-22　表面生成噪声场模型

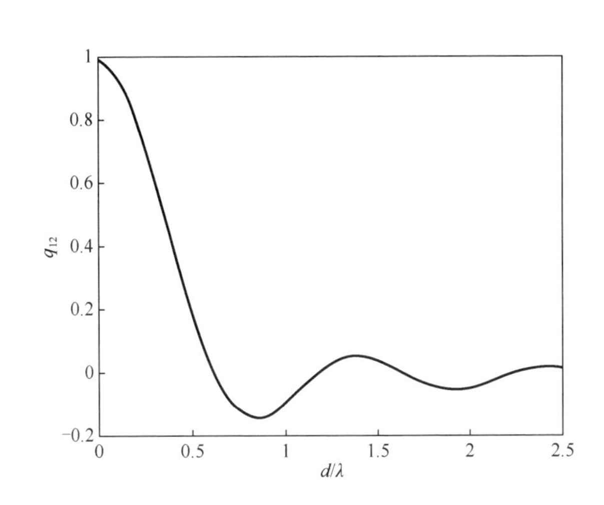

图 5-23　表面生成噪声场的空间相关函数

5.4.4　脉冲噪声场空间特性模型

脉冲噪声场模型除了方向 ϕ_0 处有量值之外其他处均为零，且在方位角上是均匀分布的，如图 5-24 所示。

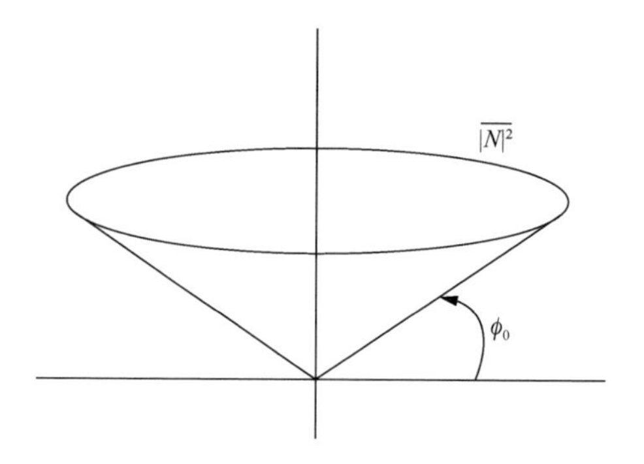

图 5-24　脉冲噪声场模型

要得到脉冲噪声场的空间相关函数，可采用俯仰-水平角坐标系。由于 $\sin\psi=\cos\phi\sin\theta$，空间相关函数变为

$$\begin{aligned}Q_{12}(d,\lambda)&=I_\omega\int_{-\pi}^{\pi}\int_{-\pi/2}^{\pi/2}\delta\left(\phi-\phi_0\right)\exp\left(\mathrm{j}\frac{2\pi d}{\lambda}\cos\phi\sin\theta\right)\cos\phi\mathrm{d}\phi\mathrm{d}\theta\\&=2I_\omega\cos\phi_0\mathrm{J}_0\left(\frac{2\pi d}{\lambda}\cos\phi_0\right)\end{aligned}\tag{5-46}$$

式中，$\mathrm{J}_0(\cdot)$ 为第一类零阶贝塞尔函数；$\delta(\phi-\phi_0)$ 为中心在 ϕ_0 的单位脉冲。对其归一化，得到

$$q_{12}(d,\lambda)=\mathrm{J}_0\left(\frac{2\pi d}{\lambda}\cos\phi_0\right)\tag{5-47}$$

比较 $\phi_0=0$ 时的第一类零阶贝塞尔函数图与各向同性噪声、有 $\sin|\phi|$ 分布的噪声的空间相关函数图，脉冲噪声的零相关所需的水听器间距小于其他两种。随着 d/λ 的增加，脉冲噪声的空间相关函数出现最大的相关偏离，即“旁瓣”，见图 5-25。

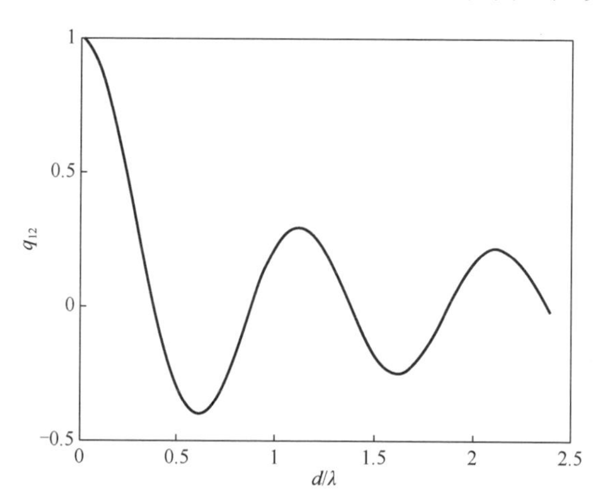

图 5-25　脉冲噪声场的空间相关函数

参 考 文 献

[1] Sadowski V, Katz R, McFadden K. Ambient noise standards for acousitic modeling and analysis[R]. Naval Underwater Systems Center, TD7265, 1984.

[2] Ross D. Mechanics of underwater noise[M]. Oxford: Pergamon Press, 1976: 375.

[3] Hamson R M. Sonar array performance prediction using the RANDI-2 ambient noise model and other approaches[R]. BAeSEMA Report B277/TR-1, 1994.

[4] Hodges R R. Underwater acoustics: Analysis design and performance of sonar[M]. New Jersey: Wiley, 2010.

[5] Ainslie M A. Principles of sonar performance modelling[M]. Berlin: Praxis Publish, 2010.

[6] Gato D H. Marine biological choruses observed in tropical water near Australia[J]. The Journal of the Acoustical Society of America, 1978, 64(3): 736-743.

[7] 张民强, 施性乞, 林学清, 等. 海洋生物噪声的一次新记录[J]. 台湾海峡, 1983, 2(2): 20-22.

[8] 王晓林, 王茂法. 拖线阵水听器流噪声预报与实验研究[J]. 声学与电子工程, 2006(3): 6-11.

[9] 汤渭霖, 吴一. TBL 压力起伏激励下粘弹性圆柱壳内的噪声场: I.噪声产生机理[J]. 声学学报, 1997, 22(1): 60-69.

第6章　混 响 模 型

混响伴随着主动声呐发射信号而产生，是影响主动声呐探测性能的主要干扰之一。本章从基于经验散射公式的混响建模、混响特性分析两个方面展开描述。

6.1　混响的产生及分类

海洋中存在大量随机不均匀的散射体，例如大大小小的海洋生物、泥沙粒子、气泡、水体温度局部不均性造成的冷热水团等，以及不平整、随机起伏的海面和海底。当主动声呐发射声波后，声波传播过程中，这些海水内部的随机不均匀性或界面的随机起伏和不均匀性都会形成声的散射。在接收端，会接收到来自所有散射体的散射波，这些散射波的总和称为海洋混响。

回波和混响都是主动声呐特有的声散射现象。通常回波是指单个散射体的声散射，而混响是大量单个散射体的声散射的叠加。由于回波和混响都是随主动声呐信号发射相生相伴，两者既具有相似性，也具有差异性。两者差异性主要表现在强度衰减规律、波形、空间和时间相关性等方面。

混响可以从多个角度进行分类，具体如下。

（1）根据发射信号的频率不同，可以将海洋混响分为低频混响（1kHz 以下）、中频混响（1～10kHz）、高频混响（10kHz 以上）。

（2）根据混响产生的海域不同，可以将海洋混响分为浅海混响、深海混响、斜坡混响和冰下混响等。

（3）根据声源与接收水听器以及散射体之间的水平距离不同，可以将海洋混响分为远程混响和近程混响。

（4）根据声源和接收水听器相对位置的不同，可以将海洋混响分为收发合置混响和收发分置混响。当声源和接收水听器布放在同一位置时，接收水听器接收到的混响为收发合置混响；反之，称为收发分置混响。

（5）根据散射体的不同，混响又可分为以下三类。

A．体积混响（volume reverberation）：声波传播过程中，由海水介质内部存在随机分布不均匀性物体而引起的混响。

B．海面混响（surface reverberation）：声波传播过程中，由起伏海面散射以及近表面层内不均匀分布气泡而引起的混响。

C. 海底混响（bottom reverberation）：声波传播过程中，由不平整海底而引起的混响。

对于海面和海底混响，因其散射体分布都是二维的，所以又称为界面混响。

主动声呐发射信号后，声波首先照射到水体，产生体积混响，随着声波的传播，又照射到海底/海面，产生界面混响。水听器接收到的混响可表示为

$$\mathrm{RL}_{接收} = \mathrm{RL}_{体积} + \mathrm{RL}_{海面} + \mathrm{RL}_{海底}$$

通常，海底混响的影响占据支配性的地位。但在深海，由于存在明显的声道效应和深海散射层，海面混响和体积混响的影响将较浅海明显增大。

6.2 混响建模

海洋混响产生的物理机制是声传播和散射的综合结果，包括三个过程：声源传播到散射源的过程、散射源的散射过程及散射声波再传播到接收端的过程（即包括两次声传播过程和一次声散射过程）。混响模型的研究也是围绕水声传播建模和声散射建模这两个方面进行的。关于水声传播模型的研究相对比较成熟，如简正波模型、射线模型、波束积分模型、抛物方程模型等；而声散射模型仍处在不断的发展中，尤其是复杂结构物体在复杂声场下的声散射模型研究尚处于起步阶段，现在较成熟的只有声散射经验模型。

另外，混响作为背景噪声可以看作随机信号，但这种随机信号和海洋噪声大不相同。它虽然也是由大量杂乱的散射体回波叠加而成的，但这些回波来自同一激励源。所以，混响有其独特的统计规律，分析混响的统计分布特性有助于提高混响背景下主动声呐的信号处理性能。

6.2.1 声散射模型

声散射的经验模型是在大量测量数据分析的基础上，考虑起主要影响作用的环境参数、散射介质特性等因素，而建立起来的海底/海面/体积声散射强度的一些经典经验散射公式。这些经验散射公式表达方式简洁，实用性强。利用经验散射公式建立的混响模型，为混响建模的进一步深入研究提供了框架基础。但是，利用经验散射公式建立的混响模型，往往无法反映海洋波导效应，缺乏对混响形成的物理机制的描述，不够严谨。当前，很多学者利用微扰理论、小斜率近似和Kirchhoff近似等物理散射理论，建立了相应的界面散射模型。

从方便混响级的计算考虑，本书主要介绍简单实用的体积声散射经验模型、海面声散射经验模型和海底声散射经验模型。

1. 散射强度

图 6-1 为不均匀声散射和粗糙边界的声散射示意图。

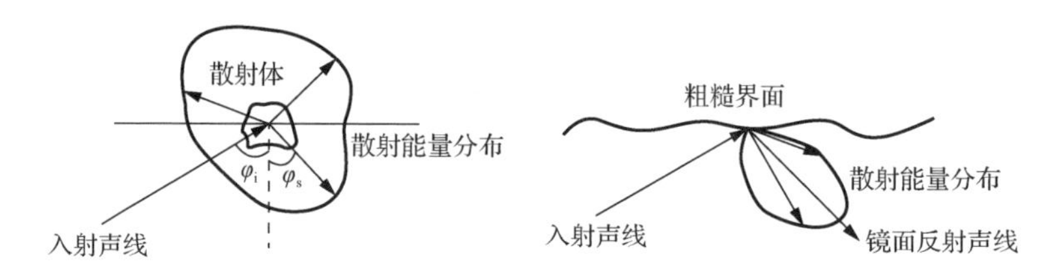

图 6-1　不均匀声散射和粗糙边界的声散射示意图

考虑一个平面波以入射角 φ_i（与表面法线的夹角，0°为垂直入射）照射到粗糙界面或散射体的小区块上，并以散射角 φ_s 将声波散射出去。若接收器接收来自入射方向的声强为 $I_i(\varphi_i)$，散射声强为 $I_r(\varphi_i,\varphi_s)$，则声散射声强与入射声强存在关联：

$$I_{rv}(\varphi_i,\varphi_s)=\sigma_s(\varphi_i,\varphi_s)I_i(\varphi_i) \tag{6-1}$$

式中，$\sigma_s(\varphi_i,\varphi_s)$ 为散射系数，与散射功率角分布的散射体单位体积（或单位面积）散射函数和体积（或面积）有关：

$$\sigma_s(\varphi_i,\varphi_s)=AS(\varphi_i,\varphi_s) \tag{6-2}$$

其中，A 表示体积（或面积），$S(\varphi_i,\varphi_s)$ 表示单位体积（或单位面积）散射函数。单位体积（或单位面积）的散射强度为

$$\mathrm{BS}(\varphi_i,\varphi_s)=10\lg S(\varphi_i,\varphi_s)=10\lg\frac{\sigma_s(\varphi_i,\varphi_s)}{A} \tag{6-3}$$

单位体积散射强度为

$$\mathrm{BS_V}=10\lg\left(\frac{\sigma_s(\varphi_i,\varphi_s)}{4\pi}\right) \tag{6-4}$$

单位面积散射强度为

$$\mathrm{BS_S}=10\lg S_S=10\lg\left(\frac{\sigma_s(\varphi_i,\varphi_s)}{2\pi}\right) \tag{6-5}$$

2. 体积声散射经验模型

体积声散射主要是由海中的海洋生物、水中气泡等引起的。体积声散射在整个海洋中是高度可变的。散射强度不仅随位置、深度、频率和季节的不同而不同，而且每天都有可能不同。例如某些有机生物体白天会从海中上游到近海表面进行阳光照射，而晚上会从近海表面下游到海中进行营养补充，形成垂直迁移。

反向体积散射强度可以从低频和高频两个方面分别考虑，再考虑体积吸收。

1）低频反向体积声散射强度

鱼群反向体积声散射主要是由大量的浮游鱼群引起的。鱼的主要反射体是鱼鳔。鱼鳔本身会脉动，如果声波频率与脉动频率一致，就会产生共振。在共振时，会产生较大的振动幅度，不同的鱼类具有不同的共振频率。但不管是否共振，其运动都会受到阻尼作用，意味着部分振动能量向四周损失了。如果阻尼很小，其共振频率接近自然频率。

共振频率[1]为

$$f_0(L) = 78.9\frac{\sqrt{0.1\hat{z}+1.75}}{\hat{L}} \tag{6-6}$$

式中，$\hat{z}$ 为深度 z 的无量纲值，即 $\hat{z} \equiv \dfrac{z}{1\text{m}}$；$\hat{L}$ 为鱼长 L 的无量纲值。

例如，北海银鳕长度约 0.06m，其共振频率约为 2.4kHz。个头更大的大西洋鳕鱼长度约 0.7m，共振频率约为 200Hz。

鱼群反向体积声散射强度可以写为

$$\text{BS}_\text{v} \approx -23.3 + 10\lg(Q_\text{fish} L_\text{group}^2 N_\text{v}) - 54.6\left[\frac{f_0(L_\text{group})}{f} - 1\right]^2 \tag{6-7}$$

式中，L_group 为鱼类的代表性长度；N_v 为鱼群密度，即每立方米的个数；Q_fish 称为 Q 因子，为阻尼系数的倒数，对鱼类来说，有

$$\frac{1}{Q_\text{fish}} = 0.0137\varPi^{1/2} + \frac{0.0089}{L^{1/2}}\varPi^{-1/4} + 0.61\varPi^{-1} \tag{6-8}$$

其中，$\varPi$ 为与压力有关的无量纲值，因此与深度有关。在大气压下，$\varPi = 2$。如果 L=0.1m，则 Q_fish 为 3。如果 $\varPi$ 增加到 10，则 Q_fish ＝9。

2）高频反向体积声散射强度

频率在 10～60kHz 的声散射强度，可以采用表 6-1 提供的数据[1]。

表 6-1 深海和浅海的高频反向体积声散射强度

类别	深度/m	BS_V/(dB/m)		
		稀疏	中等	密集
深海	0～300	−94	−87	−79
	300～600	−81	−74	−66
浅海	任何	−85	−72	−62

3. 海面声散射经验模型

海面的粗糙性和空气气泡的存在使海面成为一种有效且复杂的声散射体。散射既发生在海表面，也发生在包含声源与接收器的垂直平面内。

海面散射强度一般用全向声源（如爆炸声源）发射，用有指向性的声呐形成声波束对准海表面进行测量。海面散射强度被认为与掠射角（与表面的夹角，即入射角的余角）、频率和海面粗糙度有关。而粗糙度可以用近海面的风速或波高来表征。测量到的散射强度表明在低频和小掠射角时有很强的变化性，而在高频和大掠射角时，变化较小。

查普曼（Chapman）和哈里斯（Harris）在 1962 年利用爆炸声源以及放在附近的全向水听器来测量海面的反向散射强度，并对数据进行拟合后，给出了一个与频率和掠射角有关的模型。这期间的风速为 0～30kn，频率范围为 0.4～6.4kHz，其经验公式表达式为[2]

$$\mathrm{BS_S}=3.3\beta\lg\left(\frac{\varphi}{30}\right)-42.4\lg\beta+2.6 \tag{6-9}$$

式中，φ 为掠射角（°）；

$$\beta=158\left(\frac{3600}{1852}vf^{1/3}\right)^{-0.58}=107(vf^{1/3})^{-0.58} \tag{6-10}$$

其中，v 为风速（m/s），f 为频率（Hz）。实测值与理论值之差的平均值在 2dB 之内。从式（6-9）中看到，海面反向散射强度在相当大的角度范围内，随着风速和角度增大而增大。该模型的掠射角范围在 5°～40°。

4. 海底声散射经验模型

海底与海面一样是声的一种有效反射体和散射体，在海面散射中，只存在纵波，而海底散射中，既存在纵波也存在横波。因此，海底声散射远比海面声散射更为复杂。

在海面散射中，粗糙度是主要的考虑因素，但在海底散射中，除了粗糙度之外，还有很多要考虑的因素，例如掩埋的贝壳碎片和砂石、暴露在沉积层或之下的硬粗糙底、气井、细砂层、海底鱼、生物或植物、不同沉积层的声速梯度、潮和海流等。

海底根据沉积层组成（沙、黏土、淤泥）来进行分类，不同的组成有着不同的散射强度。例如，泥底一般较平坦，相对水有较小的阻抗，而沙底一般较为粗糙，且有较高的阻抗。由于沉积层的声反射和折射不同，即使是同一类型的海底，测量数据也是相差较大。

在很多深水底质且掠射角小于 45° 条件下，可采用朗伯（Lambert）定律来描述散射强度与掠射角之间的关系。假设所有的入射能量在所有方向上具有等强度

发散，那么有

$$S_b(\theta_0,\theta)=\mu\sin\theta_0\sin\theta \tag{6-11}$$

式中，θ_0 为入射角，因为所有方向散射强度相同，则

$$S_b(\theta)=\mu\sin^2\theta \tag{6-12}$$

海底散射强度为

$$BS_b(\theta)=10\lg\mu+20\lg\sin\theta \tag{6-13}$$

式中，μ 是一个海底散射常数。如果在所有方向上完全反射，则 $10\lg\mu=10\lg(1/\pi)=-5\text{dB}$（参考 $1\,\text{m}^2$）。对海底散射，一般取−10～−40dB。图 6-2 为 $10\lg\mu=-27\text{dB}$ 的 Lambert 定律应用例子。

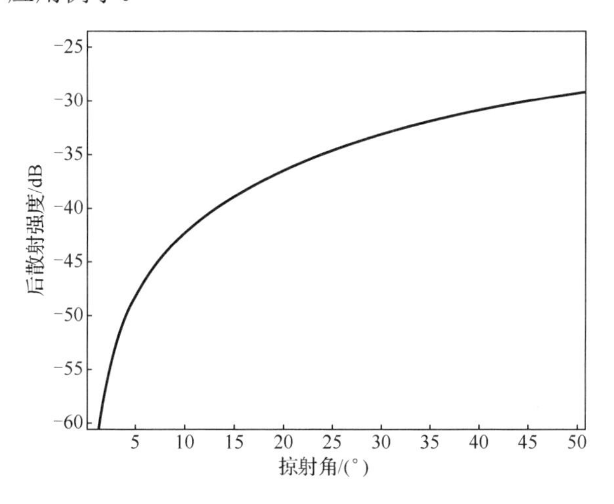

图 6-2 采用 Lambert 定律的一个例子

对不同的底质，$10\lg\mu$ 有不同的经验取值。根据实际测量，可从表 6-2 进行选择，但不确定性很大。

表 6-2 不同底质的 $10\lg\mu$ 值[1]

底质	$10\lg\mu$/dB	频率/kHz	参考
松散的沉积（沙、黏土、淤泥）	−20～−15	8～40	文献[3]
	−30～−22	95	文献[4]
	−28～−16	100	文献[5]
	−35～−15	不指定	文献[6]
沙砾	−19	8～40	文献[3]
	−18～−16	95	文献[4]
	−9～−7	100	文献[5]
	−10～−3	不指定	文献[6]
岩石	−4～−2	10～60	文献[7]
	−11～−8	30～300	文献[8]

岩石和沙砾的$10\lg\mu$值为-19～-2dB，两者的频率范围均在 10～40kHz。所以可以取典型值-11dB，不确定值为±8 dB。由于 Lambert 定律是根据散射能量重新分配于空间内的特定假设得到的，如果$10\lg\mu > -5\text{dB}$，意味着大量散射能量约束在一定的角度范围内，而在另外一些方向上出现较低的值，这已经偏离了 Lambert 定律所设定的条件。决定松散沉积的μ值的重要因素（至少在高频）是沙砾或贝壳的比例。对无沙砾的情况（小于 5%），$10\lg\mu$的一个标值为-25dB。

对中等砂（即沉积总尺寸在 250～500 μm 范围），Greenlaw 等[9]给出一个公式，频率适用范围为 10～400kHz，基本上每倍频程增加 15dB。

$$\mu_{\text{sand}} = 10^{-4}(F/5)^{1.47} \tag{6-14}$$

或者用分贝表示

$$10\lg\mu_{\text{sand}} = -40 + 14.7\lg(F/5) \tag{6-15}$$

式中，F 为频率（kHz）。

5. 收发分置海底散射模型

在收发合置海底混响中，散射声线和入射声线始终在一个垂直平面内。故而只需要知道散射系数、入射掠射角和散射掠射角就可以得到散射强度。但对收发分置混响来说，入射声线和散射声线显然不一定在一个垂直平面内，所以还需要引入方位角来描述散射函数。我们称这个角为散射方位角，其取值范围为$[0, 2\pi]$。收发分置海底散射模型示意图如图 6-3 所示。

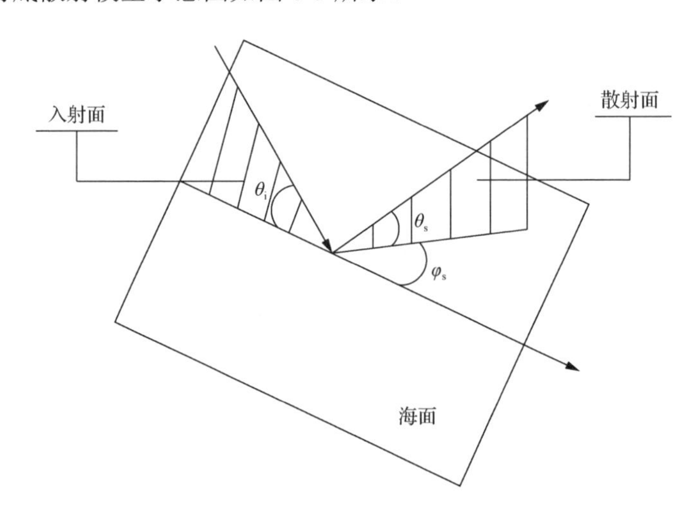

图 6-3 收发分置海底散射模型示意图

Ellis 等[10]在 Lambert 定律的基础上建立了收发分置海底散射模型，散射系数表示为

$$m_{\text{s}} = \mu\sin\theta_{\text{i}}\sin\theta_{\text{s}} + \nu(1+\Delta\Omega)^2\exp(-\Delta\Omega/2\sigma^2) \tag{6-16}$$

$$\Delta\Omega = (\cos^2\theta_i + \cos^2\theta_s - 2\cos\theta_i\cos\theta_s\cos\varphi_s)/(\sin\theta_i + \sin\theta_s)^2 \tag{6-17}$$

式中，$\Delta\Omega$ 表示散射声方向与镜像反射声线方向的偏离程度，当 $\Delta\Omega=0$ 时，散射函数取得最大值，此时散射声线沿着镜像反射声线的方向传播；μ 为 Lambert 散射系数；ν 为海底谱强度；σ 为大尺度海底的均方根斜角。式（6-16）中等式右边第一项就是常见的 Lambert 散射模型[10]，第二项是在 Kirchhoff 近似以及亥姆霍兹方程基础上得到的[11-12]，它表示了海底是各向同性的，并且界面的粗糙程度是符合高斯分布的。

图 6-4 为 3D 海底散射模型仿真[13]，入射掠射角 θ_i 分别取 20°、35°、50°和 65°。“+”表示镜像反射角；“×”表示入射角。方位角 φ_s 变化范围为 0°～360°，用最外层大圆表示。方位角确定以后，散射掠射角 θ_s 变化范围为 0°～90°，半径不断增加的虚线将此范围等分，图中 0.2～1 分别是散射掠射角的余弦值。图中共有 10 条轮廓线，相邻两条轮廓线之间大约相差 3.5dB。三个参数的取值分别是：μ=0.002、

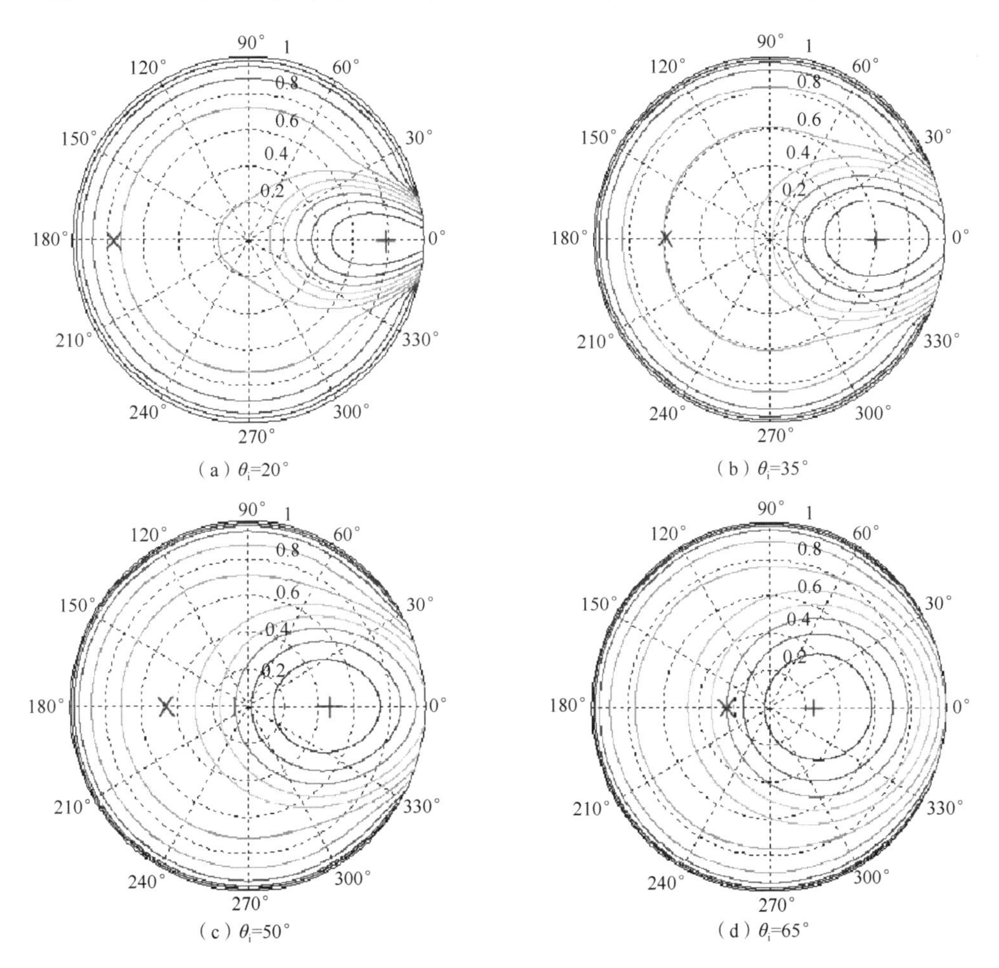

（a）θ_i=20°　（b）θ_i=35°

（c）θ_i=50°　（d）θ_i=65°

图 6-4　3D 海底散射模型仿真

ν=0.1、$\sigma=10^\circ$。从图 6-4 可以看出收发分置海底散射强度有以下几个特点。

（1） 散射声能主要集中在图中右半圆部分，此时方位角 φ_s 的范围是 $0^\circ \leqslant \varphi_s \leqslant 90^\circ$，$270^\circ \leqslant \varphi_s \leqslant 360^\circ$，即前向散射较强，反向散射较弱。

（2）大圆的上下两个半圆是完全对称的，因此我们可以将所要考虑的散射方位角的范围缩小一半。

（3）随着入射掠射角的增大，散射的能量也越来越分散。

6.2.2 体积混响模型

假设发射声源级为 I_i，$g_e(\theta,\varphi)$ 为发射机的波束增益，θ、φ 分别为俯仰角和水平角，那么在发射波束主轴上的功率响应为 $I_i g_e(\theta,\varphi)$。考虑按球面波扩展的情况，即按距离 r_1^2 规律进行衰减，则在距离 r_1 处的声强为 $I_i g_e(\theta,\varphi)/r_1^2$，反向散射强度为 S_V，则体积为 $\mathrm{d}V$ 的散射体的散射强度为

$$\mathrm{RL_V} = \frac{I_i g_e(\theta,\varphi)}{r_1^2} S_V \mathrm{d}V \tag{6-18}$$

考虑接收器的波束增益为 $g_r(\theta,\varphi)$，散射体与接收器的距离为 r_2，同样接收的声波按球面波扩展考虑，则接收器所在位置的散射强度为

$$\mathrm{RL_V} = 10\lg\int \frac{I_i}{r_1^2 r_2^2} S_V \cdot g_e(\theta,\varphi) g_r(\theta,\varphi)\mathrm{d}V \tag{6-19}$$

如果声源与接收点在同一位置，可将式（6-19）简化为

$$\mathrm{RL_V} = 10\lg\frac{I_i}{r^4} S_V \cdot \int g_e(\theta,\varphi) g_r(\theta,\varphi)\mathrm{d}V \tag{6-20}$$

式中，$\mathrm{d}V$ 为体积单元。图 6-5 为体积混响的散射体积，其中换能器在左侧。体积单元 $\mathrm{d}V$ 为

$$\mathrm{d}V = \frac{c\tau}{2} r^2 \mathrm{d}\Omega \tag{6-21}$$

式中，$\mathrm{d}\Omega$ 为单元立体角；τ 为发射信号脉冲宽度。体积混响级为

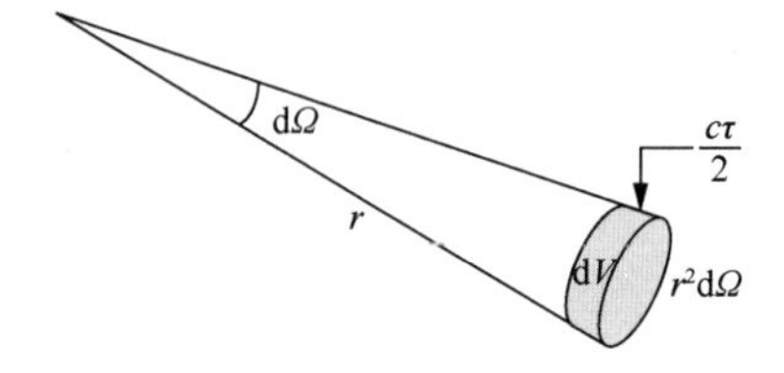

图 6-5 体积混响的散射体积

$$\mathrm{RL_V}=10\lg\left(\frac{I_{\mathrm{i}}}{r^4}S_{\mathrm{V}}\frac{c\tau}{2}r^2\right)+10\lg\int_0^{\pi}\int_0^{2\pi}g_{\mathrm{e}}(\theta,\varphi)g_{\mathrm{r}}(\theta,\varphi)\mathrm{d}\varphi\mathrm{d}\theta$$
$$=\mathrm{SL}-20\lg r+\mathrm{BS_V}+10\lg\left(\frac{c\tau}{2}\right)+10\lg\Omega_{\mathrm{e}} \tag{6-22}$$

式中，Ω_{e} 为双程波束图的等效立体角，$\Omega_{\mathrm{e}}=\int_0^{\pi}\int_0^{2\pi}g_{\mathrm{e}}(\theta,\varphi)g_{\mathrm{r}}(\theta,\varphi)\mathrm{d}\varphi\mathrm{d}\theta$。表 6-3 为一些简单声呐基阵的等效双程立体束宽。

表 6-3 一些简单声呐基阵的等效双程立体束宽[14]

阵型	体积混响 $10\lg\Omega_{\mathrm{e}}$
积分式	$10\lg\int_0^{\pi}\int_0^{2\pi}g_{\mathrm{e}}(\theta,\varphi)g_{\mathrm{r}}(\theta,\varphi)\cos\varphi\mathrm{d}\varphi\mathrm{d}\theta$
置于无限障板中的圆平面阵，半径 $a>2\lambda$	$20\lg[\lambda/(2\pi a)]+7.7$ 或 $20\lg y-31.6$
置于无限障板中的矩形阵边 a 是水平的，b 是垂直的，$a,b\gg\lambda$	$20\lg[\lambda^2/(4\pi ab)]+7.4$ 或 $10\lg(y_a y_b)-31.6$
长为 $l>\lambda$ 的水平线阵	$10\lg[\lambda/(2\pi l)]+9.2$ 或 $10\lg y-12.8$
无指向性（点状）换能器	$10\lg 4\pi=10.99$

注：y 等于波束图中比轴向响应小 6dB 的两个方向之间的夹角之半，以度为单位。也就是 $g_{\mathrm{e}}(\theta,\varphi)g_{\mathrm{r}}(\theta,\varphi)=0.25$ 的方向与轴向之间的夹角。对于矩形阵，y_a 和 y_b 分别是在平行于 a 和 b 平面上的对应夹角（定义同 y）。

考虑更一般的球面波传播损失 $\mathrm{PL}=20\lg r$ 情况，则体积混响级写为

$$\mathrm{RL_V}=\mathrm{SL}-\mathrm{PL}+\mathrm{BS_V}+10\lg\frac{c\tau}{2}+10\lg\Omega_{\mathrm{e}} \tag{6-23}$$

回波级可表示为

$$\mathrm{EL}=\mathrm{SL}-2\mathrm{PL}+\mathrm{TS} \tag{6-24}$$

信混比为

$$\mathrm{EL}-\mathrm{RL_V}=\mathrm{TS}-\mathrm{PL}-\mathrm{BS_V}-10\lg\frac{c\tau}{2}-10\lg\Omega_{\mathrm{e}} \tag{6-25}$$

从式（6-25）看到，增加发射声源级对提高信混比并没有好处。

6.2.3 界面混响模型

1. 界面混响级

对界面混响，面积为 $\mathrm{d}S$ 的散射体，混响级可以写为

$$\mathrm{RL_S}=10\lg\int\frac{I_{\mathrm{i}}}{r_1^2r_2^2}S_{\mathrm{S}}\cdot g_{\mathrm{e}}(\theta,\varphi)g_{\mathrm{r}}(\theta,\varphi)\mathrm{d}S \tag{6-26}$$

对平面散射体，$\mathrm{d}S=\frac{c\tau}{2}r\mathrm{d}\varphi$，因此 $\mathrm{RL_S}$ 主要与垂直角有关。图 6-6 为界面混

响的散射区，发射基阵在中心。

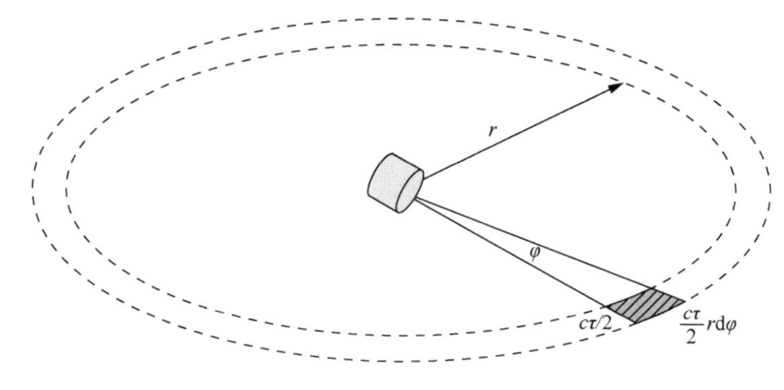

图 6-6 界面混响的散射区

假设发射器与接收器的波束图是相同的，声源和接收方向均在最大响应轴上，那么，积分与垂直角无关，界面混响级表示为

$$\mathrm{RL_S}=10\lg\left(\frac{I_\mathrm{i}}{r^4}S_\mathrm{S}\frac{c\tau}{2}r\right)+10\lg\int_0^{2\pi}g_\mathrm{e}(\theta,\varphi)g_\mathrm{r}(\theta,\varphi)\mathrm{d}\varphi \tag{6-27}$$

第二项通常指等效双程水平束宽，其定义表示为

$$\Theta=\int_0^{2\pi}g_\mathrm{e}(\theta,\varphi)g_\mathrm{r}(\theta,\varphi)\mathrm{d}\varphi \tag{6-28}$$

如果传感器是全向的，则为$\Theta=2\pi$。表 6-4 给出了一些简单声呐基阵的等效双程水平束宽。表中的声呐基阵孔径均大于一个波长。

表 6-4 一些简单声呐基阵的等效双程水平束宽[14]

阵型	体积混响 $10\lg\Theta$
积分式	$10\lg\int_0^{2\pi}g_\mathrm{e}(\theta,\varphi)g_\mathrm{r}(\theta,\varphi)\mathrm{d}\varphi$
置于无限障板中的圆平面阵，半径 $a>2\lambda$	$10\lg[\lambda/(2\pi a)]+6.9$ 或 $10\lg y-12.8$
置于无限障板中的矩形阵边 a 是水平的，b 是垂直的，$a,b\gg\lambda$	$10\lg[\lambda/(2\pi a)]+9.2$ 或 $10\lg y_a-12.6$
长为 $l>\lambda$ 的水平线阵	$10\lg[\lambda/(2\pi l)]+9.2$ 或 $10\lg y-12.8$
无指向性（点状）换能器	$10\lg 2\pi=8.0$

海面或海底混响级也可写为

$$\mathrm{RL_S}=\mathrm{SL}-30\lg r+\mathrm{BS_S}+10\lg\left[\frac{c\tau}{2}\Theta\right] \tag{6-29}$$

式中，$\mathrm{SL}=10\lg I_\mathrm{i}$为发射声源级。从式（6-29）可以看到，混响级直接与发射声源级有关，而减小等效双程水平束宽Θ有助于减少混响。考虑以球面波衰减为

模型的传播损失 $\mathrm{PL}=20\lg r$，则 $30\lg r$ 可以写为 $\frac{3}{2}\mathrm{PL}$，这样，海面或海底混响级写为

$$\mathrm{RL_S}=\mathrm{SL}-\frac{3}{2}\mathrm{PL}+\mathrm{BS_S}+10\lg\frac{c\tau}{2}+10\lg\Theta \tag{6-30}$$

考虑回波级为

$$\mathrm{EL}=\mathrm{SL}-2\mathrm{PL}+\mathrm{TS} \tag{6-31}$$

因此信混比为

$$\mathrm{EL}-\mathrm{RL_S}=\mathrm{TS}-\frac{1}{2}\mathrm{PL}-\mathrm{BS_S}-10\lg\frac{c\tau}{2}-10\lg\Theta \tag{6-32}$$

从式（6-32）看到，提高发射声源级对提高信混比并没有好处。相比于体积混响，界面混响随距离增加下降得更快。

2. 基于简正波的浅海海底混响模型

浅海混响主要以海底混响为主，在浅海中几百赫兹带宽的声传播可以用简正模传播建模。对于主动声呐，单个散射单元引起的反射波模型包含两个传播过程，即由发射到散射体的传播和由散射体反射到接收器的传播。基于界面扰动理论，接收信号为两路频域格林函数的求和[15]：

$$p(r,z;\omega)=\frac{1}{8\pi}\sum_{m=1}\sum_{n=1}\frac{\phi_m(z_\mathrm{s})\phi_m(z_\mathrm{int})b_{mn}\phi_n(z_\mathrm{int})\phi_n(z_\mathrm{r})}{\sqrt{k_m k_n}}\times\int_0^\infty\gamma(r)\mathrm{e}^{-\mathrm{i}(k_m+k_n)}\mathrm{d}r \tag{6-33}$$

式中，ϕ_m 表示简正模函数；k_m 表示水平波数；z_s 表示声源深度；z_int 表示海底界面深度；γ 表示海底界面扰动的变形；b_{mn} 表示第 m 号入射模和第 n 号散射模之间的散射强度，即

$$b_{mn}=\left(1-\frac{\rho_\mathrm{b}}{\rho_\mathrm{w}}\right)q_m q_n+k_\mathrm{w}^2-\frac{\rho_\mathrm{w}}{\rho_\mathrm{b}}k_\mathrm{b}^2+k_m k_n\left(1-\frac{\rho_\mathrm{w}}{\rho_\mathrm{b}}\right)$$

$$q_n=\frac{\phi_n'(z_\mathrm{int})}{\phi_n(z_\mathrm{int})}=\left(\frac{\rho_\mathrm{w}}{\rho_\mathrm{b}}\right)\sqrt{k_n^2-k_\mathrm{b}^2}$$

其中，b_{mn} 描述了由散射体产生的模的耦合，即第 m 号入射模的能量散射到第 n 号散射模的能力。

利用 KRAKEN 简正波模型产生的混响波形仿真结果如图 6-7 所示。仿真条件为：发射 HFM 脉冲、频带 50～150Hz、脉宽 1s，海深 100m，发射/接收换能器深度 50m，等声速剖面，$\rho_\mathrm{b}=1.9\mathrm{kg/m^3}$，海底声速 1600m/s，海底吸收系数 0.2dB/km，海底粗糙度相关长度 15m。

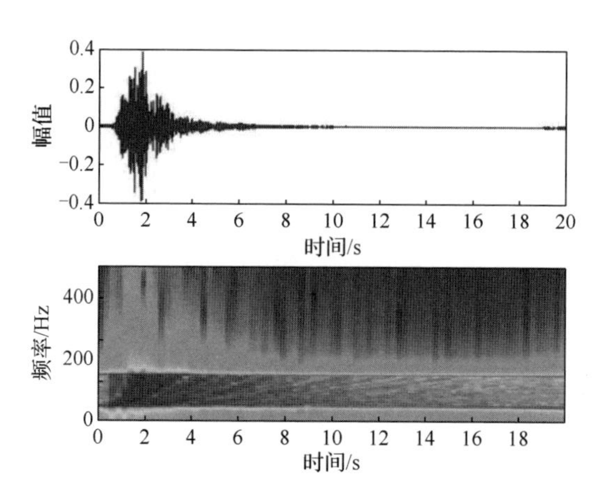

图 6-7　仿真混响波形及其时频图

6.2.4　收发分置海底混响模型

在水平分层介质中，对于收发分置的情况，同一时刻在接收器接收到的散射声波应该来自一个椭圆环状的散射区域。发射器与水听器分别位于椭圆环的两个焦点。但是在深海条件下，受声速剖面的影响，声线并非直线，故同一时刻对混响有贡献的区域也并不是严格的椭圆环。为了计算方便，散射区域仍按椭圆环划分，最后按时间顺序将到达的混响叠加。同一时刻对混响有贡献的散射区域示意图如图 6-8 所示。

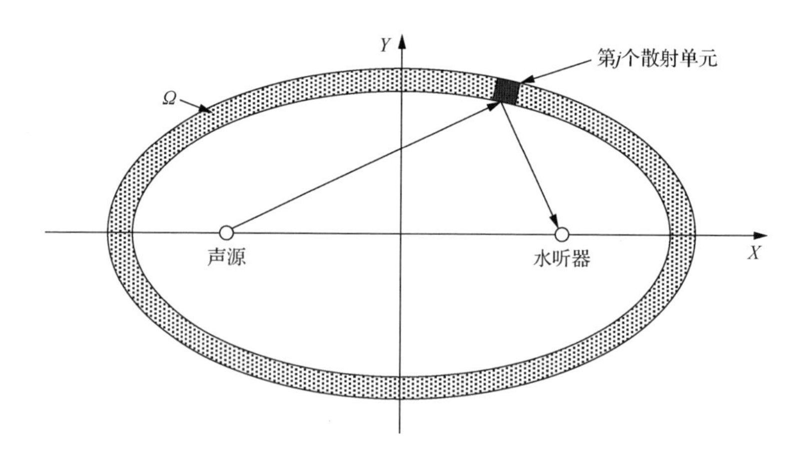

图 6-8　同一时刻对混响有贡献的散射区域示意图

基于射线模型，到达水听器处的海底混响强度可表示为

$$I_{\text{scatt}} = \sum_{i=1}^{N}\sum_{j=1}^{M_i}\int p_{\text{inc}}^2(r_i)p_{\text{scatt}}^2(r_j)f(\theta_{\text{inc}},\theta_{\text{scatt}})\mathrm{d}s \tag{6-34}$$

式中，N 表示入射声线条数；M_i 表示散射声线条数；p_{inc} 表示入射声波传递函数；p_{scatt} 表示散射声波传递函数；r_i 表示第 i 条入射声线；r_j 表示第 j 条散射声线；$f(\theta_{\text{inc}},\theta_{\text{scatt}})$ 表示散射函数，它是入射掠射角 θ_{inc} 和散射掠射角 θ_{scatt} 的函数。设无指向性点源单位距离处的声强为 I_0，发射声脉冲宽度为 τ，第 k 个散射面元为 Δs_k，则水听器接收到的收发分置海底混响强度为

$$I_{\text{scatt}} = I_0\sum_{k=1}^{K}\sum_{i=1}^{N}\sum_{j=1}^{M_i}\left[\left|p_{\text{inc}}(r_i)p_{\text{scatt}}(r_j)\right|^2\right]f(\theta_{\text{inc}},\theta_{\text{scatt}})\Delta s_k \tag{6-35}$$

式中，K 表示散射单元的个数。由于收发分置海底混响不仅与散射掠射角有关，同时还是方位角的函数，而 Lambert 散射模型并未考虑方位角的变化，因此收发分置海底混响的计算需要采用 3D 散射模型。

6.3 混响特性分析

对混响强度的时空分布特性、时空特性、概率统计等特性的分析研究，一方面有助于研究混响与目标回波特性的差异性，从而利用两者的差异性实现抑制混响、增强回波目标，提高混响背景下目标探测性能；另一方面可为主动声呐设计和使用提供支撑，指导主动声呐波形设计、声呐在近距离探测以及在不同海域使用时的发射信号选择、本舰态势选择等。

6.3.1 混响强度的时空分布特性

混响强度的时空分布特性是双/多基地主动声呐探测十分关注的问题。由于双/多基地混响受到其几何配置的影响，相较于单基地混响而言其特性变得更为复杂，通常情况下，可以将单基地看作双/多基地声呐系统几何配置的一种特殊形式。

设发射脉冲宽度为 τ=0.008s，声源深度 200m，接收水听器深度 200m，声源与接收水听器水平距离 20km，海深 5000m，声速剖面采用 Munk 深海声速剖面，考虑前四条入射声线。

图 6-9 给出了收发分置海底混响随时间的衰减规律。收发分置海底混响强度的变化规律较收发合置海底混响更为复杂。其跳变过程是由入射掠射角和散射掠射角共同决定的，这一点不同于收发合置海底混响。同一时刻对收发分置海底混响有贡献的散射区域是以发射器-接收水听器为焦距的椭圆环的散射区域。

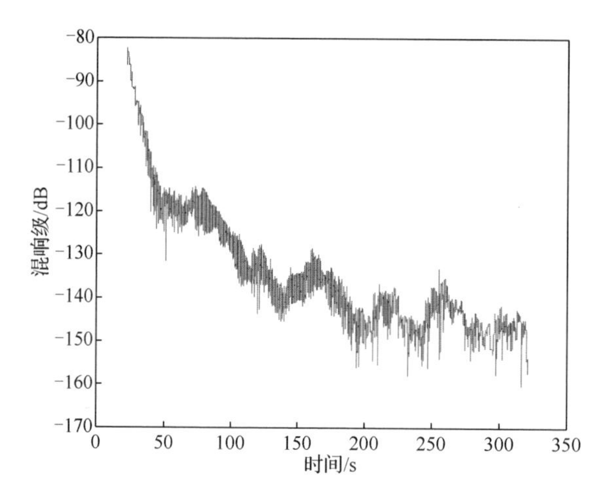

图 6-9　收发分置海底混响随时间的衰减规律

图 6-10 给出了声源与接收水听器水平距离分别为 10km、30km、2km 的混响强度衰减规律。从图中可以看出，接收水听器与声源之间的距离影响了接收到混响的时间。水听器与声源距离越近，混响到达的时间越早。随着时间的增加，近程混响逐渐变成远程混响，收发距离不同的混响强度逐渐趋于一致。

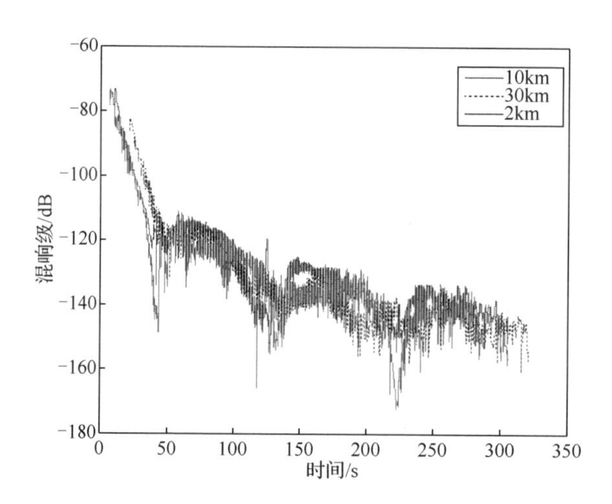

图 6-10　声源与接收水听器距离不同的收发分置海底混响（彩图附书后）

当声源与接收水听器距离越近时，收发分置海底混响就越接近于相同时刻时的收发合置海底混响。图 6-11 给出了声源与接收水听器距离较近时收发分置与收发合置海底混响的对比，其中声源与接收水听器距离为 2km。可以看到两种混响曲线衰减规律具有一致性。

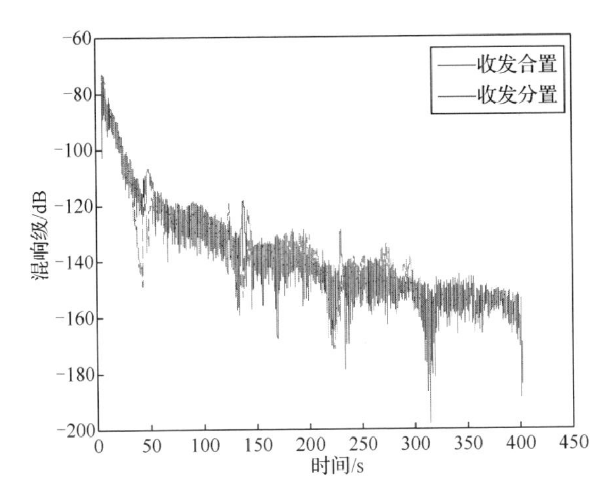

图 6-11 收发合置与收发分置海底混响对比（彩图附书后）

6.3.2 混响的时空特性

除强度特性外，时空特性也是混响十分重要的特性，它反映了混响的时空分布规律。一般来讲，不论是远程混响的垂向相关，还是其水平纵向、横向的空间相关性均随着频率的增加、水听器间隔的增大而减小且随着时间的增加而逐渐增大。浅海中低频远程海底混响的水平横向相关性要大于纵向相关性，而纵向相关性又明显强于垂向相关性。起伏海面的散射效应导致声场的海面反射损失增加，海底混响强度会相应变弱。海底地形的变化同样会引起混响空间分布规律的变化[16]。

1. 混响空间相关特性

人们曾用铅垂线上分开的两个水听器研究混响的空间相关特性，结果表明，海底混响是高度相干的，而来自深水散射层的混响其相干性则弱得多，两种混响源产生的混响之间的相关特性将随着水听器之间距离的增加和频率的升高而消失[17]。下面通过图 6-12 对混响的空间相关特性作简单分析。

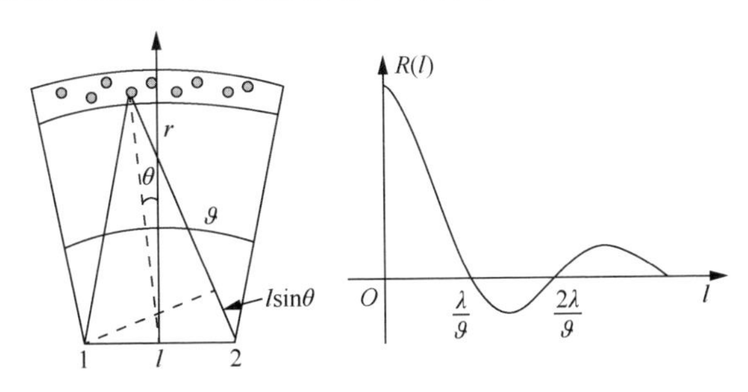

图 6-12 混响的空间相关特性分析示意图

设水听器之间相距为 l，球壳层内的散射体是各种独立的散射源，而且，接收系统中采用了窄带滤波，那么，从散射源发出的散射声被接收器接收后，在接收器的输出端可以看出其为单频简谐波。由以上的假定可分别写出两个水听器处的散射波声压：

$$V_1(t)=A\sin\omega t \tag{6-36}$$

$$V_2(t)=A\sin\omega\left(t-\frac{D}{c}\right) \tag{6-37}$$

式中，ω 是声波圆频率；c 是介质中的声速；A 是振幅；D 是散射声传播到两个水听器的程差，当散射体到水听器的距离 r 远大于 l 时，则近似地有

$$D\approx l\sin\theta \tag{6-38}$$

其中，θ 是散射体到两个水听器中心的连线和水听器连线的法线之间的夹角，于是有

$$V_2(t)=A\sin\omega\left(t-\frac{l\sin\theta}{c}\right) \tag{6-39}$$

由式（6-36）和式（6-39）可得到 V_1 和 V_2 之间的相关函数 K 为

$$K=\lim_{T\to\infty}\frac{1}{T}\int_0^T V_1(t)\cdot V_2(t)\mathrm{d}t \tag{6-40}$$

其相关系数为

$$R=\frac{\lim\limits_{T\to\infty}\frac{1}{T}\int_0^T V_1(t)\cdot V_2(t)\mathrm{d}t}{\lim\limits_{T\to\infty}\frac{1}{T}\int_0^T V_1^2(t)\mathrm{d}t} \tag{6-41}$$

将式（6-36）和式（6-39）代入式（6-41）后可得

$$R=\frac{\cos(kl\sin\theta)\lim\limits_{T\to\infty}\frac{1}{T}\int_0^T\sin^2\omega t\mathrm{d}t}{\lim\limits_{T\to\infty}\frac{1}{T}\int_0^T\sin^2\omega t\mathrm{d}t}=\cos(kl\sin\theta) \tag{6-42}$$

式中，$k=\omega/c$ 是波数。

式（6-42）乃是一个散射元所造成的结果，总的结果应考虑所有散射元的作用，所以

$$R_{总}=\sum\cos(kl\sin\theta) \tag{6-43}$$

如果设水听器的水平指向性开角为 ϑ，并有 $\theta\leqslant\vartheta$，则 $\sin\theta\approx\theta$，于是

$$R_{总}=\int_{-\vartheta/2}^{\vartheta/2}\cos(kl\theta)\mathrm{d}\theta=\frac{\sin\frac{\pi l}{\lambda}\vartheta}{\frac{\pi l}{\lambda}} \tag{6-44}$$

由此可见，混响的空间相关系数表现为随 l 振荡的形式。除此之外，相关系数还和频率有关。

2. 深海混响垂直相关特性

根据射线理论模型，p_{inc} 表示入射波声压传递函数，p_{scatt} 表示散射波声压传递函数，r_i 表示第 i 条入射声线，则沿着第 i 条入射声线传播到达海底散射元 ds 的入射波强度为 $p_{\text{inc}}^2(z_{\text{s}},r_i)$，经海底散射单元 d$s$ 散射的散射波强度为 $p_{\text{inc}}^2(z_{\text{r}},r_i)f(\theta_{\text{inc}},\theta_{\text{scatt}})\text{d}s$。散射声波沿着第 j 条声线 r_j 传回接收水听器，水听器接收到的散射波强度为 $p_{\text{inc}}^2(z_{\text{s}},r_i)p_{\text{scatt}}^2(z_{\text{r}},r_j)f(\theta_{\text{inc}},\theta_{\text{scatt}})\text{d}s$。水听器接收到的海底混响为沿着所有传播路径到达的混响的总和：

$$I_{\text{scatt}}=\sum_{i=1}^{N}\sum_{j=1}^{M}\int p_{\text{inc}}^2(r_i)p_{\text{scatt}}^2(r_j)f(\theta_{\text{inc}},\theta_{\text{scatt}})\text{d}s \tag{6-45}$$

式中，N 表示入射声线的个数；M 表示第 i 条入射声线对应的散射声线的个数；I_{scatt} 为到达水听器的海底混响总声压；$f(\theta_{\text{inc}},\theta_{\text{scatt}})$ 表示散射函数，其受入射掠射角 θ_{inc} 和散射掠射角 θ_{scatt} 的影响；ds 表示散射单元的面积。混响信号传播过程如图 6-13 所示。

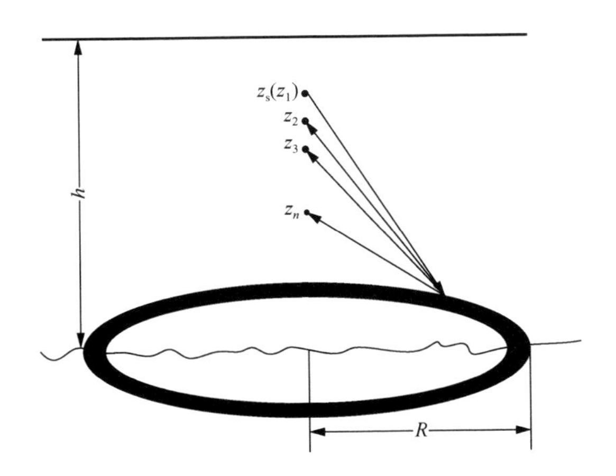

图 6-13　混响信号传播过程示意图

假定海洋中的散射体分布是统计独立的。在混响的某一瞬时，到达接收点处的散射信号数量 N 很大，根据中心极限定理，混响的瞬时值服从高斯分布。在混响瞬时值服从高斯分布、相位服从均匀分布的情况下，混响信号的幅值 E 服从瑞利分布，则混响信号 $p_{\text{reverb}}(z_{\text{s}},z_{\text{r}},t)$ 可以表示为

$$p_{\text{reverb}}(z_{\text{s}},z_{\text{r}},t)=\sum_{i=1}^{N}\sum_{j=1}^{M}g_{ij}(E)\cdot\exp(\text{j}\varphi_{ij})\int p_{\text{inc}}(z_{\text{s}},r_i,t)p_{\text{scatt}}(z_{\text{r}},r_j,t)\sqrt{f(\theta_{\text{inc}},\theta_{\text{scatt}})}\sqrt{\text{d}s} \tag{6-46}$$

式中，$g_{ij}(E)$ 表示服从瑞利分布的随机信号幅值；φ_{ij} 表示服从$(0,2\pi)$的均匀分布的随机相位。如果声源位置为$(z_{\text{s}},0)$，两个接收水听器分别位于$(z_1,0)$、$(z_2,0)$，则

两个水听器在 t 到 $t+t_0$ 时间内接收到的混响相关系数为

$$C(t) = \frac{\int_0^{t_0} p_{\text{reverb}}(z_s, z_1, t+\tau) p^*_{\text{reverb}}(z_s, z_2, t+\tau)\mathrm{d}\tau}{\sqrt{\int_0^{t_0} p_{\text{reverb}}(z_s, z_1, t+\tau) p^*_{\text{reverb}}(z_s, z_1, t+\tau)\mathrm{d}\tau \int_0^{t_0} p_{\text{reverb}}(z_s, z_2, t+\tau) p^*_{\text{reverb}}(z_s, z_2, t+\tau)\mathrm{d}\tau}}$$

下面在做如下假设情况下进行了混响仿真并分析混响的垂直相关性。假设：

（1）海洋中存在的散射体是离散分布的，且总是随机均匀的。

（2）忽略多次散射的影响。

（3）发射声脉冲足够短，可以忽略散射体元或散射面元尺度范围内的传播效应。

仿真条件：海深 5000m，典型 Munk 深海声速剖面，海底散射函数采用 Lambert 散射函数 $\mu\sin\theta_{\text{inc}}\sin\theta_{\text{scatt}}$，$\mu=0.1$，声源位置 200m，接收器深度分别为 200m、205m、210m、215m、220m，声波频率为 100Hz。图 6-14 是水听器分别位于深度 200m、205m、210m、215m、220m 时接收到的混响信号。

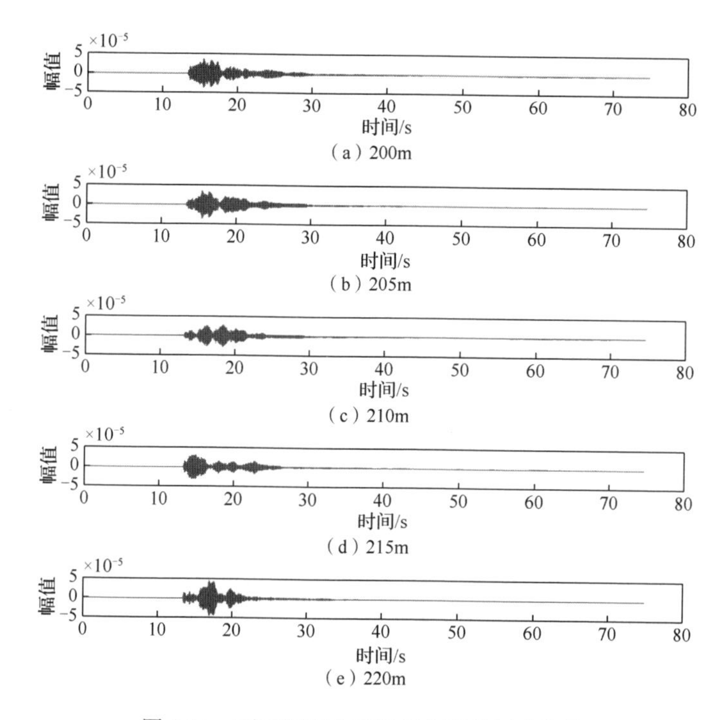

图 6-14　不同深度水听器接收到的混响信号

图 6-15 给出了不同间距水听器之间的混响相关系数，水听器阵列垂直等间隔排列，间距 5m。可以看到随着水听器间距增大，混响的垂直相关性在减小，当水听器间距大于 15m 时，相关系数很小，呈现不规则变化的趋势，这时认为两路混响信号不相关。

图6-16所示垂直相关系数随频率的增加而减小。混响模型未考虑海底衰减对垂直相关性的影响，但在实际海洋环境中海底衰减具有频散特性，故混响垂直相关性与频率的关系更为复杂。

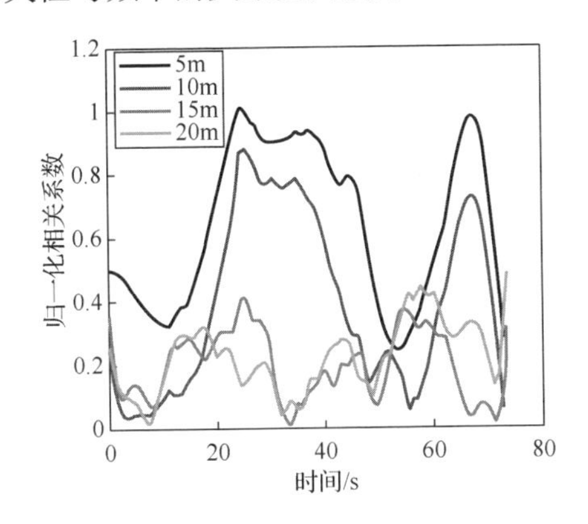

图6-15 不同间距水听器之间的混响相关系数（彩图附书后）

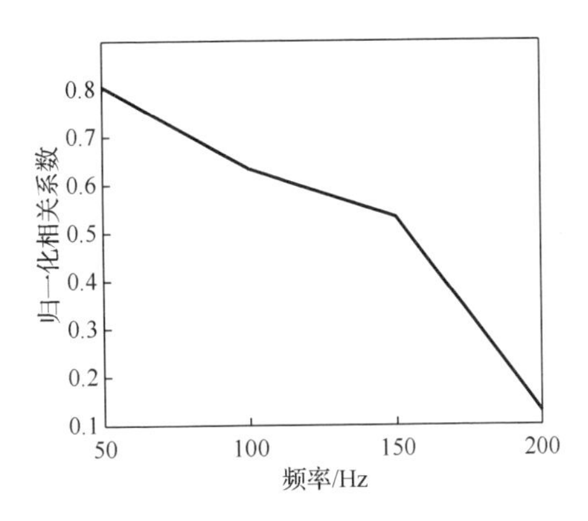

图6-16 垂直相关系数随频率的变化

6.3.3 混响的统计特性

对混响统计特性的研究，是将混响视为一个随机过程，然后运用与随机过程相关的数学方法对混响进行分析研究。

1. 混响包络的瑞利分布

我们把海洋中引起声散射的非均匀性抽象化为一些随机地“嵌定”于平整海底上的或“浮动”于海面和海水中的散射体，并令三种散射体对窄带信号的散射系数分别为复随机变量α_s，α_v，α_b（下标s、v、b分别代表海面、体积和海底），则其幅度和相位可分别表示为$|\alpha_s|$、$|\alpha_v|$、$|\alpha_b|$和φ_s、φ_v、φ_b。假定它们相互独立且散射很弱，则所有二次以上的散射均可忽略。

设声源发出的窄带脉冲信号为$s(t)$，其复数形式为$|s_0(t)|e^{j\varphi(t)}$，那么t时刻的混响声压可表示为

$$p(t)=\sum_{n=1}^{N}g(r_n)f(r_n)|\alpha_n||s_0(t-t_n)|e^{j[\omega_0(t-t_n)+\varphi(t-t_n)+\varphi_n]} \tag{6-47}$$

式中，$g(r_n)$表示位于r_n处的微元Δv_n中散射体的个数，是取值为0或1的随机变量；$f(r_n)$表示Δv_n中散射体散射回波的双程传播衰减因子；t_n表示该回波达到的时刻；N表示对时刻t有贡献的散射空间微元的总数。令

$$\text{Re}\left[p(t)\right]=x(t)\cos\omega_0 t+y(t)\sin\omega_0 t$$

则

$$\begin{cases} x(t)=\sum\limits_{n=1}^{N}g(r_n)f(r_n)|\alpha_n||s_0(t-t_n)|\cos\left[-\omega_0 t+\varphi(t-t_n)+\varphi_n\right] \\ y(t)=\sum\limits_{n=1}^{N}g(r_n)f(r_n)|\alpha_n||s_0(t-t_n)|\sin\left[-\omega_0 t+\varphi(t-t_n)+\varphi_n\right] \end{cases} \tag{6-48}$$

对于海面混响，$g(r_n)$、$|\alpha_n|$、φ_n 相互独立，对各次发射求平均得到

$$E\left[x_{\rm s}(t)\right]=E\left[y_{\rm s}(t)\right]=0 \tag{6-49}$$

$$E\left[x_{\rm s}^2(t)\right]=E\left[y_{\rm s}^2(t)\right]=\frac{1}{2}\rho_{\rm s}E\left[|\alpha_{\rm s}|^2\right]\left|f^2(t)\right|\int_\tau\left|s_0(t-\tau)^2\right|{\rm d}\tau \tag{6-50}$$

式中，$x_{\rm s}(t)$、$y_{\rm s}(t)$ 的下标 s 表示海面混响。令

$$\sigma_{\rm s}^2(t)=E\left[x_{\rm s}^2(t)\right]=E\left[y_{\rm s}^2(t)\right] \tag{6-51}$$

表示混响的平均强度，由于 $x_{\rm s}(t)$、$y_{\rm s}(t)$ 遵从零均值的高斯分布，所以混响的振幅 $r_{\rm s}(t)=\left[x_{\rm s}^2(t)+y_{\rm s}^2(t)\right]^{1/2}$ 服从瑞利分布。$r_{\rm s}(t)$ 的概率分布密度是

$$p(r)=\frac{r_{\rm s}(t)}{\sigma_{\rm s}^2(t)}\exp\left[-r_{\rm s}^2(t)/\sigma_{\rm s}^2(t)\right] \tag{6-52}$$

类似的计算可以推断，体积混响的振幅也遵从瑞利分布。

对于海底混响，混响声压为有规信号：

$$p_{\rm b}(t)=r_{\rm b}(t){\rm e}^{{\rm j}[\omega_0 t+\varphi_0(t)]} \tag{6-53}$$

它的两个正交分量分别是式（6-52）的实部及虚部的包络：

$$x_{\rm b}(t)=r_{\rm b}(t)\cos\psi_{\rm b}(t),\quad y_{\rm b}(t)=r_{\rm b}(t)\sin\psi_{\rm b}(t) \tag{6-54}$$

总的混响为

$$p_{\rm c}(t)=p_{\rm s}(t)+p_{\rm v}(t)+p_{\rm b}(t) \tag{6-55}$$

式中，$p_{\rm s}(t)$、$p_{\rm v}(t)$ 的振幅遵从瑞利分布；相位 $\psi_{\rm s}$、$\psi_{\rm v}$ 遵从 $(0,2\theta)$ 内的均匀分布。由此可见，合成混响 $p_{\rm c}(t)$ 的振幅 $r(t)$ 遵从修正的瑞利分布或莱斯分布：

$$p(t)=\frac{r(t)}{\sigma_{\rm c}^2(t)}\exp\left[-\frac{r^2(t)+r_{\rm b}^2(t)}{2\sigma_{\rm j}^2(t)}\right]{\rm J}_0\left[\frac{r(t)+r_{\rm b}(t)}{\sigma_{\rm j}^2(t)}\right] \tag{6-56}$$

式中，$\sigma_{\rm j}^2=\sigma_{\rm s}^2+\sigma_{\rm v}^2$；${\rm J}_0(\cdot)$ 为零阶贝塞尔函数。

从上面的分析可以看出，混响和海洋噪声不同，它不是一个平稳的随机过程。混响的强度随时间衰减很快，在每一个固定时刻 t，混响的振幅都遵从瑞利分布。

2. 混响包络的非瑞利分布

随着主动声呐向低频、大功率、大孔径方向发展，混响对声呐性能的影响日趋严重，如何有效地抑制混响干扰成为主动声呐信号信息处理的首要任务。在传

统主动声呐混响抑制处理中，高斯分布模型占据着主导地位。然而，大量实际混响数据的统计分析表明，特别是对于高分辨率主动声呐系统，浅海海底散射在匹配滤器输出引起的包络呈现高尾的概率密度分布，更接近于K分布[18]。K分布是在给定分辨单元内有限散射体贡献下得到的，散射体的分布服从均值趋于无穷的复二项式分布。K分布也可以用混合序列描述，它通过随时间缓慢变化的伽马分布调制瑞利分布的散射体得到。

主动声呐发射信号并处理接收的回波，用以检测识别和定位目标。发射信号$s(t)$，被目标和海水介质中的不均匀体和不规则的散射体反射，并被水听器接收。每个散射体被建模为时延和幅度乘积，水听器阵接收数据经过空间滤波（波束形成）处理以后的信号表示为

$$X_\theta(t)=A_0 s(t-\tau_0)+\sum_{i=1}^{m}A_i s(t-\tau_i)+V_\theta(t) \tag{6-57}$$

式中，下标θ表示主响应轴的角度；$s(\cdot)$表示发射脉冲；A_0和τ_0分别表示目标回波幅度和到达时间；A_i和τ_i分别表示构成混响的第i个散射体的幅度和到达时间；$V_\theta(t)$表示环境噪声；m表示在给定波束中贡献给混响的散射体的总数目，假设没有声波是经多边界传播的（多途）。如果干扰信号（混响或环境噪声）被假设为高斯随机白噪声，那么最佳处理匹配滤波输出为

$$X(t)=A_0 R_{\mathrm{ss}}(t-\tau_0)+\sum_{i=1}^{m}A_i R_{\mathrm{ss}}(t-\tau_i)+V(t) \tag{6-58}$$

式中，t表示时延；$V(t)$表示匹配滤波后的环境噪声；$R_{\mathrm{ss}}(\cdot)$表示发射波形的相关函数。

$X(t)$的包络表示为

$$Y(t)=|\tilde{X}(t)|\approx\left|\sum_{i=1}^{n(t)}A_i \mathrm{e}^{-\mathrm{j}\theta_i}\right| \tag{6-59}$$

式中，$n(t)$是在时刻t时θ_i贡献给复包络的散射体数目，假设θ_i在0～2π是均匀分布的。当$n(t)$是复二项式分布的随机整数，并且$n(t)$的平均值趋于无限，产生K分布包络。K分布的混响包络：

$$Y(t)\sim f_{\mathrm{Y}}(y)=\frac{4}{\sqrt{\lambda}\Gamma(\alpha)}\left(\frac{y}{\sqrt{\lambda}}\right)^{\alpha}\mathrm{K}_{\alpha-1}\left(\frac{2y}{\sqrt{\lambda}}\right) \tag{6-60}$$

式中，$\mathrm{K}_{\alpha-1}$是贝塞尔函数（修正的第三类型贝塞尔函数）；λ是尺度参数；α是形状参数。

图6-17是实际混响数据与仿真混响数据的比较。发射线性调频（linear frequency modulation，LFM）信号，脉宽64ms，频带1200～1500Hz，采样率10kHz。通过实际混响数据与仿真混响数据在波形和功率谱上的比较可以看出，用这种方法得到的仿真混响数据与实际混响数据比较符合。

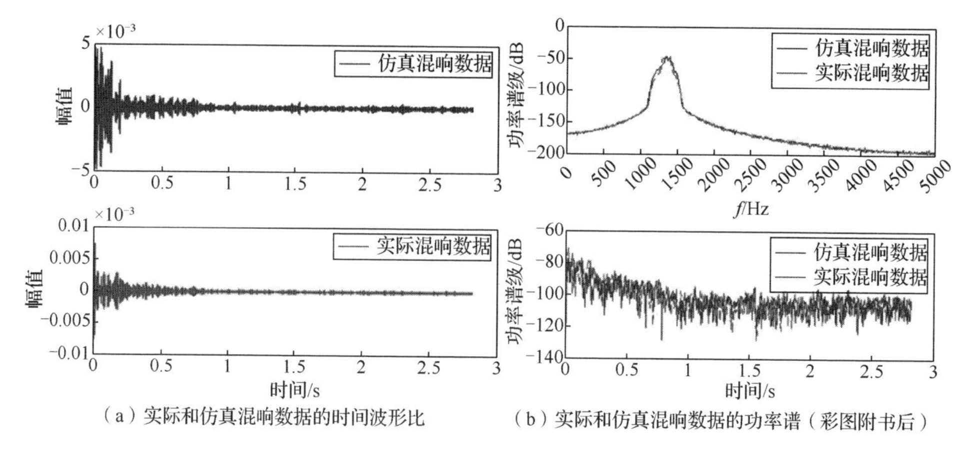

（a）实际和仿真混响数据的时间波形比

（b）实际和仿真混响数据的功率谱（彩图附书后）

图 6-17　实际混响与仿真混响数据的比较

经过空时处理后的海试混响数据包络图见图 6-18（a），对图（a）进行归一化后的包络图见图（b），统计得到的混响数据包络和拟合的瑞利、K 分布图见图（c），

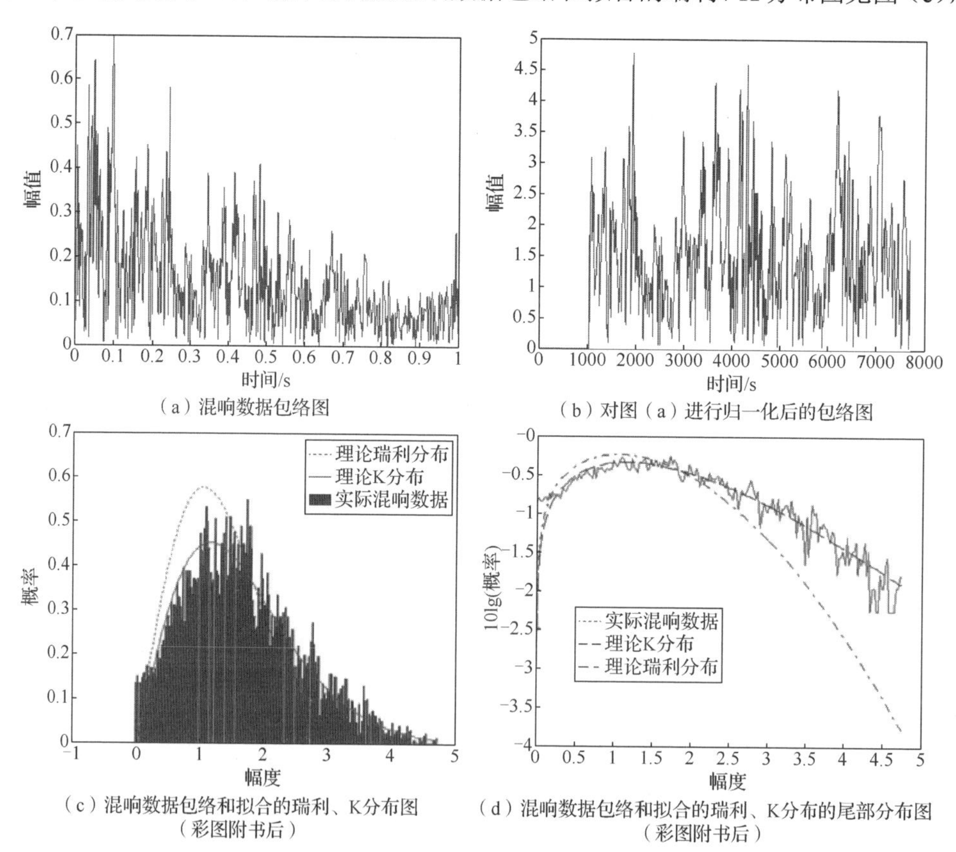

（a）混响数据包络图

（b）对图（a）进行归一化后的包络图

（c）混响数据包络和拟合的瑞利、K分布图（彩图附书后）

（d）混响数据包络和拟合的瑞利、K分布的尾部分布图（彩图附书后）

图 6-18　混响数据统计特性分析

混响数据包络和拟合的瑞利、K 分布的尾部分布图见图（d）。发射 LFM 信号，频带 1200～1500Hz，脉宽 512ms，采样率 10kHz，32 元水平接收线阵。从分析的结果可以看出，混响数据幅度概率密度函数的分布更接近于 K 分布，而偏离瑞利分布。

参 考 文 献

[1] Ainslie M A. Principles of sonar performance modeling[M]. Berlin Heidelberg: Springer-Verlag, 2010.

[2] Hodges R P. Underwater acoustic analysis, design and performance of sonar[M]. New Jersey: John Wiley and Sons, 2010.

[3] Gensane M. A statistical study of acoustic signals backscattered from the seabed[J]. IEEE Journal of Oceanic Engineering, 1989, 14: 84-93.

[4] Goff J A, Kraft B J, Mayer L A, et al. Seabed characterization on the New Jersey middle and outer shelf: Correlatability and spatial variability of seafloor sediment properties[J]. Marine Geology, 2004, 209(1-4): 147-172.

[5] Simons D G, Snellen M, Michael A A. A multivariate correlation analysis of high frequency bottom backscattering strength measurements with geo-technical parameters[J]. IEEE Journal of Oceanic Engineering, 2007, 32:640-650.

[6] Boyle F A, Chotiros N P. A model for high-frequency acoustic backscatter from gas bubbles in sandy sediments at shallow grazing angles[J]. The Journal of the Acoustical Society of America, 1995, 98: 531-541.

[7] Urick R J. The backscattering of sound from a harbor bottom[J]. The Journal of the Acoustical Society of America, 1954, 26: 231-235.

[8] McKinney C M, Anderson C D. Measurements of backscattering of sound from the ocean bottom[J]. The Journal of the Acoustical Society of America, 1964, 36: 158-163.

[9] Greenlaw C F, Holliday D V, McGehee D E. High-frequency scattering from saturated sand sediments[J]. The Journal of the Acoustical Society of America, 2004, 115: 2818-2823.

[10] Ellis D D, Haller D R. A scattering function for bistatic reverberation[J]. The Journal of the Acoustical Society of America, 1987, 82(S1): S124.

[11] Beckmann P, Spizzichino A. The scattering of electromagnetic waves from rough surfaces[M]. Oxford: Pergamon, 1963.

[12] Brkhovskikh L, Lysanov Y. Fundamentals of ocean acoustics[M]. New York: Springer-Verlag, 1982.

[13] 齐崇阳. 低频远程海底混响简正波建模研究[D]. 哈尔滨: 哈尔滨工程大学, 2009.

[14] Urick R J. 水声原理[M]. 洪申，译. 3 版. 哈尔滨：哈尔滨船舶工程学院出版社，1990.

[15] Song H C, Kim S, Hodgkiss W S, et al. Environmentally adaptive reverberation nulling using a time reversal mirror[J]. The Journal of the Acoustical Society of America, 2004, 116(2): 762-768.

[16] 高博. 浅海远程海底混响的建模与特性研究[D]. 哈尔滨: 哈尔滨工程大学, 2013.

[17] 刘伯胜, 雷家煜. 水声学原理[M]. 2 版. 哈尔滨: 哈尔滨工程大学出版社, 2010.

[18] Abraham D A, Lyons A P. Novel Physical interpretations of K-distributed reverberation[J]. IEEE Journal of Oceanic Engineering, 2002, 27(4): 800-813.

第 7 章　声呐基阵与阵增益

现代声呐常采用由多换能器基元构成的声呐基阵，使发射端声场形成尖锐的指向性，并能辐射较大的功率。在接收端，声呐基阵对不感兴趣方向的噪声进行屏蔽处理，从而降低接收背景噪声，提高设备输出信噪比。本章首先建立声呐基阵指向性的基本模型，推导典型声呐基阵的指向性模型；然后，在明确阵增益评估指标定义的基础上，推导常规波束形成处理阵增益，建立在非各向同性噪声场下的空间增益模型。

7.1　声呐基阵指向性

7.1.1　声呐基阵指向性函数

声呐基阵的指向性是指其发送响应（电压响应或功率响应）或接收响应（声压灵敏度或功率灵敏度）的幅值随方位角变化的一种特性。声呐基阵的指向性是一种远场特性，在近场区域不存在这种明确的指向性[1]。通常采用左手标准空间坐标系展开声呐基阵的指向性分析，如图 7-1 所示。其中 r 为空间点与原点的距离向量，对应空间立体角为 Ω。空间立体角有两种表示方式：$\left[\theta,\varphi\right]$（$\theta$ 为俯仰角，即 r 与 XOY 面的夹角；φ 为方位角，即 r 在 XOY 面的投影与 X 轴的夹角）；$\left[\phi,\gamma\right]$（ϕ 为 r 在 XOZ 面的投影与 Z 轴的夹角，γ 为 r 与 XOZ 面的夹角）。

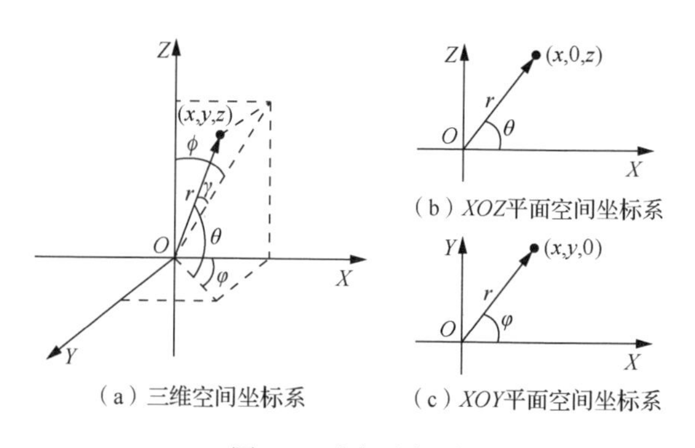

图 7-1　空间坐标系

令 $\Omega=[\theta,\varphi]$，$\theta\in[-\pi/2,\pi/2]$，$\varphi\in[0,2\pi]$，则空间立体角的微分表达式为

$$\mathrm{d}\Omega=\cos\theta\mathrm{d}\theta\mathrm{d}\varphi \tag{7-1}$$

总空间立体角为

$$\int\mathrm{d}\Omega=\int_0^{2\pi}\mathrm{d}\varphi\int_{-\pi/2}^{\pi/2}\cos\theta\mathrm{d}\theta=4\pi \tag{7-2}$$

1. 指向性函数

考察由 N 个空间离散分布阵元组成的声呐基阵，其中第 n 个阵元在直角坐标系下的坐标为 $r_n=(x_n,y_n,z_n)$，球坐标系下为 $r_n=(r_n,\theta_n,\varphi_n)$，柱坐标系下为 $r_n=(r_n,\varphi_n,z_n)$。参考点为原点 $r_0=\{0,0,0\}$。

信号入射方向可以用其单位方向向量表示：

$$u(\theta,\varphi)=\{\cos\theta\cos\varphi,\cos\theta\sin\varphi,\sin\theta\} \tag{7-3}$$

声程差是指声信号到达不同的阵元的路程差异。其中，第 n 号阵元与参考点 O 的声程差是

$$\Delta d_n=r_nu=x_n\cos\theta\cos\varphi+y_n\cos\theta\sin\varphi+z_n\sin\theta \tag{7-4}$$

时延差和相位差分别为

$$\begin{aligned}\Delta\tau_n&=\frac{\Delta d_n}{c}=\frac{r_nu}{c}\\ \Delta\xi_n&=k\Delta d_n=kr_nu\end{aligned} \tag{7-5}$$

式中，$k=2\pi/\lambda$ 为波数；c 为声速。

参考点 O 接收到一个单频声源发出的平面波信号 $x_0(t)=X(f)\exp(-\mathrm{j}2\pi ft)$，功率谱为 $P_x(f)=|X(f)|^2$。第 n 号阵元接收到的信号为 $x_n(t)$，相比于参考点接收到的信号存在一个延迟 $\Delta\tau_n$ 或相移 $\Delta\xi_n$，即

$$x_n(t)=x_0(t-\Delta\tau_n)=X_n(f)\exp(-\mathrm{j}2\pi ft+\mathrm{j}\Delta\xi_n) \tag{7-6}$$

如果声呐基阵各阵元与声源的距离近似相等，$X_n(f)$ 可以近似认为是一个常数 $X(f)$，同样每一个阵元接收到的声功率 $P_{x,n}(f)=P_x(f)$。

通过对各阵元进行空域滤波以达到增强期望信号、抑制干扰的目的，该过程称为波束形成。波束形成处理输出为

$$\begin{aligned}b(t)&=\sum_{n=1}^{N}x_n(t)\exp(\mathrm{j}kr_nu_t)=X(f)\sum_{n=1}^{N}\exp(-\mathrm{j}2\pi ft+\mathrm{j}\Delta\tilde{\xi}_n)\\&=x_0(t)\sum_{n=1}^{N}\exp(\mathrm{j}\Delta\tilde{\xi}_n)=x_0(t)a(f;\theta,\varphi)\end{aligned} \tag{7-7}$$

式中，u_t 为主波束方向；$\Delta\tilde{\xi}_n=\Delta\xi_n-\Delta\xi_{n0}=kr_n(u-u_t)$；$a(f;\theta,\varphi)=\sum_{n=1}^{N}\exp(\mathrm{j}\Delta\tilde{\xi}_n)$ 为基阵产生的声压，称为基阵振幅指向性函数。指向性函数是一个与阵元位置、频

率有关的函数，其与信号相乘可得到波束形成输出。

考虑单个阵加权 w_n 和阵元响应 $e_n(f;\theta',\varphi')$，则基阵指向性函数可以写为

$$a(f;\theta,\varphi)=\sum_{n=1}^{N} w_n e_n(f;\theta',\varphi')\exp(\mathrm{j}kr_n(u-u_t)) \tag{7-8}$$

式中，$e_n(f;\theta',\varphi')$ 为阵元指向性函数，是以阵元的中心点作为坐标原点，阵元辐射面或接收面的法线方向为 Z 轴，其空间立体角表示为 $[\theta',\varphi']$。该空间立体角与声呐基阵的坐标系不同，使用时须注意坐标转换。

若每个阵元的 $e_n(f;\theta',\varphi')$ 都相同，不考虑阵加权的基阵指向性函数写作：

$$a(f;\theta,\varphi)=e_n(f;\theta',\varphi')\sum_{n=1}^{N}\exp(\mathrm{j}kr_n(u-u_t)) \tag{7-9}$$

该式在直线阵或平面阵中成立，对圆柱阵、球形阵、共形阵等并不适用。影响阵元指向性的主要因素是阵元本身的指向性和阵元因声障板而产生的指向性，二者的影响效果分析将在后续声呐工程设计章节中详细展开。

对基阵振幅指向性函数的模进行归一化，则得到归一化振幅指向性函数：

$$d(f;\theta,\varphi)=\frac{|a(f;\theta,\varphi)|}{|a(f;\theta,\varphi)|_{\max}} \tag{7-10}$$

这是由任意点元组成声呐基阵的指向性函数。指向性函数是描述水声换能器或声呐基阵的发送响应（电压响应或功率响应）或接收灵敏度（声压灵敏度或功率灵敏度）随发射或入射声波方位角变化的归一化函数，是一种空间分布函数。从式（7-10）中可以看到，指向性函数主要取决于五个方面：频率、阵元数目、阵元位置、阵元响应和阵加权。其中，阵元位置决定了阵的孔径长度和形成波束所需要的正确时延，阵元响应和阵加权决定每个阵元对波束形成的贡献。

对于宽带接收信号，在频带范围 $[f_1,f_2]$ 合成的宽带指向性函数为

$$d_{\mathrm{B}}(\theta,\varphi)=\frac{\int_{f_1}^{f_2}X(f)d(f;\theta,\varphi)\mathrm{d}f}{\int_{f_1}^{f_2}X(f)\mathrm{d}f} \tag{7-11}$$

声呐基阵功率指向性函数为

$$A(f;\Omega)=|a(f;\Omega)|^2 \tag{7-12}$$

归一化功率指向性函数表示为

$$D(f;\theta,\varphi)=\frac{A(f;\theta,\varphi)}{A_{\max}(f)} \tag{7-13}$$

式中，$A_{\max}(f)$ 为 $A(f;\theta,\varphi)$ 的最大值。根据声波在自由场远区声压与声强的关系，可以得到：

$$D(f;\theta,\varphi)=|d(f;\theta,\varphi)|^2 \tag{7-14}$$

2. 指向性图

水声换能器或声呐基阵的指向性通常采用指向性函数或指向性图表示。指向性图指描绘归一化指向性函数的图形，它可以展示出二维或三维空间上声压或功率的分布情况。图 7-2 为两种坐标系的指向性图。图中标明了半功率波束宽度、锐度角、主瓣、旁瓣、后瓣等。

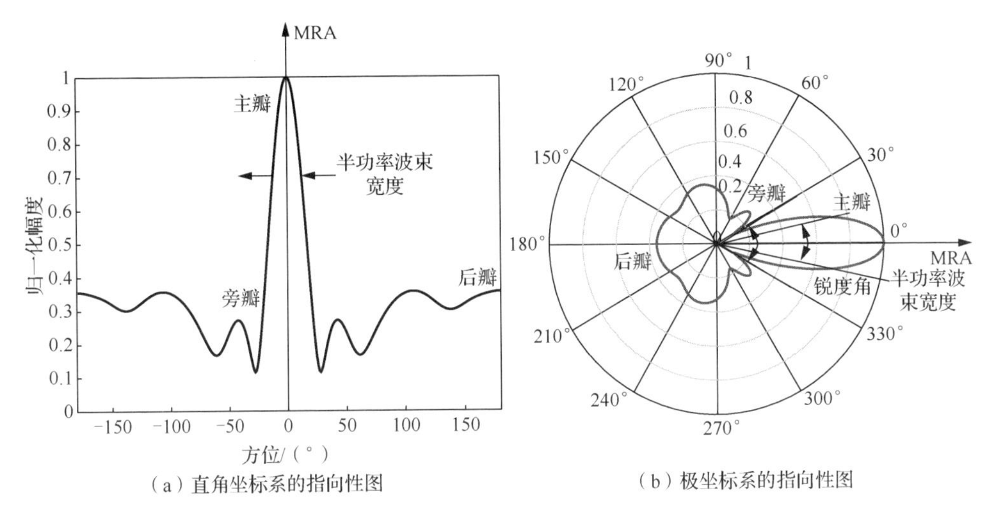

图 7-2　直角坐标系和极坐标系的指向性图

主瓣指水声换能器或声呐基阵的指向性图中主极大值两侧极小值对应的方位角之间的波瓣，所对应的方向称为主瓣方向，即波束主响应轴（main response axis，MRA），如图 7-2 所示。旁瓣指水声换能器或声呐基阵的指向性图中除了主瓣以外的其他所有波瓣。其中最靠近主瓣的旁瓣称为第一旁瓣，依此类推称第二旁瓣、第三旁瓣等。栅瓣指声呐基阵的指向性图中出现的瓣值与主瓣极大值相仿的波瓣。描述指向性图性能主要有波束宽度、旁瓣级和指向性指数三个参量。

1）波束宽度

波束宽度（又称为主瓣宽度或束宽）指定向水声换能器或声呐基阵在给定频率和包括主轴的给定平面内，角偏响应值比主轴上最大响应值低某一指定值的两侧两个方向间的夹角。在给出波束宽度时应同时指明此指定值，并常以此值为定语冠于波束宽度上，如-3dB（或-6dB、-10dB）波束宽度等。该指定值通常取-3dB，称为半功率波束宽度，记作 $\Delta\theta_{-3\text{dB}}$。

基阵主波束是一个三维图，因此常用水平波束宽度和垂直波束宽度分别描述。

与波束宽度相类似的参量还有锐度角。锐度角是主波束两侧出现的第一个极小值之间的夹角，记为$\Delta\theta_0$。由于波束是三维的，相应的有水平波束锐度角和垂直波束锐度角。

2）旁瓣值与旁瓣级

旁瓣值是指向性图中最大旁瓣的幅值，记作L_b。旁瓣级是指向性图中旁瓣值L_b归一化的声级，它反映了声系统抑制噪声干扰和假目标的能力，记作LB，它也有水平波束旁瓣级和垂直波束旁瓣级之分，计算如下：

$$\mathrm{LB}=20\lg L_b \tag{7-15}$$

3）指向性因数与指向性指数

指向性因数是换能器在其主轴上远场一定点所辐射的声压的二次方，与通过该点的换能器同心球面上同频率声压的二次方的比值。在实际计算时，可以用声呐基阵远场中，在某一固定距离和最大响应方向上的声功率$P_{\max}$（或声强$I_{\max}$或均方声压$Q_{\max}$）与各方向取平均的声功率$\bar{P}$（或声强$\bar{I}$或均方声压$\bar{Q}$）之比表示：

$$R_\theta=\frac{P_{\max}}{\bar{P}} \tag{7-16}$$

其物理意义是，在有指向性声呐基阵的主波束方向上，远场中某一距离的声强（或均方声压）为相同声功率下无指向性阵元在该处声强（或均方声压）的R_θ倍。

考虑单平面波情况，在主波束方向角为Ω_t上有最大值：$P_{\max}=P_x^S(f)$。其他各个方向上的和为

$$P_{\mathrm{B}}(f;\Omega_t)=P_x^S(f)\int_{4\pi}D(f;\Omega,\Omega_t)\mathrm{d}\Omega \tag{7-17}$$

其平均为

$$\bar{P}=\frac{P_x^S(f)\int_{4\pi}D(f;\Omega,\Omega_t)\mathrm{d}\Omega}{4\pi} \tag{7-18}$$

指向性因数可写为

$$R_\theta(f;\Omega_t)=\frac{P_{\max}}{\bar{P}}=\frac{P_x^S(f)}{\dfrac{P_x^S(f)\int_{4\pi}D(f;\Omega,\Omega_t)\mathrm{d}\Omega}{4\pi}}=\frac{4\pi}{\int_{4\pi}D(f;\Omega,\Omega_t)\mathrm{d}\Omega}=\frac{4\pi}{\delta\Omega} \tag{7-19}$$

其中，$\delta\Omega=\int_{4\pi}D(f;\Omega,\Omega_t)\mathrm{d}\Omega$称作波束图的“脚印”，可以理解为在$4\pi$空间角内所聚集的功率。当感兴趣方向的功率保持恒定时，功率越小，意味着能量在非感兴趣的方向上泄漏少，而在感兴趣方向的聚集程度越高，即指向性因数越大。

具有轴对称形状的声呐基阵，诸如布放在XOY平面中的圆环阵、布在Z轴上的线阵，以及轴线与Z轴重合的圆柱阵等，其指向性函数$D(\theta,\varphi)$与φ无关，可用$D(\theta)$表示，则式（7-19）可简化为

$$R_\theta(f;\theta_t)=\frac{2}{\int_{-\pi/2}^{\pi/2}D(\theta)\cos\theta\mathrm{d}\theta} \tag{7-20}$$

指向性指数为指向性因数取对数形式：

$$\mathrm{DI}(f;\Omega_t)=10\lg R_\theta(f;\Omega_t)=10\lg\frac{4\pi}{\int_{4\pi}D(f;\Omega,\Omega_t)\mathrm{d}\Omega} \tag{7-21}$$

上述指向性因数和指向性指数反映的是声呐基阵对空间能量或功率的聚集能力。

3. 指向性指数通用估算模型

在基阵指向性函数中，规定了主瓣方向声压、波束宽度、指向性因数等重要参数。大量的计算表明，这些参数之间是互相联系的，各种不同类型之间也是互相联系的。但从现成的公式中不容易找到其中的联系。许多工程计算总希望能找到一种更为简便的公式来迅速地估算出各种阵的波束宽度，进而估算出其指向性因数和指向性指数。

1）基于波束宽度的计算模型

重写指向性因数公式：

$$R_\theta=\frac{4\pi}{\int_{-\pi/2}^{\pi/2}\mathrm{d}\theta\int_0^{2\pi}D(\theta,\varphi)\cos\theta\mathrm{d}\varphi} \tag{7-22}$$

对式（7-22）的分母交换积分变量的积分区间，仍是全空间积分，有

$$R_\theta=\frac{4\pi}{\int_0^{2\pi}\mathrm{d}\varphi\int_{-\pi/2}^{\pi/2}D(\theta,\varphi)\cos\theta\mathrm{d}\theta} \tag{7-23}$$

将指向性因数公式中的积分式变成求和式，令 $\mathrm{d}\varphi=\Delta\varphi=\pi/N_1$，则有

$$R_\theta=\frac{4\pi}{\frac{\pi}{N_1}\sum_{j=1}^{N_1}\int_{-\pi/2}^{\pi/2}D(\theta,\varphi_j)\cos\theta\mathrm{d}\theta}=\left[\frac{1}{N_1}\sum_{j=1}^{N_1}(R_\theta)_j^{-1}\right]^{-1} \tag{7-24}$$

式中，$(R_\theta)_j$ 是第 j 号定向平面内以 Z 轴为对称轴的、指向性图为 $D(\theta,\varphi_j)$ 的某假定基阵的指向性因数，计算如下：

$$(R_\theta)_j=\frac{4}{\int_{-\pi/2}^{\pi/2}D(\theta,\varphi_j)\cos\theta\mathrm{d}\theta} \tag{7-25}$$

考虑对指向性图的轴对称性，式（7-25）可以简化为

$$(R_\theta)_j=\frac{2}{\int_0^{\pi/2}D(\theta,\varphi_j)\cos\theta\mathrm{d}\theta} \tag{7-26}$$

对实际基阵测得的指向性图，我们是用有限和来代替积分进行处理的，即令 $\mathrm{d}\theta=\Delta\theta=\pi/N_2$，那么式（7-26）化为求和公式：

$$(R_\theta)_j = \frac{2}{\sum_{i=1}^{N_2} D(\theta_i, \varphi_j)\cos\theta_i \Delta\theta} \tag{7-27}$$

N_1 取值越多，指向性因数的计算精度越高。当然我们可以取 N_1 的部分值来简化估算，一个最简单的模型是 $N_1 = 2$，则式(7-24)可以写为

$$R_\theta = \frac{2(R_\theta)_1 (R_\theta)_2}{(R_\theta)_1 + (R_\theta)_2} \tag{7-28}$$

也可以取几何平均值：

$$R_\theta = \sqrt{(R_\theta)_1 (R_\theta)_2} \tag{7-29}$$

当 $(R_\theta)_1$ 和 $(R_\theta)_2$ 同数量级时，式（7-28）和式（7-29）的估算结果近似，否则式（7-29）估算结果更为准确。$(R_\theta)_1$ 可以理解为“水平”指向性图（即在 $\varphi = \pi/2$，YOZ 定向平面），$(R_\theta)_2$ 可以理解为“垂直”指向性图（即在 $\varphi = 0$，XOZ 定向平面），可以由式(7-27)用数值求和得到。这个公式的意义在于我们并不需要对 $\varphi \in [0, 2\pi]$、$\theta \in [-\pi/2, \pi/2]$ 的全空间进行计算，而只需要选择两个正交的“定向平面”就能估计出指向性指数，这点在指向性测量时尤为重要。

进一步，我们知道指向性因数 R_θ 与半功率波束宽度 $\Delta\theta_{-3\text{dB}}$ 存在着某种联系，波束宽度越小，指向性指数越大。实际中可采用近似公式计算[2]：

$$R_\theta = \frac{C}{\Delta\theta_{-3\text{dB}}} \tag{7-30}$$

C 是某个待确定的系数，例如均匀线阵取 C=101.6，平面阵取 C 约为 32000，$\Delta\theta_{-3\text{dB}}$ 的单位为度。

如果扩宽到二维空间，可以有近似公式：

$$R_\theta = \frac{C}{(\Delta\theta_{-3\text{dB}})_1 (\Delta\theta_{-3\text{dB}})_2} \tag{7-31}$$

式中，$(\Delta\theta_{-3\text{dB}})_1$ 和 $(\Delta\theta_{-3\text{dB}})_2$ 分别为对基阵实际测得的指向性图下降 3dB 的水平波束宽度和垂直波束宽度（按单位度计算）。式（7-31）的意义在于如果知道了 $(\Delta\theta_{-3\text{dB}})_1$ 和 $(\Delta\theta_{-3\text{dB}})_2$，我们就能很快估算出指向性因数和指向性指数。或者从另一层意义上看，只要对基阵实际测得的 $(\Delta\theta_{-3\text{dB}})_1$ 和 $(\Delta\theta_{-3\text{dB}})_2$ 同理论计算值相符合，就可以认为对基阵实际测得的指向性指数与理论值有较好的吻合，因为主瓣吻合得较好，旁瓣就不会相差多少，况且指向性指数主要是由主瓣确定的。C 是一个与声呐基阵、加权等相关的参数，可以通过理论计算得到，进一步可以估计出指向性指数。

2）等效面积和等效束宽

式（7-22）中分母 $\int_{-\pi/2}^{\pi/2} \mathrm{d}\theta \int_0^{2\pi} D(\theta, \varphi)\cos\theta \mathrm{d}\varphi = \int_{4\pi} D(\Omega)\mathrm{d}\Omega$ 可以理解为在 4π 空间角内所聚集的功率，可以用此来表征指向性因数，称其为等效束宽 Ω_e，即

$$R_\theta = \frac{4\pi}{\Omega_e} \tag{7-32}$$

其物理意义是，声场在空间如果均匀分布并且与主瓣方向相同时，总能量所占据的立体角。对无指向性阵来说，等效束宽 $\Omega_e = \int 1 \mathrm{d}\Omega = 4\pi$，如图 7-3 所示。如果指向性函数的旁瓣级并不高，且主瓣相对窄，我们可以用水平波束宽度 $\Delta\varphi_{-3\mathrm{dB}}$（弧度）和垂直波束宽度 $\Delta\theta_{-3\mathrm{dB}}$（弧度）来近似：

$$R_\theta \approx \frac{4\pi}{\Delta\theta_{-3\mathrm{dB}} \cdot \Delta\varphi_{-3\mathrm{dB}}} \tag{7-33}$$

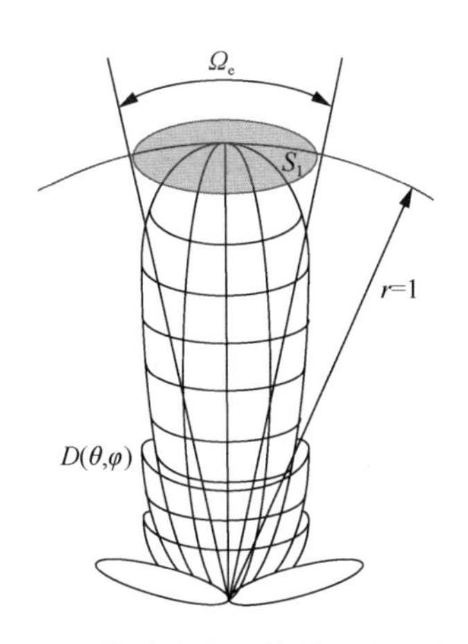

图 7-3　等效束宽和等效面积示意图

例如，对于线阵有

$$\Delta\varphi_{-3\mathrm{dB}} = \frac{\lambda}{L}, \quad \Delta\theta_{-3\mathrm{dB}} = 2\pi$$

则线阵的指向性因数为

$$R_\theta \approx \frac{4\pi}{\dfrac{2\pi\lambda}{L}} = \frac{2L}{\lambda} \tag{7-34}$$

对长度 L 和宽度 W 的平面阵，有

$$\Delta\varphi_{-3\mathrm{dB}} = \frac{\lambda}{L}, \quad \Delta\theta_{-3\mathrm{dB}} = \frac{\lambda}{W}$$

则

$$R_\theta \approx \frac{4\pi LW}{2\lambda^2} = \frac{2\pi S_e}{\lambda^2} \tag{7-35}$$

式（7-35）分母中的 2 表示平面阵有两个主极大值。如果只在一侧有能量，如声呐基阵加声障板，则可变为

$$R_\theta \approx \frac{4\pi S_e}{\lambda^2} \tag{7-36}$$

式中，$S_e = LW$ 称为等效面积，整个声呐基阵的能量可以看作由这个面积所提供的。如果线阵或平面阵，等效面积与实际面积相同，但对曲面阵是不相同的。一个近似的方法是将曲面阵投影到驾驶方向上的面积作为等效面积。更一般地，S_e 是对准方向上的等效面积，即表示为 $S_e(\theta,\varphi)$。

7.1.2 声呐基阵指向性控制

1. 波束驾驶

不同阵元接收同一信号，因空间位置不同而存在相位差。相位差与阵元位置、信号到达方向有关。例如，对排列在 Z 轴上的阵元，当信号方向为 $(\theta,\varphi)=(0,0)$ 时，不存在相位差 $\Delta\xi_n = 0$，即不需要进行任何补偿，就可以在(0,0)方向上形成极大值。但如果信号方向在其他角，就需要将基阵的极大值方向指向 (θ_t,φ_t)，如果要进行同相叠加，就需要进行相位补偿。那么第 n 号阵元的接收信号应当被补偿的相位差为

$$\Delta\xi_{n0} = k r_n u_t \tag{7-37}$$

式中，$u_t = \left\{\cos\theta_t \cos\varphi_t, \cos\theta_t \sin\varphi_t, \sin\theta_t\right\}$。

入射声线到相邻两点的声程差经补偿后的相位为

$$\Delta\tilde{\xi}_n = k r_n (u - u_t) \tag{7-38}$$

基阵指向性函数修改为

$$a(f;\theta,\varphi;\theta_t,\varphi_t) = \sum_{n=1}^{N} w_n(f;\theta,\varphi) e_n(f;\theta,\varphi) \exp\left[\mathrm{j}k r_n (u - u_t)\right] \tag{7-39}$$

相应的声压归一化指向性函数为 $d(f;\theta,\varphi;\theta_t,\varphi_t)$ 或 $d(f;u;u_t)$。

从基阵设计角度来说，这一过程称为补偿；从信号处理角度来说，该过程将波束主响应轴从 0° 变换到其他角，称为波束驾驶。

2. 阵加权

假设对声呐基阵阵元进行幅度加权，权系数为 w_n，则阵输出为

$$s_{\text{out}}(t) = \sum_{n=1}^{N} w_n \exp(-\mathrm{j}\omega t + \mathrm{j}\Delta\tilde{\xi}_n) = \exp(-\mathrm{j}\omega t)\sum_{n=1}^{N} w_n \exp(\mathrm{j}\Delta\tilde{\xi}_n) \tag{7-40}$$

基阵指向性函数调整为

$$a(f,\theta,\varphi) = \sum_{n=1}^{N} w_n \exp(\mathrm{j}\Delta\tilde{\xi}_n)$$

最简单也是最常用的加权是均匀加权，即对所有的 n，$w_n = 1$。在各向同性噪声场下，对单个平面波信号的检测，均匀加权在最大信噪比准则下性能最佳。但存在干扰平面波情况下，或非各向同性噪声场条件，希望有比均匀孔径函数更低的旁瓣，或者对噪声方向进行抑制（如自适应波束形成）。这就需要改变基阵函数的形状，该过程称为阵加权。

阵加权包括相位加权和幅度加权，或者两者同时加权。相位加权就是阵驾驶，即通过相位控制，以使主波束控制到希望的方向，这在前面已经述及。一般所说的阵加权主要指幅度加权，或者称幅度束控，以使基阵的波束宽度和旁瓣级达到预期的要求。

常用的加权函数有如下几种。

（1）均匀权。

$$w_n = 1,\ 1 \leqslant n \leqslant N \tag{7-41}$$

（2）余弦权。

$$w_n = \cos\left[\frac{\pi}{2}\left(\frac{2n}{N+1} - 1\right)\right],\quad 1 \leqslant n \leqslant N \tag{7-42}$$

（3）余弦平方权。

$$w_n = \cos^2\left[\frac{\pi}{2}\left(\frac{2n}{N+1} - 1\right)\right],\quad 1 \leqslant n \leqslant N \tag{7-43}$$

（4）汉宁（Hanning）权。

$$w_n = 0.5 - 0.5\cos\left(2\pi\frac{n}{N+1}\right),\quad 1 \leqslant n \leqslant N \tag{7-44}$$

（5）汉明（Hamming）权。

$$w_n = 0.54 - 0.46\cos\left(2\pi\frac{n-1}{N-1}\right),\quad 1 \leqslant n \leqslant N \tag{7-45}$$

汉明加权线列阵波束图的最大旁瓣不是第一旁瓣，而是第二旁瓣，这种现象比较罕见。

（6）布莱克曼（Blackman）权。

$$w_n = 0.42 - 0.5\cos\left(2\pi\frac{n}{N+1}\right) + 0.08\cos\left(4\pi\frac{n}{N+1}\right),\quad 1 \leqslant n \leqslant N \tag{7-46}$$

（7）巴特利特（Bartlett）权（或称三角权）。

$$w_n = 1 - \left|\frac{2n}{N+1} - 1\right|,\quad 1 \leqslant n \leqslant N \tag{7-47}$$

（8）高斯（Gauss）权。

$$w_n = \exp\left\{-\frac{1}{2}\left[\alpha\left(\frac{2n}{N+1}-1\right)\right]^2\right\},\quad 1\leqslant n\leqslant N \tag{7-48}$$

式中，α 是一个与高斯随机变量的标准偏差成反比的参数。

各权函数的性能比较也可通过以下参数来表示。

（1）波束展宽因子 k_θ 为束控基阵与不束控基阵的束宽之比。

（2）旁瓣级降低因子 k_{Lb} 为束控基阵与不束控基阵的旁瓣级之差。

（3）指向性指数降低因子 k_{DI} 为束控基阵与不束控基阵的指向性指数之差。

以线列阵为例，对比常用加权函数的波束特性，见表 7-1。

表 7-1　线列阵常用加权函数波束特性比较

加权名称	波束展宽因子 k_θ	旁瓣级/旁瓣级降低因子 LB, k_{Lb}/dB	指向性指数降低因子 k_{DI} /dB
均匀权	1.00	−13,0	0
余弦权	1.42	−22.5, 9.5	−1.14
余弦平方权	1.73	−31.3, 18.3	−1.97
汉宁权	1.56	−34.3, 21.3	−1.56
汉明权	1.52	−40.4, 27.4	−1.49
布莱克曼权	1.96	−58.1, 45.1	−2.58
巴特利特权	1.52	−25.7, 12.7	−1.48

从表 7-1 中看到，均匀权具有最小的波束宽度，但旁瓣级最高。表中余弦权、余弦平方权、汉宁权、汉明权和布莱克曼权 5 个权函数由余弦函数组合而成，压低旁瓣的效果从−22.5dB 至−58.1dB，可以满足工程设计需要，而且权函数的表达式简单，因此被广泛使用。

7.1.3　典型声呐基阵指向性估算

多基元声呐基阵是由一系列的声换能器基元按一定规律排列组成的，如线列阵、平面阵、圆环（弧）阵、圆柱阵、球面阵等。在声呐设备总体设计中，基阵的指向性是首先考虑的问题之一，它与声呐的工作频率、基阵的空间尺寸有关，并且直接影响声呐的总体技术性能[3]。

1. 一维点元阵和均匀线阵

考虑图 7-4 所示的 N 元线阵，其阵元依次布放于 X 轴，起始阵元位置为原点。声信号方向与 X 轴的夹角为 θ。第 n 阵元的位置为 $(x_n,0)$，与第 1 阵元的间距为 d_n，其位置向量为

$$r_n = \{x_n, y_n, z_n\} = \{d_n, 0, 0\} \tag{7-49}$$

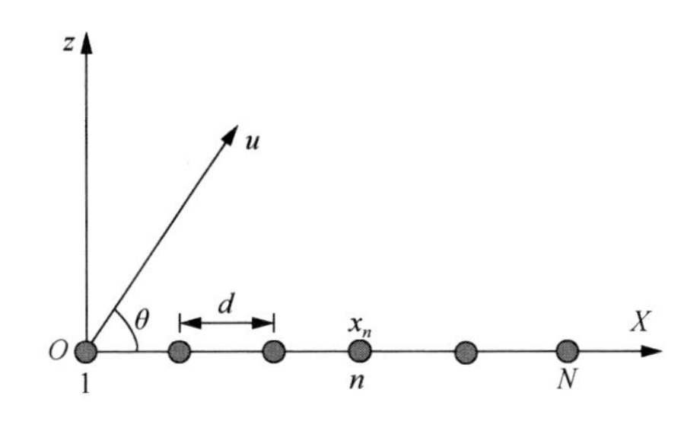

图 7-4　线阵

该线阵的指向性函数为

$$a(f;\theta,\varphi)=\sum_{n=1}^{N}\exp\left(\mathrm{j}kr_n u\right) \tag{7-50}$$

如果线阵阵元是均匀分布的，即 $d_n=(n-1)d$，d 为阵元间距，阵元位置向量为

$$r_n=\{(n-1)d,0,0\} \tag{7-51}$$

该均匀线阵的指向性函数为等比级数：

$$a(f;\theta,\varphi)=\sum_{n=1}^{N}\exp\left(\mathrm{j}k(n-1)d\cos\theta\right) \tag{7-52}$$

可用求和公式对式（7-52）求解得到：

$$a(f;\theta,\varphi)=\exp\{\mathrm{j}[(N-1)/2]kd\cos\theta\}\frac{\sin[(N/2)kd\cos\theta]}{\sin[(1/2)kd\cos\theta]} \tag{7-53}$$

式（7-53）的最大值 $|a(f,\theta,\varphi)|_{\max}$ 发生在 $\theta=90^\circ$。

线阵的指向性函数为

$$d(f;\theta,\varphi)=\frac{|a(f,\theta,\varphi)|}{|a(f,\theta,\varphi)|_{\max}}=\frac{1}{N}\frac{\sin[(N/2)kd\cos\theta]}{\sin[(1/2)kd\cos\theta]} \tag{7-54}$$

如果阵元间距相对于波长很小，即 $d\ll\lambda$，可近似为

$$d(f;\theta,\varphi)=\frac{\sin\left[\left(N/2\right)kd\cos\theta\right]}{\left(N/2\right)kd\cos\theta} \tag{7-55}$$

此时，$d(\theta,\varphi)$ 与 φ 无关，基阵无法分辨出信号的 φ 方向，即线阵在 φ 方向存在模糊的问题。

对于式（7-55），当 $\theta=90^\circ$ 时，指数项均为 0，所有求和项代数相加，其值达到最大，为主波束峰值。同样，当 $\cos\theta$ 等于 λ/d 及其倍数时，也会出现最大值。这些与主波束峰值大小一样的波束称为栅瓣。

均匀线阵的指向性有如下几个指标。

（1）第一旁瓣级。

均匀加权时，旁瓣远离主瓣单调下降，最高的旁瓣为第一旁瓣，其值为−13dB。

离散线阵的旁瓣级与同样长度的连续线阵的束宽是相同的。而且这一特性与 d 无关，与长度无关，但与加权系数有关。

（2）波束宽度。

波束宽度可用式（7-56）来近似计算：

$$\Delta\theta_{-3\mathrm{dB}} = 0.866\frac{\lambda}{L\sin\theta_t}(\mathrm{rad}) = 50.8\frac{\lambda}{L\sin\theta_t}(^\circ) \tag{7-56}$$

由于 θ_t 的存在，当扫描角从旁射方向转为端射方向时，波束宽度变宽。当 $\theta_t = 90^\circ$ 时，波束宽度最小，为

$$\Delta\theta_{-3\mathrm{dB}} = 50.8\frac{\lambda}{L} \tag{7-57}$$

在极端的情况，$\theta_t = 0^\circ$ 和 $\theta_t = 180^\circ$，波束宽度为

$$\Delta\theta_{-3\mathrm{dB}} = 2\sqrt{0.866\frac{\lambda}{L}}(\mathrm{rad}) = 107.8\sqrt{\frac{\lambda}{L}}(^\circ) \tag{7-58}$$

离散线阵的波束宽度与同样长度的连续线阵的束宽是相同的，而且这一特性与 d 无关。如果当 d 增加超过半波长时，波束图会出现栅瓣，但波束宽度仍满足上式。

（3）指向性指数。

均匀线阵的指向性因数和指向性指数分别为

$$R_\theta = \frac{N^2}{N + 2\sum_{n=1}^{N-1}(N-n)\cos\left(\frac{2\pi nd}{\lambda}\cos\theta_t\right)\sin c\left(\frac{2\pi nd}{\lambda}\right)} \tag{7-59}$$

$$\mathrm{DI} = 10\lg N - 10\lg\left[1 + \frac{2}{N}\sum_{n=1}^{N-1}(N-n)\frac{\sin(kL)}{kL}\cos(kL\cos\theta_t)\right] \tag{7-60}$$

若半波长布阵 $d = \lambda/2$，则 $R_\theta = N$， $\mathrm{DI} = 10\lg N$。

在正横方向 $\theta_t = 90^\circ$，均匀线阵的指向性因数近似为

$$R_\theta \approx \frac{kNd}{\pi} = \frac{2L}{\lambda} \tag{7-61}$$

式中，阵长 $L = Nd$。

以阵元数 N=10、阵元间距 d=1m 的均匀线阵为例，绘制了指向性指数与频率、两种驾驶角（正横向和端射向）的关系图（图 7-5）。设计频率为对应阵元间距的半波长。注意，多数频率在端射方向的指向性指数比其他驾驶波束有更高的指向性指数（平均有 3dB）。图中端射向与正横向波束大部分频率都完全重合。指向性

指数随频率增长至$10\lg N$，之后在$10\lg N$附近振荡。

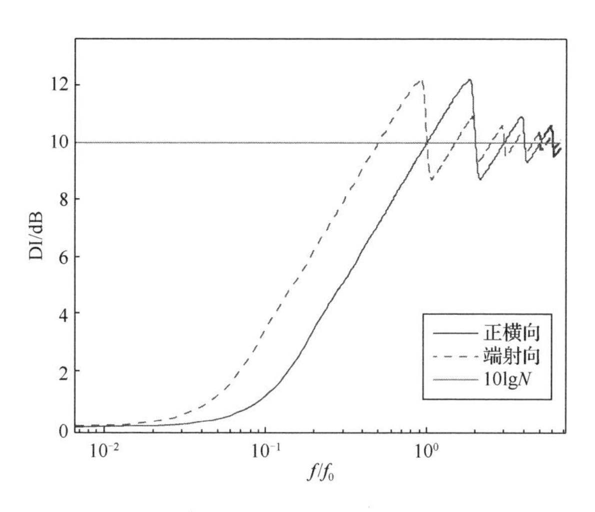

图 7-5　不同频率下的线阵指向性指数

【例 7-1】美国 TB-29A 型拖曳线列阵声呐通过优化声学性能和传感器定位系统，提高了甚低频和较高航速下的探测性能[4]。其主要技术参数为：拖缆长 365m，声呐基阵由 13 段长 48.8m 的声学段组成，每段有 32 个阵元，阵段外径 38mm，内径 19mm。

由上述技术参数可知，若拖曳线列阵以半波长布阵，则波长为

$$\lambda = 48.8/32 \times 2 \approx 3(\mathrm{m})$$

依据式（7-58）估算波束宽度：

$$\Delta\theta_{-3\mathrm{dB}} = 50.8\frac{\lambda}{L} = 50.8 \times \frac{3}{13 \times 48.8} \approx 0.24(^\circ)$$

估算指向性指数：

$$\mathrm{DI} = 10\lg N = 10\lg(13 \times 32) \approx 26.2(\mathrm{dB})$$

2. 离散矩形阵

离散矩形阵的所有阵元都在 XOY 平面上，与 X 轴平行的线列阵有 M 个点元，其间距为 d_x，X 维长度为 L_x；与 Y 轴平行的线列阵有 N 个阵元，其间距为 d_y，Y 维长度为 L_y，如图 7-6 所示。

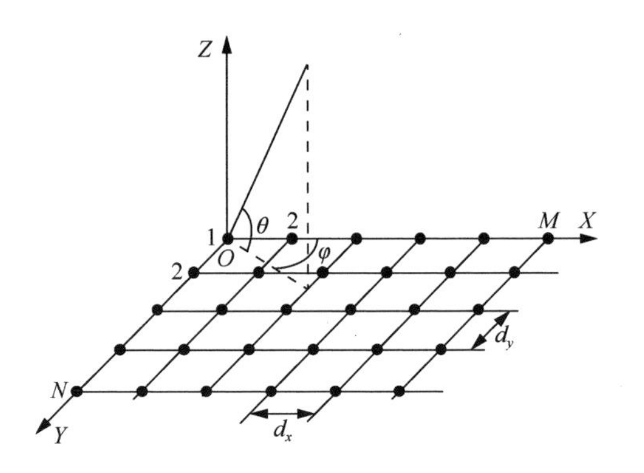

图 7-6　离散矩形阵

目标信号的入射方向在 XOY 平面的投影线与 X 轴方向的夹角为 φ，与 XOY 平面的夹角为 θ。第 m 行 n 列的阵元的位置向量为 $r_{mn}=\{x_m,y_n,0\}$，若基阵为均匀布阵，则 $r_{mn}=\{(m-1)d_x,(n-1)d_y,0\}$。

离散矩形阵的基阵指向性函数为

$$a(f;\theta,\varphi)=\sum_{m=1}^{M}\sum_{n=1}^{N}\exp\left[\mathrm{j}k\cos\theta(x_m\cos\varphi+y_n\sin\varphi)\right] \tag{7-62}$$

若式（7-62）先对所有 Y 维方向进行合成，再对 X 维方向进行合成，就可得到：

$$a(f;\theta,\varphi)=\sum_{m=1}^{M}\exp(\mathrm{j}kx_m\cos\theta\cos\varphi)\sum_{n=1}^{N}\exp(\mathrm{j}ky_n\cos\theta\sin\varphi) \tag{7-63}$$

即分解为两个线阵指向性函数的乘积。从式（7-63）可以看到，离散矩形阵产生的声压可以看作 X 维长度为 L_x 的线阵与 Y 维长度为 L_y 的线阵产生的声压的乘积。其在 XOZ 面或 YOZ 面的指向性分别等同于在 X 轴上的投影线阵和在 Z 轴上的投影线阵的指向性。其半功率束宽、旁瓣级可以参照线阵。

对于均匀矩阵，则可进一步展开得到离散均匀矩形阵的基阵指向性函数为

$$a(f;\theta,\varphi)=\frac{\sin\left(M\dfrac{\pi d_x}{\lambda}\cos\theta\cos\varphi\right)}{M\sin\left(\dfrac{\pi d_x}{\lambda}\cos\theta\cos\varphi\right)}\times\frac{\sin\left(N\dfrac{\pi d_y}{\lambda}\cos\theta\sin\varphi\right)}{N\sin\left(\dfrac{\pi d_y}{\lambda}\cos\theta\sin\varphi\right)} \tag{7-64}$$

若只限制在 YOZ 平面内实现波束的旋转，即 $\varphi=\pi/2$，则

$$a(f;\theta)=\sum_{n=1}^{N}\exp[\mathrm{j}k(n-1)d_y\cos\theta] \tag{7-65}$$

从式（7-65）可以看到，平面阵在 YOZ 平面的指向性与所有阵元在 Y 轴上的投影点组成的线列的指向性是一样的。而且，由于投影线阵也是等间距线阵，因

此，在此平面上的波束宽度、旁瓣等分析和计算同等间距布阵的线阵是一致的。同样方法也适用于 X 轴。但投影线阵如果不在 X 轴或 Y 轴平行方向，由于投影线阵不是等间距布阵，则不能看作等间距线阵。

而其他区域则为两者的乘积。分解带来的一个限制是 XOZ 和 YOZ 平面的指向性图的旁瓣略高，而其他区域略低。相位补偿后的基阵指向性函数为

$$
\begin{aligned}
a(f;\theta,\varphi) &= \sum_{m=1}^{M}\exp[\mathrm{j}kx_m(\cos\theta\cos\varphi-\cos\theta_t\cos\varphi_t)] \\
&\quad\times\sum_{n=1}^{N}\exp[\mathrm{j}ky_n(\cos\theta\sin\varphi-\cos\theta_t\sin\varphi_t)] \\
&= \frac{\sin\left[\dfrac{M}{2}kd_x(\cos\theta\cos\varphi-\cos\theta_t\cos\varphi_i)\right]}{M\sin\left[\dfrac{1}{2}kd_x(\cos\theta\cos\varphi-\cos\theta_i\cos\varphi_i)\right]} \\
&\quad\times\frac{\sin\left[\dfrac{N}{2}kd_y(\cos\theta\sin\varphi-\cos\theta_t\sin\varphi_t)\right]}{N\sin\left[\dfrac{1}{2}kd_y(\cos\theta\sin\varphi-\cos\theta_t\sin\varphi_t)\right]}
\end{aligned}
\tag{7-66}
$$

令 ψ 是向量 u 与 X 轴的夹角，ϑ 是向量 u 与 Y 轴的夹角，则

$$
\cos\psi=\cos\theta\cos\varphi
$$

$$
\cos\vartheta=\cos\theta\sin\varphi
$$

相应的有

$$
\cos\psi_t=\cos\theta_t\cos\varphi_t
$$

$$
\cos\vartheta_t=\cos\theta_t\sin\varphi_t
$$

则基阵指向性函数［式（7-66）］表示为

$$
\begin{aligned}
a(f;\psi,\vartheta;\psi_t,\vartheta_t) &= \sum_{m=1}^{M}\exp\left[\mathrm{j}kx_m(\cos\psi-\cos\psi_t)\right]\sum_{n=1}^{N}\exp\left[\mathrm{j}ky_n(\cos\vartheta-\cos\vartheta_t)\right] \\
&= \frac{\sin\left[\dfrac{M}{2}kd_x(\cos\psi-\cos\psi_t)\right]}{M\sin\left[\dfrac{1}{2}kd_x(\cos\psi-\cos\psi_t)\right]} \\
&\quad\times\frac{\sin\left[\dfrac{N}{2}kd_y(\cos\vartheta-\cos\vartheta_t)\right]}{N\sin\left[\dfrac{1}{2}kd_y(\cos\vartheta-\cos\vartheta_t)\right]}
\end{aligned}
\tag{7-67}
$$

指向性因数和指向性指数的推导是一个复杂的过程，这里取全向阵元构成的平面阵计算结果：

$$\mathrm{DI}=10\lg MN-10\lg\left[1+\frac{2}{M}\sum_{m=1}^{M-1}(M-m)\frac{\sin(kL_x)}{kL_x}\cos(kL_x\cos\psi_t)\right.$$
$$+\frac{2}{N}\sum_{n=1}^{N-1}(N-n)\frac{\sin(kL_y)}{kL_y}\cos(kL_y\cos\vartheta_t)+\frac{4}{MN}\sum_{m=1}^{M-1}\sum_{n=1}^{N}(M-m)(N-n)$$
$$\left.\times\frac{\sin k\sqrt{L_x^2+L_y^2}}{k\sqrt{L_x^2+L_y^2}}\cos(kL_x\cos\psi_t)\cos(kL_y\cos\vartheta_t)\right]\tag{7-68}$$

对式(7-68)可以做进一步退化处理，令 N=1，即得到等间隔均匀线阵，且令 $\vartheta_0=\pi/2$，则 DI 退化为

$$\mathrm{DI}=10\lg M-10\lg\left[1+\frac{2}{M}\sum_{m=1}^{M-1}(M-m)\frac{\sin(kL_x)}{kL_x}\cos(kL_x\cos\varphi_t)\right]\tag{7-69}$$

与式（7-60）的结果一致。

若 $d_x,d_y\ll\lambda$，即阵元密排，则式(7-67)可写为

$$a(f;\psi,\vartheta)=\frac{\sin\left(\dfrac{kL_x}{2}\cos\psi\right)}{\dfrac{kL_x}{2}\cos\psi}\times\frac{\sin\left(\dfrac{kL_y}{2}\cos\vartheta\right)}{\dfrac{kL_y}{2}\cos\vartheta}\tag{7-70}$$

假设矩阵置于一个无限大的声障板之前，即阵的背后被认为没有信号和噪声，θ 范围为 $[0,\pi/2]$，则指向性因数可转化为

$$R_\theta=\frac{4\pi}{\int_0^{2\pi}\mathrm{d}\varphi\int_0^{\pi/2}D(f;\theta,\varphi)\cos\theta\mathrm{d}\theta}\tag{7-71}$$

我们可以用式（7-72）近似计算：

$$R_\theta=\frac{4\pi S-2\lambda\sqrt{S}+2\lambda^2}{\lambda^2}\tag{7-72}$$

式中，$S=L_xL_y$ 为矩形阵的面积。当 $L_x,L_y\gg\lambda$ 时，有

$$R_\theta\approx\frac{4\pi S}{\lambda^2}\tag{7-73}$$

式（7-73）在 $\sqrt{S}/\lambda>0.5$ 时误差在 0.5dB 之内，能保持足够的精度。

对于一个曲面阵，如果曲率半径足够大的话，可以将曲面阵视为平面阵，则曲面阵在垂直于法线方向的平面上的投影面积近似为 S，仍可以用式（7-73）来计算指向性因数和指向性指数。

3. 圆环（弧）阵

由多个阵元沿圆环排列而组成的线阵称为圆环阵，取部分弧段上的连续阵元可组成圆弧阵。在航空吊放声呐、艇艏声呐及其他声呐领域都会用到这种基阵。

圆环阵是一种重要的面阵类型，它能产生全方向的指向性图。

构成圆环阵的各个阵元均处在 XOY 坐标平面内，且取圆心为坐标原点，阵元等间距圆环阵分布图如图 7-7 所示。

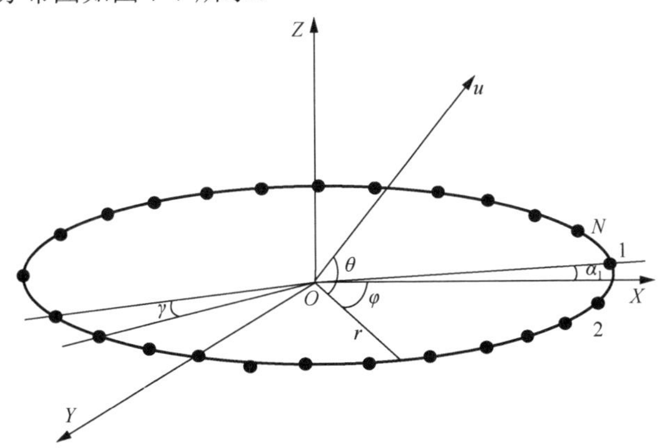

图 7-7　阵元等间距圆环阵分布图

在圆环阵上任意相邻两点阵元所夹的圆心角是相等的，因而圆上各阵元相隔等弧长的距离。设圆环阵半径为 R，直径为 D，由 N 个阵元组成，编号按顺时针编排，即从 $1,2,\cdots,N$，阵元间距为 $d=\pi D/N$，相邻两个阵元与原点间连线间的夹角为 γ。第 n 个阵元与 X 轴的夹角为 α_n，位置向量为

$$r_n=\left\{R\cos\alpha_n,R\sin\alpha_n,0\right\} \tag{7-74}$$

声程差为

$$r_n u=R\cos\theta\cos(\alpha_n-\varphi) \tag{7-75}$$

基阵指向性函数为

$$a(f;\theta,\varphi)=\frac{1}{N}\left|\sum_{n=1}^{N}\exp\left[\mathrm{j}kR\cos\theta\cos(\alpha_n-\varphi)\right]\right| \tag{7-76}$$

若考虑在 XOY 平面，即 $\theta=0$，则式（7-76）可简化为

$$a(f;0,\varphi)=\frac{1}{N}\left|\sum_{n=1}^{N}\exp\left[\mathrm{j}kR\cos(\alpha_n-\varphi)\right]\right| \tag{7-77}$$

若 N 个阵元刚好覆盖整个圆，则式（7-77）为圆环阵的指向性函数。若 N 个阵元覆盖其中一段圆弧，则为圆弧阵指向性函数。

如果是均匀圆环阵，则 γ 相同，设定第 1 号阵中心阵元在 X 轴上，即 $\alpha_1=0$，则 $\alpha_n=n\gamma$，位置向量和基阵指向性函数分别为

$$r_n=\{R\cos(n\gamma),R\sin(n\gamma),0\} \tag{7-78}$$

$$a(f;0,\varphi)=\frac{1}{N}\sum_{n=1}^{N}\exp[\mathrm{j}kR\cos(\varphi-n\gamma)] \tag{7-79}$$

1）圆环阵

先考虑均匀圆环阵指向性函数。当 $N\gamma = 2\pi$ 时，则式（7-79）可用式（7-80）：

$$\exp(\mathrm{j}Q\cos\beta) = \sum_{n=-\infty}^{\infty} \mathrm{J}_n(Q)\exp\left(\mathrm{j}n\beta + n\frac{\pi}{2}\right) \tag{7-80}$$

进行化简并取贝塞尔函数零阶近似，$\mathrm{J}_n(Q)$ 为 Q 的 n 阶贝塞尔函数，得到：

$$a(f;0,\varphi) = \mathrm{J}_0\left[kD\cos\left(\frac{\varphi}{2}\right)\right] \tag{7-81}$$

如果考虑驾驶方向 φ_t，则

$$a(f;0,\varphi) = \mathrm{J}_0\left[kD\cos\left(\frac{\varphi-\varphi_t}{2}\right)\right] \tag{7-82}$$

可见圆环阵的指向性图跟圆直径-波长比 D/λ 密切相关，这与线列阵中阵元间距-波长比类似。

（1）波束宽度。

当 $|\mathrm{J}_0(Q)| = 0.707$ 时，可求得圆环阵的波束宽度。计算得此时 $Q = 1.125$，因此：

$$\Delta\varphi_{-3\mathrm{dB}} = 4\arcsin\left(0.179\frac{\lambda}{D}\right) \tag{7-83}$$

当 $d \geqslant \lambda$ 时，也可用式（7-84）近似计算：

$$\Delta\varphi_{-3\mathrm{dB}} = 41.0\frac{\lambda}{D}(^\circ) \tag{7-84}$$

注意，圆环阵的波束宽度要窄于相同长度（等于圆环阵直径）的线阵。

（2）旁瓣级。

从函数 $\mathrm{J}_0(Q)$ 的第一旁瓣位置 $Q_1 = 3.832$，可求出圆环阵的旁瓣值 L_b、旁瓣级 LB 和旁瓣所在角度 φ_1：

$$\begin{cases} L_\mathrm{b} = 0.403 \\ \mathrm{LB} = -7.9\mathrm{dB} \\ \varphi_1 = \arcsin(1.22\lambda / D)(^\circ) \end{cases} \tag{7-85}$$

旁瓣值与阵元间距、频率等无关。但相比于线阵，旁瓣有所抬高。

（3）指向性因数和指向性指数。

由式（7-81）计算指向性因数，可得

$$R_\theta = \frac{kD}{kd\mathrm{J}_0(kD) + \dfrac{\pi kD}{2}\left[\mathrm{J}_1(kD)H_0(kD) - \mathrm{J}_0(kD)H_1(kD)\right]} \tag{7-86}$$

式中，$H_0(z)$ 和 $H_1(z)$ 为斯特鲁夫（Struve）函数[5]：

$$H_0(z)=\frac{2}{\pi}\left(z-\frac{z^3}{1^2\cdot 3^2}+\frac{z^5}{1^2\cdot 3^2\cdot 5^2}-\cdots\right)$$
$$H_1(z)=\frac{2}{\pi}\left(\frac{z^2}{1^2\cdot 3}-\frac{z^4}{1^2\cdot 3^2\cdot 5}+\frac{z^6}{1^2\cdot 3^2\cdot 5^2\cdot 7}-\cdots\right) \tag{7-87}$$

对式（7-86）进行近似，有

$$R_\theta=\frac{kD}{1+\sqrt{\dfrac{2\sin(kD-\pi/4)}{\pi kD}}} \tag{7-88}$$

当 $D\gg\lambda$ 时，圆环阵的指向性因数可近似为

$$R_\theta\approx 2\pi D/\lambda \tag{7-89}$$

指向性指数可近似为

$$\mathrm{DI}\approx 10\lg(2\pi D/\lambda)\approx 8+10\lg(D/\lambda) \tag{7-90}$$

圆环阵比与直径相同孔径的线阵指向性指数大 $10\lg\pi(\approx 5\mathrm{dB})$。因圆环阵可以看作两条线阵的联合作用结果，且圆环阵在整个 φ 空间均能形成指向，没有线阵关于 Z 轴左右模糊问题。虽然圆环阵的波束宽度要小于均匀线阵，但旁瓣级要高 5dB。

2）圆弧阵

若实际参加阵指向性的阵元数为 $N<N_0$（N_0 为圆环上阵元总数），那么就成为圆弧阵。圆弧阵取圆周阵中一个扇面进行波束指向性计算。显然圆弧阵的波束宽度和指向性因数与扇面开角有关。

假设圆周阵的直径为 D、扇面开角为 φ_0，则弦长为 $L_\mathrm{c}=D\sin(\varphi_0/2)$，圆弧阵的指向性与等弦长的加权声呐基阵性能基本相同。如果圆弧阵取半圆，其波束宽度与圆环阵相同，即

$$\Delta\varphi_{-3\mathrm{dB}}=41.0\frac{\lambda}{D}(^\circ) \tag{7-91}$$

如果 φ_0 取 120°，波束宽度有所扩大，则式（7-91）近似为

$$\Delta\varphi_{-3\mathrm{dB}}=47.0\frac{\lambda}{D}(^\circ) \tag{7-92}$$

参考线阵的指向性因数近似为

$$R_\theta\approx\frac{2L_\mathrm{c}}{\lambda}=\frac{2D\sin(\varphi_0/2)}{\lambda}$$

圆弧阵的指向性因数近似为

$$R_\theta\approx\sqrt{3}D/\lambda \tag{7-93}$$

圆弧阵的指向性指数近似为

$$\mathrm{DI}\approx 10\lg(1.73D/\lambda)=2.4+10\lg(D/\lambda) \tag{7-94}$$

该近似结果在 $d \leqslant 0.7\lambda$ 条件下适用。

4. 圆柱阵

圆柱阵常用的布阵图如图 7-8 所示。圆柱阵半径为 R，直径为 D，有效高度为 H。阵元均匀分布在圆柱阵上，分为 M 层，每层 N 个阵元。设第 1 层位于 XOY 平面上，层间距为 $d_z = H/(M-1)$，同一层上相邻阵元夹的圆心角为 $\alpha = 2\pi/N$。

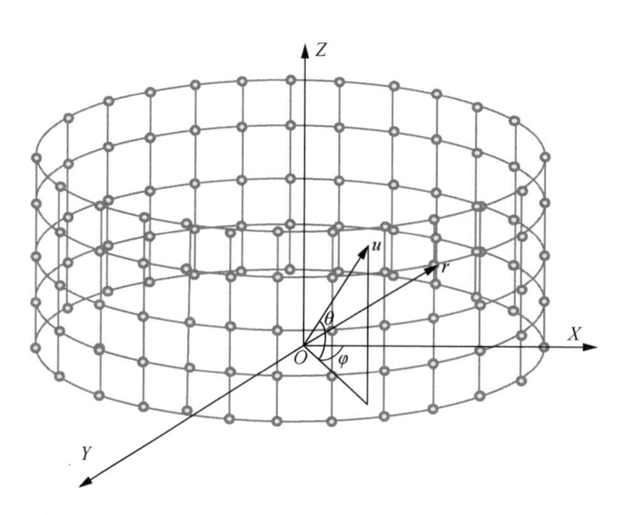

图 7-8　圆柱阵常用的布阵图

圆柱阵上第 m 层第 n 个阵元的坐标：

$$r_{mn} = \left(R\cos\varphi_n, R\sin\varphi_n, (m-1)d_z\right) \tag{7-95}$$

假设第 1 号水听器在 X 轴上，则

$$\varphi_n = \frac{2\pi(n-1)}{N} = (n-1)\alpha$$

方向向量为

$$u = \{\cos\theta\cos\varphi, \cos\theta\sin\varphi, \sin\theta\} \tag{7-96}$$

声程差和相位差分别为

$$\Delta d_{mn} = r_{mn}u = R\left[\cos\theta\cos\left(\varphi - \varphi_n\right)\right] + (m-1)d_z\sin\theta \tag{7-97}$$

$$\Delta\xi_{mn} = k\left\{R[\cos\theta\cos(\varphi - \varphi_n)] + (m-1)d_z\sin\theta\right\} \tag{7-98}$$

将相位差分解为两个部分：

$$\begin{aligned}
&\Delta\xi_{mn} = \Delta\xi_m + \Delta\xi_n \\
&\Delta\xi_m = k(m-1)d_z\sin\theta \\
&\Delta\xi_n = kR\cos\theta\cos(\varphi - \varphi_n)
\end{aligned} \tag{7-99}$$

式中，$\Delta\xi_n$、$\Delta\xi_m$ 分别为水平维阵元间的相位差和垂直维阵元间的相位差。

如果考虑方向驾驶，驾驶方向为(θ_t,φ_t)，则相位差变为

$$\Delta\xi_n = kR[\cos\theta\cos(\varphi-\varphi_n)-\cos\theta_t\cos(\varphi_t-\varphi_n)] \tag{7-100}$$

$$\Delta\xi_m = k(m-1)d_z(\sin\theta-\sin\theta_t) \tag{7-101}$$

垂直维取全部 M 个阵元。由于阵元受声呐基阵架遮挡等原因，参与圆柱阵水平波束形成的阵元数为N_1，而不是所有阵元N，一般$N_1\approx(1/3\sim5/12)N$，取 120°～150°范围的阵元。为了计算方便，当 N_1 为奇数时，让扇面阵第一层的中心阵元处在 X 轴上，当 N_1 为偶数时，让扇面阵第一层的参加工作的扇面中心处在 X 轴上。

圆柱阵扇面阵基阵的指向性函数可写成

$$a(f;\theta,\varphi)=\sum_{n=1}^{N_1}\sum_{m=1}^{M}\exp\left[-\mathrm{j}(\Delta\xi_n+\Delta\xi_m)\right]=\sum_{m=1}^{M}\exp(-\mathrm{j}\Delta\xi_m)\sum_{n=1}^{N_1}\exp(-\mathrm{j}\Delta\xi_n) \tag{7-102}$$

从式（7-102）可以看到，第一项是线列阵基阵指向性函数，第二项是圆弧阵基阵指向性函数。圆柱阵基阵指向性函数实际上是线阵基阵和圆弧阵基阵指向性函数的乘积。因此，有了线列阵和圆弧阵的指向性知识，就可以理解圆柱阵指向性。圆柱阵兼顾了线列阵和圆弧阵的特点，其中利用圆弧阵实现方位测向和跟踪，利用线列阵解决波束俯仰，从而达到对目标的定向。

若只考虑 XOY 平面内的基阵指向性，$\theta=\theta_t=0$，则各个阵元的相位差为

$$\Delta\xi_n = kR[\cos(\varphi-\varphi_n)-\cos(\varphi_t-\varphi_n)] \tag{7-103}$$

$$\Delta\xi_m = 0 \tag{7-104}$$

将式（7-103）、式（7-104）代入式（7-102），水平指向性函数可简化为

$$d(f;\varphi,0)=\frac{\left|\sum_{n=1}^{N_1}\exp(-\mathrm{j}\Delta\xi_n)\right|}{\left|\sum_{n=1}^{N_1}\exp(-\mathrm{j}\Delta\xi_n)\right|_{\max}} \tag{7-105}$$

即水平指向性函数为圆弧阵指向性函数。

若只考虑 YOZ 平面内的基阵指向性，$\varphi=\varphi_t=0$，则各个阵元的相位差为

$$\Delta\xi_n = kR(\cos\theta-\cos\theta_t)\cos\varphi_n \tag{7-106}$$

$$\Delta\xi_m = k(m-1)d_z(\sin\theta-\sin\theta_t) \tag{7-107}$$

在主极大定向平面内，圆柱阵垂直指向性函数等效于垂直方向线列子阵与圆

弧（环）阵的指向性函数的乘积：

$$d(f;\theta,0)=\frac{\sin(nZ)}{N\sin Z}\mathrm{J}_0\left[\frac{2\pi R}{\lambda}\left(\cos\theta-\cos\theta_t\right)\right] \tag{7-108}$$

式中，$Z=\dfrac{\pi d}{\lambda}(\sin\theta-\sin\theta_t)$。由于余弦函数是偶函数，故当$\theta_t\neq 0$时，零阶贝塞尔函数在$\theta=\theta_t$和$\theta=-\theta_t$方向有两个相等的极大值，即圆环阵垂直指向性图呈驼峰形。因此，整个声呐基阵的旁瓣结果是线列子阵旁瓣结构和圆环阵旁瓣结构相互作用的结果。线阵子阵第一个栅瓣出现的方位为

$$\theta_1=\arcsin(\sin\theta_t\pm\lambda/D) \tag{7-109}$$

如果两个阵的极大值重合，即$\theta_1=\theta_t$，就会出现较大的旁瓣，这时的声呐基阵工作波长为圆柱阵垂直扫描极限波长λ_1：

$$\lambda_1=2D\left|\sin\theta_t\right| \tag{7-110}$$

一般情况下，基阵实际工作波长应大于λ_1，以保证基阵垂直指向性有较低的旁瓣。

如果考虑阵元带障板，其指向性为$e(f;\theta',\varphi')$，则指向性函数为

$$d\left(f;\theta,\varphi\right)=\frac{1}{MN_1}\left|\sum_{m=1}^{M}e\left(f;\theta',\varphi'\right)\exp(-\mathrm{j}\Delta\xi_m)\sum_{n=1}^{N_1}\exp(-\mathrm{j}\Delta\xi_n)\right| \tag{7-111}$$

圆柱阵的指向性指数可通过指向性函数计算。这个公式需要计算机进行逐点计算。在工程上，可以用近似公式计算。

一般情况下，圆柱阵在某一个信号方向，只激活一部分阵元，所以圆柱阵的有效面积为

$$S=2RH\sin\frac{\varphi_0}{2} \tag{7-112}$$

式中，φ_0为激活阵元在圆柱阵中围成的扇区角度。在阵元有障板的条件下，圆柱阵指向性指数的估计公式为

$$\mathrm{DI}=10\lg\left(\frac{4\pi S}{\lambda^2}\right) \tag{7-113}$$

若取$\varphi_0=120°$，则$S=\sqrt{3}RH$，故

$$\mathrm{DI}\approx 10\lg(10f^2RH)=10\lg(5f^2DH) \tag{7-114}$$

【例 7-2】法国鲉鱼级常规潜艇是法国和西班牙联合推出用于出口的常规潜艇。潜艇声呐系统包括艇艏阵声呐、宽孔径声呐、避碰声呐等。其中艇艏阵配置了圆柱阵，直径为 2.7m，高度为 0.82m，沿水平方向均匀布放 96 条水听器棒。

根据式（7-114）估算出该艇艏阵的指向性指数随频率的变化关系，如图 7-9 所示。从图中可以看出，当工作频率为 3kHz 时，其指向性指数为 20dB。

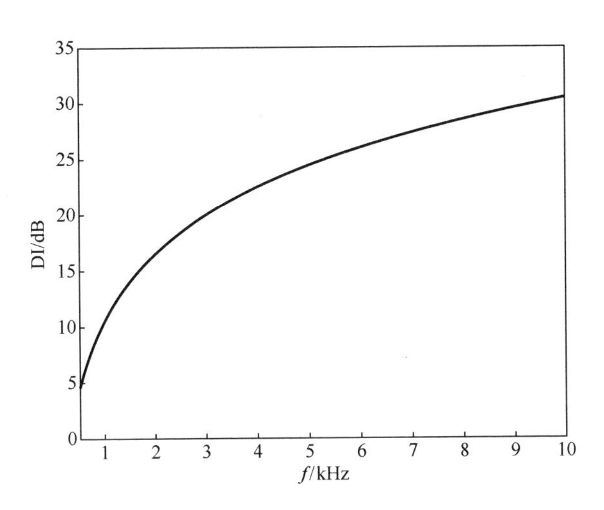

图 7-9　圆柱阵指向性指数随频率的变化关系

5. 球面阵

球面阵为阵元密集排列在球壳上的一种阵。球面阵具有很好的三维空间对称性，与其他阵形式相比，它能更好地在立体空间内实现波束的均匀性和对称性，如图 7-10 所示。

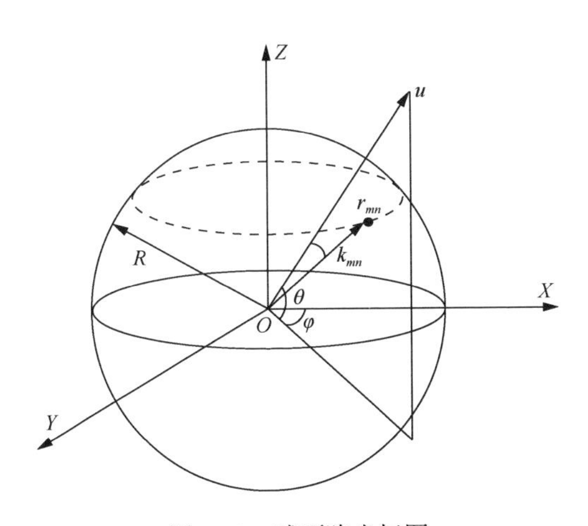

图 7-10　球面阵坐标图

设有一个如图 7-10 所示的球面阵，球半径为 R，阵元分别沿经线和纬线均匀分布在整个球面。球面阵可以看作由 $n=-N/2,\cdots,0,\cdots,N/2$ 个不同大小的圆环组成（这里假设 N 为偶数，中间一层正好在赤道层，共 N+1 层），第 n 个圆环又由

$m=1,2,\cdots,M_n$ 个阵元组成。设第 i 个阵元是第 n 个圆环上第 m 个阵元，阵元位置坐标系 (r_i,θ_i,φ_i) 变为 (R,θ_n,φ_m)。

第 n 个圆环的俯仰角为

$$\theta_n=\begin{cases} n\theta_0, & n\neq 0 \\ 0, & n=0 \end{cases} \tag{7-115}$$

式中，θ_0 为相邻两层俯仰角差。圆环上各阵元的水平角为

$$\varphi_m=m\varphi_{n0} \tag{7-116}$$

式中，φ_{n0} 为第 n 个圆环上相邻两个阵元在同一纬平面上水平角之差。各阵元之间的间距为

$$d_n=\frac{2\pi R\cos\theta_n}{M_n} \tag{7-117}$$

各阵元的位置向量为 $r_{mn}=(R\cos\varphi_m\cos\theta_n,R\sin\varphi_m\cos\theta_n,R\sin\theta_n)$。声程差为

$$\begin{aligned} r_{mn}u &= (R\cos\varphi_m\cos\theta_n,R\sin\varphi_m\cos\theta_n,R\sin\theta_n)(\cos\varphi\cos\theta,\sin\varphi\cos\theta,\sin\theta) \\ &= R[\cos\theta_n\cos\theta\cos(\varphi-\varphi_m)+\sin\theta_n\sin\theta] \\ &= R\cos\kappa_{mn} \end{aligned} \tag{7-118}$$

式中，κ_{mn} 为第 n 个圆环上第 m 个阵元的位置向量与入射方向单位向量的夹角。

假设第 n 个圆环只有 M_n' 个阵元参与波束形成，则基阵指向性函数可以表示为

$$a(f;\theta,\varphi)=\sum_{n=1}^{N}\sum_{m=1}^{M_n'}\exp(\mathrm{j}kr_{mn}u)=\sum_{n=1}^{N}\sum_{m=1}^{M_n'}\exp(\mathrm{j}kR\cos\kappa_{mn}) \tag{7-119}$$

考虑驾驶方向 u_t，可以得到

$$r_m(u-u_t)=R(\cos\kappa_{mn}-\cos\eta_{mn}) \tag{7-120}$$

式中，$\cos\eta_{mn}=\cos\theta_n\cos\theta_t\cos(\varphi_t-\varphi_m)+\sin\theta_n\sin\theta_t$，$\theta$ 为第 n 个圆弧上第 m 个阵元的位置向量与补偿方向单位向量的夹角。考虑阵元具有指向性，基阵指向性函数可以表示为

$$a(f;\theta,\varphi)=\sum_{n=1}^{N}\sum_{m=1}^{M_n}e(f;\theta',\varphi')\exp[\mathrm{j}kR(\cos\kappa_{mn}-\cos\eta_{mn})] \tag{7-121}$$

式中，$e(f;\theta',\varphi')$ 为阵元因子，(θ',φ') 为以阵元为中心的空间角度。由此可以写出球形阵指向性函数：

$$d(f;\theta,\varphi)=\frac{1}{\sum_{n=1}^{N}M_nN}\left|\sum_{n=1}^{N}\sum_{m=1}^{M_n}e(f;\theta',\varphi')\exp\left[\mathrm{j}kR(\cos\kappa_{mn}-\cos\eta_{mn})\right]\right| \tag{7-122}$$

球形阵指向性指数可通过式（7-122）进行计算。在工程中阵元有障板的条件下，球面阵指向性指数的估计公式为

$$\mathrm{DI}=10\lg\frac{6.76\pi RH}{\lambda^2} \tag{7-123}$$

式中，H 是球面阵有效高度，如果是整球，$H=R$。此公式在中频（$R/\lambda>1$）时适用。

【例 7-3】美国洛杉矶级核潜艇配备了高性能的 BQQ-5 型综合声呐系统，包括 AN/BQS-13DNA 艏部球形阵、BQG5D 宽孔径舷侧阵声呐、BQR23/25 型细线型拖曳声呐、BQS-15 型主动式高频近程测距声呐以及 MIDAS 水下探雷及测冰声呐，能够精确定位水下敌人位置。其中，AN/BQS-13DNA 声呐采用带障板的球形阵，直径为 4.6m。在几次改型中，球形阵有不同的布阵方式。第一型布阵为整个球面从上到下共叠列 24 个水平圆周，每个圆周上排列的阵元数分别为 64、48 和 36 三种。并以赤道平面为中心，上下对称地排列着 12 个圆阵。从赤道平面开始，前五个圆阵每一个包含 64 个阵元，接着五个圆阵每个包含 48 个阵元，最后两个圆阵每个包含 36 个阵元，共 1264 个阵元。阵元带软障板，工作水平扇面为 120°。

按式（7-122）计算球形阵的指向性函数，并根据式（7-13）得到球形阵的归一化功率指向性函数。图 7-11（a）为频率为 2kHz 时的二维指向性函数以及水平指向性、垂直指向性。图 7-11（b）为频率从 500Hz 到 5400Hz 范围内的指向性指数。

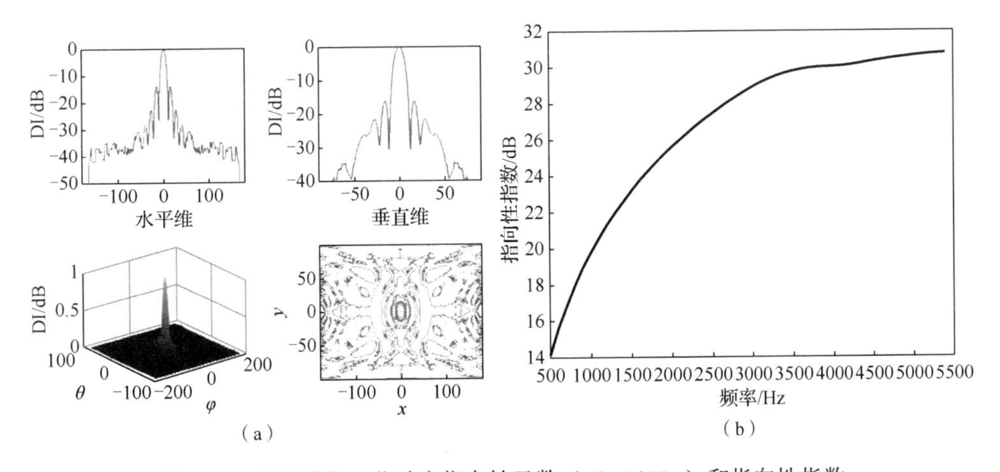

图 7-11　球形阵归一化功率指向性函数（$f=2\text{kHz}$）和指向性指数

7.2　声呐基阵增益

7.2.1　声呐基阵增益与指向性指数的关系

声呐基阵增益定义为基阵在规定方向 Ω_t 上的波束主极大输出信噪比 $R_{\text{arr}}(f;\Omega_t)$ 与阵元平均的输出信噪比 $R_{\text{ele}}(f)$ 的比数，或者声呐基阵的输出信噪比（分贝值）与阵元平均的输入信噪比（分贝值）的差数。

$$g(f;\Omega_t)=\frac{R_{\text{arr}}(f;\Omega_t)}{R_{\text{ele}}(f)}$$

$$G(f;\Omega_t)=10\lg g(f;\Omega_t)=10\lg R_{\text{arr}}(f;\Omega_t)-10\lg R_{\text{ele}}(f) \tag{7-124}$$

假设声呐基阵由 N 个阵元组成，第 n 个阵元的位置向量为 r_n，该处的声场为 $X_n(f;\Omega)$=$X_n^S(f;\Omega)$+$X_n^N(f;\Omega)$，其中 $X_n^S(f;\Omega)$ 和 $X_n^N(f;\Omega)$ 分别为信号和噪声的声压谱，相对应的功率谱分别为 $P_{x,n}^S(f;\Omega)$ 和 $P_{x,n}^N(f;\Omega)$。若声源在远场，即信号为平面波传播，则阵元接收信号的功率谱相同，可以忽略下标"n"，统一写为 $P_x^S(f;\Omega)$ 和 $P_x^N(f;\Omega)$，假定信号和噪声相互独立，总功率谱为 $P_x(f;\Omega)$=$P_x^S(f;\Omega)$+$P_x^N(f;\Omega)$。阵元接收到声场功率为

$$P_y(f)=\int_{4\pi}P_x^S(f;\Omega)\mathrm{d}\Omega+\int_{4\pi}P_x^N(f;\Omega)\mathrm{d}\Omega=P_y^S(f)+P_y^N(f) \tag{7-125}$$

式中，$P_y^S(f)$ 和 $P_y^N(f)$ 分别为阵元接收的信号和噪声分量功率，则阵元输出信噪比为

$$R_{\text{ele}}(f)=\frac{P_y^S(f)}{P_y^N(f)}=\frac{\int_{4\pi}P_x^S(f;\Omega)\mathrm{d}\Omega}{\int_{4\pi}P_x^N(f;\Omega)\mathrm{d}\Omega} \tag{7-126}$$

驾驶方向 Ω_t 的功率基阵指向性函数为 $A(f;\Omega,\Omega_t)$，则在驾驶方向 Ω_t 所形成波束的输出功率谱为

$$\begin{aligned}P_{\text{B}}(f;\Omega_t)&=\int_{4\pi}P_x(f;\Omega)A(f;\Omega,\Omega_t)\mathrm{d}\Omega\\&=\int_{4\pi}\left[P_x^S(f;\Omega)+P_x^N(f;\Omega)\right]A(f;\Omega,\Omega_t)\mathrm{d}\Omega\\&=\int_{4\pi}P_x^S(f;\Omega)A(f;\Omega,\Omega_t)\mathrm{d}\Omega+\int_{4\pi}P_x^N(f;\Omega)A(f;\Omega,\Omega_t)\mathrm{d}\Omega\\&=P_{\text{B}}^S(f;\Omega_t)+P_{\text{B}}^N(f;\Omega_t)\end{aligned} \tag{7-127}$$

式中，$P_{\text{B}}^S(f;\Omega_t)$ 和 $P_{\text{B}}^N(f;\Omega_t)$ 分别为波束形成后信号和噪声的功率谱。

驾驶方向为 Ω_t 的波束形成的输出信噪比为

$$R_{\text{arr}}(f;\Omega_t)=\frac{P_{\text{B}}^S(f;\Omega_t)}{P_{\text{B}}^N(f;\Omega_t)}=\frac{\int_{4\pi}P_x^S(f;\Omega)A(f;\Omega,\Omega_t)\mathrm{d}\Omega}{\int_{4\pi}P_x^N(f;\Omega)A(f;\Omega,\Omega_t)\mathrm{d}\Omega} \tag{7-128}$$

则阵信噪比增益（简称阵增益）为

$$\begin{aligned}\text{ag}(f;\Omega_t)&=\frac{R_{\text{arr}}(f;\Omega_t)}{R_{\text{ele}}(f)}=\frac{P_{\text{B}}^S(f;\Omega_t)}{P_{\text{B}}^N(f;\Omega_t)}\Bigg/\frac{P_y^S(f)}{P_y^N(f)}\\&=\frac{\int_{4\pi}P_x^S(f;\Omega)A(f;\Omega,\Omega_t)\mathrm{d}\Omega}{\int_{4\pi}P_x^N(f;\Omega)A(f;\Omega,\Omega_t)\mathrm{d}\Omega}\Bigg/\frac{\int_{4\pi}P_x^S(f;\Omega)\mathrm{d}\Omega}{\int_{4\pi}P_x^N(f;\Omega)\mathrm{d}\Omega}\end{aligned} \tag{7-129}$$

定义信号增益为

$$\mathrm{sg}(f;\Omega_t)=\frac{\int_{4\pi}P_x^S(f;\Omega)A(f;\Omega,\Omega_t)\mathrm{d}\Omega}{\int_{4\pi}P_x^S(f;\Omega)\mathrm{d}\Omega} \tag{7-130}$$

定义噪声增益为

$$\mathrm{ng}(f;\Omega_t)=\frac{\int_{4\pi}P_x^N(f;\Omega)A(f;\Omega,\Omega_t)\mathrm{d}\Omega}{\int_{4\pi}P_x^N(f;\Omega)\mathrm{d}\Omega} \tag{7-131}$$

阵增益可以看作信号的波束增益与噪声的波束增益之比。

$$\mathrm{ag}(f;\Omega_t)=\frac{\mathrm{sg}(f;\Omega_t)}{\mathrm{ng}(f;\Omega_t)} \tag{7-132}$$

定义阵信噪比增益级为

$$G(f;\Omega_t)=10\lg g(f;\Omega_t)=G^S(f;\Omega_t)-G^N(f;\Omega_t) \tag{7-133}$$

式中，$G^S(f;\Omega_t)=10\lg\mathrm{sg}(f;\Omega_t)$、$G^N(f;\Omega_t)=10\lg\mathrm{ng}(f;\Omega_t)$ 分别为信号增益级和噪声增益级。

考虑最简单的信号模型。信号以平面波形式进行传播，且只有一个目标，其功率谱密度为 $P^S(f;\Omega)=a^2\delta(\Omega-\Omega_s)$（$\Omega_s$ 为信号方向），阵元端的功率谱密度为

$$P_Y^S(f)=\int_{4\pi}a^2\delta(\Omega-\Omega_s)\mathrm{d}\Omega=a^2 \tag{7-134}$$

波束形成输出功率谱密度为

$$\begin{aligned}P_{\mathrm{B}}^S(f;\Omega_t)&=\int_{4\pi}a^2\delta(\Omega-\Omega_s)A(f;\Omega,\Omega_t)\mathrm{d}\Omega\\&=a^2A(f;\Omega_s,\Omega_t)\end{aligned} \tag{7-135}$$

当信号方向与驾驶方向相同时，即驾驶到信号方向时，$A(f;\Omega_s,\Omega_t)=A_{\max}=N^2$，则

$$P_{\mathrm{B}}^S(f;\Omega_t)=a^2N^2 \tag{7-136}$$

信号增益为

$$\mathrm{sg}(f;\Omega_t)=N^2 \tag{7-137}$$

如果没有驾驶到信号方向，$\mathrm{sg}(f;\Omega_t)<N^2$，即存在信号增益损失。注意信号增益与波束宽度、旁瓣级无关，只与主波束方向与目标到达方向的偏差有关。

下面再考虑最简单的噪声模型。噪声为各向同性噪声场，$P_x^N(f;\Omega)=P_x^N(f)$，则

$$\mathrm{ng}(f;\Omega_t)=\frac{\int_{4\pi}A(f;\Omega,\Omega_t)\mathrm{d}\Omega}{4\pi}=\frac{\int_{4\pi}D(f;\Omega,\Omega_t)\mathrm{d}\Omega}{4\pi}A_{\max} \tag{7-138}$$

若信号为单一平面波场，噪声为各向同性噪声场，则阵增益为

$$\mathrm{ag}(f;\Omega_t)=\frac{4\pi}{\int_{4\pi}D(f;\Omega,\Omega_t)\mathrm{d}\Omega}=R_\theta \tag{7-139}$$

以上阵增益公式与指向性因数的公式相同，即指向性因数是阵增益在平面波

信号和各向同性噪声条件下的一个特例。

对宽带处理，相应地有

$$\mathrm{sg}(\Omega_t)=\frac{\iint P_x^S(f;\Omega)A(f;\Omega,\Omega_t)\mathrm{d}\Omega\mathrm{d}f}{\iint P_x^S(f;\Omega)\mathrm{d}\Omega\mathrm{d}f} \tag{7-140}$$

$$\mathrm{ng}(\Omega_t)=\frac{\iint P_x^N(f;\Omega)A(f;\Omega,\Omega_t)\mathrm{d}\Omega\mathrm{d}f}{\iint P_x^N(f;\Omega)\mathrm{d}\Omega\mathrm{d}f} \tag{7-141}$$

7.2.2　声呐基阵增益计算

1. 信号互谱矩阵和信号增益

假设接收数据中包含信号和噪声，且信号和噪声不相关，信号与噪声的功率谱分别为 $P_y^S(f)$ 和 $P_y^N(f)$。每一个阵元接收到的信号和噪声可能都会不一样，因此为简化模型，我们需要做一个假设，即阵元接收的信号和噪声均相同，其功率分别为 P_y^S 和 P_y^N，阵元信噪比为 $R_{\mathrm{ele}}=P_y^S/P_y^N$。

接收基阵阵元信号的复数表达形式为

$$s_i(t)=s_i\exp(-\mathrm{j}\omega\tau_i)\exp(-\mathrm{j}\omega t)=\tilde{s}_i\exp(-\mathrm{j}\omega t)$$

式中，s_i 和 τ_i 分别为入射信号的幅度和与参考接收点信号的时延。

首先忽略信号随时间的变化，即 $\exp(-\mathrm{j}\omega t)$，则基阵接收的信号向量为

$$\tilde{s}=[\tilde{s}_1,\cdots,\tilde{s}_i,\cdots,\tilde{s}_N]^{\mathrm{T}}=[s_1\mathrm{e}^{-\mathrm{j}\omega\tau_1},\cdots,s_i\mathrm{e}^{-\mathrm{j}\omega\tau_i},\cdots,s_N\mathrm{e}^{-\mathrm{j}\omega\tau_N}]^{\mathrm{T}}=s\odot v \tag{7-142}$$

式中，$s=[s_1,s_2,\cdots,s_N]^{\mathrm{T}}$ 为信号的幅度向量；$v=[\mathrm{e}^{-\mathrm{j}\omega\tau_1},\mathrm{e}^{-\mathrm{j}\omega\tau_2},\cdots,\mathrm{e}^{-\mathrm{j}\omega\tau_N}]^{\mathrm{T}}$ 为信号方向向量；“$\odot$”为 Hadamard（阿达马）积，表示对应元素的乘积。

设第 n 个阵元的信号功率为 P_n，接收基阵阵元的信号功率谱密度矩阵为

$$R_y^S=E[ss^{\mathrm{H}}]=vE[s_is_j]_{N\times N}v^{\mathrm{H}}=vP_y^Sv^{\mathrm{H}} \tag{7-143}$$

式中，$P_y^S=E[s_is_j]_{N\times N}$；元素 $E[s_is_j]=\rho_{ij}^S\sqrt{s_i^2s_j^2}$；上标 H 表示共轭转置。两阵元信号的相关系数为

$$\rho_{ij}^S=\frac{E[s_is_j]}{\sqrt{s_i^2s_j^2}} \tag{7-144}$$

定义信号相关矩阵 ρ^S，其元素为 ρ_{ij}^S（$1\leqslant i,j\leqslant N$）。假设每个阵元接收的信号功率相同，即所有的 s_i^2 均为 $P_y^S(\omega)$，则

$$P_y^S=P_y^S\rho^S \tag{7-145}$$

$$R_y^S=P_y^Sv\rho^Sv^{\mathrm{H}} \tag{7-146}$$

假设信号全相关，即信号的互相关系数均为1，即 $\rho^S = J$（其中 J 为元素全为1的矩阵）则

$$P_y^S = P_y^S J \tag{7-147}$$

$$R_y^S = P_y^S vJv^{\mathrm{H}} \tag{7-148}$$

令常规波束形成的归一化权向量为 $W = (w_1, \cdots, w_N)^{\mathrm{H}}$，则波束信号功率谱为

$$P_{\mathrm{B}}^S = w^{\mathrm{H}} R_y^S w = P_y^S w^{\mathrm{H}} vJv^{\mathrm{H}} w \tag{7-149}$$

信号增益为

$$\mathrm{sg} = \frac{P_{\mathrm{B}}^S}{P_y^S} = \frac{wR_y^S w^{\mathrm{H}}}{P_y^S} = \frac{P_y^S w^{\mathrm{H}} vJv^{\mathrm{H}} w}{P_y^S} \tag{7-150}$$

假设波束对准信号方向，则式（7-149）、式（7-150）可以化简为

$$P_{\mathrm{B}}^S = \left(\sum w_i\right)^2 P_y^S \tag{7-151}$$

$$\mathrm{sg} = \left(\sum w_i\right)^2 \tag{7-152}$$

2. 噪声互谱矩阵和噪声增益

第 i 个阵元接收到的噪声为 n_i。假设噪声模型条件为①各向同性噪声场；②各个方向（或各个噪声源）的噪声统计独立或不相关，即

$$n_i n_j = \begin{cases} P_y^N, & i = j \\ 0, & i \neq j \end{cases} \tag{7-153}$$

其中噪声的协方差矩阵为

$$R_y^S = E[nn^{\mathrm{H}}] = E[n_i n_j]_{N\times N} = P_y^N \rho^N \tag{7-154}$$

定义噪声向量为 $n = [n_1, \cdots, n_i, \cdots, n_N]$，噪声协相关系数矩阵为 $\rho^N = [\rho_{ij}^N]_{N\times N}$。若噪声为各向同性的，且阵元间噪声完全不相关（如线阵半波长布阵时），$\rho^N = I$，其中 I 为单位矩阵。接收基阵阵元的噪声谱密度矩阵为

$$R_y^N = P_y^N I \tag{7-155}$$

波束噪声谱为

$$P_{\mathrm{B}}^N = w^{\mathrm{H}} R_y^N w \tag{7-156}$$

噪声增益为

$$\mathrm{ng} = \frac{P_{\mathrm{B}}^N}{P_y^N} = \frac{w^{\mathrm{H}} R_y^N w}{P_y^N} \tag{7-157}$$

在各向同性噪声条件下，有

$$P_{\mathrm{B}}^{N}=\sum_{i=1}^{N}\left|w_{i}\right|^{2}P_{y}^{N}=\|w\|P_{y}^{N} \tag{7-158}$$

$$\mathrm{ng}=\|w\| \tag{7-159}$$

即在各向同性噪声场中，权系数决定噪声增益。

3. 阵增益

波束端信噪比为

$$R_{\mathrm{arr}}=\frac{P_{\mathrm{B}}^{S}}{P_{\mathrm{B}}^{N}}=\frac{w^{\mathrm{H}}R_{y}^{S}w}{w^{\mathrm{H}}R_{y}^{N}w} \tag{7-160}$$

阵增益为

$$\mathrm{ag}=\frac{R_{\mathrm{arr}}}{R_{\mathrm{ele}}}=\frac{w^{\mathrm{H}}R_{y}^{S}w}{w^{\mathrm{H}}R_{y}^{N}w}\times\frac{P_{y}^{N}}{P_{y}^{S}} \tag{7-161}$$

在对准信号方向上，有

$$R_{\mathrm{arr}}=\frac{\left|w^{\mathrm{H}}v\right|^{2}}{w^{\mathrm{H}}R_{y}^{N}w}P_{y}^{S}=\frac{\left(\sum w_{i}\right)^{2}P_{y}^{S}}{\|w\|P_{y}^{N}} \tag{7-162}$$

$$\mathrm{ag}=\frac{R_{\mathrm{arr}}}{R_{\mathrm{ele}}}=\frac{\left(\sum w_{i}\right)^{2}}{w^{\mathrm{H}}\rho^{N}w} \tag{7-163}$$

这个结构对任意阵形都有效，阵增益决定于噪声协方差矩阵和权系数。若噪声为各向同性白噪声，即 $\rho^{N}=I$ ，均匀加权的阵增益就等于阵的指向性指数：

$$\mathrm{DI}=10\lg(\mathrm{ag})=10\lg\frac{\left(\sum w_{i}\right)^{2}}{\|w\|}=10\lg N \tag{7-164}$$

如果信号协方差系数矩阵 $\rho^{S}\neq I$ ，噪声协方差系数矩阵 $\rho^{N}\neq I$ ，那么阵增益调整为

$$\mathrm{ag}(w)=\frac{\sum_{i=1}^{N}\sum_{j=1}^{N}w_{i}w_{j}\rho_{ij}^{S}}{\sum_{i=1}^{N}\sum_{j=1}^{N}w_{i}w_{j}\rho_{ij}^{N}} \tag{7-165}$$

均匀加权时，有

$$\mathrm{ag}(w)=\frac{\sum_{i=1}^{N}\sum_{j=1}^{N}\rho_{ij}^{S}}{\sum_{i=1}^{N}\sum_{j=1}^{N}\rho_{ij}^{N}} \tag{7-166}$$

因此，阵增益可以看作信号与噪声在所有阵元之间的互相关系数之和。分子项也

可称为信号增益，分母项可称为噪声增益。

ρ^S 和 ρ^N 表征了声呐基阵所在的信号场和噪声场的基本特性，因此，同一个声呐基阵若放在不同的信号场和噪声场中，就有不同的阵增益。考虑以下几种特殊情况。

第一种情况是如果信号和噪声完全相关，或完全不相关，则阵增益为 0dB。

第二种情况是信号完全相关，而噪声完全不相关，即 $\rho_{ij}^S = 1$，对所有的 i、j：

$$\rho_{ij}^N = \begin{cases} 1, & i = j \\ 0, & i \neq j \end{cases} \tag{7-167}$$

很容易得到 N 阵元构成的声呐基阵的阵增益 $\mathrm{AG} = 10\lg N$。

第三种情况是噪声部分相关，即

$$\rho_{ij}^N = \begin{cases} 1, & i = j \\ \rho, & i \neq j \end{cases} \tag{7-168}$$

则展开后的阵增益为

$$\mathrm{AG} = 10\lg \frac{N}{1 + (N-1)\rho} \tag{7-169}$$

如果 $\rho > 0$，此值小于 $10\lg N$。显然，若信号的相关性减弱或噪声相关性增强时，阵增益下降。如果声呐基阵所处的介质不是统计平稳的，那么阵的性能也会随之发生变化。

式（7-169）对阵设计的意义在于：一是声呐基阵孔径不是越大越好，如果最远两端的阵元的信号相关系数降到 0，再增大声呐基阵孔径，阵增益也不会再提高；二是同样大小的声呐基阵孔径，如果噪声仍为非相关，在阵中插入更多的阵元就可以提高阵增益。这个结论对信号处理是有意义的，绝大多数阵处理方法都是如何在保证 $w^{\mathrm{H}} R_y^S w$ 不变的约束下使 $w^{\mathrm{H}} R_y^N w$ 最小，显然当 $R_y^N = I$ 时 $w^{\mathrm{H}} R_y^N w$ 最小。

参 考 文 献

[1] 周福洪. 水声换能器及基阵[M]. 北京: 国防工业出版社, 1984.

[2] 耿成德. 按指向性因数部分值确定基阵指向性指数[J]. 声学与电子工程, 1992(1): 11-13.

[3] 陈桂生. 离散多基元声基阵指向性函数计算[J]. 声学学报, 1990, 15(4): 272-278.

[4] 董波, 张郑海. 美国潜艇拖曳阵声呐技术特点及发展趋势[J]. 舰船科学技术, 2016, 38(17): 150-153.

[5] Abramowitz M, Steguns I A. Handbook of mathematical functions: With formulas, graphs, and mathematical tables[M]. 9th ed. New York: Dover Publications, 2013.

第 8 章　声呐信号信息处理

声呐信号信息处理从声呐基阵接收数据出发，实现对信号的检测、参数的估计与信息处理等。其中信号检测是在噪声背景下判断目标信号是否存在。信号估计是根据观测样本，对信号未知参量做出估计的过程。声呐信息处理主要是在目标信号检测与估计的基础上，对目标进行跟踪、定位、识别等。本章重点介绍信号检测、信号参数估计、信息处理的基本理论与方法，为声呐工程设计提供理论与方法支撑。

8.1　信号检测基本理论与方法

最简单的检测问题是在随机噪声背景下确定信号是否存在。在检测到目标的基础上，再去估计目标的参数，如方位、距离、属性等。由于噪声的随机性以及信号同样存在的不确实性，在绝大多数时都无法给出噪声和信号的准确参数，只能取其概率分布、方差等作为检验统计量。通过这些检验统计量来判断各种假设条件下目标是否存在。这类问题称统计假设检验问题。以简单的二元假设检验为例，门限值为γ，如果接收数据$x>\gamma$，则判决目标存在，否则认为只存在噪声。为了确定这个门限值，衍生出了很多准则。

8.1.1　信号检测基本理论

1. 最大后验概率准则

最大后验概率准则是一种应用领域很广的统计推断方法，它将概率视为先验和后验的组合，将已知的先验概率和观测数据结合，以此来进行推断，求得最大后验概率，以获得更准确的推断结果。

接收数据$x(t)$假设在噪声$n(t)$中存在信号$s(t)$，则记为H_1，此时：

$$x(t)=s(t)+n(t) \tag{8-1}$$

若没有信号，则记为H_0，此时：

$$x(t)=n(t) \tag{8-2}$$

给定数据$x(t)$，可以做出一个二元决策（二元假设检验），即目标要么存在，要么不存在。

这两种情况的出现都有一定的概率，即需要定义两个条件概率：$P(H_1|x)$ 是观测数据为 $x(t)$ 时 H_1 假设为真的概率，$P(H_0|x)$ 是观测数据为 $x(t)$ 时 H_0 假设为真的概率。由于这些概率需要接收数据的知识，所以又称后验概率。如何根据后验概率做出正确的决策，一个直观的准则或原则是比较 $P(H_1|x)$ 和 $P(H_0|x)$ 哪一个更大，这种准则称为最大后验概率准则（maximum a posterior probability criterion，简称 MAP 准则）[1]，即，当 $P(H_1|x) > P(H_0|x)$ 时，判决 H_1 为真，反之，判决 H_0 为真。记作：

$$\frac{P(H_1|x)}{P(H_0|x)} \underset{H_0}{\overset{H_1}{\gtrless}} 1 \tag{8-3}$$

即选择后验概率最大相对应的假设作为判决结果。根据贝叶斯（Bayes）公式，后验概率可以表示为

$$P(H_i|x) = \frac{P(H_i)P(x|H_i)}{P(x)}, \quad i = 0,1 \tag{8-4}$$

式中，$P(H_i)$ 为 H_i 假设发生的概率，是一个先验概率，有 $P(H_1) = 1 - P(H_0)$。$P(x|H_i)$ 是假设 H_i 成立时发生 x 的概率。

由式（8-4）可计算得到

$$\frac{P(H_1|x)}{P(H_0|x)} = \frac{P(x|H_1)P(H_1)}{P(x|H_0)P(H_0)} \underset{H_0}{\overset{H_1}{\gtrless}} 1 \tag{8-5}$$

对式（8-5）进行简单变换，得到

$$\frac{P(x|H_1)}{P(x|H_0)} \underset{H_0}{\overset{H_1}{\gtrless}} \frac{P(H_0)}{1 - P(H_0)} \tag{8-6}$$

式（8-6）左边项也可用相应的条件概率密度函数表示，即

$$\frac{p(x|H_1)}{p(x|H_0)} \underset{H_0}{\overset{H_1}{\gtrless}} \frac{P(H_0)}{1 - P(H_0)} \tag{8-7}$$

为方便，$P(x|H_1)$ 和 $P(x|H_0)$ 用 $p_0(x)$ 和 $p_1(x)$ 替代，$p_0(x)$ 为噪声的概率密度函数，而 $p_1(x)$ 为信号加噪声概率密度函数。

定义式(8-7)左边的比为似然比，即 $\lambda(x) \equiv \dfrac{p(x|H_1)}{p(x|H_0)} = \dfrac{p_1(x)}{p_0(x)}$，其中函数 $p(x|H_1)$ 和 $p(x|H_0)$ 称为似然函数。这种检测又称为似然比检测。由于 $\lambda(x)$ 是一个单调上升函数，所以也可用对数似然比 $\lg\lambda(x)$ 或者自然对数似然比 $\ln\lambda(x)$ 来表示。

最大后验概率准则可以表示为：当 $\ln\lambda(x) \geqslant 0$ 时，选择 H_1；否则选择 H_0。

2. 贝叶斯准则

最大后验概率准则是一种使平均错误率最小的一种检验准则，但未考虑“虚警”“漏报”两类错误发生时所造成的损失。而贝叶斯准则[2]通过引入代价的概念来应对这一情况，假定 C_{ij} 为假设 H_j 成立时判决为 D_i 的代价，那么平均风险 r 也称为贝叶斯风险，定义为

$$\begin{aligned} r = &\left[P(D_0 \mid H_0)C_{00} + P_{10}(D_1 \mid H_0)C_{10}\right]P(H_0) \\ &+ \left[P(D_0 \mid H_1)C_{01} + P(D_1 \mid H_1)C_{11}\right]P(H_1) \end{aligned} \quad (8\text{-}8)$$

需要做出一个使平均风险 r 最小的判决。其中 $P(H_i)$ 为 H_i 假设的先验概率，并假定是已知的，由于做出的判决是 D_1，而 x 总是处在拒绝域 R_0 中，则有

$$\begin{aligned} P(D_1 \mid H_0) &= \int_{R_0} p_0(x)\mathrm{d}x \\ P(D_1 \mid H_1) &= \int_{R_0} p_1(x)\mathrm{d}x \end{aligned} \quad (8\text{-}9)$$

将式（8-9）代入式（8-8），并考虑到 $P(D_0 \mid H_0) = 1 - P(D_1 \mid H_0)$、$P(D_0 \mid H_1) = 1 - P(D_1 \mid H_1)$，平均风险就可表示为

$$\begin{aligned} r = &C_{00}P(H_0) + C_{01}P(H_1) + \int_{R_0} [P(H_0)(C_{10} - C_{00})p_0(x) \\ &- P(H_1)(C_{01} - C_{11})p_1(x)]\mathrm{d}x \end{aligned} \quad (8\text{-}10)$$

按照使平均风险 r 最小的原则来选择拒绝域 R_0，即要做出判决，数据 x 中哪些点应包含在拒绝域 R_0 中。由于概率密度函数 $p_0(x)$ 和 $p_1(x)$ 均为正值，则可将 x 满足式（8-11）的所有点纳入拒绝域 R_0 中：

$$\lambda(x) = \frac{p_1(x)}{p_0(x)} > \frac{P(H_0)(C_{10} - C_{00})}{P(H_1)(C_{01} - C_{11})} \quad (8\text{-}11)$$

判决规则是在拒绝域 R_0 中执行的，因此是在 H_1 为真的那些点中进行判决，所有这些点都满足式（8-11）。

通过式（8-11）可知，使平均风险最小的贝叶斯准则又一次用到了似然比检验，与前面最大后验概率准则的检验式相比，只有门限选择是不同的。如果选择代价 $C_{10} - C_{00} = C_{01} - C_{11}$，则最大后验概率检测器就是贝叶斯检测器的一个特例。

3. 奈曼-皮尔逊准则

奈曼和皮尔逊提出了一种准则，即在给定虚警概率条件下使检测概率最大（或漏报概率最小），称为奈曼-皮尔逊准则（Neyman-Pearson criteria，简称 N-P 准则）[1-2]。N-P 准则可以不需要知道先验概率，也不需要知道估计的失误代价，只需要知道信号和噪声的概率密度函数。

N-P 准则：规定虚警概率 P_{FA} 条件下，使检测概率 P_{D} 最大。即存在目标时做出有目标的决策概率 $P(D_1 \mid H_1)$ 最大，或存在目标时做出无目标的决策概率

$P(D_0 | H_1)$ 最小。D_0 和 D_1 分别表示所做出无目标和有目标的判决规则。

N-P 准则可以表示为：

（1）当 $\dfrac{p_1(x)}{p_0(x)} \geqslant \lambda_0$ 或 $p_1(x) \geqslant \lambda_0 p_0(x)$ 时，选择 H_1。

（2）当 $\dfrac{p_1(x)}{p_0(x)} < \lambda_0$ 或 $p_1(x) < \lambda_0 p_0(x)$ 时，则选择 H_0。

λ_0 为待定常数，它为门限 γ 和信号与噪声幅度的函数。因此，N-P 准则使似然比最大，也称之为最大似然比准则。正是 N-P 准则既不需要误差代价也不需要先验概率的特性，使得 N-P 准则下的似然比检测器在声呐工程设计中得到广泛应用。

4. 检测阈、检测指数与 ROC 曲线

将信号刚被检测到时的信噪比称为决策阈。这个“刚”指预定的置信级，决策阈可以定义为在预定的判决置信级下的阈值，即在一定的预定置信级条件下，当决策端的信噪比 SNR/snr（signal noise ratio，snr 为功率比值，无单位；SNR 为 snr 的对数表示，单位为分贝）大于决策阈（options threshold，OT）时，认为目标存在，否则目标不存在。假设一个处理器（不妨称为检测器）具有处理增益（processing gain，PG），降低了决策阈，这样，可以使对目标判断有无的决策前移到检测器输入端，即决策量变为 $\mathrm{DT} = \mathrm{OT} - \mathrm{PG}$，称 DT 为检测阈。检测阈是在某一预定的检测判决置信级下，在检测器输入端的信号功率与噪声功率之比。检测阈与处理频率范围、积分时间、信号与噪声特性等多因素有关。

图 8-1 给出了检测统计量为噪声和信号加噪声的概率密度函数曲线及区域划分。将目标存在时检测统计量超过阈值时的概率称为检测概率，即图中 P_{D} 所指的区域。检测概率由信号加噪声分布 $p_1(x)$、信噪比 snr 与检测门限 γ 决定。将目标不存在时检测统计量超过阈值时的概率称为虚警概率，即图中 P_{FA} 所指的区域。虚警概率由噪声分布 $p_0(x)$、信噪比 snr 与检测门限 γ 决定。因此，检测概率 $p_0(x)$、

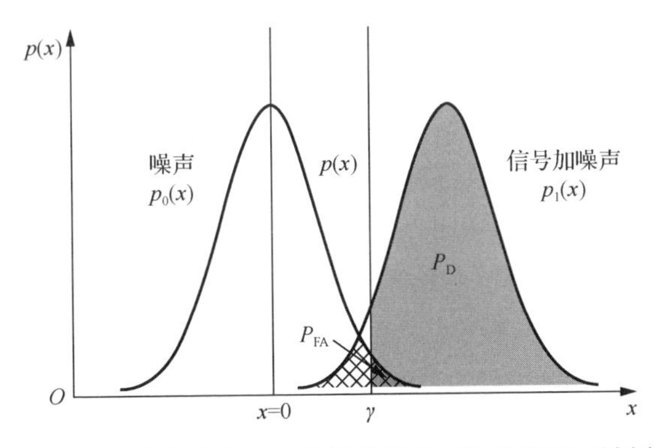

图 8-1　噪声与信号加噪声的概率密度函数曲线及区域划分

虚警概率 $p_1(x)$、检测门限 γ 和检测统计量之间形成一个关联关系。检测关系模型就是要建立这四个变量之间的关系模型，具体步骤如下。

第一步：建立噪声概率分布模型 $p_n(x)=p_0(x)$。

第二步：确定检测门限 γ，计算虚警概率，即

$$P_{\mathrm{FA}}=\int_{\gamma}^{\infty}p_0(x)\mathrm{d}x \tag{8-12}$$

以此建立虚警概率与噪声分布、检测门限 γ 的关系。

第三步：建立信号加噪声概率分布模型 $p_1(x)$。

第四步：计算检测概率，即

$$P_{\mathrm{D}}=\int_{\gamma}^{\infty}p_1(x)\mathrm{d}x \tag{8-13}$$

以此建立检测概率与信号加噪声分布、检测门限的关系。

第五步：利用第二步和第四步得到的两个关系，消去检测门限，联立检测概率、虚警概率和检测信噪比之间的公式。

以高斯白噪声下检测无起伏信号为例，采用以上步骤进行建模。

第一步：假设噪声的概率密度分布为

$$p_{\mathrm{n}}(x)=\frac{1}{\sqrt{2\pi}\sigma}\exp\left[-\frac{(x-E[x_{\mathrm{n}}])^2}{2\sigma^2}\right] \tag{8-14}$$

式中，$E[x_{\mathrm{n}}]$ 为噪声变量的均值；σ^2 为方差。

第二步：虚警概率为

$$P_{\mathrm{FA}}=\int_{\gamma}^{\infty}p_{\mathrm{n}}(x)\mathrm{d}x=\int_{\gamma}^{\infty}\frac{1}{\sqrt{2\pi}\sigma}\exp\left[-\frac{(x-E[x_{\mathrm{n}}])^2}{2\sigma^2}\right]\mathrm{d}x=\frac{1}{2}\mathrm{erfc}\left(\frac{\gamma-E[x_{\mathrm{n}}]}{\sqrt{2}\sigma}\right) \tag{8-15}$$

式中，$\mathrm{erfc}(x)$ 为互补误差函数，

$$\mathrm{erfc}(x)=\frac{2}{\sqrt{\pi}}\int_{x}^{\infty}\mathrm{e}^{-\eta^2}\mathrm{d}\eta$$

第三步：信号 x_{s} 为无起伏信号，信号加噪声的概率密度分布为

$$p_1(x)=\frac{1}{\sqrt{2\pi}\sigma}\exp\left[-\frac{(x-E[x_{\mathrm{s+n}}])^2}{2\sigma^2}\right] \tag{8-16}$$

式中，$E[x_{\mathrm{s+n}}]=x_{\mathrm{s}}+E[x_{\mathrm{n}}]$，信号加噪声的方差同噪声的方差。

第四步：检测概率为

$$P_{\mathrm{D}}=\int_{\gamma}^{\infty}p_1(x)\mathrm{d}x=\int_{\gamma}^{\infty}\frac{1}{\sqrt{2\pi}\sigma}\exp\left[-\frac{(x-E[x_{\mathrm{s+n}}])^2}{2\sigma^2}\right]\mathrm{d}x=\frac{1}{2}\mathrm{erfc}\left(\frac{\gamma-E[x_{\mathrm{s+n}}]}{\sqrt{2}\sigma}\right) \tag{8-17}$$

第五步：消去检测门限，则

$$P_{\mathrm{D}}=\frac{1}{2}\mathrm{erfc}\left[\mathrm{erfc}^{-1}(2P_{\mathrm{FA}})-\frac{x_{\mathrm{s}}}{\sqrt{2}\sigma}\right] \tag{8-18}$$

式中，$\mathrm{erfc}^{-1}(x)$ 为逆互补误差函数，$\mathrm{erfc}^{-1}\left[\mathrm{erfc}(x)\right]=x$。

假设信号加噪声和噪声都是高斯分布的，其方差为σ^2，则信噪比可以表示为

$$\mathrm{snr}_z=\frac{\{E[x_{\mathrm{s+n}}]-E[x_{\mathrm{n}}]\}^2}{\sigma^2}=\frac{x_{\mathrm{s}}^2}{\sigma^2} \tag{8-19}$$

式（8-19）可以表示为

$$P_{\mathrm{D}}=\frac{1}{2}\mathrm{erfc}\left[\mathrm{erfc}^{-1}(2P_{\mathrm{FA}})-\sqrt{\frac{\mathrm{snr}_z}{2}}\right] \tag{8-20}$$

或者

$$\mathrm{snr}_z=2\left[\mathrm{erfc}^{-1}(2P_{\mathrm{FA}})-\mathrm{erfc}^{-1}(2P_{\mathrm{D}})\right]^2 \tag{8-21}$$

决策阈 OT 为

$$\mathrm{OT}=10\lg\ \mathrm{snr}_z \tag{8-22}$$

当信噪比snr_z超过 OT 时，认为检测到目标。信噪比snr_z的大小与信号、噪声的分布有关。这时的snr_z定义为检测指数d，即

$$\mathrm{OT}=10\lg d \tag{8-23}$$

式中，

$$d=2\left[\mathrm{erfc}^{-1}(2P_{\mathrm{FA}})-\mathrm{erfc}^{-1}(2P_{\mathrm{D}})\right]^2 \tag{8-24}$$

$\sqrt{d}$ 可以定义为直流跳变：

$$\sqrt{d}=\frac{E[x_{\mathrm{s+n}}]-E[x_{\mathrm{n}}]}{\sigma} \tag{8-25}$$

分子可以看作有信号和无信号时的直流分量的一个增加。如果把d作为一个参数，可以画出检测概率P_{D}与虚警概率P_{FA}的关系图［如图 8-2（a）所示］，这就是接收机工作特性（receiver operating characteristic，ROC）曲线。将图 8-2（a）用 5lg$d$作为变量画成图 8-2（b）的形式，这样可直接根据虚警概率和检测概率从图中读取 5lg$d$值。

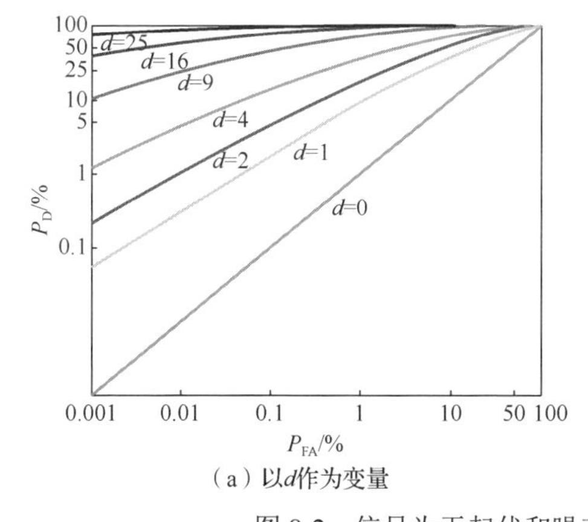

（a）以d作为变量

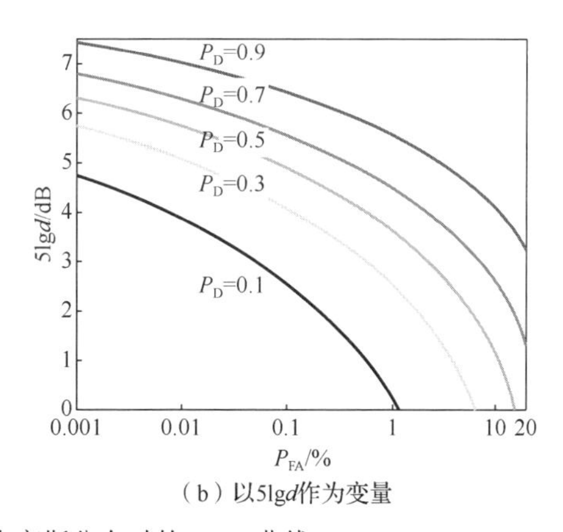

（b）以5lg$d$作为变量

图 8-2　信号为无起伏和噪声为高斯分布时的 ROC 曲线

8.1.2　高斯噪声中未知信号的检测

1. 能量检测器

实际环境中，信号一般是未知的，通常是将信号看成一个随机过程，假定它的协方差结构是已知的，此时在高斯噪声背景下的最佳检测器为能量检测器。

假定信号是方差为σ_{s}^2的零均值高斯随机过程，噪声是方差为σ_{n}^2的高斯白噪声，且信号与噪声独立，则检测问题可以看作以下二元假设问题：

$$\begin{aligned} &H_0:\ x(t)=n(t),\quad t=0,1,\cdots,T \\ &H_1:\ x(t)=s(t)+n(t),\quad t=0,1,\cdots,T \end{aligned} \tag{8-26}$$

式中，$s(t)$表示信号；$n(t)$表示噪声。在观测时间T内，计算接收信号的能量并与门限γ进行比较，如果大于门限，则判为H_1，即认为有信号，否则判为H_0，即无信号。

检验统计量D可以表示为

$$D=\sum_{t=0}^{T}x^2(t) \tag{8-27}$$

可以证明，该检验统计量近似服从高斯分布，具体为

$$\begin{aligned} &H_0:\ D\sim\mathcal{N}\left(N\sigma_{\mathrm{n}}^2,2N\sigma_{\mathrm{n}}^4\right) \\ &H_1:\ D\sim\mathcal{N}\left(N(\sigma_{\mathrm{n}}^2+\sigma_{\mathrm{s}}^2),2N(\sigma_{\mathrm{n}}^2+\sigma_{\mathrm{s}}^2)^2\right) \end{aligned} \tag{8-28}$$

对恒虚警检测来说，当信号不存在的时候可以通过虚警概率P_{FA}来确定检测门限γ，这是由于在H_0假设条件下，检验统计量服从高斯分布。虚警概率可表示为

$$P_{\mathrm{FA}}=P(D>\gamma\,|\,H_0)=G\left(\frac{\gamma-N\sigma_{\mathrm{n}}^2}{\sqrt{2N\sigma_{\mathrm{n}}^4}}\right) \tag{8-29}$$

式中，$G(x)=\dfrac{1}{\sqrt{2\pi}}\int_x^{\infty}\mathrm{e}^{-t^2/2}\mathrm{d}t$。

检测门限γ可以通过式（8-30）计算：

$$\gamma=\sigma_{\mathrm{n}}^2\left(N+\sqrt{2N}G^{-1}(P_{\mathrm{FA}})\right) \tag{8-30}$$

同样，在H_1假设条件下，可以利用归一化的方法得到检测门限，检验统计量也服从高斯分布，检测概率可表示为[3]

$$P_{\mathrm{D}}=P(D>\gamma\,|\,H_1)=G\left(\frac{\gamma-N(\sigma_{\mathrm{n}}^2+\sigma_{\mathrm{s}}^2)}{\sqrt{2N(\sigma_{\mathrm{n}}^2+\sigma_{\mathrm{s}}^2)^2}}\right) \tag{8-31}$$

将检测门限γ代入式（8-31），可以求得系统的检测概率。

能量检测器是一种非相干检测器。在信号未知时，能量检测器是恒虚警下的最佳检测器，下述的被动宽带检测器与被动窄带检测器均是能量检测器的一种。

2. 被动宽带检测器与检测阈

1）数学模型

阵元信号在波束形成后形成多个波束信号，每个波束信号通常被送入被动宽带检测器进行后置检测处理。被动宽带检测器一般由检测滤波器、平方器和积分器等部分组成[4]，如图 8-3 所示。

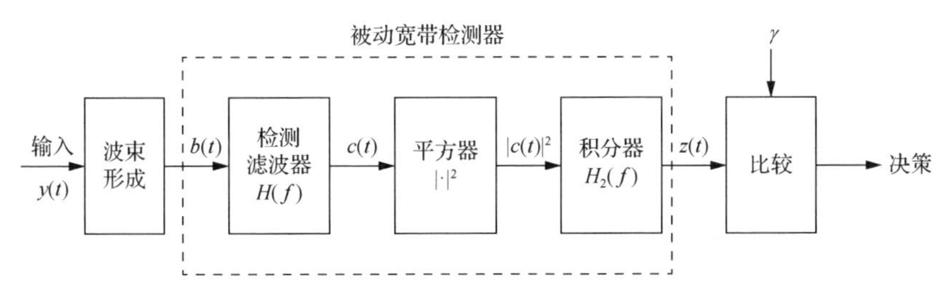

图 8-3　被动宽带检测器的实现框图

检测滤波器也称预白化滤波器，其滤波响应为$H(f)$。平方器对输入进行平方并提取其包络，包括平方检波器和包络检波器两个部分。积分器对输入进行平滑处理。

令波束形成输出为$b(t)$，其功率谱为$B_{\mathrm{f}}(f)$。考虑存在信号加噪声和噪声两种情况，功率谱密度分别为

$$P_{\mathrm{b1}}(f)=P_{\mathrm{b}}^{\mathrm{s}}(f)+P_{\mathrm{b}}^{\mathrm{n}}(f) \tag{8-32}$$

$$P_{\mathrm{b0}}(f)=P_{\mathrm{b}}^{\mathrm{n}}(f) \tag{8-33}$$

下标“0”和“1”分别表示噪声和信号加噪声两种情况。若信号和噪声独立，则检测滤波器输出$c(t)$的功率谱为

$$P_{\mathrm{c1}}(f)=P_{\mathrm{b}}^{\mathrm{s}}(f)\left|H(f)\right|^2+P_{\mathrm{b}}^{\mathrm{n}}(f)\left|H(f)\right|^2 \tag{8-34}$$

$$P_{\mathrm{c0}}(f)=P_{\mathrm{b}}^{\mathrm{n}}(f)\left|H(f)\right|^2 \tag{8-35}$$

宽带处理后的信噪比为

$$\mathrm{snr}_{\mathrm{c}}=\frac{\int\left[P_{\mathrm{c1}}(f)-P_{\mathrm{c0}}(f)\right]\mathrm{d}f}{\int P_{\mathrm{c0}}(f)\mathrm{d}f}=\frac{\int P_{\mathrm{b}}^{\mathrm{s}}(f)\left|H(f)\right|^2\mathrm{d}f}{\int P_{\mathrm{b}}^{\mathrm{n}}(f)\left|H(f)\right|^2\mathrm{d}f} \tag{8-36}$$

对平方检波器输出，当存在信号和单纯为噪声时，分别有

$$E\left[|c_1|^2\right]=E\left[|c_s|^2\right]+E\left[|c_n|^2\right] \tag{8-37}$$

$$E\left[|c_0|^2\right]=E\left[|c_n|^2\right] \tag{8-38}$$

式中，c_s 和 c_n 分别为检测滤波器输出的目标信号和噪声分量。

在高斯噪声假设下，平方检波器输出信噪比定义为

$$\text{snr}_{c2}=\frac{\left\{E\left[|c_1|^2\right]-E\left[|c_0|^2\right]\right\}^2}{\text{Var}\left(|c_0|^2\right)}=\frac{E^2\left[|c_s|^2\right]}{E^2\left[|c_n|^2\right]}=\text{snr}_c^2 \tag{8-39}$$

积分器输出信噪比为

$$\text{snr}_z=\frac{\left\{E[z_1]-E[z_0]\right\}^2}{\text{Var}(z_0)} \tag{8-40}$$

积分器输出信噪比与信号、噪声谱形状、统计分布无关，仅仅与信号加噪声的均值与噪声均值之差（可以视为直流跳变）、噪声的方差（可以视为噪声能量）有关。如果噪声为高斯噪声，则 $\text{Var}(z_0)=\sigma^2$，这时积分器输出信噪比正好是检测指数 d，即

$$d=\text{snr}_z=\frac{\left\{E[z_1]-E[z_0]\right\}^2}{\text{Var}(z_0)} \tag{8-41}$$

假设积分器响应已做归一化处理，即 z 的均值等于 $|c|^2$ 的均值，即要求积分器 $h_2(t)$ 的积分为 1，则

$$E[z_1]-E[z_0]=E\left[|c_s|^2\right] \tag{8-42}$$

积分器也可视作滤波器，最典型的滤波器为矩形滤波器，其脉冲响应为

$$h_2(t)=\begin{cases}\frac{1}{T}, & -\frac{T}{2}\leqslant\tau\leqslant\frac{T}{2}\\ 0, & \text{其他}\end{cases} \tag{8-43}$$

式中，T 为积分时间。积分器起着背景噪声平滑作用，即在积分时间 T 内对噪声功率级进行平均，使得

$$\text{Var}(z_0)=\frac{E^2\left[|c_0|^2\right]}{TB_n} \tag{8-44}$$

式中，B_n 为检测滤波器输出的有效噪声带宽，定义为允许相同噪声功率通过的具有平坦响应的滤波器的带宽：

$$B_{\mathrm{n}}=\frac{\left[\int P_{\mathrm{c}}^{\mathrm{n}}(f)\mathrm{d}f\right]^{2}}{\int\left[P_{\mathrm{c}}^{\mathrm{n}}(f)\right]^{2}\mathrm{d}f}=\frac{\left[\int P_{\mathrm{b}}^{\mathrm{n}}(f)\left|H(f)\right|^{2}\mathrm{d}f\right]^{2}}{\int\left[P_{\mathrm{b}}^{\mathrm{n}}(f)\right]^{2}\left|H(f)\right|^{4}\mathrm{d}f} \tag{8-45}$$

由此，可以推导积分器输出信噪比为

$$\mathrm{snr}_{z}=\frac{\left\{E\left[z_{1}\right]-E\left[z_{0}\right]\right\}^{2}}{\mathrm{Var}(z_{0})}=TB_{\mathrm{n}}\frac{E^{2}\left[\left|c_{\mathrm{s}}\right|^{2}\right]}{E^{2}\left[\left|c_{\mathrm{n}}\right|^{2}\right]}=TB_{\mathrm{n}}\mathrm{snr}_{\mathrm{c}}^{2} \tag{8-46}$$

从积分器输出信噪比公式可以看到，积分后的输出信噪比与积分时间和噪声带宽成正比，即通过在时间和频率上独立噪声采样的平均可以使信噪比增加，相当于对 TB_{n} 个独立噪声采样进行平均。重新调整式（8-46）：

$$\mathrm{snr}_{\mathrm{c}}=\left(\frac{\mathrm{snr}_{z}}{TB_{\mathrm{n}}}\right)^{1/2} \tag{8-47}$$

在高斯噪声假设条件下，当信号刚好被检测时的积分器输出信噪比 snr_{z} 即为检测指数 d，则有

$$\mathrm{snr}_{\mathrm{c}}=\left(\frac{d}{TB_{\mathrm{n}}}\right)^{1/2} \tag{8-48}$$

两边取对数并乘上 10，有

$$10\lg\mathrm{snr}_{\mathrm{c}}=5\lg\left(\frac{d}{TB_{\mathrm{n}}}\right) \tag{8-49}$$

下面给出使输出信噪比最大的检测滤波器形式，将式（8-36）和式（8-45）代入式（8-46），得到

$$\begin{aligned}\mathrm{snr}_{z}&=T\frac{\left[\int P_{\mathrm{b}}^{\mathrm{n}}(f)\left|H(f)\right|^{2}\mathrm{d}f\right]^{2}}{\int\left[P_{\mathrm{b}}^{\mathrm{n}}(f)\right]^{2}\left|H(f)\right|^{4}\mathrm{d}f}\frac{\left[\int P_{\mathrm{b}}^{\mathrm{s}}(f)\left|H(f)\right|^{2}\mathrm{d}f\right]^{2}}{\left[\int P_{\mathrm{b}}^{\mathrm{n}}(f)\left|H(f)\right|^{2}\mathrm{d}f\right]^{2}}\\&=T\frac{\left[\int P_{\mathrm{b}}^{\mathrm{s}}(f)\left|H(f)\right|^{2}\mathrm{d}f\right]^{2}}{\int\left[P_{\mathrm{b}}^{\mathrm{n}}(f)\right]^{2}\left|H(f)\right|^{4}\mathrm{d}f}\end{aligned} \tag{8-50}$$

在式（8-50）分子的积分项中，乘以和除以噪声谱，并利用柯西-施瓦茨不等式，则

$$\left[\int\frac{P_{\mathrm{b}}^{\mathrm{s}}(f)}{P_{\mathrm{b}}^{\mathrm{n}}(f)}\left[P_{\mathrm{b}}^{\mathrm{n}}(f)\left|H(f)\right|\right]^{2}\mathrm{d}f\right]^{2}\leqslant\int\frac{P_{\mathrm{b}}^{\mathrm{s}}(f)}{P_{\mathrm{b}}^{\mathrm{n}}(f)}\mathrm{d}f\cdot\int\left[P_{\mathrm{b}}^{\mathrm{n}}(f)\right]^{2}\left|H(f)\right|^{4}\mathrm{d}f \tag{8-51}$$

将式（8-51）代入式（8-50），得

$$\mathrm{snr}_z \leqslant T\frac{\int\left[P_\mathrm{b}^\mathrm{s}(f)\right]^2\mathrm{d}f}{\int\left[P_\mathrm{b}^\mathrm{n}(f)\right]^2\mathrm{d}f} \tag{8-52}$$

很容易看到，如果要使式（8-52）变为等式，检测滤波器的选择为

$$\left|H(f)\right|^2=\frac{P_\mathrm{b}^\mathrm{s}(f)}{\left[P_\mathrm{b}^\mathrm{n}(f)\right]^2} \tag{8-53}$$

检测滤波器在最佳检测中起到预白化作用，有时称为 Eckart 滤波器[4]，即最优幅频响应滤波器。如果噪声频谱是白的，则最佳检测滤波器具有与信号功率谱相同的形状，类似于白噪声中已知信号的匹配滤波。如果噪声为非白的，此滤波器就要减小噪声大的那些谱。噪声越大，减小的程度就越大。最终滤波器输出的噪声谱为白的，即起白化作用。

2）检测阈计算模型

当检测器输入端信噪比刚好满足决策需求时，其值为检测阈：

$$\mathrm{DT_w}=5\lg d-5\lg(TB_\mathrm{n}) \tag{8-54}$$

式中，TB_n 对应频率维和时间维上的独立样本数；B_n 为有效噪声带宽，可由式(8-45)计算得到。

3. 被动窄带检测器与检测阈

1）数学模型

被动窄带检测器一般由检测滤波器、平方器和积分器等部分组成，如图 8-4 所示。平方器的输出为信号与噪声谱的叠加。积分器是对输入进行平滑处理，抑制非相关噪声的影响，提高相干信号处理增益。

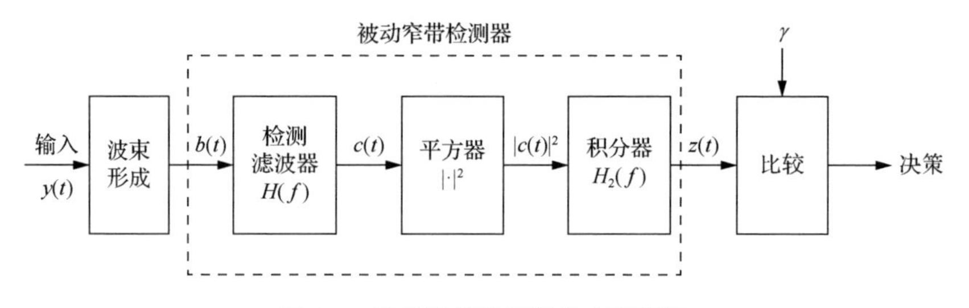

图 8-4　被动窄带检测器的实现框图

现代声呐信号信息处理中，检测滤波器可采用对输入信号进行离散傅里叶变换的方式来实现。每个滤波器的带宽与用于变换的输入信号的时间段长度成反比。这个带宽一般要远小于整个声信号的带宽。带宽内的噪声谱对每个独立的滤波器来说都可认为是平的，这样对输出信噪比计算可以做一些简化。假设输入信号为

复正弦信号，频率为 f^{s}，则功率谱为

$$P_{\mathrm{b}}^{\mathrm{s}}(f)=a^2\delta(f-f^{\mathrm{s}}) \tag{8-55}$$

式中，a 为信号幅度。噪声谱表示为

$$P_{\mathrm{b}}^{\mathrm{n}}(f)=P_{\mathrm{b}}^{\mathrm{n}}(f^{\mathrm{s}}) \tag{8-56}$$

取矩阵滤波器，其响应为 $H_{1m}(f)=\mathrm{rect}\left(\dfrac{f-f^{\mathrm{s}}}{B}\right)$，$B$ 为分析带宽，那么：

$$\mathrm{snr}_{\mathrm{c}}=\frac{a^2}{P_{\mathrm{b}}^{\mathrm{n}}(f)\int\mathrm{rect}^2\left(\dfrac{f-f^{\mathrm{s}}}{B}\right)\mathrm{d}f}=\frac{a^2}{P_{\mathrm{b}}^{\mathrm{n}}(f)B} \tag{8-57}$$

假设后置处理为平方积分滤波，积分时间为 T。根据前文的推导，滤波器输出信噪比，即检测指数 d 为

$$d=\mathrm{snr}_z=TB\cdot\mathrm{snr}_{\mathrm{c}}^2=TB\left[\frac{a^2}{P_{\mathrm{b}}^{\mathrm{n}}(f)B}\right]^2=\frac{T}{B}\mathrm{snr}_{\mathrm{b}}^2 \tag{8-58}$$

式中，$\mathrm{snr}_{\mathrm{b}}=\dfrac{a^2}{P_{\mathrm{b}}^{\mathrm{n}}(f)}$ 为处理器输入信噪比。对式（8-58）取对数，可以得到

$$\mathrm{SNR}(b)=10\lg\mathrm{snr}_{\mathrm{b}}=5\lg\left(\frac{B}{T}\mathrm{snr}_z\right) \tag{8-59}$$

2）检测阈计算模型

被动窄带检测阈可表示为

$$\mathrm{DT}=5\lg d+5\lg\left(\frac{B}{T}\right) \tag{8-60}$$

从式（8-60）中可以看到，带宽 B 的增加相当于提高了检测阈。这是可以理解的，因为在窄带处理时，信号能量集中在一个频率点，即线谱，增加带宽意味着增加除信号频率外的噪声能量。但在实际操作中，并不知道线谱的位置，只能用有限的带宽去覆盖。因此这种覆盖会带来性能的下降。当然可以通过减小分析带宽、增加分析子带数来解决这一问题，但设备计算量将大大增加。

另外，理想的线谱是没有带宽的。而在实际中，线谱是有一定的带宽的，而且有可能超过分析带宽。在这种时候，如果分析带宽过窄的话，信号频段会超出分析频段，信号能量就有可能损失[5]。

与宽带检测阈不一样，窄带检测器的带宽是分析（处理）带宽，一般是设计固定的，它与数据批分析时间 T_{a} 相关，$B=1/T_{\mathrm{a}}$。

令 T_{e} 是总处理时间。它包括两个方面：①分析时间 $T_{\mathrm{a}}=1/B$；②积分因子 IF，即显示之前信号处理输出的独立样本数，故

$$T_{\mathrm{e}}=\mathrm{IF}/B \tag{8-61}$$

将以上因素考虑后，检测阈变为

$$\mathrm{DT} = 5\lg d + 10\lg B - 5\lg \mathrm{IF} \tag{8-62}$$

8.1.3　高斯噪声中确知信号的检测

1. 匹配滤波

若一个线性时不变系统的输入信号完全已知，噪声为加性高斯噪声，则在输入信噪比一定的情况下，使输出信噪比最大的滤波器是一个与输入信号相匹配的最佳滤波器，称之为匹配滤波器[3]。

考虑含有信号和加性噪声的接收波形：

$$x(t) = s(t) + n(t) \tag{8-63}$$

其中信号是确知的，噪声为广义平稳随机过程，其均值为 0，自相关函数为 $R_n(\tau)$。

假设线性时不变系统的频率响应为 $H(f)$，脉冲响应为 $h(t)$，则在时刻 T，信号与噪声输出分别为

$$s_0(t) = \int_0^T h(\tau)s(T-\tau)\mathrm{d}\tau \tag{8-64}$$

$$n_0(t) = \int_0^T h(\tau)n(T-\tau)\mathrm{d}\tau \tag{8-65}$$

由于输入噪声是零均值，输出噪声均值也为零，故输出噪声的功率为

$$N = E\left\{n_0^2(T)\right\} = \int_0^T \mathrm{d}\tau \int_0^T h(\tau)h(t)R_n(t-\tau)\mathrm{d}t \tag{8-66}$$

滤波器输出信噪比为 $\mathrm{SNR}_{\mathrm{out}} = s_0^2(T)/N$，匹配滤波器是使 $\mathrm{SNR}_{\mathrm{out}}$ 为最大的滤波器，等效于在 $s_0(T)$ 为常数的约束条件下，使输出噪声功率 N 最小，这等价于使目标函数

$$Q = N - \mu s_0(t) = \int_0^T \mathrm{d}\tau \int_0^T h(\tau)h(t)R_n(t-\tau)\mathrm{d}t - \mu\int_0^T h(t)s(T-t)\mathrm{d}t \tag{8-67}$$

达到最小值。式中，μ 为拉格朗日常数。

假定 $h_0(t)$ 是使目标函数 Q 极小的最佳滤波器，则任意滤波器的脉冲响应可表示为

$$h(t) = h_0(t) + \alpha\varepsilon(t) \tag{8-68}$$

式中，$\varepsilon(t)$ 是定义在 $0 \leqslant t \leqslant T$ 的任意函数；α 为任意乘数。

对任意给定的函数 $\varepsilon(t)$，$Q(\alpha)$ 在 $\alpha = 0$ 处达到极值，令 $Q(\alpha)$ 对 α 求导，并令导数等于零，可得到

$$\int_0^T h_0(\tau)R_n(t-\tau)\mathrm{d}\tau = \frac{1}{2}\mu s(T-t) \tag{8-69}$$

由于拉格朗日常数只改变滤波器的增益，对信号和噪声的影响相同，不会改变信

噪比，于是，最佳滤波器满足式（8-70）：

$$\int_0^T h_0(\tau)R_n(t-\tau)\mathrm{d}\tau = s(T-t), \quad t\in[0,T] \tag{8-70}$$

这是匹配滤波的一般形式，将式（8-70）代入滤波器输出信噪比，得到最佳滤波器的最大输出信噪比：

$$\mathrm{SNR}_\mathrm{o} = s_0^2(T)/N = \int_0^T h_0(\tau)s(T-\tau)\mathrm{d}\tau \tag{8-71}$$

在高斯白噪声假设下，噪声的自相关函数为 $R_n(\tau)=(N_0/2)\cdot\delta(\tau)$ ，将其代入式（8-70）得到

$$h_0(t)=\frac{2}{N_0}s(T-t) \tag{8-72}$$

式（8-72）即为白噪声背景下匹配滤波器的脉冲响应。

匹配滤波器是一个波形滤波器，不但考虑了信号频带幅值特性的过滤，还考虑了在频带内的信号相位信息的过滤问题。也就是说，它不但滤除信号频带外的无用信号，而且滤除了与信号联合幅相特性无关的带内信号。因此，对已知信号波形的检测，匹配滤波器是最佳检测器。

2. 主动宽带检测器与检测阈

1）数学模型

阵元信号在波束形成后形成多个波束信号，每个波束信号通常被送入主动宽带检测器进行后置处理。主动宽带检测器的核心处理是匹配滤波器，也称拷贝相关处理器，如图 8-5 所示。

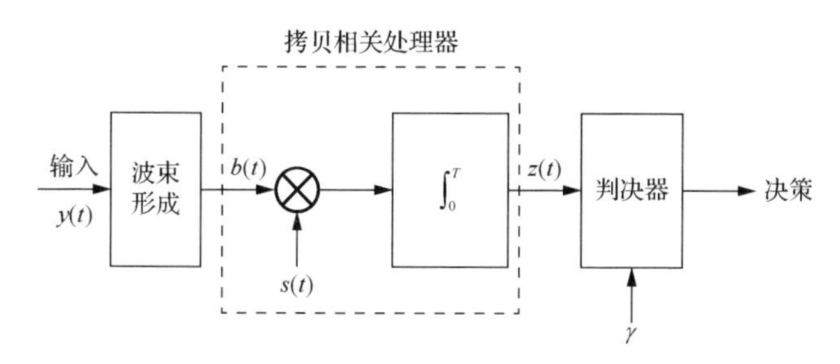

图 8-5　主动宽带检测器的实现框图

理想情况下，主动声呐接收的信号是信号形式已知而参数（幅度和出现时间）未知的信号。即一个发射信号 $s(t)$ 从发射器发射后，经水中信道传播和目标反射，再回到接收点，其幅度发生变化，并产生一个时延：

$$y(t)=as(t-\tau_0)+n(t) \tag{8-73}$$

式中， τ_0 为时延， a 为幅度，两个参数均未知； $n(t)$ 为噪声。

主动宽带检测器的核心处理是拷贝相关处理器，即匹配滤波器。将拷贝相关处理器视为一个滤波器，滤波器响应为 $h(t)=s(T-t)$（T 为信号脉宽），则滤波器输出为

$$\begin{aligned}z(t)&=\int_0^t h(\tau)y(t-\tau)\mathrm{d}\tau\\&=a\int_0^t s(T-\tau)s(t-\tau+\tau_0)\mathrm{d}\tau+\int_0^t s(T-\tau)n(t-\tau_0)\mathrm{d}\tau\\&=aR_s(t-\tau+\tau_0)+\int_0^t s(T-\tau)n(t-\tau_0)\mathrm{d}\tau\end{aligned}\tag{8-74}$$

式中，R_s 为已知发射波形的自相关矩阵。

拷贝相关处理器的输出信噪比可由式（8-75）定义：

$$\mathrm{snr}(z)=\frac{\left\{E\left[z_1\right]-E\left[z_0\right]\right\}^2}{\mathrm{Var}(z_0)}\tag{8-75}$$

式中，z_1 和 z_0 分别为信号加噪声的输出和噪声的输出。

假设信号与噪声是统计独立的，且噪声为高斯白噪声，则 $E[z_0]=0$。

信号加噪声的期望为

$$E[z_1]=\int_0^T\left[s^2(t)+\overline{s(t)n(t)}\right]\mathrm{d}t=\int_0^T s^2(t)\mathrm{d}t=E\tag{8-76}$$

式中，E 为脉宽 T 内的信号能量。

噪声输出 y_0 的方差为

$$\mathrm{Var}[z_0]=\int_0^T\int_0^T s(t)s(t')E\left[n(t)n(t')\right]\mathrm{d}t\mathrm{d}t'\tag{8-77}$$

在高斯白噪声假设下，有 $E[n(t)n(t')]=\dfrac{N_0}{2}\delta(t-t')$，将其代入式（8-77）可得

$$\mathrm{Var}[z_0]=\frac{N_0}{2}\int_0^T s^2(t)\mathrm{d}t=\frac{N_0E}{2}\tag{8-78}$$

式中，N_0 为 1Hz 带宽内的噪声功率。

将式（8-76）和式（8-78）代入式（8-75），得到拷贝相关处理器的输出信噪比，即检测指数为

$$d=\mathrm{snr}(z)=2E/N_0\tag{8-79}$$

若 S 为信号功率，则信号能量为 $E=ST$，接收机带宽 B 内的输出信噪比为

$$d=\mathrm{snr}(z)=\frac{2ST}{N_0}=\frac{2STB}{BN_0}=2BT(S/N)\tag{8-80}$$

1Hz 带宽内噪声意义下的输出信噪比为

$$d=\mathrm{snr}(z)=\frac{2ST}{N_0}=2T(S/N_0)\tag{8-81}$$

式中，S/N_0 是以 1Hz 带宽噪声为参考的输入信噪比。

2）检测阈计算模型

已知信号的主动宽带检测阈可表示为

$$\mathrm{DT}=10\lg(S/N_0)=10\lg\frac{d}{2T}=10\lg d-10\lg(2T) \tag{8-82}$$

在信号完全已知情况下，拷贝相关处理器在高斯噪声假设下是最优的，在给定检测概率与虚警概率、信号脉宽 T 时，可计算主动声呐宽带检测器的检测阈，且检测阈与带宽无关。

3. 主动窄带检测器与检测阈

1）数学模型

对于接收波束形成后的多波束时域数据，累积一定时间长度数据，进行细化傅里叶分析，将分析结果送入判决器进行决策。通常利用脉冲连续波（pulse continuous wave，PCW）进行主动窄带检测处理，利用回波信号的多普勒频移测量目标的径向速度，实现框图如图 8-6 所示。

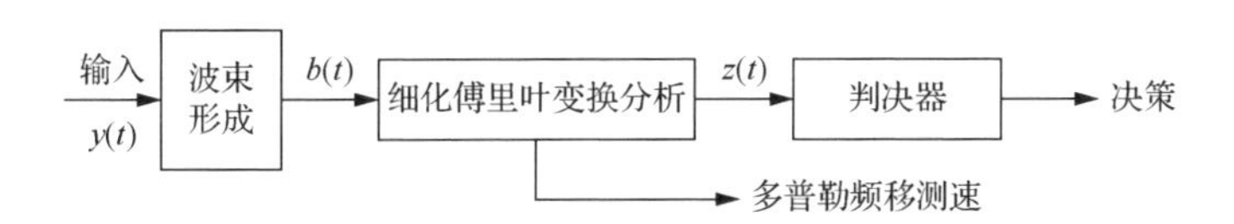

图 8-6　主动窄带检测器的实现框图

主动窄带检测的输出信噪比为

$$d=\mathrm{snr}(z)=\frac{\{E[z_1]-E[z_0]\}}{\mathrm{Var}(z_0)}=2T\left(\frac{S}{N_0}\right) \tag{8-83}$$

式中，T 为积分时间，等于信号脉宽；S 为信号功率；N_0 为 1Hz 带宽内噪声功率。输出信噪比与信号脉宽 T 是 3dB 倍增关系，而速度分辨率（$\delta v=\dfrac{c}{2f_0T}$）与信号脉宽 T 成反比。

由式（8-83）可知，主动窄带检测的输入信噪比为

$$\mathrm{snr_{in}}=\frac{S}{N_0}=\frac{d}{2T} \tag{8-84}$$

2）检测阈计算模型

主动窄带检测器的检测阈计算公式如下：

$$\mathrm{DT}=10\lg d-10\lg(2T) \tag{8-85}$$

在检测概率与虚警概率给定条件下，通过查阅接收机 ROC 曲线可以确定检测指数。主动窄带检测器的检测阈主要由积分时间 T 决定，即由信号脉宽决定。

主动宽带与主动窄带检测器性能受相干处理时间、分析带宽、噪声特性与回波扩展特性等多种因素影响，不同因素影响下的检测阈也有所不同，应具体情况具体分析。

8.2　信号参数估计基本理论与方法

信号参数估计是根据观测样本，对观测样本中未知的待定参数做出估计的过程。基于某种准则，对随机信号的一个样本数据进行估计，得到的估计量也是一个随机变量，因此可以根据估计量的均值、方差等统计特性对估计的性能进行评价。

8.2.1　信号参数估计基本准则

1. 最小方差无偏估计

若一个估计量的均值 $\hat{\theta}$ 等于待估计的参量的真值 θ，即如果

$$E(\hat{\theta})=\theta \tag{8-86}$$

则称 $\hat{\theta}$ 为 θ 的无偏估计量。

通常利用均方误差准则来寻找最佳估计量，均方误差定义为

$$\mathrm{MSE}(\hat{\theta})=E[(\hat{\theta}-\theta)^2] \tag{8-87}$$

均方误差度量了估计量偏离真实值的平方偏差的统计平均值。但这种自然准则导致了不可实现的估计量，这个估计量不能写成数据的唯一函数。将式（8-87）重写为

$$\mathrm{MSE}(\hat{\theta})=E[(\hat{\theta}-E(\hat{\theta})+E(\hat{\theta})-\theta)^2]=\mathrm{Var}(\hat{\theta})+(E(\hat{\theta})-\theta)^2 \tag{8-88}$$

即均方误差是由估计量的方差与偏差引起的误差组成。

而实际当中最小均方误差无法得到，一种替代计算方法是约束偏差为零，从而求出使方差最小的估计量，这个估计量称为最小方差无偏估计量。

最小方差无偏估计通常是不存在的，当它们存在的时候，有些方法可以求出这些估计量，部分方法依赖于克拉默-拉奥（Cramer-Rao）限的概念。

2. 克拉默-拉奥限

对无偏估计量确定一个下限，如果估计量达到此下限，则认为它是最小方差无偏估计量。这种方法对无偏估计量的性能评估提供了一个标准，而 Cramer-Rao 限是最容易确定的，并且支持决策者确定估计量是否达到下限。

Cramer-Rao 限的定义[5]如下。

假定概率密度函数 $p(x;\theta)$ 满足正则条件：

$$E\left[\frac{\partial p(x;\theta)}{\partial\theta}\right]=0,\ \forall\theta \tag{8-89}$$

那么无偏估计量 $\hat{\theta}$ 的方差必定满足

$$\operatorname{Var}(\hat{\theta})\geqslant 1\Bigg/\left\{-E\left[\frac{\partial^2\ln p(x;\theta)}{\partial\theta^2}\right]\right\} \tag{8-90}$$

对于某个函数 g 和 I ，当且仅当

$$\frac{\partial\ln p(x;\theta)}{\partial\theta}=I(\theta)\big(g(\theta)-\theta\big) \tag{8-91}$$

时，对所有 θ 达到下限的无偏估计量就可以求得，这个估计量是 $\hat{\theta}=g(x)$ ，即最小方差无偏估计量，最小方差是 $1/I(\theta)$ 。

3. 贝叶斯估计

贝叶斯估计是信号估计中应用最为广泛的一种方法，贝叶斯估计是为了使估计的平均风险最小，亦可称最小风险估计。

贝叶斯估计准则需要知道信号参量的先验概率密度分布函数 $p(\theta)$ 以及对每一对真实参量与估计量 $(\theta,\hat{\theta})$ 定义的代价函数 $C(\theta,\hat{\theta})$ 。代价函数用以描述估计误差造成的不良后果。对于单参量的估计，一般选用的代价函数与估计误差相关，即 $C(\theta,\hat{\theta})$=$C(\theta-\hat{\theta})$，并且误差越大，代价越大。

确定了代价函数与先验概率密度分布函数，即可求出贝叶斯风险函数：

$$\overline{F}=\int_x \mathrm{d}\theta\int_\theta C(\theta,\hat{\theta})p(x,\theta)\mathrm{d}x=\int_x p(x)\mathrm{d}x\int_\theta C(\theta,\hat{\theta})p(x\,|\,\theta)\mathrm{d}\theta \tag{8-92}$$

贝叶斯估计是选择估计量 θ ，使贝叶斯风险达到极小。

贝叶斯估计需要已知信号参量的先验概率密度分布函数和似然函数分布，但这在实际应用中往往很难获得。

4. 最大后验估计

最大后验估计是贝叶斯估计的一种特殊情况，其代价函数是均匀的或等价的且不能获得，并假设是均匀的。在参量估计中，如果不能得到适当的代价函数，可采用最大后验概率估计准则，选择使后验概率分布 $p(\theta\,|\,x)$ 最大的 θ 值作为其估计量 $\hat{\theta}$ 。

根据贝叶斯定理：

$$p(\theta\,|\,x)=\frac{p(x\,|\,\theta)p(\theta)}{p(x)} \tag{8-93}$$

因此最大后验概率估计 $\hat{\theta}_{\mathrm{MAP}} = \max_{\alpha}\{p(x\,|\,\theta)p(\theta)\}$。

对于均匀代价函数，平均风险可表示为

$$\bar{F} = \int_{-\infty}^{\infty} p(x)\mathrm{d}x\left[1 - \int_{\hat{\theta}-\Delta/2}^{\hat{\theta}+\Delta/2} p(\theta\,|\,x)\mathrm{d}\theta\right] \tag{8-94}$$

要得到最小平均风险 $\bar{F}$，须使积分 $\int_{\hat{\theta}-\Delta/2}^{\hat{\theta}+\Delta/2} p(\theta|x)\mathrm{d}\theta$ 最大。对于均匀代价函数，我们感兴趣的是 Δ 很小但不等于零的情况。对于 Δ 足够小的情况，为使上述积分最大，应当选择 $\hat{\theta}$ 使得此时的后验概率密度函数 $p(\theta\,|\,x)$ 有最大值。因此这种估计称为最大后验估计。

最大后验估计是一种使平均风险最小的一种估计准则，但同样需要知道先验概率密度函数分布与似然函数分布。

5. 最大似然估计

对于未知被估计参量 θ，观测矢量 x 的概率密度函数 $p(x|\theta)$ 即为似然函数。最大似然估计的基本原理是对于某一给定的 θ，考虑 x 落在一个小区域的概率 $p(x|\theta)\mathrm{d}x$，取 $p(x|\theta)\mathrm{d}x$ 最大的 θ 值作为对 θ 的估计量 $\hat{\theta}_{\mathrm{ML}}$。图 8-7 所示的概率密度函数是在给定 $x=x_0$ 时计算得到的似然函数与 θ 的关系曲线。每一个 θ 的 $p(x_0|\theta)\mathrm{d}x$ 值都表示该 θ 值下，x 落在观测空间中以 x_0 为中心的 $\mathrm{d}x$ 范围内的概率。如果观测值 $x=x_0$，那么可推断 $\theta=\theta_1$ 是不合理的。因为如果 $\theta=\theta_1$，则实际上观测值 $x=x_0$ 的概率非常小。而当 $\theta=\theta_2$ 时，观测值 $x=x_0$ 的概率最大，因此可选 $\theta=\theta_2$ 作为估计值，即选择在 θ 允许范围内，使似然函数 $p(x|\theta)$ 最大的 θ 作为估计量 $\hat{\theta}_{\mathrm{ML}}$。

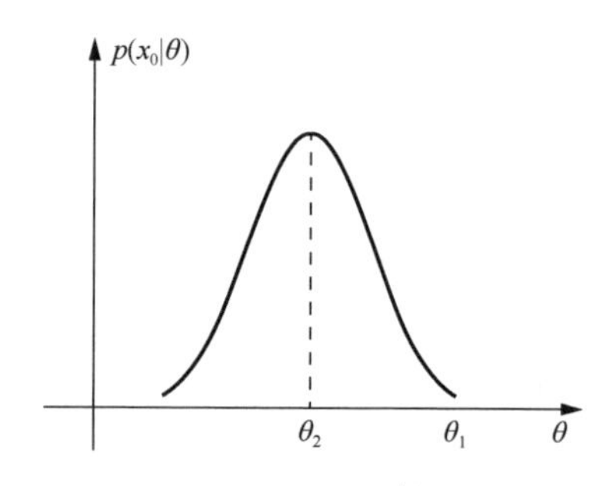

图 8-7　最大似然估计原理

如果统计分布和代价函数已知，贝叶斯估计（包括最大后验估计）能得出更准确的估计，但如果统计分布和代价函数是不准确的，那么此时贝叶斯估计可能得到不同的结果。而最大似然估计可以忽略先验信息，并且可简洁地实现对复杂问题的求解，因此几乎所有实用的估计方法都是基于最大似然原理的。

8.2.2　白色高斯信道中单参量信号估计方法

假定信号 $s(t,\theta)$ 在白色高斯信道内传输，则接收端接收到的波形将是被噪声污染后的信号，即

$$s(t)=s(t,\theta)+n(t)\quad (0\leqslant t\leqslant T) \tag{8-95}$$

式中，$s(t,\theta)$ 是参量 θ 随机变化或非随机但未知的待估计的信号；$n(t)$ 是功率谱密度为 $N_0/2$ 的高斯白噪声。

采用最大似然估计的方法[3]，得到似然函数为

$$p(x|\theta)=\alpha\exp\left\{-\frac{1}{N_0}\int_0^T[x(t)-A\sin(\omega_0 t+\theta)]^2\mathrm{d}t\right\} \tag{8-96}$$

式中，α 为与信号无关的常数，则给定 θ 时 $x(t)$ 的似然函数可以表示为

$$p(x|\theta)=\alpha\exp\left\{-\frac{1}{N_0}\int_0^T[x(t)-s(t,\theta)]^2\mathrm{d}t\right\} \tag{8-97}$$

其对数似然函数为

$$\ln p(x|\theta)=\ln\alpha-\frac{1}{N_0}\int_0^T[x(t)-s(t,\theta)]^2\mathrm{d}t \tag{8-98}$$

对 θ 求一阶导：

$$\frac{\partial}{\partial\theta}\ln p(x|\theta)=\frac{2}{N_0}\int_0^T[x(t)-s(t,\theta)]\frac{\partial s(t,\theta)}{\partial\theta}\mathrm{d}t \tag{8-99}$$

于是 θ 的最大似然估计量 $\hat{\theta}_{\mathrm{ML}}$ 是下面方程的解：

$$\frac{\partial}{\partial\theta}\ln p(x|\theta)=\frac{2}{N_0}\int_0^T[x(t)-s(t,\theta)]\frac{\partial s(t,\theta)}{\partial\theta}\mathrm{d}t\bigg|_{\theta=\hat{\theta}_{\mathrm{ML}}}=0 \tag{8-100}$$

将式（8-99）对 θ 再求一阶导，得到

$$\frac{\partial^2\ln p(x|\theta)}{\partial\theta^2}=\frac{-2}{N_0}\int_0^T\left[\frac{\partial s(t,\theta)}{\partial\theta}\right]^2\mathrm{d}t+\frac{2}{N_0}\int_0^T[x(t)-s(t,\theta)]\frac{\partial^2 s(t,\theta)}{\partial\theta^2}\mathrm{d}t \tag{8-101}$$

对式（8-101）求期望，经过变换，得到

$$E\left[\frac{\partial^2\ln p(x|\theta)}{\partial\theta^2}\right]=\frac{-2}{N_0}\int_0^T\left[\frac{\partial s(t,\theta)}{\partial\theta}\right]^2\mathrm{d}t \tag{8-102}$$

若 $\hat{\theta}_{\mathrm{ML}}$ 是无偏估计，则 Cramer-Rao 不等式为

$$\sigma_{\hat{\theta}_{\mathrm{ML}}}^2\geqslant\frac{-1}{E\left[\dfrac{\partial^2\ln p(x|\theta)}{\partial\theta^2}\right]}=\frac{1}{\dfrac{2}{N_0}\displaystyle\int_0^T\left[\frac{\partial s(t,\theta)}{\partial\theta}\right]^2\mathrm{d}t} \tag{8-103}$$

利用式（8-103）可以确定在高斯白噪声环境下波形已知信号的未知参量估计

量 $\hat{\theta}_{\mathrm{ML}}$ 的 Cramer-Rao 限。

当信号参量 θ 是已知先验概率的随机变量时，可采用贝叶斯估计方法。在高斯信道中它等效于最大后验估计。因此可根据式 $\dfrac{\partial}{\partial\theta}\ln p(\theta\,|\,x)=0$ 来求解估计量 $\hat{\theta}_{\mathrm{MAP}}(x)$ 。并且若 $p(x)$ 与 θ 无关，由式 $\dfrac{\partial\ln p(x\,|\,\theta)}{\partial\theta}+\dfrac{\partial\ln p(\theta)}{\partial\theta}=0$ 知，在 $\theta=\hat{\theta}_{\mathrm{MAP}}(x)$ 时，有

$$\frac{\partial\ln p(\theta\,|\,x)}{\partial\theta}=\frac{\partial\ln p(x\,|\,\theta)}{\partial\theta}+\frac{\partial\ln p(\theta)}{\partial\theta}=0 \tag{8-104}$$

将式（8-99）代入式（8-104）后得

$$\left\{\frac{2}{N_0}\int_0^T[x(t)-s(t,\theta)]\frac{\partial s(t,\theta)}{\partial\theta}\mathrm{d}t+\frac{\partial\ln p(\theta)}{\partial\theta}\right\}_{\theta=\hat{\theta}_{\mathrm{MAP}}}=0 \tag{8-105}$$

当先验概率分布比较均匀时，式（8-105）可简化为

$$\left\{\int_0^T[x(t)-s(t,\theta)]\frac{\partial s(t,\theta)}{\partial\theta}\mathrm{d}t\right\}_{\theta=\hat{\theta}_{\mathrm{ML}}}=0 \tag{8-106}$$

从式（8-106）可以看出，此时的最大后验估计简化为式（8-100）的最大似然估计。

8.2.3 白色高斯信道中多个信号参量的同时估计方法

多个信号参量同时估计的基本方法仍是贝叶斯方法和最大似然法[3]。假设多个未知信号参量组成一个待估计的参量向量，记为

$$\theta=[\theta_1,\theta_2,\cdots,\theta_m]^{\mathrm{T}} \tag{8-107}$$

式中，θ_1 可以是信号相位；θ_2 可以是信号频率等。估计误差向量定义为

$$\varepsilon(\hat{\theta},\theta)=\begin{bmatrix}\varepsilon_1\\\varepsilon_2\\\vdots\\\varepsilon_m\end{bmatrix}\triangleq\begin{bmatrix}\hat{\theta}_1(x)-\theta_1\\\hat{\theta}_2(x)-\theta_2\\\vdots\\\hat{\theta}_m(x)-\theta_m\end{bmatrix} \tag{8-108}$$

因此贝叶斯估计 $\hat{\theta}$ 应使式（8-109）平均风险最小：

$$\overline{R}=\int_x\int_\theta C[\varepsilon(\hat{\theta},\theta)]p(x,\hat{\theta})\mathrm{d}x\mathrm{d}\hat{\theta} \tag{8-109}$$

式中，$C[\varepsilon(\hat{\theta},\theta)]$ 为代价函数。根据代价函数选择的不同，即可得到不同的贝叶斯估计。如果函数 $C[\varepsilon(\hat{\theta},\theta)]$ 是估计误差的平方和，即

$$C(\varepsilon)=\sum_{j=1}^{m}\varepsilon_j^2=\varepsilon^{\mathrm{T}}\varepsilon \tag{8-110}$$

则贝叶斯估计化为最小均方估计。将式（8-110）代入式（8-109），考虑到 $p(x,\theta)=p(\theta|x)p(x)$，有

$$\bar{R}=\int_x p(x)\mathrm{d}x\int_\theta\left[\sum_{j=1}^{m}(\hat{\theta}_j(x)-\theta_j)^2\right]p(\theta|x)\mathrm{d}\theta \tag{8-111}$$

使平均风险 $\bar{R}$ 最小等效于使内积分最小。将内积分对 $\hat{\theta}_j(x)$ 求导并令其等于零，便得到第 j 个参量的最小均方估计：

$$\hat{\theta}_j(x)=\int_\theta \theta_j p(\theta|x)\mathrm{d}\theta,\quad j=1,2,\cdots,m \tag{8-112}$$

或者用向量表示：

$$\hat{\theta}(x)=\int_\theta \theta p(\theta|x)\mathrm{d}\theta \tag{8-113}$$

因此，参量向量的最小均方估计等于该参量向量的条件均值。

最大似然估计就是使似然函数 $p(x|\theta)$ 取最大值的估计。由式（8-97）可知，高斯白噪声情况下接收波形 $x(t)$ 的似然函数为

$$p(x|\theta)=B\exp\left\{\frac{-1}{N_0}\int_0^T[x(t)-s(t,\theta)]^2\mathrm{d}t\right\} \tag{8-114}$$

式中，$s(t,\theta)$ 代表信号，θ 代表待估计的参量向量。与式（8-99）类似，在参量向量情况下有

$$\frac{\partial\ln p(x|\theta)}{\partial\theta_j}=\frac{2}{N_0}\int_0^T[x(t)-s(t,\theta)]\frac{\partial s(t,\theta)}{\partial\theta_j}\mathrm{d}t \tag{8-115}$$

因此，参量矢量 θ 的最大似然估计就是下列方程组的解：

$$\int_0^T[x(t)-s(t,\theta)]\frac{\partial s(t,\theta)}{\partial\theta_j}\mathrm{d}t=0,\quad j=1,2,\cdots,m \tag{8-116}$$

8.3　声呐信息处理基本理论与方法

信息处理是对信号检测与信号参数估计结果的补充完善，本节从目标定位、目标识别、目标跟踪等方面介绍信息处理的基本理论与方法，为声呐工程设计提供技术支撑。

8.3.1　目标定位基本理论与方法

目标定位是水声领域研究的一个重点和难点。基于隐蔽性的考虑，利用基阵接收到的目标辐射噪声信号实现目标位置估计，即被动声呐目标定位的作用更加凸显。目标被动定位的主要方法包括几何定位、模基定位和目标运动分析等。

1. 几何定位

几何定位法主要利用目标和基阵之间的空间几何关系实现目标的位置估计。经典的方法是三点测距方法。三点测距示意图如图 8-8 所示。

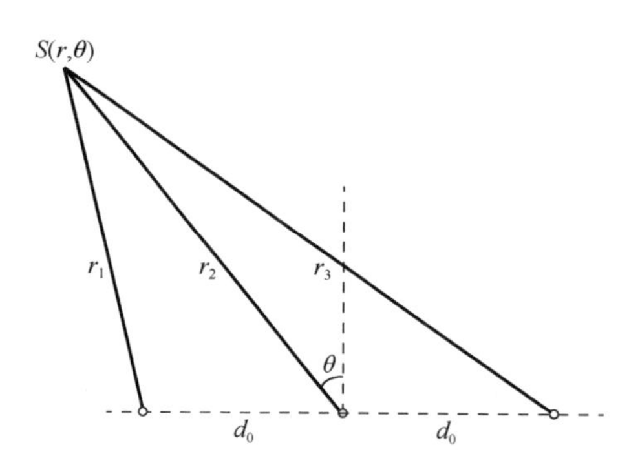

图 8-8　三点测距示意图

如图 8-8 所示，三点阵的三个阵元（或子阵）在一条直线上，等间距 d_0 布设。取中间阵元为坐标原点。假设目标 S 的坐标为 (r,θ)，声信号以球面波方式传播，那么声信号到达三阵元的传播时延为 $\tau_i=r_i/c, i=1,2,3$，其中，r_i 是目标到三个阵元的距离，c 为声速。目标到基阵中心的距离 $r=r_2$。经推导，方位 θ 为

$$\theta=\arcsin\left[\frac{cd_0{}^2\tau_{13}-c^3\tau_{12}\tau_{23}\tau_{13}}{2d_0{}^3-c^2d_0(\tau_{23}^2+\tau_{12}^2)}\right] \tag{8-117}$$

式中，$\tau_{ij}=\tau_i-\tau_j$，$i=1,2,3$，$j=1,2,3$。

目标到基阵中心的距离 r 为

$$r=\frac{2d_0^2-c^2(\tau_{12}^2+\tau_{23}^2)}{2c(\tau_{12}-\tau_{23})} \tag{8-118}$$

远场条件下，方位 θ 可近似为

$$\theta\approx\arcsin\frac{c\tau_{13}}{2d_0} \tag{8-119}$$

目标到基阵中心的距离 r 近似为

$$r\approx\frac{d_0^2\cos^2\theta}{c\varepsilon} \tag{8-120}$$

式中，$\varepsilon=\tau_{12}-\tau_{23}$。

三点测距适用于近场目标。它的精度依赖于时延估计精度，并受基阵孔径、基阵安装精度、海洋信道、目标到基阵中心的距离和方位等因素的影响。随着目标到基阵中心的距离的增加，波前曲率变化越来越小，高精度时延估计难以获取，无法实现远距离目标定位。

2. 模基定位

模基定位是将测量模型、传播模型、噪声模型等融入信号处理的框架中，结合处理器提取有用的信息，估计模型的参数，实现目标的位置估计。典型的方法是匹配场处理（matched field processing，MFP）。

匹配场处理是一个空间匹配滤波器，将声传播模型计算获得的拷贝场与基阵采集的测量场做拷贝相关，每个位置对应的匹配滤波器输出就是该位置的检验统计量，通过比较检验统计量的大小取最大值的过程实现目标位置估计。

假定声源位于$(\theta_{\rm s},r_{\rm s},z_{\rm s})$，那么声源到各个阵元的距离为

$$r_n=\sqrt{\left(r_{\rm s}\cos\theta_{\rm s}-x_n\right)^2+\left(r_{\rm s}\sin\theta_{\rm s}-y_n\right)^2},\quad n=1,2,\cdots,N \tag{8-121}$$

式中，(x_n,y_n)是基阵坐标，n为阵元号数，共有N个阵元。

那么，根据简正波模型获得的声压可写为

$$p(t,r_n,z_n)\approx\frac{\rm i}{\rho(z_{\rm s})\sqrt{8\pi}}{\rm e}^{-{\rm i}\pi/4}\sum_m Z_m(z_{\rm s})Z_m(z_n)\frac{{\rm e}^{{\rm i}k_{rm}r_n}}{\sqrt{k_{rm}r_n}} \tag{8-122}$$

式中，$z_n,n=1,2,\cdots,N$是第n个阵元的深度。

若基阵实际接收的数据为X_f，则构建的协方差矩阵为

$$R_f=\sum X_fX_f^{\rm H} \tag{8-123}$$

处理器采用Bartlett处理器时，拷贝场可写为

$$w_f=\left(\sum_{m=1}^{M}Z_m(z_{\rm s})Z_m(z_1)\frac{{\rm e}^{{\rm j}k_{rm}r_1}}{\sqrt{k_{rm}r_1}},\cdots,\sum_{m=1}^{M}\psi_m(z_{\rm s})\psi_m(z_N)\frac{{\rm e}^{{\rm j}k_{rm}r_N}}{\sqrt{k_{rm}r_N}}\right)^{\rm T} \tag{8-124}$$

利用拷贝场对协方差矩阵加权并对频率积分求和运算得到模糊度表面，用AF表示：

$${\rm AF}(\theta,r,z)=\sum_f w_f^{\rm H}R_fw_f \tag{8-125}$$

模糊度表面最大值对应的位置即为估计的目标位置。

匹配场处理以海洋声场数值模型为基础，环境参数已知时通常可获得较好的定位性能，但在实际应用中易受失配问题困扰，包括环境失配、统计失配和系统失配。环境失配主要由传播模型的不确实性所造成，如声速剖面误差、海底构成成分不确实等；统计失配与协方差矩阵的估计有关；系统失配是指接收系统有误差，如基阵发生倾斜或畸变，水听器相位存在漂移等。因此，如何实现与环境、平台适配，构建合适的处理器以获得宽容稳健的定位结果一直是人们研究的热点问题之一，也是一个极具挑战性的问题。

3. 目标运动分析

目标运动分析（target motion analysis，TMA）是实现被动目标估距和运动参

数解算的主要技术途径之一。TMA 的基本原理是利用声呐获得的测量数据序列拟合目标运动轨迹，进而估计出目标运动的状态参数。TMA 主要利用与目标运动状态密切相关的物理参量（如方位、频率、相位、时延差等），建立目标运动状态方程和测量方程，通过方程求解实现目标运动状态的估计（如距离、速度等）。

与目标运动状态密切相关的物理参量中，目标方位是声呐容易获得的观测数据，因此纯方位 TMA 是研究较多的一种方法。

如图 8-9 所示，若目标位于坐标 (r_{tx},r_{ty}) 处，且以恒定速度 (v_{tx},v_{ty}) 运动，状态向量定义为 $X_t=[r_{tx},r_{ty},v_{tx},v_{ty}]^{\mathrm{T}}$。本舰的状态定义为 $X_o=[r_{ox},r_{oy},v_{ox},v_{oy}]^{\mathrm{T}}$，则相对状态向量可定义为 $X=X_t-X_o=[r_x,r_y,v_x,v_y]^{\mathrm{T}}$。连续时间状态方程如下：

$$X(t)=\Phi(t,t_o)X(t_o)-W(t,t_o) \tag{8-126}$$

$$W(t,t_o)=-\begin{bmatrix} r_{ox}(t)-r_{ox}(t_o)-(t-t_o)v_{ox}(t_o) \\ r_{oy}(t)-r_{oy}(t_o)-(t-t_o)v_{oy}(t_o) \\ v_{ox}(t)-v_{ox}(t_o) \\ v_{oy}(t)-v_{oy}(t_o) \end{bmatrix} \tag{8-127}$$

式中，$\Phi(t,t_o)=\begin{bmatrix} I_2 & (t-t_o)I_2 \\ 0_2 & I_2 \end{bmatrix}$，$I_2$ 是 2×2 的单位阵，0_2 是 2×2 的零矩阵。目标匀速直线运动时，$W(t,t_o)$ 只与本舰的运动状态有关。状态方程表示成离散时间形式为

$$X(t_k)=\Phi(t_k,t_{k-1})X(t_{k-1})-W(t_k,t_{k-1}) \tag{8-128}$$

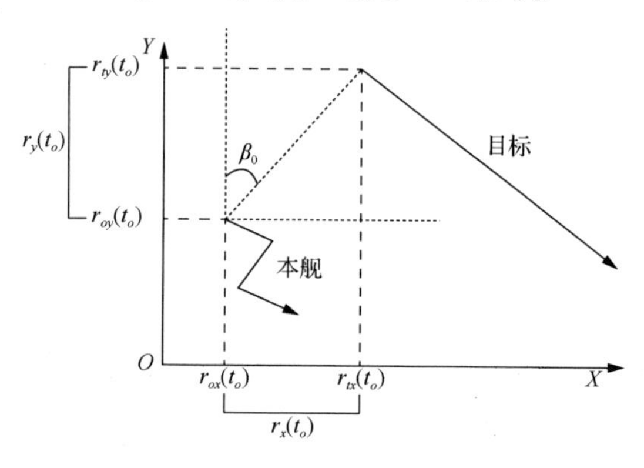

图 8-9　本舰-目标运动模型

目标的测量方程可表示为

$$\beta_k=\theta_k+\mu_k=\tan^{-1}[r_x(t_k)/r_y(t_k)]+\mu_k \tag{8-129}$$

式中，θ_k 为方位真值；μ_k 为测量噪声。对这个非线性方程求偏导，可得观测矩阵 H_k：

$$H_k=\begin{bmatrix} \dfrac{r_y(t_k)}{r_x^2(t_k)+r_y^2(t_k)} & \dfrac{-r_x(t_k)}{r_x^2(t_k)+r_y^2(t_k)} & 0 & 0 \end{bmatrix} \tag{8-130}$$

在完成状态方程和测量方程构建后，通过扩展卡尔曼滤波（extended Kalman filtering，EKF）等方法，可获得目标的距离和速度等状态信息。

在单阵平台，纯方位 TMA 需要借助基阵平台的机动才能够实现目标运动状态参数的观测。为减少对基阵平台机动性的要求，增加了其他维度的测量信息，出现了方位-频率 TMA、方位-多路径信息 TMA 等方法。此外，还出现了基于多平台数据联合测量的 TMA 方法。TMA 需要累积一定的测量序列，收敛时间较长，且存在一定概率的发散，这限制了它的使用。

8.3.2　目标识别基本理论与方法

目标识别是指利用传感器接收的目标信号，提取目标特征来判断目标属性的过程。按照水下目标信息获取的方式，水声目标识别可分为被动目标识别和主动目标识别。无论哪种方式，识别的基本原理与方法是相似的，本质是接收信号中包含了目标的特征信息，利用合适的特征提取方法提取具有可分性的目标特征，再经过分类/识别器即可实现对目标属性的判别。图 8-10 给出了目标识别系统的基本构成，其中，特征提取、分类/识别器设计是水声目标识别的关键环节。

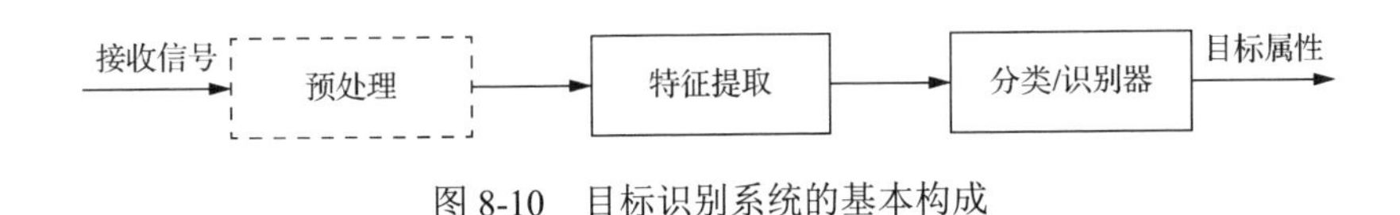

图 8-10　目标识别系统的基本构成

1. 目标特征提取

1）主动目标回波特征

主动声呐目标主要包括潜艇、水面舰艇、鱼雷、水雷、沉船等人造目标以及一些自然界存在的物体如礁石、海底山脉、暗滩、鱼群等非人造目标。主动声呐工作时，定向或全向发射声脉冲，声波在传播过程中遇到这些目标时会形成散射波，其中沿入射波方向返回的散射波通常称为目标回波。目标回波是特征提取的主要输入信息，它是在入射声波激励下产生的，包含与目标属性相关的特征信息，是主动目标识别的重要线索。常用的主动目标回波特征包括亮点结构特征、运动特征、目标强度特征等。

（1）亮点结构特征。

典型人造金属目标回波的亮点结构特点表明，在一定的尺度范围内，人造金属目标的突出亮点个数具有显著的分布规律，可用于目标与非目标的分类/识别。亮点结构信息包含两个主要特征：①亮点数目特征，反映了目标表面强反射面的数目；②亮点时延扩展特征，反映了目标的几何尺度。根据亮点模型，目标回波是各个亮点子回波的叠加。因此，利用调频信号的脉冲压缩特性，通过回波与发射信号的拷贝相关处理，或者回波的自相关处理得到的输出波形包络就包含着回波的亮点结构信息。

（2）运动特征。

声呐员听音判型时，目标回声的音调变化是听测的重点特征之一。经验丰富的声呐员通过听测音调的变化可大致估计目标距离、运动速度、目标动向等运动信息，并用于目标的类型判决。音调的变化有两层含义：一是回波与原始发射信号相比音调有变化；二是在不同时间段发生的回声之间音调有变化。这两种变化都与目标运动导致的多普勒频移相关。主动目标运动速度的大小与目标类型有着密切的联系，如潜艇目标一般处于低速运动状态，水面舰艇一般处于较高速的运动状态，而混响体、沉船、礁石等是静止的。主动目标运动特征提取的过程就是对运动参数进行估计的过程。

主动声呐通常用径向运动速度和绝对运动速度来描述目标相对观测平台的运动快慢。单次回波的多普勒频移信息就包含了观测平台与目标的相对径向速度信息，对目标绝对运动速度的估计需要利用多次回波信息。

（3）目标强度特征。

目标强度反映目标反射声波的本领，与目标的材料、几何尺寸、结构等属性相关，不同目标反射声波的本领不同，导致同一距离处回波强度有差异，大尺度的人造金属目标具有较大的目标强度。反射回波强度还与入射角、收发分置角有关。因此，特定入射角度下的目标强度可以作为目标类型判决的依据之一。经典理论与试验结果得到的潜艇目标强度随入射角的“蝶形”分布图如图 8-11 所示，表现为正横入射时回波强度最大，端射方向入射时回波强度最小，两者相差可达 20dB。

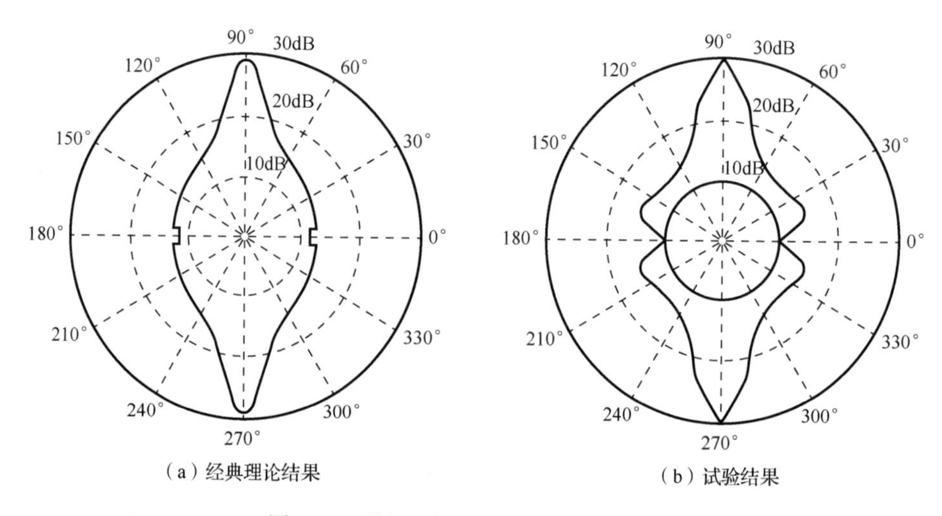

（a）经典理论结果　　（b）试验结果

图 8-11　潜艇目标强度的“蝶形”分布图

2）被动目标辐射噪声特征提取

舰艇等水下目标有多个噪声源，如推进器、螺旋桨、各种泵等，其与所处水介质共同作用后，经信道传播被声呐接收。被动目标辐射噪声主要包括机械噪声、螺旋桨噪声和水动力噪声等。被动目标辐射噪声通常具有调制谱特征、线谱特征等，可用于目标分类/识别。

（1）调制谱特征。

螺旋桨在目标行进过程中会辐射宽带噪声，非均匀流场中桨叶旋转会对螺旋桨噪声进行周期调制，调制谱通过对接收辐射噪声进行解调，可以分析螺旋桨转速和桨叶数等信息。不同水下目标的螺旋桨参数不同，这可作为水下目标分类的重要判据。

船舶辐射噪声解调方法包括绝对值低通解调、平方低通解调、希尔伯特变换解调等方法，三种方法的非线性运算方式不同，解调性能也略有差异。总体上来说，平方低通解调对轴频谐波检测更有优势，绝对值低通解调和希尔伯特变换解调则更利于获得保真的调制谱。根据调制谱中轴频及其谐波处存在线谱的现象，可利用倍频检测方法来提取螺旋桨轴频。船舶辐射噪声调制谱中的谐波簇包含着船舶螺旋桨桨叶数特征信息。桨叶数不同，调制谱的谐波线谱结构不同，通过分析谐波簇中各谐波线谱之间的关系，可以提取桨叶数特征。

（2）线谱特征。

线谱通常是指辐射噪声谱线谱，主要来源于三类机械振动：一是复杂船体结构在内部机械振源激励下的结构共振辐射，二是舰船发动机、发电机等各类机电装置及轴系在转动过程中辐射的具有“周期”性的机械噪声，三是外部螺旋桨转动并与水体作用过程中辐射的具有“周期”性的噪声。线谱产生机理复杂，但具有一定程度的唯一性，尤其组合线谱具有个体特性，可为水下目标辨识提供类似“指纹”的可靠依据。

2. 分类/识别器设计

分类/识别器是识别系统最终判决的执行者，也是目标识别系统的重要组成部分。当前，得到广泛研究和应用的分类/识别器主要有统计分类/识别器、模糊逻辑分类/识别器与人工神经网络分类/识别器等。

1）统计分类/识别器

统计分类/识别器是以假设检验与判决理论为基础，利用先验统计信息而做出判决的分类/识别器，其分类性能与所掌握的先验信息密切相关，先验信息越丰富，判决越准确。当对先验知识具有较好的把握并能够加以概率化描述时，利用贝叶斯、最大后验概率等经典判决准则可设计出概率论意义上的最优分类/识别器。由于对先验知识的苛刻要求，使得统计分类/识别器的应用受到了很大限制，实际情况往往是要么先验知识难以获取，要么难以对获取的先验知识进行概率化描述。

2）模糊逻辑分类/识别器

模糊逻辑系统能够有效地表征人的知识和推理过程，不需要进行精确的定量分析，已越来越多地用于信号处理系统中，以解决像模式分类/识别这样复杂的实际问题。基于模糊逻辑系统的分类/识别器是一个利用专家知识与逻辑推理的信息处理系统，由丰富准确的专家知识组成的规则库和推理机是该系统的关键部分。目标特征经过模糊化处理后被输入推理机中，推理机则按照专家的思维逻辑进行分析，并与规则库中的条件进行对比以得出识别结果。相比之下，模糊逻辑分类/识别器具有独特的优势，其判决过程依照人的思维模式进行，容易实现人机交互，并且可以不依赖于大量的观测样本。模糊逻辑分类/识别器的规则库主要来自专家的知识和经验，但没有一个能把知识和经验转化为规则的普遍适用方法，知识获取困难是其主要缺点。

3）人工神经网络分类/识别器

人工神经网络（artificial neural network，ANN）分类/识别器是目前应用较广泛的一类分类/识别器，它是由一些具有简单运算（线性或非线性）功能的单元（神经元或节点）按照一定的拓扑结构相互连接并模拟生物神经网络的信息处理器，是一个具有很强学习能力的复杂非线性系统。特别是近年来，随着硬件计算能力指数级增长，具有更强的非线性学习能力的深度神经网络得到了飞速发展。研究表明，性能优良的 ANN 分类/识别器需要建立在具有大量代表性训练样本的基础之上，能够自动从数据中提取其中蕴含的知识，具有很强的自适应能力。但是 ANN 分类/识别器也存在缺点，主要表现在：性能容易受不正确训练样本的错误引导，推理过程完全是不可知的；不能有效表征带有模糊的知识，不能进行不精确的分析，难于和人进行交互等。

3. 目标识别技术发展

随着现代信号处理技术、深度学习等技术的发展，目标识别技术也在不断发展，利用新原理、新方法可提高目标识别性能。

1）基于特征的检测-识别一体化技术

传统的目标识别方法一般采用先检测后识别的顺序处理模式，目标检测性能直接影响识别结果。传统基于能量的检测由于门限设置会带来弱目标漏检和高虚警矛盾不可调和的问题，门限设置过高会导致弱目标漏检，过低又会带来大量的虚警，极大地影响了识别效能发挥。发展基于特征的检测-识别一体化技术，通过联合利用能量和特征进行目标检测与识别，实现“检测即识别、识别即检测”的高效处理，对于提升复杂环境下的目标识别性能具有重要意义，是目标识别未来发展的主流方向之一。

2）水声大数据构建及深度学习技术应用

近年来，随着计算机算力指数级提升，深度学习技术得到了迅速发展，在计算机视觉、自然语言处理、语音识别等多个领域取得了广泛和成功的应用，也被逐渐应用到水声目标识别领域。深度学习可以充分利用水声目标数据，利用其强大的非线性特征表征能力从数据中自动挖掘目标的差异性特征，在水声目标识别中展现出良好的应用前景。然而，水声目标数据获取难度大、代价高，导致水声目标样本总体上数量少、质量差、标签信息不完善，这限制了深度学习技术在水声目标识别中的应用。

8.3.3　目标跟踪基本理论与方法

目标跟踪是根据传感器观测估计目标状态的过程。目标常指感兴趣的对象，如潜艇、UUV、水雷等，单目标跟踪对应目标个数为 1 个的情况，而多目标跟踪对应目标个数 2 个及以上的情况；目标状态则指未知的感兴趣目标信息，常包括位置、速度等。不同声呐传感器的观测信息维度也不尽相同，比如：对主动声呐而言，观测信息主要有方位、距离、回波强度、回波多普勒偏移等；对被动声呐而言，观测信息主要有方位、噪声强度、线谱频率等。声呐观测可能源于感兴趣的目标，也可能源于不感兴趣的目标或杂波；目标或杂波可能被单声呐观测，也可能被同质或异质的多个声呐观测[6-7]。

在单目标、无杂波、无漏检的理想情况下，目标跟踪常采用的滤波算法包括卡尔曼滤波（Kalman filtering，KF）、扩展卡尔曼滤波（EKF）、不敏卡尔曼滤波（unscented Kalman filtering，UKF）、转换测量卡尔曼滤波（converted measurement Kalman filtering，CMKF）和粒子滤波（partical filtering，PF）等[6,8]。而实际声呐工作在目标个数、位置未知且目标状态时变，观测受杂波、漏检、误差等污染的复杂情况下，如何实现目标个数和目标轨迹的联合最优估计，是声呐目标跟踪的真正挑战。

显而易见，使得声呐目标跟踪成为一项挑战性工作的根源在于目标的不确定性和观测数据的不确定性。目标不确定性指警戒监视区域内，由于目标的新生、消亡和状态转移，目标的个数和运动状态是动态变化的；量测数据不确定性指声呐获得观测值时，由于受设备自身和时变环境的影响，存在不精确的测量、漏检和杂波。为在新生目标位置未知、目标个数及状态未知、目标时变的条件下，利用杂波、漏检、误差等污染的观测数据，实现目标个数和目标轨迹的准确估计，科研院所、工业部门长期着眼于数据关联这一直观实现过程开展研究工作，虽硕果累累、应用广泛，但一直是“自上而下”的研究方式，形成了算法先于理论模型的窘迫局面[9]。本节在 Mahler[10]、Vo 等[11]的研究基础上，结合水声工作环境，以“自上而下”的方式，阐述声呐目标跟踪基本原理与方法，以期促进目标跟踪逐步过渡到先模型后算法的良性循环。

1. 目标跟踪状态空间模型

多目标环境中，目标不断出现新生及消亡，使目标个数随时间而变化；又受到杂波和漏检的影响，测量点个数与目标个数也不相同；并且，一个测量点是源于某一目标还是源于杂波是未知的。

设在 k 时刻，空间 $\chi \subseteq \mathbb{R}^{n_x}$ 中存在 $N(k)$ 个状态分别为 $x_{k,1},\cdots,x_{k,N(k)}$ 的目标，多目标状态空间记为 $F(X)$，全集中的有限子集记为 $F(\cdot)$，以及空间 $Z \subseteq \mathbb{R}^{n_z}$ 内 $M(k)$ 个观测分别为 $z_{k,1},\cdots,z_{k,M(k)}$ 的测量点，测量空间记为 $F(Z)$。那么，多目标状态、多测量点可由集合表示为

$$X_k = \left\{x_{k,1},\cdots,x_{k,N(k)}\right\} \subset \chi \tag{8-131}$$

$$Z_k = \left\{z_{k,1},\cdots,z_{k,M(k)}\right\} \subset Z \tag{8-132}$$

式中，X_k 为多目标状态集合；Z_k 为目标与杂波的测量集合。

如图 8-12（a）所示，在每一个跟踪时间步，一些目标可能会消失，另一些目标可能还存在并转移到一个新的状态，还有一些新生目标可能会出现，变量表示空集合；如图 8-12（b）所示，正在跟踪的多目标，有的可能是杂波引起的假目标，也有的目标存在但无检测点。那么，表示目标状态的集合 X_k 和表示测量的观测集合 Z_k 具有随机性、有限性、时变性，简称为随机有限集（random finite sets，RFS）。

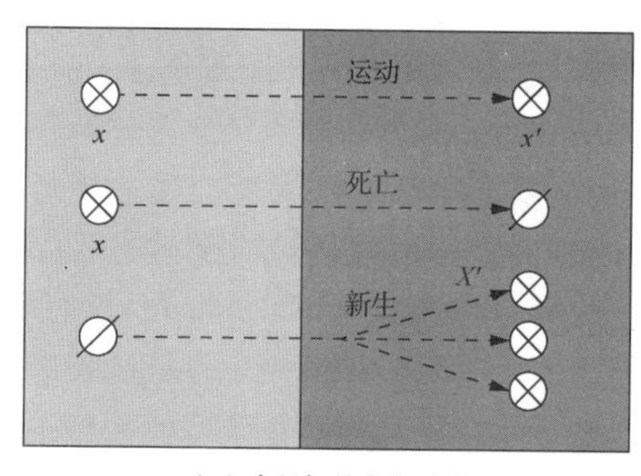

（a）多目标的变化过程

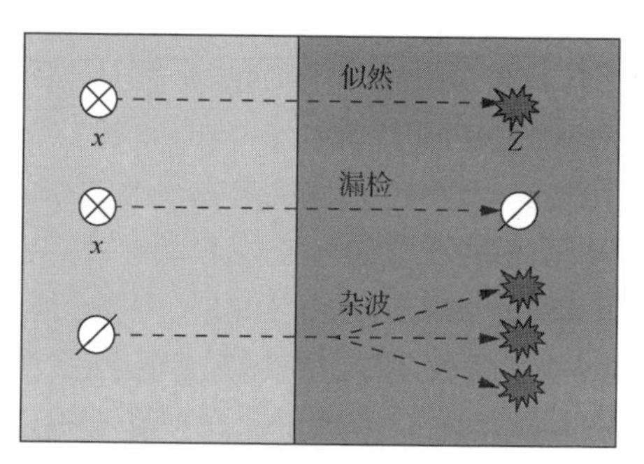

（b）多目标的观测过程

图 8-12　多目标的变化过程与观测过程

上述多目标变化与观测过程可用“两个模型”（统称为目标跟踪状态空间模型）和“两个步骤”表述。两个模型分别为目标运动模型、声呐观测模型，两个步骤分别为运动预测步、观测更新步，如图 8-13 所示。

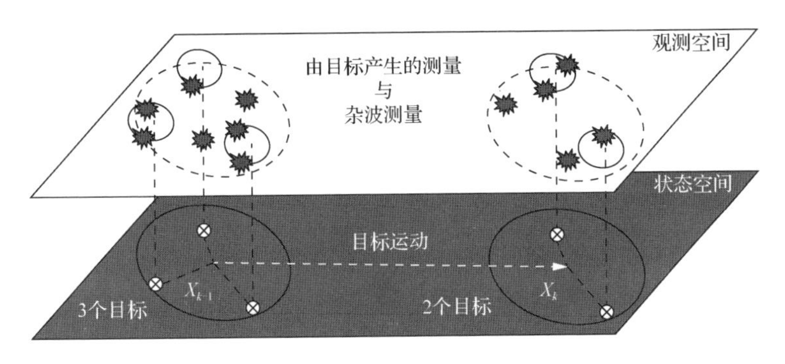

图 8-13　目标跟踪状态空间模型

1）目标运动模型

目标运动模型描述了目标状态随时间的演进关系，常用的有匀速、转弯、变速等，这里将着重介绍利用随机有限集的多目标运动模型公式化。

假定 $k-1$ 时刻的多目标状态为 X_{k-1}。其中，每一个目标 $x_{k-1}\in X_{k-1}$ 在 k 时刻继续存在的概率为 $P_{S,k}(x_{k-1})$，并以概率密度 $f_{k|k-1}(x_k|x_{k-1})$ 转移到一个新的状态 x_k，或者是以概率 $1-P_{S,k}(x_{k-1})$ 消亡并定义其值为 $\varnothing$。那么，目标的变化过程满足了伯努利（Bernoulli）分布。于是，对 $k-1$ 时刻的任一目标状态 $x_{k-1}\in X_{k-1}$，该目标在 k 时刻可建模为伯努利 RFS，记为

$$S_{k|k-1}(X_{k-1}) \tag{8-133}$$

其存在概率和概率分布分别为 $p=P_{S,k}(x_{k-1})$、 $p(\cdot)=f_{k|k-1}(\cdot|x_{k-1})$。

从 $k-1$ 到 k 时刻，多目标的存活或消亡目标可表达为集合的并：

$$T_{k|k-1}(X_{k-1})=\bigcup_{x_{k-1}\in X_{k-1}} S_{k|k-1}(X_{k-1}) \tag{8-134}$$

若 X_{k-1} 中各目标的伯努利 RFS 是相互独立的，那么，转移 RFS $T_{k|k-1}(X_{k-1})$ 是参数为如下的多伯努利（multi-Bernoulli）RFS：

$$\left\{(p_{S,k}(x_{k-1})),f_{k|k-1}(\cdot|x_{k-1}):x_{k-1}\in X_{k-1}\right\} \tag{8-135}$$

利用伯努利 RFS，转移多目标 RFS 的概率密度函数 $\pi_{T,k|k-1}(\cdot|\cdot)$ 为

$$\pi_{T,k|k-1}(X_k|X_{k-1})=K_s^{|X_k|}(1-p_{S,k})^{X_{k-1}}\sum_{\tau\in\mathcal{T}(X_k,X_{k-1})} q_{S,k,\tau}^{X_k} \tag{8-136}$$

式中，K_s 表示空间 χ 中的空间单元；$\mathcal{T}(X_k,X_{k-1})$ 表示有限集 W 和有限集 X 的指示性函数，当 $|W|>|X|$ 时，$\mathcal{T}(X_k,X_{k-1})=0$；

$$q_{S,k,\tau}(x)=p_{S,k}(\tau(x))f_{k|k-1}(x|\tau(x))\big/[1-p_{S,k}(\tau(x))] \tag{8-137}$$

k 时刻出现的新目标用 RFS Γ_k 表示，那么，k 时刻多目标状态 X_k 的 RFS 将是转移目标和新生目标的并集，即

$$X_k = T_{k|k-1}(X_{k-1}) \cup \Gamma_k \tag{8-138}$$

假定：时间序列上的多目标 RFS 相互独立，RFS 的多目标转移方程可以用多目标转移密度 $f_{k|k-1}(\cdot|\cdot)$ 表示，它给出了多目标状态从 $k-1$ 时刻的 X_{k-1} 转移到 k 时刻的 X_k 的概率密度 $f_{k|k-1}(X_k|X_{k-1})$，转移目标 RFS $T_{k|k-1}(X_{k-1})$ 的概率密度 $\pi_{T,k|k-1}(\cdot|\cdot)$，新生目标 RFS Γ_k 的概率密度 $\pi_{\Gamma,k}(\cdot)$。

那么，多目标转移密度为

$$f_{k|k-1}(X_k|X_{k-1}) = \sum_{W \subseteq X_k} \pi_{T,k|k-1}(W|X_{k-1}) \pi_{\Gamma,k}(X_k - W) \tag{8-139}$$

式中，“ – ”运算表示集合减法。式（8-138）和式（8-139）描述了多目标状态的时间演化，并且包含了多目标运动的基本模型，即新生与消亡。

若新生 RFS Γ_k 也为多伯努利 RFS 且参数集为 $\left\{(\gamma_{\Gamma,k}^{(i)}, p_{\Gamma,k}^{(i)})\right\}_{i=1}^{M_{\Gamma,k}}$，那么，多目标转移密度函数的详细表达为

$$f_{k|k-1}(X_k|X_{k-1}) = \frac{(1-p_{S,k})^{X_{k-1}} K_s^{|X_k|}}{\left(1-\left\langle q_{\Gamma,k}^{(\cdot)}, 1\right\rangle\right)^{\{1,\cdots,M_{\Gamma,k}\}}} \cdot \sum_{W \subseteq X_k} \sum_{\tau \in \mathcal{T}(W, X_{k-1})} \sum_{v \in \mathcal{T}(W,\{1,\cdots,M_{\Gamma,k}\})} q_{\Gamma,k,v}^{X_k} \left(\frac{q_{S,k,\tau}}{q_{\Gamma,k,v}}\right)^W \tag{8-140}$$

式中，$q_{\Gamma,k,v}(x) = q_{\Gamma,k}^{(v(x))}(x)$。

2）声呐观测模型

假定，k 时刻目标 $x_k \in X_k$ 以概率 $p_{D,k}(x_k)$ 检测对应一个测量 $z_k \in Z_k$，且似然为 $g_k(z_k|x_k)$；或者，以概率 $1-p_{D,k}(x_k)$ 漏检，取值 $z_k = \varnothing$。那么，每一个目标状态 $x_k \in X_k$ 将可用一个伯努利 RFS 描述，记为 $D_k(x_k)$，其发生概率和概率分布分别为 $r = p_{D,k}(x_k)$、$p(\cdot) = g_k(\cdot|x_k)$。

k 时刻，由所有目标产生的测量集合为

$$\Re_k(X_k) = \bigcup_{x_k \in X_k} D_k(x_k) \tag{8-141}$$

若多个目标观测过程对应的多伯努利 RFS 是相互独立的，那么，RFS $\Re_k(X_k)$ 的多伯努利 RFS 的参数集为

$$\{(p_{D,k}(x_k), g_k(\cdot|x_k)) : x_k \in X_k\} \tag{8-142}$$

进一步，RFS $\Re_k(X_k)$ 的概率密度为

$$\pi_{\Theta,k}(Z_k|X_k) = K_o^{|Z_k|}(1-p_{D,k})^{X_k} \sum_{\tau \in \mathcal{T}(Z_k, X_k)} q_{D,k,\tau}^{Z_k} \tag{8-143}$$

式中，K_o 表示观测空间中的一个单位单元；$q_{D,k,\tau}(z) = p_{D,k}(\tau(z)) g_k(z|\tau(z)) / [1 - p_{D,k}(\tau(z))]$。

除了由目标产生的测量外，声呐观测中还包含有杂波。一般地，杂波个数服从泊松分布，杂波位置服从均匀分布，杂波 RFS 可建模为泊松 RFS，记为 K_k。那么，k 时刻的观测集合可表达为目标观测集 $\Re_k(X_k)$ 与杂波测量 K_k 的并集，即

$$Z_k = \Re_k(X_k) \cup K_k \tag{8-144}$$

观测集合的概率分布，常用似然函数表示，这是目标跟踪中的一个核心概念，也是利用多帧多维信息区分目标与杂波的物理基础。假定观测 RFS 具有相互独立性，多目标 RFS $\Re_k(X_k)$ 的概率密度记为 $\pi_{\Re,k}(\cdot|\cdot)$，杂波 RFS K_k 的概率密度记为 $\pi_{K,k}$。那么，声呐观测似然函数为

$$g_k(Z_k | X_k) = \sum_{W \subseteq Z_k} \pi_{\Re,k}(W | X_k) \pi_{K,k}(Z_k - W) \tag{8-145}$$

式中，“$-$”运算符表示集合减法。式（8-144）和式（8-145）描述了多目标观测的生成，抽象了目标检测、测量、杂波模型等。

若 K_k 是强度为 κ_k 的泊松 RFS，即 $\pi_{K,k}(Z) = \mathrm{e}^{-\langle \kappa_k, 1 \rangle} K_o^{|Z|} \kappa_k^Z$，那么，声呐观测似然函数的详细表达式为

$$g_k(Z_k | X_k) = (1 - p_{D,k})^{X_k} \mathrm{e}^{-\langle \kappa_k, 1 \rangle} K_o^{|Z|} \kappa_k^Z \sum_{W \subseteq Z_k} \sum_{\tau \in \mathcal{T}(W, X_k)} \left(\frac{q_{D,k,\tau}}{\kappa_k} \right)^W \tag{8-146}$$

2. 目标跟踪优解

若已知上一时刻的多目标状态先验，目标跟踪的优解问题可转变为利用新到来的观测（条件概率）推断当前时刻的多目标状态后验，那么，可基于贝叶斯定理取得目标跟踪优解，理论示意如图 8-14 所示。

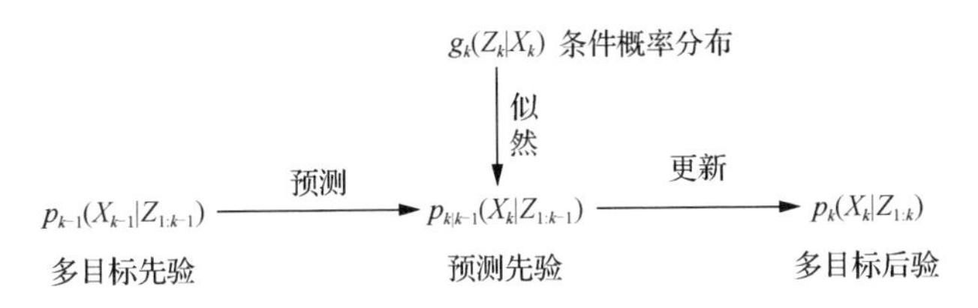

图 8-14　目标跟踪的贝叶斯推断示意

1）贝叶斯定理

贝叶斯定理是关于随机事件 A 和 B 的条件概率，如图 8-15 所示。

$$P(A|B) = \frac{P(B|A)P(A)}{P(B)} \tag{8-147}$$

式中，$P(A)$ 是 A 的先验概率；$P(B|A)$ 是已知 B 发生后 A 的条件概率；$P(A|B)$ 是

A 的后验概率。在跟踪中，$P(A)$、$P(B|A)$、$P(A|B)$ 分别对应为目标先验、观测似然和目标后验。

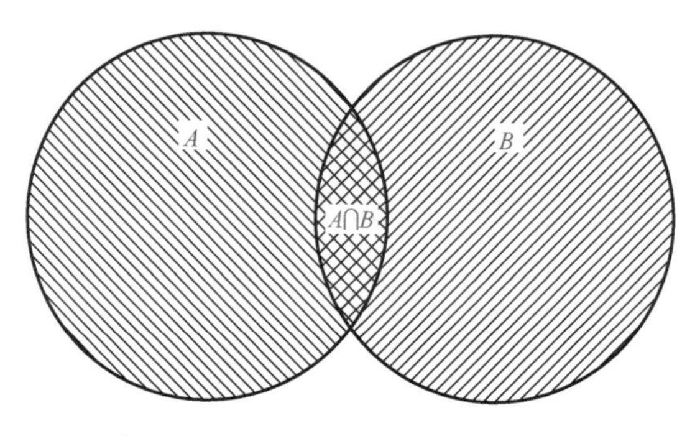

图 8-15　贝叶斯定理示意

2）单目标

假定 $k-1$ 时刻，已知先验 $p(x_{k-1}|Z_{k-1})$，根据目标运动状态的一阶马尔可夫特性，其一步预测概率密度函数（probability density function，PDF）可表示为

$$\begin{aligned} p(x_k|Z_{k-1}) &= \int p(x_k, x_{k-1}|Z_{k-1})\mathrm{d}x_{k-1} = \int p(x_k|x_{k-1}, Z_{k-1})p(x_k|Z_{k-1})\mathrm{d}x_{k-1} \\ &= \int p(x_k|x_{k-1})p(x_{k-1}|Z_{k-1})\mathrm{d}x_{k-1} \end{aligned} \tag{8-148}$$

式中，$p(x_k|x_{k-1})$ 表示状态转移概率密度，当系统具有加性过程噪声时：

$$p(x_k|x_{k-1}) = \int \delta(x_k - f_{k-1}(x_{k-1}))\rho(w_{k-1})\mathrm{d}w_{k-1} \tag{8-149}$$

其中，$\delta(\cdot)$ 为狄拉克 δ（Dirac delta）函数。

观测的一步预测 PDF 为

$$\begin{aligned} p(z_k|Z_{k-1}) &= \int p(x_k, z_k|Z_{k-1})\mathrm{d}x_k = \int p(z_k|x_k, Z_{k-1})p(x_k|Z_{k-1})\mathrm{d}x_k \\ &= \int p(z_k|x_k)p(x_k|Z_{k-1})\mathrm{d}x_k \end{aligned} \tag{8-150}$$

式中，$p(z_k|x_k)$ 表示输出似然 PDF，当系统具有加性量测噪声时：

$$p(z_k|x_k) = \int \delta(z_k - h_k(x_k))\rho(v_k)\mathrm{d}v_k \tag{8-151}$$

k 时刻，关联新的量测信息 z_k，利用贝叶斯公式计算系统状态的后验 PDF：

$$\begin{aligned} p(x_k|Z_k) &= \frac{p(Z_k|x_k)p(x_k)}{p(Z_k)} = \frac{p(z_k, Z_{k-1}|x_k)p(x_k)}{p(Z_k)} \\ &= \frac{p(z_k|Z_{k-1}, x_k)p(x_k|Z_{k-1})p(x_k)}{p(z_k|Z_{k-1})p(Z_{k-1})p(x_k)} \\ &= \frac{p(z_k|x_k)p(x_k|Z_{k-1})}{p(z_k|Z_{k-1})} \end{aligned} \tag{8-152}$$

3）多目标

类比于单目标贝叶斯滤波的变量积分，在 RFS 下可构建多目标贝叶斯滤波器的集合积分表达，并得到多目标贝叶斯滤波器的递推表达式，具体如下。

运动预测步，

$$p_{k|k-1}(X_k|Z_{1:k-1})=\int f_{k|k-1}(X_k|X)p_{k-1}(X|Z_{1:k-1})\mu_s(\mathrm{d}X) \tag{8-153}$$

观测更新步，

$$p_k(X_k|Z_{1:k})=\frac{g_k(Z_k|X_k)p_{k|k-1}(X_k|Z_{1:k-1})}{\int g_k(Z_k|X)p_{k|k-1}(X_k|Z_{1:k-1})\mu_s(\mathrm{d}X)} \tag{8-154}$$

进一步，多目标贝叶斯滤波器预测步和更新步的概率生成泛函表达公式如下：

$$G_{k|k-1}[h|Z_{1:k-1}]=\int G_{f,k|k-1}[h|X]\pi_{k-1}(X|Z_{1:k-1})\mu(\mathrm{d}X) \tag{8-155}$$

$$G_k[h|Z_{1:k}]=\frac{U_k^{|Z_k|}[0,h;\delta_{Z_k}|Z_{1:k}]}{U_k^{|Z_k|}[0,1;\delta_{Z_k}|Z_{1:k}]} \tag{8-156}$$

式中，

$$U_k[l,h|Z_{1:k}]=\int h^X G_{g,k}[l|X]\pi_{k|k-1}(X|Z_{1:k-1})\mu(\mathrm{d}X) \tag{8-157}$$

3. 目标跟踪优解的实现方法

目标跟踪优解，即在新生目标位置未知、目标个数及状态未知且时变的条件下，利用受杂波、漏检、误差等污染的声呐测量数据，实现目标个数和目标轨迹的联合最优估计，其实现过程中涉及了集合积分运算，解析困难。针对目标跟踪优解的实现，国内外多家科研院所和工业部门在长期“自下而上”式的应用研究中，形成了以数据关联为主要特征的实现方法，并结合序贯检测目标航迹起始、交互多模型目标航迹保持等，虽实现了多目标跟踪，但可解释性差、优化能力弱、工程实现复杂。为此，Mahler[10,13]以“自上而下”的方式，通过多目标后验的矩近似以及密度近似，较好地实现了目标跟踪优解。

2003 年，Mahler[10]提出了多目标后验密度的一阶统计矩近似，即概率假设密度（probability hypothesis density，PHD）滤波器；Vo 等[11-12]分别利用序贯蒙特卡罗（sequential Monte Carlo，SMC）和高斯混合（Gaussian mixture，GM）假定进行了精湛的闭合实现。由于 PHD 滤波器是对多目标后验密度的一阶矩近似，而无高阶信息，导致低信噪比下目标个数估计的不稳定。2007 年，Mahler[13]提出了势概率假设密度（cardinalized probability hypothesis density，CPHD）滤波器，同时传递了多目标后验密度的一阶矩和势分布，提高了目标个数估计精度；之后，由 Vo 等[14]进行了 CPHD 的闭合实现。矩近似推导是以高斯假定为基础的，而为了获得超越高斯的多目标滤波性能，2007 年 Mahler[15]在多伯努利 RFS 下推导了多目标后验密度近似的多目标多伯努利（multi-target multi-Bernoulli，MeMBer）滤波器。而后，Vo 等[16]在 MeMBer 的实现研究中发现了 Mahler 推导过程中的一个缺陷，该缺陷导致了 MeMBer 滤波器出现目标个数估计偏大的问题。于是，他们提出了改进的 MeMBer，即势均衡 MeMBer（cardinality balanced MeMBer，CBMeMBer），并利用 GM 和 SMC 分别给出了 CBMeMBer 的闭合实现。

2013 年，Vo 等[17]针对 CPHD、CBMeMBer 等不能直接获得目标轨迹的问题，建立了标签随机有限集（labeled RFS，LRFS）理论。基于标签随机有限集，Vo 等[18]进行了广义标签多伯努利（generalized labeled multi-Bernoulli，GLMB）滤波的闭合实现研究，取得了显著优于 CPHD 和 CBMeMBer 的多目标跟踪效果（势估计性能与 OSPA 距离）。针对 Murty（穆尔蒂）分配排序择优实现的计算代价高，2017 年，Vo 等[19]基于 Gibbs（吉布斯）采样提出了 GLMB 的高效实现方法。

以 Mahler 为代表的研究者提出的 RFS（LRFS）的目标跟踪优解实现方法，正以其优雅的理论、简洁的系统、适宜的计算量和贝叶斯意义下的次最优的目标个数和目标轨迹的联合估计实现，推动并颠覆着声呐[20]、雷达[21]、图像[22]等各个行业的多目标跟踪技术应用。

参 考 文 献

[1] Thomas A S, Arthur A G. 信号检测与估计：理论与应用[M]. 关欣，等译. 北京：电子工业出版社, 2012.
[2] McDonough R N, Whalen A D. 噪声中的信号检测[M]. 王德石，等译. 北京：电子工业出版社, 2006.
[3] 张明友，吕明. 信号检测与估计[M]. 北京：电子工业出版社, 2005.
[4] Burdic W S. Underwater acoustic system analysis[M]. 2nd ed. California Los Altos: Peninsula Publishing, 2002.
[5] Kay S M. 统计信号处理基础：估计与检测理论[M]. 罗鹏飞，等译. 北京：电子工业出版社, 2014.
[6] 何友，修建娟，关欣，等. 雷达数据处理及应用[M]. 北京：电子工业出版社, 2013.
[7] 吴卫华，孙合敏，蒋苏蓉，等. 随机有限集目标跟踪[M]. 北京：国防工业出版社, 2020.
[8] 孙旭，李然威，胡鹏. 目标机动未知下的有源声呐跟踪滤波方法[J]. 声学学报, 2016, 41(3): 371-378.
[9] Mahler R P S. 多源多目标统计信息融合进展[M]. 范红旗，等译. 北京：国防工业出版社, 2017.
[10] Mahler R P S. Multitarget Bayes filtering via first-order multitarget moments[J]. IEEE Transactions on Aerospace and Electronic Systems, 2003, 39(4): 1152-1178.
[11] Vo B N, Ma W K. The Gaussian mixture probability hypothesis filter[J]. IEEE Transactions on Signal Processing, 2006, 64(11): 4091-4104.
[12] Vo B N, Singh S, Doucet A. Sequential Monte Carlo methods for Bayesian multi-target filtering with random finite sets[J]. IEEE Transactions on Aerospace and Electronic Systems, 2005, 41(4): 1224-1245.
[13] Mahler R P S. PHD filters of higher order in target number[J]. IEEE Transactions on Aerospace and Electronic Systems, 2007, 43(4): 1523-1543.
[14] Vo B T, Vo B N, Cantoni A. Analytic implementations of the cardinalized probability hypothesis density filter[J]. IEEE Transactions on Signal Processing, 2007, 55(7): 3553-3567.
[15] Mahler R P S. Statistical multisource-multitarget information fusion[M]. London: Artech House, 2007.
[16] Vo B T, Vo B N, Cantoni A. The cardinality balanced multi-target multi-Bernoulli filter and its implementations[J]. IEEE Transactions on Signal Processing, 2009, 57(2): 409-423.

[17] Vo B T, Vo B N. Labeled random finite sets and multi-object conjugate priors[J]. IEEE Transactions Signal Processing, 2013,61(13): 3460-3475.

[18] Vo B T, Vo B N, Phung D. Labeled random finite sets and the Bayes multi-target tracking filter[J]. IEEE Transactions Signal Processing, 2014, 62(24):6554-6567.

[19] Vo B T, Vo B N, Hoang H G. An efficient implementation of the generalized labeled multi-Bernoulli filter[J]. IEEE Transactions Signal Processing, 2017, 65(8):1975-1987.

[20] Su X, Li R W, Zhou L S. Multidimensional information fusion in active sonar via the generalized labeled multi-bernoulli filter[J]. IEEE Access, 2020, 8:1335-1347.

[21] Granstrom K, Natale A, Braca P, et al. Gamma gaussian inverse wishart probability hypothesis density for extended target tracking using X-band marine radar data[J]. IEEE Transactions Geosciences and Remote Sensing, 2015, 53(12):6617-6631.

[22] Zhang L, Lan J. Tracking of extended object using random matrix with non-uniformly distributed measurements[J]. IEEE Transactions on Signal Processing, 2021, 69: 3812-3825.

第9章　声呐总体设计

声呐工程设计习惯上分为总体设计和分系统（分机）设计两个层次。总体设计是指根据立项批复或研制总要求，围绕实现装备使命任务、功能性能，在整机层面开展需求和限制分析，从而明确设计输入，确定技术路线、基本组成、内外接口、主要声学参量，形成研制方案、分系统（分机）研制任务书、试验验证要求等整机设计输出的活动；分系统（分机）设计则是根据总体下达的研制任务书，确定各项功能性能物理实现的途径和方法，按标准化要求编制、齐套产品文件的过程。总体设计和分系统（分机）设计相辅相成，在装备整个研制周期内不断迭代优化。本章以声呐声学功能性能实现为主线，阐述声呐总体设计及其综合优化的方法和涉及的相关模型，并举例说明。

9.1　声呐总体设计概述

9.1.1　总体设计准则

“既见树木，也见森林”：声呐装备一般处于武备系统的中间层次，其下有接收、发射、信号信息处理等分系统，其上还有反潜、作战等上层系统。声呐总体设计时，“既见树木”要求设计人员把目光深入到具体工程技术，使每一项总体设计都有坚实的基础；“也见森林”要求将设计视野提高到声呐的上级系统、平台乃至更高的应用全局，声呐设计能够更完整地满足需求、匹配限制条件，必要性得到充分满足。

先进性与成熟度兼顾：技术先进性是设计师需优先考虑的事项，因为它是决定产品市场竞争力和市场周期的重要因素。它包括两个方面：一是新技术的占比，二是每一项新技术的成熟度（通常用技术成熟度模型来表征，从低到高共分9个级别）。凡是技术复杂的产品，大都要在继承基础上创新，过多采用新技术会加大研制风险，延长研制周期，如果是关键技术的话，甚至可能造成工程失败。所以，一项好的总体设计必须在先进性与成熟度上做出恰到好处的平衡，使开发者将精力集中在最关键的问题上。在形成研制方案之前，所有关键技术必须得到与其重要性相匹配的验证。

风险可控：在整个设计过程中，要同步开展风险识别与分析，针对每一个风险源制定与其影响程度相适应的风险应对措施，形成风险预案。其中，对一些复杂设计的验证，可以分步验证但一定要不断收敛。当最优难以达成时，要及时采取次优预案，确保设计进度支持研制工作如期实现工程目标。

9.1.2　总体设计方法

声呐声学性能设计的常用方法是围绕目标函数的全局综合寻优法。其要点如下。

一是突出核心功能。声呐装备因其使命任务不同，需求指向的核心性能也有所不同。探测声呐的核心性能一般为作用距离。进行声呐设计时，将核心性能实现作为牵引项，所有支撑其他功能性能实现的参量取值，若导致核心性能明显下降，则在设计中应被摒弃，这样做可有效降低初始设计的参量自由维度。

二是各项功能性能综合兼优。现代声呐都是综合声呐，有多方面的功能性能要求，由于各项性能往往相互制约且随时空变化，设计过程只有对形成功能性能的所有参量坚持核心性能优先基础上的全局优化，才能最大限度完成声呐承担的使命任务。

三是量化与定性相结合。钱学森指出，大系统量化解决工程问题过程中要“直接引用一些经验的知识，利用专家系统的办法”[1]。应用数值化模型可实现设计过程的清晰量化传递，为设计—验证—改进提供良好基础。但是，若一味地坚持参量量化，则可能出现因不确定性因素太多、无法有效建模导致长时间内无法开展下一步设计的情况。所以，无论是设计分解还是综合过程，均需精准量化与模糊设计结合，确保设计按计划完成。

此外，声呐总体设计中，还需运用可靠性系统工程、质量管理、项目管理、软件工程管理方面的专业技术方法，具体内容请参阅相关文献。

9.1.3　总体设计流程

典型声呐总体设计流程包含需求分析、功能性能组成及接口设计、设计校核三个步骤，如图 9-1 所示。

需求分析就是要确定声呐设计的各种要求（外部特性）、限制和支撑条件，形成设计输入清单；功能性能组成及接口设计是把输入要求进行合理的、有层次的分解，将复杂问题降解为相对简单的问题并完成全局优化，确定验证方式方法和分系统（分机）设计要求（内部特性）；设计校核是总体设计结束前对设计进行的全面验证。

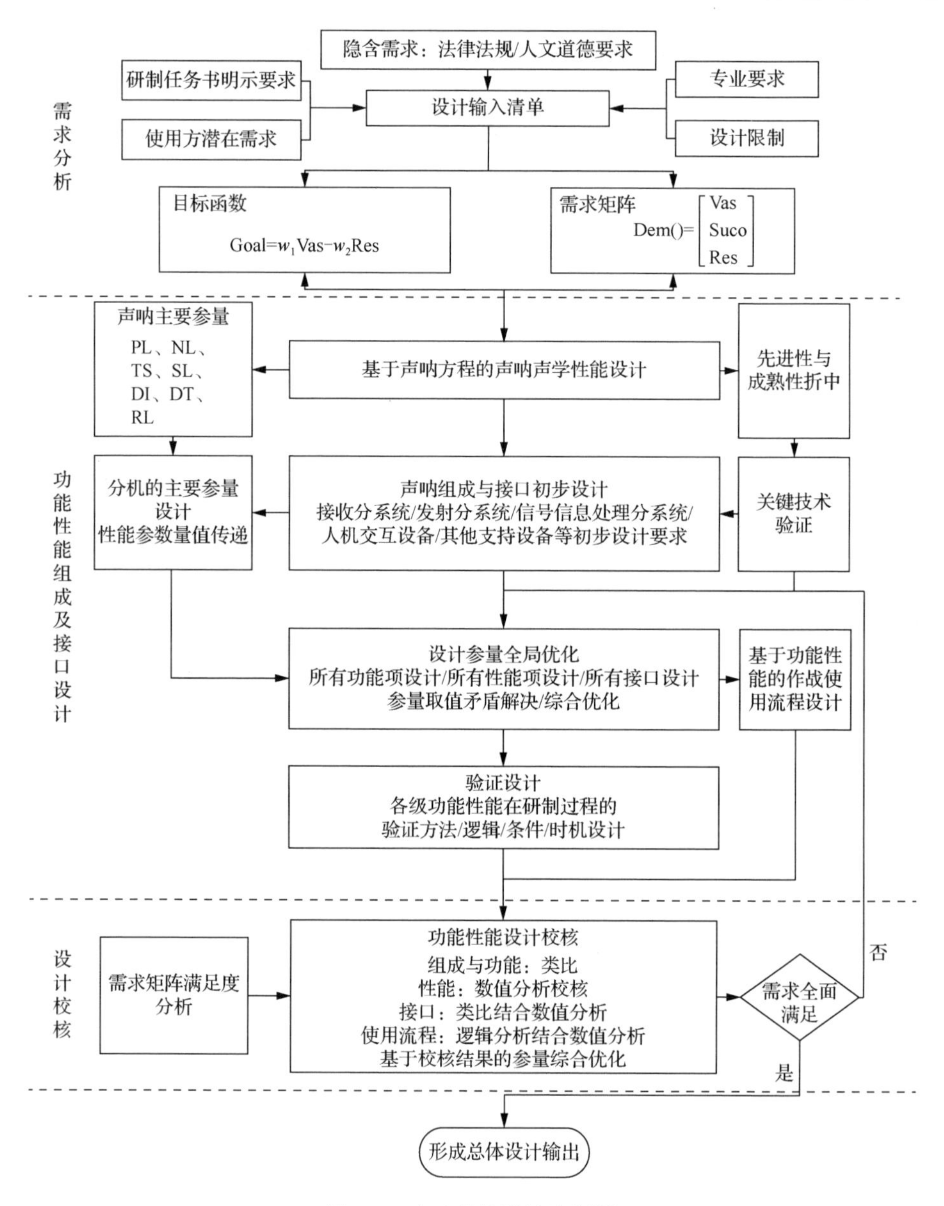

图 9-1　声呐总体设计流程图

9.2　声呐总体设计要点

9.2.1　需求分析

需求分析就是围绕声呐设计应满足的“要求”，进行全方位的调研、分析、综合，将利益相关方的各种明示的、隐含的要求转化为完整的需求定义和设计限制，形成设计输入，从而确定声呐必须做什么，为声呐设计、完善和维护提供依据。从需求来源来看，除了研制任务书（或研制总要求）这一主要来源以外，还包括法律法规/人文道德要求、上层系统要求、设计方内部专业要求（往往比外部要求更高）、使用方潜在需求等。重点关注以下几方面。

安装平台：声呐安装平台对声呐设计的影响很大。①根据平台对声呐功能性能的定位，得到声呐的性能上下限，以及最远探测距离和近程探测盲区距离；②根据平台机动需求，得到声呐不同速度下探测需求/限制、声呐基阵需求/限制，得到声呐基阵形式/规模上限、声呐基阵入水深度上下限、流噪声上下限，以及声呐基阵和其收放设备的承力底线；③根据平台噪声源分布及其传播情况，结合声呐基阵的位置，得到声呐探测视界限制、声呐观察范围上下限；④根据平台对声呐的使用需求，得到声呐的基本配置；⑤根据平台支持声呐安装与作业的空间尺寸，得到声呐主要结构体组成上限；⑥根据平台供电性能，得到声呐主动发射用电上限，进而得到声呐发射电功率、声功率、声源级及发射脉冲宽度上限。

使用场景：声呐的主要使命任务规定了主要的声呐作战场景、功能，要从上级系统、平台乃至体系的高度来理解、分析声呐的作用，据此挖掘出更多有益于使命实现的功能性能。使用方式和应用场景在声呐设计与使用中的关联参量主要为传播损失、声速、声速梯度、区域尺寸、海深、背景噪声级、混响级等。

目标特性：要对声呐拟探测的目标做详尽的特性分析。依据这些特性，可得到目标强度、基本频带、声呐基阵工作深度范围以及声呐基阵有效声孔径下限等，甚至延伸影响到探测时的传播损失等。

专业要求：设计单位出于发展和市场竞争考虑，往往制定比国家标准、行业标准更严格的专业要求，有的形成了企业规范，有的只是惯例，需要设计师挖掘。另外，由于水声科学的复杂性和实验性，要求声呐总体设计时更多地汲取前人的经验和教训。

设计限制：工业制造能力、材料、工艺等，限制了声呐设计的极限，声呐设计需据此提出支持条件。声呐使用条件如拖曳声呐的最大/最小拖曳速度、最大/最小拖曳深度等；声呐安装支持条件如安装尺寸、允许重量；声呐工作条件如电/磁/声兼容、功耗、冷却以及使用人员配置等需求；各类接口需求，如信息接口、电气接口、能源接口、物理结构等。

需求分析的结果是形成声呐设计输入清单。在此基础上，对需求进行综合分析，将所有上述因素归结为价值因素 Vas（如声呐的功能性能）、支撑条件 Suco（如场景定义下的环境条件）、限制条件 Res （如平台航速、安装空间限制等），最终得到目标函数和需求矩阵。

在依据需求建立目标函数Goal时，Vas的贡献为正，Res的贡献为负，即有

$$\text{Goal} = w_1\text{Vas} - w_2\text{Res} \tag{9-1}$$

式中，w_1、w_2为权重视情取值。Suco在确定有效情况下无须纳入，但形成输入需求矩阵时，则三类需求均应纳入，即有需求矩阵Dem()：

$$\text{Dem()}=\begin{bmatrix}\text{Vas}\\ \text{Suco}\\ \text{Res}\end{bmatrix} \tag{9-2}$$

9.2.2　功能性能组成及接口设计

1. 基于声呐方程的探测性能设计

声呐对潜探测的能力表现为：有效接触（能够探测到）、有效跟踪（持续有效接触）、有效特征提取（高阶信息可获取）、有效分类/识别（特征能够归集并形成规律或与历史数据相关）。有效接触是探测能力的基础，所以，最大探测距离往往成为对潜艇探测的核心性能。而基于能量统计平均的声呐方程，通过将声传播距离产生的传播损失与声呐其他参量相关联，满足了对最大探测距离的追求，因此，声呐总体设计一般从基于声呐方程的声呐参量设计开始。

对于声呐方程，本书第2章中已有基本介绍。把声呐方程中与探测距离r直接关联的声呐参量移到等式左边，得到下列各式。

1）主动声呐

基于噪声限制的主动声呐方程由式（2-1）转化为

$$2\text{PL} = \text{SL}+\text{TS} - \text{NL}+\text{DI} - \text{DT}+\text{dVas} \tag{9-3}$$

式中，dVas为代价补偿因子。

基于混响限制的主动声呐方程由式（2-2）代入界面混响计算式（6-29），得到

$$\begin{cases}2\text{PL} = \text{SL} - \text{RL} + \text{TS} - \text{DT} + \text{dVas}\\ 2\text{PL} = \text{SL} - (\text{SL} - \dfrac{3}{2}\text{PL} + \text{BS}_\text{S} + 10\lg\dfrac{cT}{2} + 10\lg\Theta) + \text{TS} - \text{DT} + \text{dVas}\\ \dfrac{1}{2}\text{PL} + \text{BS}_\text{S} = \text{TS} - 10\lg\dfrac{cT}{2} - 10\lg\Theta - \text{DT}+\text{dVas}\end{cases} \tag{9-4}$$

式中，$\text{BS}_\text{S}=10\lg\mu = 20\lg(\sin\alpha)$，其随距离增加与海底夹角$\alpha$变小，接收方向的$\text{BS}_\text{S}$下降，是与距离相关的量，因此放在等式左侧。

2）被动声呐

被动声呐方程：

$$PL = SL - NL + DI - DT + dVas \tag{9-5}$$

工程设计中，式（9-3）～式（9-5）的左边可认为是目标函数，而右边则是代价函数，其中，考虑各方程式中参量的不确定因素，等式右边均有一个代价补偿因子 dVas，此因子在不同声呐配置、不同应用场景中取值各有不同。该代价补偿因子通过控制设计/制造精度，并实施必要验证，可降低因工程实现不确定度引起的补偿需求。这些因素中，如环境与目标对象客观存在的不确定度、声呐使用中不可避免的失配引起的性能下降，补偿必不可少；另外一些由设计与制造引起的不确定度，可通过控制设计/制造精度，并实施必要验证，降低补偿需求。

在基于声呐方程的声呐性能实现典型设计中，dVas 可置为 0。为实现不同需求下的最大探测距离，可根据式（9-3）～式（9-5）开展设计。依据前述章节各参量模型，对上述等式右边按倍频程分段搜索，以等式左边参量 PL 、BS_S 为目标函数，得到 NL 、 TS 的基础量值和 SL 、 DI 与设备规模的量化关系，以及 DT 与主动信号脉冲宽度 T （或被动信号非相干累积时间长度）、累积次数 IF （可以理解为时间积累的倍数）的量化关系， RL 则与 SL 、信号处理带宽 B 、脉冲宽度 T 等关联。利用计算机实施数值搜索，实现各参量取值范围寻优。

背景噪声级 NL 的设计与取值： NL 与声呐使用场景、典型条件等均有直接关系，且随不同工作频率变化。因此需根据需求矩阵所述条件、场景，按多个频段进行搜索式量化（主动声呐一般需按不同的频率带宽搜索，且带宽随不同中心频率变化；被动声呐一般按一个倍频程搜索）。具体量化如第 5 章所述，根据不同频带，基于相应应用场景、平台、拖曳流噪声等的模型，实施 NL 量化计算。

（1）在浅海、深海乃至浅水应用的声呐，应按照不同的环境噪声级取值，此类取值一般在需求建立文件中会明确。

（2）因平台作用到声呐接收基阵形成的噪声背景级一般会由平台的设计规定性文件确定。由平台产生的噪声作用到声呐基阵，往往存在指向性限制，将其纳入量化分析时需要综合考虑声呐基阵波束形成性能及环境中可能存在的遮挡效应。

（3）拖曳流噪声与海洋背景噪声的相关性存在差别，由此存在不同的抑制模式，初步分析时可考虑随机相加，细化设计时则应采用针对性方法。

（4）由于电路噪声与海洋环境噪声在频率轴上的分布不同，在中低频（10kHz 以下）时，一般很容易实现电路噪声远小于声背景噪声，可以忽略。

混响级 RL 的设计与取值：基于混响的主动探测主要分两类，一是最大性能出现在混响限制区，二是部分性能出现在混响限制区。第一类情况在以潜艇为目标对象时，仅出现在极端海域：海底是很大的斜坡区，且于负声速梯度区域探测，声呐与潜艇的相对态势为声呐所在海区深、潜艇所在海区浅。第二类情况则在主动声呐对潜艇探测过程中比较容易出现，表现为：较近的区域受混响限制，较远的区域受噪声限制。这种情况下分析主动声呐最远极限探测性能时，不需要考虑混响影响，但分析声呐近程探测效能时，必须考虑混响影响。

对大多数情况潜艇探测起作用的一般是海底混响，可按式（9-6）计算：

$$\mathrm{RL}=\mathrm{SL}-30\lg r+\mathrm{BS_S}+10\lg\frac{cT}{2}+10\lg\Theta \tag{9-6}$$

目标强度TS的设计与取值：潜艇的TS一般没有精准的计算模型，进行声呐设计时通常直接用有关指定值，或是根据类比获得。需要注意的是在较宽频率范围，类比应考虑消声瓦的效应。单基地与多基地主动声呐设计中均需考虑不同入射角、反射角以及不同材质物体、不同形状物体的TS值差异性。表3-4给出了一些简单形状物体的目标强度粗略计算模型；对复杂形状目标，最有效的方法是实测。

声源级SL的设计与取值：被动声呐的SL由潜艇的辐射声级决定，且区分宽带声级和窄带声级；主动声呐的SL取值通过性能牵引下的设计得到，具体通过声呐基阵、发射机设计等支撑实现。

被动声呐的SL一般根据潜艇类型、频带，由经验或顶层输入文件明确。一般会规定潜艇 1kHz 处谱级、频带内声级变化规律，宽带声级可据此计算得到。线谱则需明确在连续谱对应频率上增加的分贝值。

如前述章节所述，按倍频程 A 衰减的声功率，由单频点功率计算宽带功率：

$$P_\mathrm{T}=\int_{f_1}^{f_2}P(f_0)\left(\frac{f}{f_0}\right)^{A/3}\mathrm{d}f=P(f_0)\int_{f_1}^{f_2}\left(\frac{f}{f_0}\right)^{A/3}\mathrm{d}f \tag{9-7}$$

主动声呐的声源级一般按式（9-8）计算：

$$\mathrm{SL}=170.8+10\lg P_\mathrm{e}+10\lg\eta+\mathrm{DI_t} \tag{9-8}$$

式中，P_e 为基阵输入端的电功率；η 为基阵电声转换效率；$\mathrm{DI_t}$ 为发射基阵指向性指数。

声呐基阵指向性指数DI的设计与取值：如声呐基阵章节（第 7 章）所述，不同形式的声呐基阵的指向性指数计算式是不同的。表 9-1 给出了一些常用声呐基阵的指向性指数计算式。计算式中未考虑声呐基阵在不同速度下的变化、环境的三维不均匀性等。

表 9-1　一些简单声呐基阵的指向性指数计算式[2]

阵型	DI
均匀线（列）阵（长 L，波长 λ）	$10\lg(2L/\lambda)$
平面阵（长 L，高 h，波长 λ）	$10\lg(4Lh/\lambda^2)$
圆面阵（半径 R，波长 λ）	$20\lg(2R\pi/\lambda)$
柱形阵（半径 R，高 h，频率 f）	$10\lg(10f^2Rh)$

检测阈DT的设计与取值：如信号检测与处理章节（第8章）所述，被动声呐和主动声呐的检测阈计算式是不同的。距离牵引的设计中，检测阈DT是以获取最大输出信噪比为目的的检测器为基础、规定的检测概率和虚警概率为量化条件确定的。在一般情况下，检测概率P_D和虚警概率P_{FA}在任务建立时即已明确或者是行业通识，如潜艇探测中，检测概率P_D取为50%，虚警概率P_{FA}取为0.01%。除存在特殊检测器，被动声呐一般采用“高斯噪声中未知信号的检测方法”的最优检测器，即为平方律检波，主动声呐一般采用“高斯噪声中确知信号的检测方法”的最优检测器，即为匹配滤波器。对特殊的检测器，因其输出概率分布可能不同，需形成相应的检测阈。

传播损失PL的取值：在频率范围确定后，结合海域数据（历史数据），可通过传播损失计算模型计算得到在不同距离上的传播损失；主动声呐的传播损失必须考虑声源—目标—接收基阵全过程，当声源与接收基阵同位时，可单程计算再倍乘。

对数千米量级以上的传播损失，条件具备时，应查找需求分析得到的任务海域的历史数据（包括季节声速梯度、海深、海底地形、海底底质等），并结合预期目标、声源及接收基阵的可能布置深度，通过第4章的模型计算得到。

对一些基本不会多次接触海底界面、探测距离较近的主动声呐，进行传播损失分析时，可采用扩展损失加吸收损失模型。经典的吸收损失模型为Thorp提出的声吸收公式［式（2-8）］，其计算在前述章节已给出。

最佳工作频率f_{opt}选取：参照文献[3]的思路进行最佳工作频率f_{opt}选取，f_{opt}是指最大限度满足需求的声呐工作频率，对于探测潜艇为主的声呐，最佳工作频率一般是指可由最小信号裕量达到规定作用距离时对应的频率，即

$$f_{opt}=\arg\max[\mathrm{SE}(f)]=\arg\max[\mathrm{FOM}(f)-\mathrm{PL}(r,f)] \tag{9-9}$$

$$0=\frac{\mathrm{SE}(f)}{\mathrm{d}f}=\frac{\mathrm{d}[\mathrm{FOM}(f)]}{\mathrm{d}f}-\frac{\mathrm{d}[\mathrm{PL}(r,f)]}{\mathrm{d}f} \tag{9-10}$$

$$\frac{\mathrm{d}[\mathrm{FOM}(f)]}{\mathrm{d}f}=\frac{\mathrm{d}[\mathrm{PL}(r,f)]}{\mathrm{d}f} \tag{9-11}$$

将$\mathrm{PL}(r,f)$代入声吸收公式（2-8），则对被动声呐有（其中距离单位为m，频率单位为kHz）

$$\left.\frac{\mathrm{d}[\mathrm{PL}(r,f)]}{\mathrm{d}f}\right|_{\mathrm{dB/kHz}}=\frac{r}{914.4}\left[\frac{0.2f}{1+f^2}-\frac{0.2f^2}{(1+f^2)^2}+\frac{80f^2}{4100+f^2}-\frac{160f^3}{(4100+f^2)^2}+5.5\times10^{-4}f\right] \tag{9-12}$$

$$\frac{\mathrm{d}[\mathrm{FOM}(f)]}{\mathrm{d}f}=\left\{\frac{\mathrm{d}[\mathrm{SL}(f)]}{\mathrm{d}f}-\frac{\mathrm{d}[\mathrm{NL}(f)]}{\mathrm{d}f}+\frac{\mathrm{d}[\mathrm{DI}(f)]}{\mathrm{d}f}-\frac{\mathrm{d}(\mathrm{DT})}{\mathrm{d}f}\right\} \tag{9-13}$$

对式（9-12），当 $f \ll 1\text{kHz}$（称为低频）时，有

$$\frac{\mathrm{d}[\mathrm{PL}(r,f)]}{\mathrm{d}f}\Big|_{\mathrm{dB/kHz}}=\frac{r}{914.4}\left[0.2f-0.2f^2+\frac{4f^2}{205}-\frac{160f^3}{(4100)^2}+5.5\times10^{-4}f\right]\approx\frac{rf}{4572}$$

当 f 与 1kHz 可比（称为中频）时，有

$$\begin{aligned}\frac{\mathrm{d}[\mathrm{PL}(r,f)]}{\mathrm{d}f}\Big|_{\mathrm{dB/kHz}}&\approx\frac{r}{914.4}\left[\frac{0.2f}{1+f^2}-\frac{0.2f^2}{(1+f^2)^2}+\frac{80f^2}{4100}-\frac{160f^3}{(4100)^2}+5.5\times10^{-4}f\right]\\&\approx\frac{r}{914.4}\left[\frac{0.2f}{1+f^2}-\frac{0.2f^2}{(1+f^2)^2}+\frac{80f^2}{4100}+5.5\times10^{-4}f\right]\end{aligned}$$

对 f^2 的大小接近 4100 的情况，频率太高，已不适用于探测潜艇的声呐，不考虑。

为有效量化优质因数相关参量对频率的导数，调整频率间隔为倍频程，则有

$$\frac{\mathrm{d}[\mathrm{FOM}(f)]}{\mathrm{d}f}\Big|_{\mathrm{dB/kHz}}=\frac{1}{f\ln^2}\frac{\mathrm{d}[\mathrm{FOM}(f)]}{\mathrm{d}f}\Big|_{\mathrm{dB/oct}} \tag{9-14}$$

对 $f \ll 1\text{kHz}$，有

$$\frac{rf}{4572}\approx\frac{\mathrm{d}[\mathrm{PL}(r,f)]}{\mathrm{d}f}\Big|_{\mathrm{dB/kHz}}=\frac{1}{f\ln^2}\frac{\mathrm{d}[\mathrm{FOM}(f)]}{\mathrm{d}f}\Big|_{\mathrm{dB/oct}} \tag{9-15}$$

$$f\approx\sqrt{\frac{4572}{r\ln^2}\times\frac{\mathrm{d}[\mathrm{FOM}(f)]}{\mathrm{d}f}\Big|_{\mathrm{dB/oct}}} \tag{9-16}$$

假设设备尺寸不变，频率由低向高，声源级每倍频程衰减 X，背景噪声级每倍频程衰减 Y，指向性指数每倍频程增加 3dB，检测阈变化率为 0dB，则有

$$\frac{\mathrm{d}[\mathrm{FOM}(f)]}{\mathrm{d}f}\Big|_{\mathrm{dB/oct}}=-X+Y+3$$

取 X 值为 6，Y 值为 5，则得到 f_{opt}-$r_{\max}$ 关系图如图 9-2 所示。

类似地，对中频情况，得到 f_{opt}-$r_{\max}$ 关系图如图 9-3 所示。

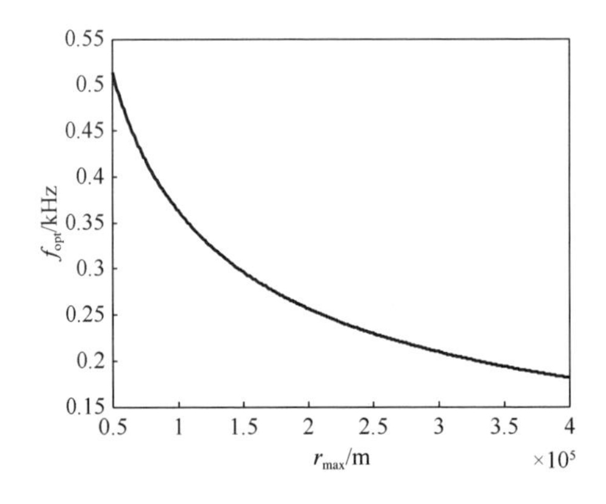

图 9-2　一种被动低频声呐的 f_{opt}-$r_{\max}$ 关系图

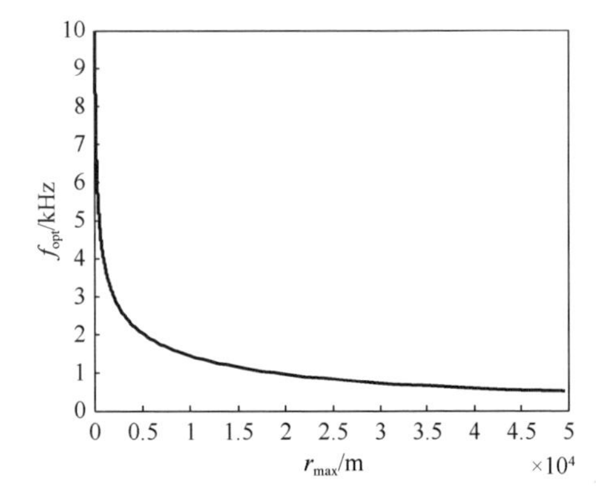

图 9-3　一种被动中频声呐的 f_{opt}-$r_{\max}$ 关系图

从上述过程可得到：频率越低，传播损失越小、目标辐射噪声越高，要探测远距离目标，应使用低频；但是频率越低，对相同尺寸的声呐基阵，指向性指数或阵增益越低，且环境噪声、拖曳流噪声等均随频率降低而升高，在浅海还会出现能量泄漏情况导致传播损失增加。因此，具体频率选择需视各因素的权重而定。

上述 f_{opt}-r_{max} 的关系建立过程中，简化了许多参量与频率的关系，在实际设计中，当掌握更精准的参量-频率关系时，应选择应用，必要时在更细微的频段分别进行搜索。对于主动声呐，FOM 组成中需包含声源级和目标强度等参量，且传播损失需考虑是双程的。

实际上，环境、目标、声呐基阵等的最优频率响应均具有一定的频带带宽，即最佳工作频率不是一个单一的频率点，而是一个频率范围，在这频率范围内均具有“最优”特性。

由此得到的最佳工作频率示意图如图 9-4 所示。纵坐标是 $\mathrm{FOM}-\mathrm{PL}$，r 为探测距离需求值；横坐标是频率。如果 $\mathrm{FOM}-\mathrm{PL}>0$，即其曲线是纵坐标 0dB 线之上，认为可以检测到目标，否则不能检测到目标。

曲线最大峰值点对应的频率为最佳工作频率 f_{opt}。取最佳工作频率两侧的比最大峰值点小 3dB 所对应的两个频率之间的范围为最佳工作频率范围 $[f_{opL}, f_{opH}]$。一般要求 $f_{opH}-f_{opL}>f_{\Delta}$，$f_{\Delta}$ 为最小最佳工作频段。

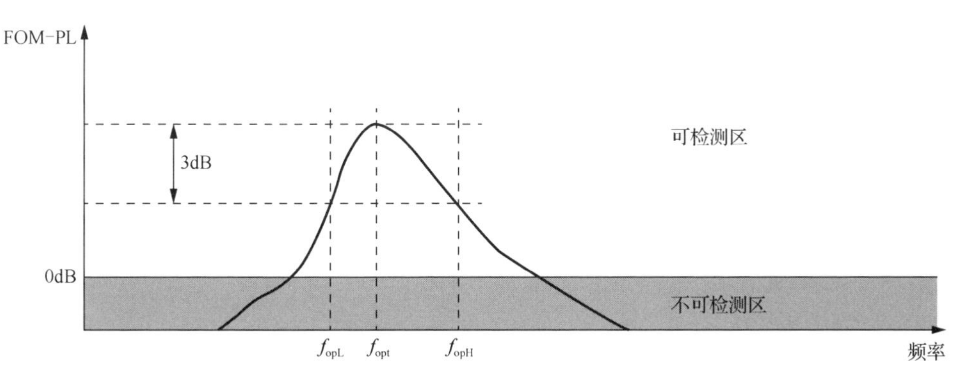

图 9-4　最佳工作频率示意图

2. 测量精度性能设计

声呐的测量精度一般包含测向精度、测距精度、测速精度等。

1）测向精度

主动、被动声呐的测向精度与目标信号输入信噪比、声呐基阵孔径、处理频段有关。测向精度一般由随机误差和系统误差组成，随机误差一般由量测环境噪声、目标信号起伏等引起，系统误差则由测量方法、评定方法、安装误差等固定因素引起。

声呐测向根据测量精度要求一般采用波束指向直接测量法、分裂子阵互谱测向法及抛物线内插法。后两者对波束宽度较大的情况适用，当波束宽度已足够小，直接用波束指向直接测量法即可得到高精度测向。

基于分裂子阵的互谱测向方法，声呐基阵分解为两个分裂子阵，每一个分裂子阵独立接收和处理空间宽带信号形成分裂波束，对左右分裂波束作检测滤波并进行互相关，计算两个波束之间的时延差，将时延差转换为方位差，即可得到目标舷角估计。基于这种方法得到测向方差为

$$\mathrm{Var}(\tilde{\varphi})=\left[2\left(\frac{\pi L}{\bar{\lambda}}\right)^2 TB_{\mathrm{n}}\mathrm{SNR}^2\right]^{-1} \tag{9-17}$$

式中，L 为两个分裂子阵的孔径；SNR 为每一个子阵在检测滤波器输出端的信噪比；T 为积分时间；B_{n} 为有效噪声带宽；$\bar{\lambda}$ 为平均波长，$\bar{\lambda}=c/\bar{f}$，$\bar{f}$ 为平均频率。

测向随机误差为测向方差的平方根：

$$e_{\varphi}=\sqrt{\mathrm{Var}(\tilde{\varphi})}=\left[\left(\frac{\pi L}{\bar{\lambda}}\right)\sqrt{2TB_{\mathrm{n}}}\mathrm{SNR}\right]^{-1} \tag{9-18}$$

若 $TB_{\mathrm{n}}=500$，SNR=1，则 $e_{\varphi}=\dfrac{\bar{\lambda}}{100L}$。

无偏估计的测向方差在理论上存在可能达到的最小下界，所有测向算法的测向精度不可能再小于这个最小值，这被称为参数估计精度的 Cramer-Rao 限[4]。Cramer-Rao 限与声呐基阵布阵形式、工作频段、信号信噪比相关，设计过程要优化布阵方式、工作参数、处理算法以使目标的探测距离、测向精度等满足应用场景对声呐的综合要求。

2）测距精度

主动测距一般基于回波时延测量实现测距，不同信号形式的时延测量方式不同，得到的测时精度也不同。单频脉冲信号的时延分辨率 $\Delta\tau=0.6T$，对应测距精度为 $\Delta R=0.6Tc/2=0.3Tc$，此处，T 为发射信号脉宽，c 为声速。LFM 信号或 HFM 信号的时延分辨率 $\Delta\tau=0.88/B$，对应测距精度为 $\Delta R=\dfrac{0.88c}{2B}=\dfrac{0.44c}{B}$。

被动测距最基本的方法是三点测距法，通过接收、解算声呐基阵与目标之间的声传播时延，转换、估计目标距离（见 8.3.1 节）。

$$r = \frac{2d^2 - c^2(\tau_{12}^2 + \tau_{23}^2)}{2c(\tau_{12} - \tau_{23})} \tag{9-19}$$

与主动测距一样，测距的相对误差主要由测时延的相对误差引起。基于三点测距法的相对测距误差为

$$e' = \frac{\sqrt{\mathrm{Var}(\tilde{r})}}{r} = \frac{\sqrt{\mathrm{Var}(\tau_{12} - \tau_{23})}}{\tau_{12} - \tau_{23}} = \frac{\Delta\tau}{\tau} \tag{9-20}$$

式中，$\tau = \tau_{12} - \tau_{23}$；$\Delta\tau = \sqrt{\mathrm{Var}(\tau_{12} - \tau_{23})}$。

被动测距误差对时延测量误差极其敏感，不难想象声呐被动测距对水听器或基阵安装精度要求很高，1cm 的距离误差就可以导致 6.7μs 的延时，因此被动测距方法对声呐基阵安装往往有特殊的要求。

3）测速精度

测速精度指主动声呐基于信号多普勒效应测量目标速度，一般通过单频脉冲信号或线性调频信号进行测速。多普勒频率分辨率 $\Delta f = 0.88/T$，测速精度为

$$\Delta v = \frac{c\Delta f}{2f_0} = \frac{0.44c}{Tf_0} \tag{9-21}$$

双曲调频信号对速度不敏感，其模糊度函数与速度为零时的线性调频信号的模糊度函数的形状相同，仅仅在时延维上有一个平移，因此单一的一个双曲调频波形无法支持速度测量。

3. 声呐组成与接口初步设计

声呐组成设计是自顶向下结构分解的过程。各种声呐虽然用途不同、形态各异，但基础的组成是大致相同的，如第 2 章所述，由接收机分系统（含声呐基阵、前置预处理分机）、信号处理分系统、显示控制分系统等组成，主动声呐还要增加发射分系统（含发射机和声呐基阵）。此外，为实现功能还需一些辅助设备，包括基阵收放存储设备（基阵不固定安装时）、数据记录设备、环境测量设备、使用决策支持设备、网络支持设备、供能设备等。

声呐组成设计与安装平台限制强相关，大型声呐甚至紧耦合，需要协同设计，总体设计时必须予以充分关注。

接口设计包括声呐对外接口设计和声呐内部接口设计，覆盖电路硬件接口和软件接口，以及机械、电力、水油液、气等所有接口。接口设计应明确接口的输入/输出端、传输距离、传输介质、接口传输的物理量、具体量化信息、采用的接口形式等。接口形式应尽可能采用成熟的、通用的接口形式，对全新的接口，则应完成充分的验证后才可应用。

接口设计是明确声呐内部各组成之间、声呐与外部系统之间界面的过程，需开展较严格的技术状态管理活动[5]。

声呐组成与接口完成初步设计后，需根据声呐核心性能进行性能实现的量化传递设计。主要的参量传递关系对应如下。

SL ～主动声呐（～表示关联，下同）：发射声呐基阵主振频率 f 、频带带宽 B 、发送电压响应 S_U 、声呐基阵阵形、阵元数量 N 、发射波束角、发射基阵阵元间距 d_t 、发射机通道数、发射机输出最大电功率/最大电压 P_{emax} / U_{max} 等。被动声呐：工作频率 f 及频带带宽 B ，线谱组成 $\{f_i\}$ ，包络调制情况 $A(f_n)$ 等。

NL ～用于接收的声呐基阵电路等效自噪声 Neo 、水听器灵敏度级 ML 、接收波束角等。

RL （仅主动）～发射信号带宽 B 、脉冲宽度 T 、发射/接收波束宽度等。

DI ～用于接收的声呐基阵阵形、阵元通道数 M 、接收基阵阵元间距 d_r 、接收通道上限频率 f_H 等。

DT ～基于规定的检测概率 P_D 、虚警概率 P_{FA} ，以及信号处理脉冲宽度 T （或信号非相干累积时间长度 T ）、累积次数 IF 等。

PL ～工作频段 $[f_L, f_H]$ 、发射/接收角及波束宽度等。

4. 设计参量全局优化

基于声呐方程的探测性能设计中，以“声呐探测潜艇最大作用距离”为目标给出了有关参量的大致取值范围，进一步的优化则还需结合上述其他功能性能设计情况，再进行全局寻优，以更切合需求和工程能力。

对照需求、应用场景，综合设计声呐的完整功能性能项。以声呐核心性能设计牵头其他功能性能的设计，对照需求矩阵中的功能性能项，实施拉单设计。具体设计与核心性能设计类似，且基于前述设计开展进一步细化设计。当出现功能性能项达成设计相互矛盾时，原则上应确保核心性能实现，必要时进行的关键技术攻关，务求在原定限制条件和支撑条件基础上实现所有功能性能。若最终仍无法完整实现，则需重新调整、确认或调整需求矩阵。

1）功能

用于潜艇探测的声呐功能主要有：主动/被动探测/侦察，水声干扰，水声通信，收听，跟踪，测量（距离、方位/舷角、速度、频率、深度），识别，报警，数据记录与回放，信息提取与建库，人机交互（显示与控制），非声信息应用，舷外信息利用，模拟训练、故障检测、使用支持等。

严格意义来说，水声通信与潜艇探测是无关的，但随着声呐功能一体化技术的发展，水声通信功能往往集成到探测潜艇的声呐中，并需要声呐在设计中投入相应的软件硬件资源，因此，水声通信设计必须在探潜声呐设计时同步开展。水声干扰则与水声探测有弱相关且也要求声呐具备此功能，因此，水声干扰设计必须在探潜声呐设计时同步开展。

用 $w_{1i}\text{Vas}_{\text{Fun}_i}$ 表示实现第 i 项功能的价值，则 $\sum_{i=1}^{N} w_{1i}\text{Vas}_{\text{Fun}_i}$ 可表示所有功能项实现的总价值。类似地， $\sum_{i=1}^{N} w_{2i}\text{Res}_{\text{Fun}_i}$ 可表示实现所有功能项的代价。

2）性能

探测潜艇的声呐的性能项主要如下。

（1）探测：观察范围（含近程盲区、弱化区域范围、最优能力观察范围等）。

（2）侦察：作用距离（指最大主动脉冲侦察距离）、侦察频段范围、脉冲宽度范围、脉冲周期范围、同时侦察目标数量。

（3）干扰：干扰频段、信号形式、声源级。

（4）通信：作用距离、通信形式、误码率、通信速率。

（5）收听：收听类型、同时收听通道数。

（6）跟踪：最大跟踪距离、跟踪目标数。

（7）测量：测距精度、测向精度、测速精度、测频精度、测深精度、测时精度。

（8）识别：最大识别距离、识别速率（或有效目标样本数）、类型、正确率。

（9）报警：报警速率（或有效目标样本数）、类型、正确率。

（10）数据记录与回放：数据记录/回放数据对象及数据率、数据记录存储总量、数据记录与回放格式、数据导出速率。

（11）信息提取与建库：库分类、数据查询速率。

（12）人机交互（显示与控制）：操作使用人员数、人机界面数、关联信息聚焦度。

（13）故障检测：应覆盖所有舱内电子设备、湿端设备、主要收放控制/执行/液压设备。

（14）非声信息应用：可应用非声信息种类及关联数量。

（15）舷外信息利用：可利用舷外信息种类及关联数量。

用 $w_{1i}\mathrm{Vas}_{\mathrm{Per}_i}$ 表示实现第 i 项性能的价值，则 $\sum_{i=1}^{N} w_{1i}\mathrm{Vas}_{\mathrm{Fun}_i}$ 可表示所有性能项实现的总价值。类似地，$\sum_{i=1}^{N} w_{2i}\mathrm{Res}_{\mathrm{Fun}_i}$ 可表示实现所有性能项的代价。

3）通用质量特性

（1）可靠性：量化要求由上级系统分配，在研制总要求等顶层文件中明确，对声呐而言主要包含基本可靠性和有寿件的寿命，特殊情况下还包含任务可靠性。

（2）维修性：对声呐而言一般为平均维修时间（舰员级对舱内电子设备的维修）。

（3）测试性：对声呐而言一般为故障检测虚警率、故障检测率（可根据不同类型设备进一步区分）、故障隔离率（根据隔离到不同层级的现场可更换单元区分）。应设计区分机内检测与机外测试，区分人工测试与自动测试，并适当考虑功能性能验证需求。

（4）安全性：对声呐而言，安全性一般不设定量化指标，但仍定性要求用电安全、防雷安全、拖曳声呐的设备拖曳安全等。

（5）保障性：一般仅根据研制要求或上级系统/平台要求设计相应保障性。

（6）环境适应性：这里的环境适应性不是指水下工作环境，而是一般意义上的安装环境。对声呐而言，一般应包含温度、振动、颠震、冲击、湿热、盐雾、霉菌极限值等适应性设计，具体极限量化要求由声呐安装的平台确定，一般还在声呐的研制总要求中明确。

用 $w_{1i}\mathrm{Vas}_{\mathrm{GMP}_i}$ 表示实现第 i 项通用质量特性的价值，则 $\sum_{i=1}^{N} w_{1i}\mathrm{Vas}_{\mathrm{Fun}_i}$ 可表示所有通用质量特性实现的总价值。类似地，$\sum_{i=1}^{N} w_{2i}\mathrm{Res}_{\mathrm{Fun}_i}$ 可表示实现所有通用质量特性的代价。

4）兼容性

（1）电磁兼容性：新研声呐一般应根据不同的安装平台确定电磁兼容性考核项目和限值要求。另外，声呐自身的所有电子设备应具有良好的电磁兼容性，确保能够安全可靠工作。

（2）声兼容性：一般由上级系统、平台乃至编队形成设计要求，声呐需基于此要求结合自身状态开展详细设计；另外，声呐自身需有声兼容性，以确保声性能可按设计最优状态实现。

用 $w_{1i}\mathrm{Vas}_{\mathrm{CMPT}_i}$ 表示实现第 i 项兼容性的价值，则 $\sum_{i=1}^{N} w_{1i}\mathrm{Vas}_{\mathrm{Fun}_i}$ 可表示所有兼容性实现的总价值。类似地，$\sum_{i=1}^{N} w_{2i}\mathrm{Res}_{\mathrm{Fun}_i}$ 可表示实现所有兼容性的代价。

5）其他设计

对照需求分解形成的需求矩阵，若存在 1）～4）中未覆盖的内容，纳入本类设计。用 $\sum_{i=1}^{N} w_{1i}\mathrm{Vas}_{\mathrm{Fun}_i}$ 和 $\sum_{i=1}^{N} w_{2i}\mathrm{Res}_{\mathrm{Fun}_i}$ 分别表示其他功能性能实现的价值和代价。

由式（9-1）可得

$$
\begin{aligned}
\mathrm{Goal}(r,f) &= w_1\mathrm{Vas}(r,f) - w_2\,\mathrm{Res}(r,f) \\
&= \sum_{i=1}^{N} w_{1i}\mathrm{Vas}_{\mathrm{Fun}_i} + \sum_{i=1}^{N} w_{1i}\mathrm{Vas}_{\mathrm{Per}_i} + \sum_{i=1}^{N} w_{1i}\mathrm{Vas}_{\mathrm{GMP}_i} \\
&\quad + \sum_{i=1}^{N} w_{1i}\mathrm{Vas}_{\mathrm{CMPT}_i} + \sum_{i=1}^{N} w_{1i}\mathrm{Vas}_{\mathrm{else}_i} - \sum_{i=1}^{N} w_{2i}\,\mathrm{Res}_{\mathrm{Fun}_i} \\
&\quad - \sum_{i=1}^{N} w_{2i}\,\mathrm{Res}_{\mathrm{Per}_i} - \sum_{i=1}^{N} w_{2i}\,\mathrm{Res}_{\mathrm{GMP}_i} - \sum_{i=1}^{N} w_{2i}\,\mathrm{Res}_{\mathrm{CMPT}_i} \\
&\quad - \sum_{i=1}^{N} w_{2i}\,\mathrm{Res}_{\mathrm{else}_i}
\end{aligned} \tag{9-22}
$$

式（9-22）表征了满足式（9-2）所示需求矩阵的声呐设计，即能够得到的价值和需要付出的代价。在具体设计时，各功能性能的权重取值应多方共议确定，形成指导性文件固化。

式（9-22）得到的价值评估值、代价评估值以及相应功能性能项的权重，在出现功能性能实现矛盾且必须做出牺牲时，可作为量化评估参考数据，为得到完整的工程优化参数提供价值与代价层面的判据。

5. 验证设计

当前主流的声呐研制如第 1 章所述，是一个设计—试制—验证的迭代过程，通常分原理样机、初样机、正样机三轮，如果设计采用的技术成熟度较高，也可以将三轮合并为一轮。设计既要达成可试制（生产）性目标，又要规定需求得到满足的验证方式方法。所以，在声呐总体设计中，所有功能性能设计应当与验证方式方法统筹考虑，并分解到最小可验证层级，通过由底向顶验证模式，实现功能由小到大、由简单到复杂，性能量值由单一到综合汇集的有效验证。设计验证方式方法的设计应根据专业、资源、条件、重要程度、影响程度、进度要求等因素，以高效为原则综合考虑，常用的方式方法如下。

（1）设计校核。此验证方式多用于对基于数学模型的性能的验证，如声学性能可通过声呐方程的参量数值代入法验证，承力件的受力情况及安全性分析可采用承力物理模型的数值代入结合有限元法等进行验证。一般地，此方法还应结合小样验证或关键技术验证，做到模型数值验证结合局部实体验证，有时还结合类比验证法，如直接采用某些同类设备经过实物验证的数据，作为部分支撑数据。

（2）类比验证。此方法较多地用于两类情况：一类是被验证对象规模很大，缺乏快速实体验证设施，且恰好有同类产品的前期数据；另一类是被验证项比较成熟，有较多、较成熟的数据支撑，而对其实施实体验证非常费时或成本很高。不管是哪一类情况，类比时均应严谨分析工况条件，识别差异性带来的影响，并通过各种技术措施控制此影响。

（3）仿真验算。仿真验算也基于模型开展，但仿真验算范围更广且模型可能也在仿真过程中建立和验证。仿真模型可以是数学模型，也可以只是物理模型，且相对而言，仿真验算的成熟度要求较低。此方法较适合作为前期论证、分析的验证，在后期则应是对模型实施了精度校准后才适用。

（4）关键技术验证。关键技术验证多用于对部分影响大、技术难度高、实现复杂的单项/若干项组合技术实施验证。验证对象可以是一项综合技术，如基阵收放、拖曳、存储技术，也可以是较小的但难度较大/影响较大的单项技术，如基于××新材料的发射器研制技术。通常通过研制原理样机或缩比样机进行试验验证。

（5）小样验证。小样验证多用于具有通用特性的被验证对象的验证，如工艺验证用于验证可重复性高、能够普遍适用的制造工艺，又如系列承力件中主要承力件的单独试验验证。由于此方法有一定的局限性，此方法一般不独立使用，而是结合其他方法一起开展，最终形成完整的验证效果。

（6）全规模样机验证。全规模样机验证一般作为声呐正式列装前的验证。原则上基于此样机实施对所有功能性能的验证，但因声呐部分性能不是短期内能够完成验证的或不是整机状态能够实施验证的，如有寿件的验证不是短期内能够验证的，大型拖曳声呐基阵的拖曳安全性不适合整机状态验证。因此，在进行声呐验证设计时，应规划好具体验证性能项。一般地，全规模样机验证过程中会结合其他验证方法，并最终总结得到完整的验证结论。

（7）典型工况验证。典型工况验证分两类：一是提取典型工况的特征应力，实施仿真验证或实验室验证，得到量化效果较好的验证结果；二是直接在典型工况下实施实体验证，并通过现场条件测量比对，获得验证结论。前者的验证在量化上是最直接的，后者由于实际操作层面的困难往往存在较多误差，但其结果被认可度高。若在模型建立、应力设置等方面本身精度较低，则采用后者为宜。

（8）实际工况验证。每一次声呐的实际使用过程均可作为实际工况验证。当然，出于验证目的，应安排充分的数据（证据）采集，以确保验证有效性。特别是边界条件、使用工况、目标态势、周围干扰、声学背景等，任何一项数据缺失，验证的完整性就难以保证。严格意义的实际工况验证不是完整的、定量的验证，而只能作为一种单样本抽检，且因声呐性能与边界条件、使用工况、目标态势、周围干扰、声学背景等因素强关联，条件测量不充分的单样本抽检是没有验证意义的。

（9）专家评审。专家评审适合用于多种情况：①设计师完成设计，为避免设计视野局限，确保需求充分满足，应安排由上级设计师做评审组长、关联设计师/同行专家参与的评审；②设计师设计过程遇到瓶颈，提出若干可能的技术路线，但实施实体验证成本很高，选择技术路线需释放风险，应安排同行资深专家为组长、项目行政/技术指挥人员/多个同行专家参与的评审；③设计状态拟固化，需经所有相关方评审认可等。声呐工程研制的所有过程均适合用“专家评审”法。但是，在进入声呐工程研制阶段后，“专家评审”不能作为唯一验证方法，需结合实体验证、仿真分析等方法，才能达到较好验证效果。

所有的验证设计均应围绕这样的目标开展：目的明确、量化清晰、结论可靠、数据（证据）完备、时机适当。原则上，方案阶段应完成全部关键技术验证；初样机阶段应完成功能性能验证；正样机阶段应全面完成包括通用特性在内的全部功能性能验证，为设计确认提供条件。对于复杂的设计验证，也可以分步进行，但须充分评估风险，贯彻风险可控准则。

6. 总体设计中的不确定性控制

声呐实际使用时往往面临许多不确定性，制造中又必然存在材料、工艺方面的诸多限制，总体设计时需要通盘考虑、积极应对。主要关注以下几方面。

环境特性多样：海域的海深、海底底质、海底平坦度/形状、海水的声速梯度、海中生物分布、海面航行船舶分布、风雨雷电分布、声时空相关性等差异性极大，造成传播损失 PL、声呐基阵位置的海洋背景噪声级 NL、大型声呐基阵的指向性指数 DI 差异极大。采用典型条件下的声呐设计能够准确量化 PL、NL 和 DI，但不能覆盖实际使用条件。特殊情况下，传播损失/海洋背景噪声级比典型情况大很多，声呐基阵增益比典型情况小很多，由典型情况设计得到的声呐参数取值，基于上述情况，声呐可实现的探测效果远低于指标数值。

目标特性不确定：潜艇目标特性属各国机密事项，难以确知，通常仅是根据相似性原理推断，加上目标在海中潜航，互相对抗，目标-声呐相对态势多种多样，目标-声呐-干扰源相对态势多种多样，导致声呐探测潜艇时的目标强度或目标声源级与典型情况相差很多，潜艇-声呐间的传播损失与典型情况相差很多，声呐接收到的海底界面混响与典型情况相差很多，声呐工作的噪声背景（量值与分布）与典型情况相差很多。基于上述情况，声呐可实现的探测效果与典型情况可能相差很多。情况恶劣时，实现的探测效果远低于指标数值。

技术时代限制：每一个时代，水声技术、测量技术、工业制造、原材料均存在实现的上限，即使是对设计假定的条件，声呐的实现与环境还是会存在难以避免的失配等，导致声呐时空频增益的实现未能最优，距离理想值存在负偏离。

对于声呐总体设计面临的不确定性，当前尚无理想的解决办法，一般是通过预计对典型情况的偏离、预留工程裕量来应对。确定性高的，工程裕量可以按规范预留，随着确定性的降低，工程裕量应随之加大，二者应匹配。

9.2.3 设计校核

前述总体设计过程中不可避免地存在量化模糊区域，模型的准确性不是自顶向下完整无缺的。经多级传递后的设计输出能否完整有效地满足最顶层需求，在设计结束前需要进行仔细校核，即需基于设计输出验证对设计输入满足的充分性。具体流程如下。

1. 功能校核

功能校核一般不需要校核最优参数，但应校核最低配置参数情况下，或是边界参数条件下，功能能否完整运作，以数据传输为例，在最高数据率情况下，基本传输接口和线路仍应支撑数据正常传输，不得导致功能丧失。

对所有的功能项拉单逐一实施理论校核，主要方法为类比法结合流程逻辑分析法。

第一步：类比法。

对前期已经完成研制的类似声呐，对比设备组成、各组成部分接口，检查输入输出的文件/物理与数学模型支撑。应无缺失项，形成检查记录。若发现缺失内容，应组织分析是否合理、是否应补充完整。

采用类比法时，应对存在差异的情况进行重点分析，特别是相对要求比所类比的成熟设备高的情况，必要时需对其采用其他方法进行专项校核验证，避免因基本条件不满足导致功能丧失。

第二步：流程逻辑分析法。

按照功能实现的信息流程，从功能项启动命令下发开始，逐一检查信息/数据流动的逻辑，分析是否存在逻辑错误。应无缺失项，形成检查记录。若发现缺失或错误内容，应组织分析是否合理、是否应补充完整，与第一步一样。

2. 性能校核

第一步：量值传递理论校核。

对所有的性能项拉单逐一实施理论校核，方法为正向数值传递法和反向性能合成法。

两方法均需进行，具体如下。

正向数值传递法：对每一项性能从顶向下进行量化校核，此过程应依据相应的设计文件/模型，实施文-数-边界结合，相互核实，要求从需求矩阵出发，一直分析到声呐下级组成部分的技术指标项。应无缺失项，形成检查记录。若发现缺失或错误内容，应组织分析是否合理、应补充完整或实施调整。

反向性能合成法：将性能分解的所有涉及因素拉单并形成完整的参量数据支撑树；人工为主进行由下而上的性能合成，检查是否存在不确定项、不满足项。应无缺失或不满足项，形成检查记录。若发现缺失或不满足情况，应组织分析是否合理、是否应补充完整或实施调整。

第二步：关键性能校核。

对声呐作用距离指标这类基于信噪比的性能指标，还可以根据需求矩阵中的量化条件，代入声呐方程，并校核优质因数是否大于要求距离上的传播损失。进一步校核，可以将声呐应用场景实施调整，形成多种边界条件，代入由设计得到的声呐参数，通过声呐方程分析，统计在这些边界条件下不同检测概率、虚警概率分布对应的目标发现情况。校核结果应在考虑工程裕量的情况下满足（或大概率满足）需求矩阵规定。

对机械承力性能的校核应采用与初始设计不同的计算方式，实施变换方法的理论计算校核。计算结果应在允许的误差范围内。

第三步：专家评审。

对上述性能校核的结果应形成汇总文件，实施专家评审，进一步降低出现设计缺失的概率。

3. 校核结果确认

所有通过校核的声呐设计形成的参数集合$\{\mathrm{Par}_i\}$作为声呐设计输出，所有功能性能项集合$\{\mathrm{Fun}_i+\mathrm{Per}_i\}$作为声呐设计输出，应有

$$\{\mathrm{Par}_i\} \triangleq \{\mathrm{Fun}_i+\mathrm{Per}_i\}$$

当等式右边集合小于左边集合时，说明设计输出没有全面满足输入；反之，则是设计输出过大，过度设计意味着资源的应用可能不是最优的，也可能是设计师没有充分理解使用需求。若是用户确实需要的，前期未列入需求矩阵的需求应在设计过程及时补充到设计矩阵中，并再进行全流程综合优化，而非单列一项多出来的功能性能。

9.3　被动声呐总体设计

被动声呐在不暴露自身的情况下获取各类声学信息，实现警戒探测、水声侦察、环境感知、水声通信接收，具有良好的隐蔽性，潜艇平台最为常见。

9.3.1　需求分析

同9.2.1节描述，作为潜用声呐应特别关注目标特性（除潜艇外，增加了各类水面舰船）和声呐安装平台对声呐的限制。

9.3.2　被动声呐性能建模与计算

被动声呐性能建模是以能量检测为引导，兼顾参数估计精度的性能建模，主要涉及被动声呐的作用距离、目标方位测量精度及方位分辨率等战技指标参数的性能建模及优化设计。主要模型仍是声呐方程，针对不同的需求引入不同的声呐方程。

1. 分析计算模型

1）窄带检测

当接收机输入端的信噪比 R_B 大于检测阈 DT 时，认为目标被检测：

$$R_B = \mathrm{SL} - \mathrm{PL} + \mathrm{AG} - \mathrm{NL} \geqslant \mathrm{DT} \tag{9-23}$$

若噪声为各向同性噪声，则 AG=DI，即阵增益 AG 等于阵列的空间指向性指数 DI。

信号裕量SE 为

$$\mathrm{SE} = \mathrm{SL} - \mathrm{PL} - \mathrm{NL} + \mathrm{DI} - \mathrm{DT} \tag{9-24}$$

被动窄带处理将处理的整个频段分成一组平行处理的窄带滤波器，每个滤波器输出执行与宽带处理类似的过程。每一个平行处理结果都对应着一个检测阈 $\mathrm{DT}(f_i)$，出现一个（或以上）处理结果大于检测阈 $\mathrm{DT}(f_i)$ 时，均可被认为检测到窄带线谱。第 i 个窄带的优质因数 FOM_i 为

$$\mathrm{FOM}_i = \mathrm{SL}(f_i) - \mathrm{NL}(f_i) + \mathrm{DI}(f_i) - \mathrm{DT} \geqslant 0 \tag{9-25}$$

任何一个窄带通道满足以上条件，均可认为检测到目标。这意味着多个窄带处理的结果还可能提供增益。

2）宽带检测

在检测器中信号和噪声经预处理滤波、平方积分等处理，并与检测阈进行比较以判断信号是否存在。如果处理频段 $[f_{\mathrm{L}}, f_{\mathrm{H}}]$ 在一个倍频程范围内（即处理频段的上限频率与下限频率之比 $f_{\mathrm{H}} / f_{\mathrm{L}} \leqslant 2$），可以将整个频段作为一个频带进行处理。频带对应的频率取其几何中心频率：$f_0 = \sqrt{f_{\mathrm{L}} \times f_{\mathrm{H}}}$。在此频率上计算声呐方程各参量，对应有效噪声带宽 B_{n} 为

$$B_{\mathrm{n}} = \frac{\left[\int_{f_{\mathrm{L}}}^{f_{\mathrm{H}}} I_N(f)\mathrm{d}f\right]^2}{\int_{f_{\mathrm{L}}}^{f_{\mathrm{H}}} [I_N(f)]^2 \mathrm{d}f} \tag{9-26}$$

这样可简化为单频计算。信号裕量SE 为

$$\mathrm{SE} = \mathrm{SL} - \mathrm{PL} - \mathrm{NL} + \mathrm{DI} - \mathrm{DT} \geqslant 0 \tag{9-27}$$

优质因数FOM 表示为

$$\mathrm{FOM} = \mathrm{SL} - \mathrm{NL} + \mathrm{DI} - \mathrm{DT} \tag{9-28}$$

2. 输入参数

1）频谱参数

谱线信号谱 $I_{\mathrm{S}i}$ 或谱级 $\mathrm{SL}(f_i)$ 对应第 i（$i \leqslant N_{\mathrm{S}}$，$N_{\mathrm{S}}$ 为总谱线数）根谱线的频率；信号带宽产生的声级增量 $\mathrm{BW}_{\mathrm{S}i} = 10\lg B_{\mathrm{S}i}$；宽带谱 I_{S} 或声源级 SL（$f \in [f_{\mathrm{LS}}, f_{\mathrm{HS}}]$，$[f_{\mathrm{LS}}, f_{\mathrm{HS}}]$ 为信号频率范围）。

2）声源位置参数

声源位置参数应包括声源的空间坐标、深度。

3）环境条件参数

环境条件参数应包括如海况、交通状态等，对应相应的海洋环境噪声 $I_N(f_i)$ 或谱级 $NL(f_i)$，以及带内海洋环境噪声 I_N 或总声级 NL。

4）平台运动状态参数

平台运动状态参数对应不同的噪声谱线声强/宽带谱声强［$I_{SN}(f_i)/I_{SN}$］和谱级/带级［$NL_S(f_i)/NL_S$］、平台噪声谱线声强/宽带谱声强［$I_{shipN}(f_i)/I_{shipN}$］和谱级/带级［$NL_p(f_i)/NL_p$］、流噪声谱线声强/宽带谱声强［$I_{flowN}(f_i)/I_{fN}$］和谱级/带级［$NL_{flow}(f_i)/NL_f$］。

5）接收基阵的位置参数

接收基阵的位置参数包括接收基阵空间坐标、深度。

6）声场传播条件参数

声场传播条件参数应包括海深、声速剖面、海底性质、吸收系数等。

7）接收基阵的阵流型参数

接收基阵的阵流型参数包括阵结构、阵元数、阵元响应等。

8）处理参数

处理参数应包括采样频率 f_s、采样点数（FFT 长度）N_{FFT}、波束数、积分时间 T，以及分析带宽产生的声级增量 $BW=10\lg B$，处理频段范围 $f\in[f_{LS},f_{HS}]$ 等。

9）设定参数

设定参数包括检测概率 P_D、虚警概率 P_{FA} 等。

3. 参量计算

1）声源级

窄带检测：由输入参数得到。

$$SL(f_i)=10\lg I_S(f_i)+\min(BW,BW_S) \tag{9-29}$$

宽带检测：不管声源是什么分布规律，都可以对声源级进行全分析频带功率积分计算总声级。所有声源级均应是分析带宽对应的声级。

2）传播损失

如前所述，传播损失与传播距离、目标-接收基阵深度、环境声参数等有关。需计算所有典型场景中的传播损失 PL，频率可以选为对目标最佳工作频率，也可选为工作频段的几何中心频率。每个频率对应的传播损失可以基于 KRAKEN 等经典声场传播模型采用专用软件进行计算，也可以用典型模型公式计算，应根据距离、环境条件选用适用的模型。

3）指向性指数

根据第 7 章的声呐基阵结构、阵元数、阵元响应和阵加权详细计算出各个频点（窄带）/处理带宽内（宽带）的指向性图函数，再由指向性图函数计算指向性指数，另外，也可以用模型公式计算。

4）噪声谱级

每个线谱检测的背景噪声谱级为

$$\mathrm{NL}(f_i)=10\lg[I_{\mathrm{N}}(f_i)+I_{\mathrm{S}N}(f_i)+I_{\mathrm{shipN}}(f_i)+I_{\mathrm{flowN}}(f_i)]+\mathrm{BW}_i \tag{9-30}$$

对宽带检测，静止载体平台噪声一般只有海洋环境噪声，运动载体的平台噪声包括机械噪声、水动力噪声和螺旋桨噪声。平台噪声与平台对声呐基阵的位置以及采取的降噪吸声措施有关，识别出各种工况下的噪声类型是十分重要的。通过经验模型或计算模型，计算背景噪声级 NL 。进行子带分析时，有效噪声带宽的上下限频率应采用子带的上下限值来计算。

5）检测阈

窄带检测：根据指定的检测概率、虚警概率进行检测，检测阈使用第 8 章被动窄带检测器的计算公式得到。

$$\mathrm{DT}=5\lg[\mathrm{erfc}^{-1}(2P_{\mathrm{FA}})]+\mathrm{BW}_{\mathrm{S}i}-5\lg(\mathrm{IF}) \tag{9-31}$$

式中， IF 为非相干积分时间。

宽带检测：检测阈使用第 8 章被动宽带检测器的检测阈计算公式得到。

$$\mathrm{DT}=10\lg[\mathrm{refc}^{-1}(2P_{\mathrm{FA}})]-5\lg(T_0B_{\mathrm{n}})-5\lg(\mathrm{IF}_{\mathrm{display}}) \tag{9-32}$$

式中， T_0 为一次更新对应的处理时间； $\mathrm{IF}_{\mathrm{display}}$ 为观察者作出检测决策所用的信号的显示更新数。

基于被动窄带、宽带声呐方程，可获得检测距离。一般地，传播损失等于优质因数时对应的距离称为检测距离。对于目标跟踪，其对目标检测的输出信噪比相较检测需要更多的信号裕量，一般地，跟踪距离为传播损失等于 FOM−3dB 时对应的距离。

如前所述，在进行基于模型的被动声呐性能设计时，需通过选取适当的工程裕量来应对不确定性，保证被动声呐在实际工作场景中能够达成战技指标。

9.3.3　被动声呐总体参数优化

1. 接收分系统有关参量设计

接收分系统一般由声呐基阵和前置预处理分机组成。在信息流实现上，接收分系统由多个接收声通道组成。本节描述总体设计时分解到接收分系统的参量设计。

单个接收声通道指的是从接收水中声波的阵元起、一直到多个阵元输出信号被打包传输（不含传输）为止的各声/电模块组成的通道，基本构成如图 9-5 中所示的“阵元 i”至“A/D 采样 i”（$i=1,\cdots,M$）。根据不同的声呐特性，声通道中的组成部分有的直接集成在基阵内，有的则部分在基阵中，部分在其他位置。

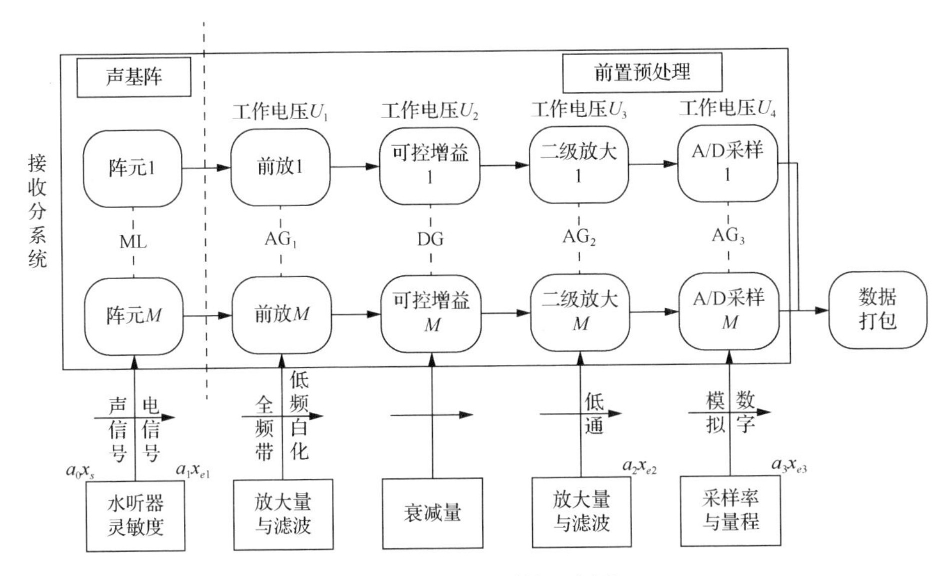

图 9-5　接收分系统示意图

接收声通道的主要参量包含：频率 f、阵元通道数 M、接收基阵阵元间距 d_r、背景噪声级 NL、电路等效噪声级控制要求 eSNR、声通道输入动态范围 DR_{in}、传输数据率 DTR。

1）接收声通道频率

接收声通道频率 f 包括：声呐基阵阵元布置频率 f_0（往往又对应处理上限频率 f_H，有时还存在多种频率，对应嵌套布置阵，有频率 f_{Hi}）、声呐基阵下限接收频率 f_L、声通道模数转换采样频率 f_s。

由于阵的有效孔径对应声呐基阵的阵增益（或指向性指数），f_0 一般应对应最大的阵孔径布阵，即该频率与最佳传播频率设计直接关联，一般是相当但不一定相等。

$f_L \sim f_H$ 表示声通道采集的频段，包含有效信号频段、需分析的噪声频段，声通道电路设计滤波器时基于此两频率，声通道详细设计分析流噪声控制时也基于此。f_{Hi} 则对应声通道内所有分频段设计的阵列。

f_s 与 f_{Hi} 紧密关联，其取值影响声通道的输出数据率，尽管奈奎斯特定理指出，$f_s \geqslant 2f_H$ 即可实现完整采样，但工程上一般取 $f_s / f_{Hi} \geqslant 3$ 以达到更稳健抗混叠效果，代价是相同规模的声通道下，传输数据率因此上升。

2）阵元通道数及接收基阵阵元间距

大多数用于接收的声呐基阵采用多元离散阵（对应连续声呐基阵，离散阵实施空间离散采样），声呐基阵可以是一维线列阵、二维平面阵、三维体积阵。大型拖曳接收基阵多为一维线列阵，壳体安装声呐基阵多为三维体积阵（圆柱阵、圆台阵、球形阵、共形阵等），也有少量的二维平面阵（如舷侧阵等）。其他安装形式下，有空心体积阵等特殊阵。对收发分置声呐基阵模式，为更好地匹配主动发射信号，接收基阵阵元间距 $d_{\rm r}$ 一般取为最大主动信号频率 f_0（或 $f_{{\rm H}i}$）对应的半波长。

由第 7 章可知，声呐基阵阵元通道数 M 与阵的指向性指数直接关联。M 元一维半波长布阵声呐基阵的理想指向性指数为

$$\mathrm{DI}=10\lg M \tag{9-33}$$

实际情况下，即使是一维线列阵，在阵形发生畸变、频率失配、背景噪声不是完全高斯白噪声等情况下，式（9-33）的理想值是达不到的，但仍不失为后期适当优化调整的基础。

3）声通道背景噪声级、电路等效噪声级控制要求

基于使用场景及工作等得到声通道背景噪声级 NL。背景噪声根据工况、声呐基阵形态等，又分为环境背景噪声（含海洋随机噪声和平台投影到声呐基阵的噪声）和声呐基阵振动噪声、流噪声等自噪声，声通道的电路等效噪声也是一种自噪声，但如前所述，10kHz 以下的声呐声通道电路等效噪声应设计为远小于海洋背景噪声。

声通道电路等效噪声因此设计得到，以 eSNR 表示保证系统信噪比实现的电路等效噪声级控制要求值，$n_{\rm e}^2$ 表示声通道电路等效噪声功率，则应有

$$\mathrm{NL}-10\lg n_{\rm e}^2 \geqslant \mathrm{eSNR} \tag{9-34}$$

上述要求基于噪声均为各向同性、各自独立随机噪声，若电路中存在指向性干扰，则应在扣除噪声背景指向性增益基础上满足 eSNR 的工程要求。如 K 个声通道存在相干电路噪声，则

$$\mathrm{NL}-10\lg n_{\rm e}^2-10\lg K \geqslant \mathrm{eSNR} \tag{9-35}$$

进行声呐基阵详细设计时，对不同的自噪声实施抑制、控制，并基于环境噪声级设计阵元接收灵敏度、电路等效噪声级等。

4）接收声通道输入动态范围

需求矩阵 Dem() 中包含声呐的应用场景，分析接收通道输入动态范围时，需关注的应用场景参量，主要是最大/最小背景噪声 n 或需在工作时耐受的干扰 It。声呐探测的信号 s 以加性隐藏于 n 或“$n+\mathrm{It}$”中，对探测潜艇的声呐有效接收信号，一般地：

$$s^2 \ll n^2 \tag{9-36}$$

$$s^2 \ll (n+\mathrm{It})^2 \tag{9-37}$$

且 s、n、It 各自独立。因此，有

$$x=s+n+\mathrm{It} \tag{9-38}$$

$$x^2=(s+n+\mathrm{It})^2\approx n^2+\mathrm{It}^2 \tag{9-39}$$

根据输入动态范围定义，接收声通道输入动态范围 $\mathrm{DR_{in}}$ 等于阵元输入端最大有效声级减去最小有效声级，因此有

$$\mathrm{DR_{in}}=10\lg\left(\frac{x_{\max}^2}{x_{\min}^2}\right)=10\lg\left(\frac{n_{\max}^2+\mathrm{It}_{\max}^2}{n_{\min}^2}\right) \tag{9-40}$$

5）接收声通道传输数据率

为适配声呐整体网络数据传输性能、协调相关组成设计，统筹设计完整声通道经数字化采样后的总传输数据率 DTR。

简单描述此数据率计算如下：阵内有多种采样频率，记第 i 种采样频率为 f_{si}，对应通道数 M_i 个，对应数字化采样位数 k_i（bit），则

$$\mathrm{DTR}=\sum_i(f_{si}\times M_i\times k_i) \tag{9-41}$$

6）参量优化设计

接收分系统设计优化围绕得到合理的接收工作频带、接收指向性指数、接收空间角及适宜的拖曳速度开展，即 $\mathrm{Vas_j}(f)$ 可作为价值函数的基本内容（权重取值需结合实际声呐边界设置）。代价是声呐基阵及其支持设备的尺寸/重量安装支撑需求、频段资源需求，一些情况下还包含用水需求、拖曳工况支撑需求等，代价函数 $\mathrm{Res_j}(\sum_i \varXi_i)$ 涉及的需求项 $\varXi_i$ 因具体情况而定，代入式（9-1）有

$$\mathrm{Goal_j}(f)=w_{\mathrm{j1}}\mathrm{Vas_j}(f)-w_{\mathrm{j2}}\mathrm{Res_j}(\sum_i \varXi_i) \tag{9-42}$$

参量综合优化时，可以此为依据，反复调整参量取值、迭代，获取最佳 $\mathrm{Goal_j}(f)$ 值。

2. 信号信息处理的主要设计输入参量设计

检测是所有其他处理的基础。信号信息处理需充分适配于信道，并依据给定的阈值实施目标有无判断。输入参量包括处理的物理基础和处理结果要求。其中，处理的物理基础为目标对象谱特征（辐射噪声连续谱、线谱、调制谱等）和目标预期工况范围（航速、航深）、接收声基阵参量（基阵类型、阵元数、接收基阵阵元间距、数据采样率等）、信道类型（海深、声速、海底地形等）、检测概率/虚警概率；处理结果要求为观察范围、处理增益、测量精度（测距、测向等）、输出信息（波束数、跟踪信息、数据类型等）等。

目标特性、信道类型不是设计得到的，在声呐需求矩阵 Dem() 内已包含；检测概率/虚警概率也在声呐需求矩阵 Dem() 中已明确。声呐的观察范围基于 Dem() 设计给出更具体的针对信号信息处理的量化要求，应包含探测搜索水平距离（对应搜索分档景深，应区分深海和浅海模式）、探测搜索方位角（或舷角，特别应明

确是否有盲区、弱视区，是否实施舷角/真方位转换）、探测搜索深度范围、是否根据环境和平台工况进行适应性处理。

处理增益、测量精度由各种目标特性决定可实现的上限值，总体设计给出相应的工程实现下限值，具体实现算法由信号信息处理设计师负责设计/选择。输出波束数、输出数据类型结合人机交互设备的软件硬件配置选择，总体设计时予以明确。

1）处理增益

被动声呐信号信息处理过程通过波束形成器在可观察范围内获得基于声呐基阵的空间增益 DI，以 M 元线列阵为例，$\mathrm{DI}=10\lg M$。通过平方律检波器获得基于波形的时频增益 $G_1=5\lg(BT)$，通过非相干累积得到 κ 批次/路径目标的能量累积增益 $G_2=5\lg\kappa$。

上述增益是在理想状态下的值，工程设计时，需考虑下述各项损失，总体设计时应给出损失允许范围。

（1）阵增益：声呐基阵阵形畸变，导致实际阵有效尺寸减小进而增益下降；波束驾驶过程产生相位偏差导致增益下降；环境中的背景不是平稳的高斯白噪声导致增益下降。

（2）时频增益：复杂信道传播、目标运动使目标信号畸变，且现场无法精确获取信道参数，处理增益下降；为适用于多种场景，采用一些宽容性较好的准最优处理，因此增益下降；背景不是平稳的高斯白噪声导致增益下降。

（3）非相干累积增益：信道传播性能起伏、背景能量起伏出现时有时无，累积增益下降。

2）测量精度

测量精度在前述章节已描述，本节不再复述。被动声呐一般必须实现测向精度，且区分固定安装声呐基阵和非固定安装声呐基阵（拖曳或吊放等）。测向精度又分为方位测量和舷角测量，在目标足够远或实现了目标距离测量的情况下，可实现高精度的方位测量，否则，应进行舷角测量。

3）观察范围

声呐基础观察范围 OR_0：在理想条件下，通过由声呐最大可探测性能决定的距离 r、由声呐基阵决定的观察角 Θ（不包含各类声呐外的限制因素），得到声呐极限观察范围 AS_0。不同时间、不同海域、海底特征、海深、声速梯度等构成的声传播信道，影响声呐的基础观察范围。在深海，声影区的存在导致声呐的基础观察范围变得不连续；在浅海，若存在海底大范围山包等特殊地形，也将出现强烈的声呐基础观察范围限制，信道综合产生目标辐射-声接收传播效应 P_i。声呐的观察目标在不同频率、相对态势（声波接收角及目标/声呐基阵航深等）情况下，对声呐基础观察范围形成影响 T_a，得到 OR_0 为 AS_0、P_i、T_a 三个量的卷积输出：

$$\mathrm{OR}_0 = \mathrm{AS}_0 * P_i * T_a \tag{9-43}$$

式中，$*$表示卷积符号。

影响被动声呐观察范围的因素主要还有以下几种。

平台因素 S_h：不同安装模式、不同平台航速（噪声），对声呐形成不一样的遮挡或造成声呐局部方向弱视。

其他因素 Els：其他稳定/不稳定、持续/非持续影响声呐观察范围的效应，如周围的渔船干扰为不稳定影响效应，编组时相对态势稳定的友舰的影响为使用期间稳定持续性影响等。

综合得到被动声呐的观察范围 OR：

$$\mathrm{OR} = \mathrm{OR}_0 - \sum (S_h, \mathrm{Els}) \tag{9-44}$$

4）参量优化设计

信号信息处理的设计优化的目标是得到合理的工作频段、处理增益、测量精度、观察范围等，即 $\mathrm{Vas_s}(f, G, \varDelta, \varTheta)$ 可作为价值函数的基本内容（权重取值需结合实际声呐边界设置）。代价是充分的硬件资源、声呐基阵及其支持设备等，代价函数 $\mathrm{Res_s}(\sum_i \varXi_i)$ 涉及的需求项 $\varXi_i$ 因具体情况而定。将价值函数与代价函数代入式（9-1）有

$$\mathrm{Goal_s}(f) = w_{\mathrm{s}1}\mathrm{Vas_s}(f) - w_{\mathrm{s}2}\mathrm{Res_s}\left(\sum_i \varXi_i\right) \tag{9-45}$$

参量综合优化时，可以此为依据，反复调整参量取值、迭代，获取最佳 $\mathrm{Goal_s}(f)$ 值。

3. 参量优化迭代

完成上述设计后，需进行一轮优化迭代，以获取更合理的参量取值，通过比对各阶段形成的目标函数 Goal 实施此工作，即对下述联立方程组实施迭代：

$$\begin{cases} \mathrm{Goal}(r, f) = w_1 \mathrm{Vas}(r, f) - w_2 \mathrm{Res}(r, f) \\ \mathrm{Goal_j}(f) = w_{\mathrm{j}1}\mathrm{Vas_j}(f) - w_{\mathrm{j}2}\mathrm{Res_j}(\sum_i \varXi_i) \\ \mathrm{Goal_s}(f) = w_{\mathrm{s}1}\mathrm{Vas_s}(f) - w_{\mathrm{s}2}\mathrm{Res_s}(\sum_i \varXi_i) \end{cases} \tag{9-46}$$

9.3.4　被动声呐总体设计实例

【例 9-1】被动声呐窄带检测设计计算实例。

1. 已知条件

目标位于深海海域，航深 100m，150Hz 处线谱谱级为 125dB，全向无指向辐射。目标在线阵的正横方向。声速剖面按 Munk 深海声速剖面，海底底质为粉砂。拖曳线列阵拖曳在潜艇后 200m，阵长为 512m，阵元数为 512 元，1m 间距均匀布阵，最大工作频率为 750Hz，深度 50m。背景噪声主要包括海洋环境噪声、拖曳流噪声和本艇干扰噪声三部分，海况为三级海况，船舶繁忙程度为 4 级船舶级，本艇在 150Hz 频率处的噪声级为 110dB。

声呐接收信号在前置处理机中进行放大滤波，滤波频率范围为 10～256Hz。后进行窄带滤波，对每一个窄带滤波器输出进行 Hanning 加权的波束形成，阵增益中存在 1.8dB Hanning 窗加权损失。窄带滤波器的分辨力 B 为 0.25Hz，10Hz 到 256Hz 之间有 984 个频率单元，积分时间为 20s。接收机虚警概率 $P_{FA}=10^{-4}$，检测概率 $P_D=0.5$。

2. 设计计算

利用 KRAKEN 计算模型可以得到声源在不同位置上的传播损失分布，如图 9-6 所示。

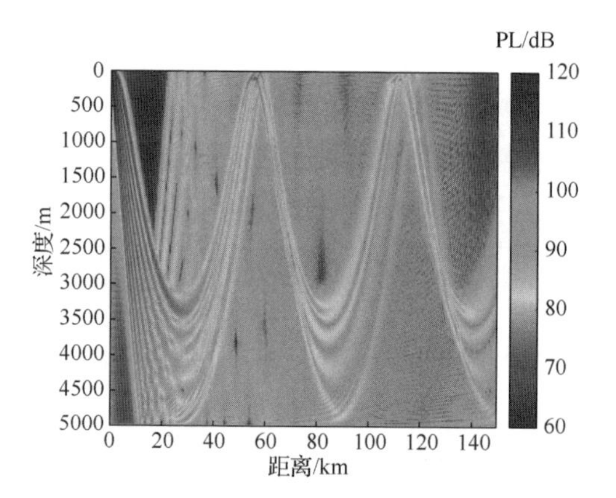

图 9-6　传播损失（彩图附书后）

海洋环境噪声主要考虑风生噪声和船舶噪声。按第 5 章风生噪声模型 $\mathrm{NL}_{\mathrm{wind}} \approx 46+22.4\lg V_{\mathrm{apl}}-10\lg(1.5+F^{1.59})$ 计算 150Hz 频率处的噪声级为 63.2dB。船舶噪声对应 4 级船舶级的数据为 65.3dB。拖曳流噪声与拖曳阵直径、拖曳速度等有关，在 150Hz 频率处取 70dB。本艇平台噪声级为 110−20lg(200)=64dB。综合上述噪声，可计算出在 150Hz 频率处的背景噪声级为 72.6dB。

在 150Hz 处的阵增益为

$$G_0 \approx 10\lg(2\times 512/10)-1.8=18.3(\mathrm{dB})$$

检测指数 d 为

$$d=\frac{1}{2P_{FA}}=12.3(\mathrm{dB})$$

滤波器的带宽为 0.25Hz，则 $\mathrm{BW}=-6\mathrm{dB}$。积分因子 IF=20，检测阈为

$$\mathrm{DT}=5\lg(12.3)-6-5\lg(20)=-7.06(\mathrm{dB})$$

优质因数为

$$\mathrm{FOM}=125-72.6+18.3+7.06=77.76(\mathrm{dB})$$

传播损失、优质因数与距离的关系计算结果如图 9-7 所示。由于传播损失曲线并不是一个平滑曲线，因此，就有可能出现几个满足 $\mathrm{PL}=\mathrm{FOM}$ 条件的检测距离值。在本例子中，出现三个检测范围。第一个范围是在 3.7km 作用距离之内；在第一会聚区和第二会聚区也检测到目标。

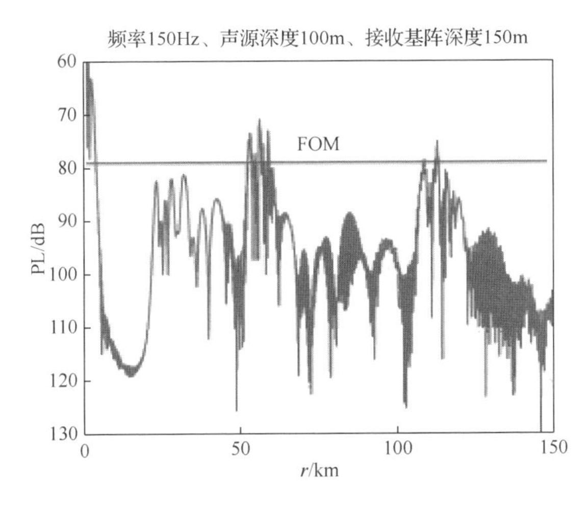

图 9-7　传播损失、优质因数与距离的关系计算结果示图

9.4　主动声呐总体设计

主动声呐最典型的应用是水面舰船探测辐射声能量非常小，具有较大尺寸、位置不断变化的潜艇。

潜艇探测被称为世界难题，特别是随着低噪声潜艇、安静型潜艇、超安静型潜艇的出现，被动声呐探测潜艇性能急剧下降，无法支撑大范围海上机动搜索潜艇。而低频大功率大孔径主动声呐则仍有可观的探测性能，已成为水面舰艇探测潜艇的主要装备。对探测潜艇的声呐来说，虽然其他功能性能都很必要，但探测距离是最核心的性能。本节重点描述此核心性能实现的设计，其他功能性能实现的设计主要通过类比描述。

9.4.1 需求分析

同 9.2.1 节描述，其中使用场景需求应重点区分潜用主动声呐与水面用主动声呐因作战场景不同引入的限制因素差异。

9.4.2 主动声呐性能建模与计算

主动声呐性能建模以信号匹配检测为引导，兼顾参数估计。主要涉及作用距离、目标距离/方位/径向速度测量精度等战技指标的性能建模及优化设计。因此，主要模型还是声呐方程，针对不同的需求引入不同的声呐方程。

1. 分析计算模型

主动声呐的窄带检测或宽带检测均应通过匹配滤波实现，并因此具有相同的检测器。但检测存在噪声限制与混响限制两类情况。

1）基于噪声限制的主动声呐方程

$$2\text{PL} = \text{SL}+\text{TS}-\text{NL}+\text{DI}-\text{DT}+\text{dVas} \tag{9-47}$$

2）基于混响限制的主动声呐方程

$$\frac{1}{2}\text{PL}+\text{BS}_\text{S}=\text{TS}-10\lg\left(\frac{cT}{2}\right)-10\lg\Theta-\text{DT}+\text{dVas} \tag{9-48}$$

对于噪声限制条件下的检测，在宽带处理过程中，匹配滤波通过时间域的脉冲压缩实现增益，而窄带处理时则在频率域实现脉冲压缩实现增益。混响限制条件下的检测不再有脉冲压缩增益、空间处理增益，探测目标的性能依靠目标强度相比海底散射的优势实现。

2. 输入参数

（1）声源限制参数，包括声源的体积、深度、可能的功率供给范围。

（2）背景限制参数，包括环境条件，如海况、交通状态、平台运动等，对应相应的海洋环境噪声 $I_{\text{N}i}$ 或谱级 NL_i、带内海洋环境噪声 I_N 或总声级 NL 。平台运动状态对应不同的结构噪声谱线声强/宽带谱声强 $(I_{\text{sN}i}/I_{\text{sN}})$ 和谱级/带级 $(\text{NL}_{\text{s}i}/\text{NL}_\text{s})$、平台噪声谱线声强/宽带谱声强 $(I_{\text{shipN}i}/I_{\text{shipN}})$ 和谱级/带级 $(\text{NL}_{\text{ship}i}/\text{NL}_{\text{ship}})$、流噪声谱线声强/宽带谱声强 $(I_{\text{flowN}i}/I_{\text{flowN}})$ 和谱级/带级 $(\text{NL}_{\text{flow}i}/\text{NL}_{\text{flow}})$。

（3）接收基阵限制参数，包括接收基阵尺寸、深度、形状限制等。不同形状的接收基阵形成不同的空间指向、观察角，DI 也因此相差很多。阵的布置位置、径向尺寸也对 NL 产生影响。

（4）目标对象参数，包括目标强度、目标尺度/深度/航速等。

（5）声场传播条件，包括海深、声速剖面、海底性质、吸收系数等。声场传播条件不仅影响传播损失，还影响混响限制-噪声限制探测分布。

（6）处理参数，包括采样频率 f_s、采样点数（FFT 长度）N_{FFT}、波束数、脉冲宽度时间 T。分析带宽产生的声级增量 $BW = 10\lg B = 10\lg(f_H - f_L)$，处理频段范围 $f \in [f_L, f_H]$ 等。

（7）设定参数，包括检测概率 P_D、虚警概率 P_{FA} 等。

3. 参量计算

1）声源级

如前所述，主动声呐的声源级通过发射电功率、电声转换效率、发射指向性指数计算。

$$SL=170.8+10\lg P_e+10\lg\eta+DI_t \tag{9-49}$$

2）传播损失

如前所述，传播损失与传播距离、声源-目标-接收基阵深度、环境声参数等有关。需计算所有典型场景中的传播损失 PL，频率 f 可以选为对目标最佳工作频率，也可选为工作频段的几何中心频率。计算每个频率对应的传播损失可以基于 KRAKEN 等经典声场传播模型采用专用软件进行计算，也可以用典型模型公式计算，应根据距离、环境条件选择最适用的模型。

3）目标强度

一般由输入参数直接确定。

4）接收指向性指数

根据第 7 章的声呐基阵结构、阵元数、阵元响应和阵加权详细计算出各个频点（窄带）/处理带宽内（宽带）的指向性图函数，再由指向性图函数计算指向性指数，也可以用模型公式计算。

5）背景噪声级

每个单频检测的背景噪声谱级 $NL(f_i)$ 为

$$NL(f_i)=10\lg(I_{Ni}+I_{sNi}+I_{shipNi}+I_{flowNi})+BW_i \tag{9-50}$$

与被动声呐一样，对宽带检测，静止载体平台噪声一般只有海洋环境噪声，运动载体的平台噪声包括机械噪声、水动力噪声和螺旋桨噪声。平台噪声与平台对声呐基阵的位置以及采取的降噪吸声措施有关，识别出各种工况下的噪声类型是十分重要的。通过经验模型或计算模型计算背景噪声级 NL。

6）混响级

对探测潜艇的声呐，一般以海底界面混响为主要的混响，其计算模型为

$$\mathrm{RL}=\mathrm{SL}-\frac{3}{2}\mathrm{PL}+\mathrm{BS_S}+10\lg\left(\frac{cT}{2}\right)+10\lg\Theta \tag{9-51}$$

7）检测阈

对高斯白噪声限制的目标检测，根据输入明确的检测概率 P_{D}、虚警概率 P_{FA} 得到检测指数 d 为 16，则检测阈为 $\mathrm{DT}=10\lg\left(\frac{d}{2T}\right)=10\lg\left(\frac{8}{T}\right)$，此时声呐方程中对应的 NL 取处理频带的几何中心频率处的谱级。

同被动声呐一样，主动声呐设计时，也需通过选取适当的工程裕量来应对不确定性，保证主动声呐在实际工作场景中能够达成战技指标，不过主动声呐考虑的情况更复杂一些，通常需要更大的工程裕量。

9.4.3 主动声呐总体参数优化设计

1. 用于发射的声呐基阵和发射机有关参量设计

声呐基阵和发射机组成发射分系统。在信息流实现上，发射分系统由多个发射声通道组成。

一个发射声通道指的是从发射波形产生起、一直到阵元向水中发射输出为止的各声/电模块组成的通道。发射分系统示意图如图 9-8 所示。发射声通道则一般指阵元按布阵规则布置的所有声通道。根据不同的声呐特性，声通道中的组成部分有的直接集成在基阵内，有的则部分在基阵中，部分在其他位置。

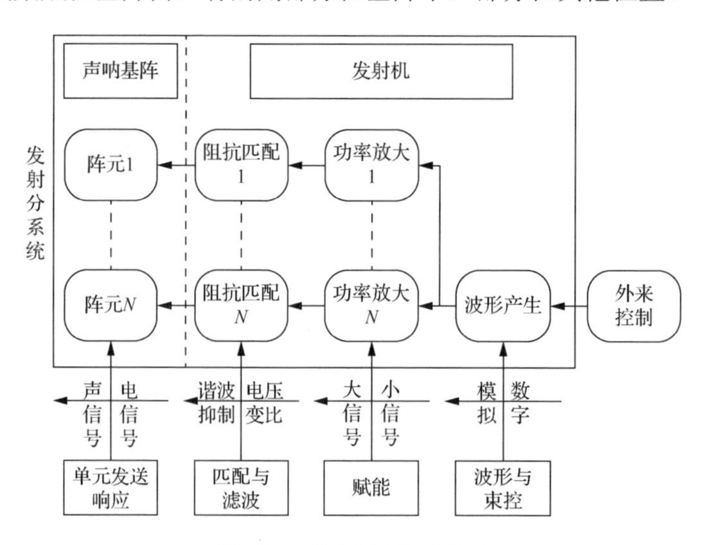

图 9-8 发射分系统示意图

发射声通道的主要参量包含：发射波形、阵元数量、发射基阵阵元间距、声通道发送响应级（简称发送响应，包括电压响应与功率响应）、功率、谐波控制及滤波。

1）发射波形

为追求最大发射声源级、实现最经济的发射，声呐基阵一般工作在谐振频率 f_r 附近频带，且一般的 f_r 不一定是声呐基阵声中心间距对应频率 f_0。声呐最大探测距离对应频率（声呐最佳传播频率 f_{opt}）应与此频率尽量接近，这使声呐基阵的设计与声呐其他组成部分设计关联性更强。

一般情况下 $f_r \leqslant f_0$，声呐基阵在 $f_L = f_0 - B \leqslant f_r \leqslant f_0 = f_H$ 范围具有最佳发送响应，且响应较平坦（通常的要求是 3dB 起伏，特殊情况下会有所超出），B 为声呐基阵有效发射频带。

发射换能器带宽特性可以用机械品质因数 Q_m 值来表示：

$$Q_m = f_r / B \tag{9-52}$$

因此，宽带换能器要求降低 Q_m 值来获得宽频带，这同时意味着能量应用效率下降。

为适配于声传播信道，并实现最远探测、兼顾测距/测速/测向等，发射波形一般采用较宽频带的线性调频信号 LFM 或双曲调频信号 HFM 并组合单频脉冲信号；为实现远距离探测和高精度测速，调频脉冲信号与单频脉冲信号的脉冲宽度需较宽；为更广泛地适配应用场景，需设计多种信号频段/脉冲宽度以供使用选择。发射机因此需要产生、驱动多种频段/脉宽的调频脉冲信号与单频脉冲信号组合波形。

2）阵元数量

发射基阵阵元数量包含以下几类情况。

实际阵元总数 N_{all}：组成声呐基阵的、可独立生成并测量其性能的阵元的总数。

发射时受控制的单元通道总数 N_{eall}：发射基阵全部发射时，能够完整控制的单元及其对应声通道的总数。

形成一个发射波束时参与工作的阵元总数 N_b：参与单一发射波束形成的阵元总数。

形成一个发射波束时参与工作的可控单元通道总数 N_{be}：参与单一发射波束形成且完整可控的单元总数。

其中[①]，N_{all} 对应阵的总规模；N_{eall} 对应声通道数量，与发射机等支持设备通道数量对应；N_b 对应发射基阵的 DI，与声源级直接关联；N_{be} 对应发射基阵单一波束形成中声通道数量，与声源级性能组成中的功率直接关联。当所有阵元均参

① 多种阵元配置主要是因有不同的声呐基阵形状，有些阵形（如圆柱阵、球形阵）必然无法同其他阵一起形成同一个波束；另外，多阵元并联控制可大幅降低发射机规模、穿仓缆数，提高工程可靠性、可行性，降低成本。

与同一波束发射时，有 $N_{\mathrm{all}} = N_{\mathrm{b}}$，$N_{\mathrm{eall}} = N_{\mathrm{be}}$；当所有阵元均独立可控时，有 $N_{\mathrm{all}} = N_{\mathrm{eall}}$，$N_{\mathrm{b}} = N_{\mathrm{be}}$。声源级SL关联量为

$$\mathrm{SL}=170.8+\mathrm{DI}_{N_{\mathrm{b}}}+10\lg P_{N_{\mathrm{be}}} \tag{9-53}$$

式中，$\mathrm{DI}_{N_{\mathrm{b}}}$ 为发射时由 N_{b} 阵元产生的指向性指数；$P_{N_{\mathrm{be}}}$ 为 N_{b} 阵元发射时的总声功率（P 的下标为 N_{be} 是因发射机仅有 N_{be} 通道，即有效波束控制的通道数仅为 N_{be}，对应的电功率 P_{e} 也为 N_{be} 通道)。此时，发射空间角 Θ 由 N_{b} 阵元经 N_{be} 路控制发射形成。

3）发射基阵阵元间距

发射基阵阵元间距 d_{t} 指的是各阵元间的声中心距离。不同于接收基阵阵元的小尺寸，发射基阵阵元为达到更高的声能辐射效果需要将辐射面积做大，阵元的尺寸往往与其发射波长具有可比性，因此，必须准确区分并设计声中心与阵元尺寸。一般地：

$$d_{\mathrm{t}} = c / f_0 / 2 = \lambda_0 / 2 \tag{9-54}$$

4）发送响应

声呐基阵的发送响应一般对应基阵SL性能的形成，与此关联的阵元通道数是 N_{b} 或 N_{be}；主要有发送电压响应 S_U（即1V电压驱动时声呐基阵的发射声源级）和发送功率响应 S_W（即1W电功率驱动时声呐基阵的发射声源级），SL与输入到参与波束发射的阵元的发射电压 U 及发射电功率 P_{e} 的关系分别为

$$\mathrm{SL}=S_U+20\lg U \tag{9-55}$$

$$\mathrm{SL}=S_W+10\lg P_{\mathrm{e}} \tag{9-56}$$

由于发射机均为恒压源工作模式，发送电压响应 S_U 具有更实际的应用：发射机设计目标简化了，保障足额的电压输出即可。

5）功率

单阵元发射中的功率包含两类：输入到单阵元的电功率 P_{e0}，单阵元发射的声功率 P_{t0}。联系两者的参数为声基阵电声转换效率 η：

$$P_{\mathrm{t0}} = P_{\mathrm{e0}} \times \eta \tag{9-57}$$

P_{e0} 与 P_{e} 的关系为

$$P_{\mathrm{e}} = P_{\mathrm{e0}} \times N_{\mathrm{be}} \tag{9-58}$$

对整个声呐基阵或发射系统，还存在一个发射总功率 P_{ae}，对应着声呐向平台的供电需求，此功率在声呐基阵同时发射多个波束时不同于 P_{e}。尽管理论上对应此电功率还应定义声功率，但此时的声功率没有实际应用价值，可不予考虑。

6）谐波控制及滤波

为降低谐波辐射能量，声通道中需要进行滤波。由于声通道产生谐波时，均工作在大功率状态下，采用滤波的手段因器件耐压、耐流要求高，必然体积和重量大，因此，滤波的阶数无法做得很高，滤波的性能也不能期望太高。对低频的

情况尤其如此：频率越低，滤波器件的体积和重量越大，平台不一定能够支撑。如文献[3]所述，大声源级声波在声场中传播时存在的非线性效应也将产生谐波。因此，对追求最大探测性能的声呐来说，过度要求控制谐波是不合理的；而对工作在线性放大与传播、较低声源级的声呐，谐波控制应进行充分设计。

7）参量优化设计

声呐基阵及其支持设备的设计优化围绕得到合理的发射频率、发射声源级、发射空间角开展，即 $\mathrm{Vas_f}(\mathrm{SL}(f),f)$ 可作为价值函数的基本内容（但三者的权重取值需结合实际声呐边界设置）。代价是声呐基阵及其支持设备的尺寸/重量安装支撑需求、发射机的功率/能量供给需求、发射占用的频段资源需求，一些情况下还包含用水需求、拖曳工况支撑需求等，代价函数 $\mathrm{Res_f}\left(\sum_i \varXi_i\right)$ 涉及的需求项 $\varXi_i$ 因具体情况而定，将其代入式（9-1）有

$$\mathrm{Goal_f}(f)=w_{\mathrm{f}1}\mathrm{Vas_f}(\mathrm{SL}(f),f)-w_{\mathrm{f}2}\mathrm{Res_f}\left(\sum_i \varXi_i\right) \tag{9-59}$$

参量综合优化时，可以此为依据，反复调整参量取值、迭代，获取最佳 $\mathrm{Goal_f}(f)$ 值。

2. 接收分系统有关参量设计

主动声呐接收声通道的主要参量包含：接收声通道频率 f、阵元通道数 M、接收基阵阵元间距 d_{r}、声通道背景噪声级 NL、电路等效噪声级控制要求 eSNR、接收声通道输入动态范围 $\mathrm{DR_{in}}$、传输数据率。这些参量基本与 9.3 节的用于接收的声呐基阵、前置预处理机定义相同，因主动声呐特殊性，接收基阵阵元间距、动态范围的确定依据有所不同。

1）接收基阵阵元间距

与被动声呐类似，大多数声呐基阵采用多元离散阵（对应连续声呐基阵，离散阵实施空间离散采样），声呐基阵可以是一维线列阵、二维平面阵、三维体积阵。大型拖曳接收基阵多为一维线列阵，壳体安装声呐基阵多为三维体积阵（圆柱阵、圆台阵、球形阵、共形阵等），也有少量的二维平面阵。其他安装形式下，有空心体积阵等特殊阵。与被动声呐不同，为更好地匹配主动发射信号，接收基阵阵元间距 d_{r} 一般取为最大主动信号频率 f_0（或多种频率的上限 $f_{\mathrm{H}i}$）对应的半波长。

2）接收声通道输入动态范围

与被动声呐一样，根据输入动态范围定义，接收声通道输入动态范围 $\mathrm{DR_{in}}$ 等于指阵元输入端最大有效声级-最小有效声级，因此有

$$\mathrm{DR_{in}}=10\lg\left(\frac{x_{\max}^2}{x_{\min}^2}\right)=10\lg\left(\frac{n_{\max}^2+\mathrm{It}_{\max}^2}{n_{\min}^2}\right) \tag{9-60}$$

主动声呐的声通道输入动态范围一般比被动声声呐大，即使不考虑发射直达波、近程混响的存在，也远大于海洋背景噪声。主动声呐设计中近程盲距之外的混响区的探测是需要考虑的，即动态范围设计应保证近程盲距 r_m 之外混响不会导致信号限幅。一般探测潜艇时海底混响起主导作用，r_m 距离上的混响级 RL 可由式（9-6）计算，此时式（9-60）变为

$$\mathrm{DR_{in}}=10\lg\left(\frac{n_{\max}^2+\mathrm{It}_{\max}^2+10^{\mathrm{RL}/10}}{n_{\min}^2}\right) \tag{9-61}$$

3）参量优化设计

用于接收的声呐基阵及其支持设备的设计优化围绕得到合理的接收工作频率、接收指向性指数、接收空间角及适宜的平台速度开展，即 $\mathrm{Vas_j}(\mathrm{DI}(f,v,\Theta),f,v,\Theta)$ 可作为价值函数的基本内容（权重取值需结合实际声呐边界设置）。代价是声呐基阵及其支持设备的尺寸/重量安装支撑需求、频段资源需求，一些情况下还包含用水需求、拖曳工况支撑需求等，代价函数 $\mathrm{Res_j}\left(\sum_i \varXi_i\right)$ 涉及的需求项 $\varXi_i$ 因具体情况而定，将其代入式（9-1）有

$$\mathrm{Goal_j}(f)=w_{\mathrm{j1}}\mathrm{Vas_j}(\mathrm{DI}(f),f)-w_{\mathrm{j2}}\mathrm{Res_j}\left(\sum_i \varXi_i\right) \tag{9-62}$$

参量综合优化时，可以此为依据，反复调整参量取值、迭代，获取最佳 $\mathrm{Goal_j}(f)$ 值。

3. 信号信息处理有关参量设计

主动声呐信号信息处理输入包括发射波形（信号形式、频段、脉冲宽度、信号发射初始时间）、声呐基阵参量（基阵类型、阵元数、阵元间距、数据采样率等）、信道类型（海深、声速、海底地形等）、目标预期工况范围（航速、航深）、检测概率/虚警概率；处理结果要求为观察范围要求、处理增益、参量精度（测距、测向、测速等）、输出信息（波束数、跟踪信息、数据类型等）。

发射波形已在“发射分系统”有关参量设计中完成，但出于探测参量目的实施的设计，在本节实施，并综合优化；声呐基阵参量在“接收分系统”有关参量设计中完成；信道类型不是设计得到的，在声呐需求矩阵 Dem() 内已包含；目标预期工况范围、检测概率/虚警概率也在声呐需求矩阵 Dem() 中明确。与被动声呐类似，主动声呐的观察范围要求由总体基于 Dem() 设计给出更具体的针对信号信息处理的量化要求，应包含探测搜索水平距离（对应搜索分档量程，应区分深海和浅海模式）、探测搜索方位角（或舷角，特别应明确是否有盲区、弱视区，是否实施舷角/

真方位转换）、探测搜索深度范围、是否根据环境和平台工况进行适应性处理。

处理增益、测量精度由各种波形参数决定可实现的上限值，总体设计给出相应的工程实现下限值，具体实现算法由信号信息处理设计师负责设计/选择。输出波束数、输出数据类型结合人机交互设备的软件硬件配置选择，总体设计时予以明确。

1）信号波形

信号波形包含：频率特性（多个中心频率 f_i，多个频带 B_i），调制模式（HFM、LFM 等或无调制的 CW），脉冲宽度（多个脉宽 T_i）。

f_i、B_i 的取值与用于发射的声呐基阵的特性相关，一般在声呐基阵的谐振发射频率附近区域频带内取值，尽可能得到较大的 SL；同时还应考虑信道平坦度，避免 PL 过大，兼顾混响抑制 RL_C 和距离分辨力 ΔR 等。在进行声呐基阵 SL 设计时，一般已较好考虑信道平坦度，因此在优化设计时，可认为 SL、PL 已完成关联。在大多数情况下，探测潜艇的主动声呐在远距离是基于噪声限制的，因此混响抑制的需求存在但权重较小。距离分辨力在攻击引导时较重要，但一般探测潜艇的声呐首先在于能够探测到，因此 ΔR 的权重相比 SL、PL 较低。由此可得优化设计价值函数 $\mathrm{Vas_s}(f,t)$：

$$\mathrm{Vas_s}(f,t)=w_{\mathrm{s1}}\mathrm{Vas(SL+PL)}+w_{\mathrm{s2}}\mathrm{Vas(RL\_C)}+w_{\mathrm{s3}}\mathrm{Vas}(\Delta R) \tag{9-63}$$

$$\mathrm{Goal_s}(f,t)=w_{\mathrm{s1}}\mathrm{Vas_s}(f,t)-w_{\mathrm{s2}}\mathrm{Res_s}\left(\sum_i \Xi_i\right) \tag{9-64}$$

2）处理增益

主动声呐信号信息处理过程通过波束形成器在可观察范围内获得基于声呐基阵的空间增益 DI，以 M 元线列阵为例，$\mathrm{DI}=10\lg M$。通过匹配滤波器获得基于波形的时频增益 $G_1=10\lg(BT)$，通过多帧/多径非相干累积得到 κ 批次/路径目标的能量累积增益 $G_2=5\lg\kappa$。

上述增益是在理想状态下的值，工程设计时，需考虑下述各项损失，总体设计时应给出损失允许范围。

（1）阵增益：声呐基阵阵形畸变，导致实际阵有效尺寸减小进而增益下降；波束驾驶过程产生相位偏差导致增益下降；环境中的背景不是平稳的高斯白噪声导致增益下降。

（2）时频增益：复杂信道传播使回波畸变，且现场无法精确获取信道参数，匹配滤波处理增益下降；为适用于多种场景，采用一些宽容性较好的准最优处理，因此增益下降。

（3）非相干累积增益：信道传播性能起伏、背景能量起伏出现时有时无，多帧/多径累积增益下降。

关于脉冲宽度T值，一般需同时设置更大、更小的脉冲宽度，通常这些值是T的 1/4～1/2 或 2～4 倍（或更大、更小）。对于近程探测潜艇的声呐，T一般取数十毫秒至数百毫秒，对于远程探测潜艇的声呐可取到数秒到数分钟。T的取值设计同时还受以下四个因素的限制。

（1）工作盲区的限制，信号长度越大，工作盲区也越大。

（2）混响限制，混响强度随T而增大，与T大约成 3dB 的倍增关系。

（3）信道限制，一般情况下，T应小于信道（包括目标散射）的相干时间。

（4）设备容量限制，特别是供电容量限制和发热散热容量限制。

关于频带带宽B，对于检测小目标，带宽B需取得大些，甚至上千赫兹；从目标识别的要求出发，为了保留更多的目标信息，带宽也需适当取得宽些。B的取值设计同时还受以下五个因素的限制。

（1）技术实现限制，换能器难以在非常宽的频带内实现发送响应和阻抗平坦均匀，发射机也因此无法支持非常大频带的匹配输出。

（2）频散效应。传输信道存在频率不均匀性，如果B太大会产生强烈波形畸变，实际有效带宽下降。

（3）目标和信道的时间扩展和多途效应，将使回波产生时间扩展和干涉畸变，对匹配滤波检测带来损失，一般信号带宽不应大于$1/T_L$ Hz（T_L为回波的时间扩展）。

（4）多普勒容量限制，信号的多普勒容量是随带宽B、脉宽T成反比减小的（正比于$\dfrac{1}{2BT}$），B的增大，受到检测高速目标需求的限制。

（5）设备复杂性限制，B增大，容量随着BT增大，发射机与接收机均需相应增大，带来设备的复杂性导致效费比严重下降。

3）测量精度

同 9.2.2 节的设计，本节不再描述。

4）观察范围

声呐基础观察范围OR_0：主动声呐实施持续搜索时一般采用周期性发射，因此产生收发周期[①] T_0（包含声呐搜索量程对应时间τ_0和设计中的间隔等待时间τ_1，

---

① 此周期设计与以下多项因素关联。

a. 发射散热需求：对发射机而言，存在事实上的占空比；此“空”为发射机与声呐基阵提供了散热时间；若不能保证足够的“空”时，则需提供其他的模式满足大功率发射性能，如采用更高功率容量、提供更高散热性能等。

b. 不是所有主动声呐都周期发射、接收：对潜艇主动声呐等仅短时或瞬时作用的主动声呐，一般不进行周期发射；但即使不进行周期发射，接收也是有时间限制的，不会进行无限时间接收处理。

c. 收发周期和量程是人为选择、设置的，主动声呐实施对潜艇探测时，若现场传播损失较小，大于量程距离的目标（包含海底反射物和潜艇等），回波也能被接收；此时若在信号波形设计与处理中纳入了不同量程信号区分，则回波仍能够有效探测，否则将成为不知原因的干扰。

$T_0=\tau_0+\tau_1$），在理想条件下，主动声呐的每次最大观察距离 $r_{\max}=\tau_0 c/2$，结合声呐理想的立体观察角 Θ（不包含各类声呐外的限制因素），得到 AS_0。不同海底、海深、声速梯度等构成的声传播信道，影响声呐的基础观察范围。在深海，声影区的存在导致声呐的基础观察范围变得不连续；在浅海，若存在海底大范围山包等特殊地形，也将出现强烈的声呐基础观察范围限制，信道综合产生发射接收传播效应 P_i。声呐的观察目标在不同频率、相对态势（声波入射角及航深等）情况下，对声呐基础观察范围形成影响，量值为 T_a，得到：

$$\mathrm{OR}_0=\mathrm{AS}_0\otimes P_i\otimes T_a \tag{9-65}$$

影响主动声呐观察范围的因素较多，主要如下。

平台因素 S_h：在不同安装模式、不同平台航速（噪声），对声呐形成不一样的遮挡或造成声呐局部方向弱视。

声呐基阵 S_i：不同声呐基阵的空间指向不同，形成不同的空间观察性能。

声呐主动发射产生的近程限制 T_i：此限制包括直达波和混响限制，因此在时间上、对应距离上，以及不同空间角上表现不同。

其他因素 Els：包含其他所有稳定/不稳定、持续/非持续影响声呐观察范围的效应，如周围的渔船干扰为不稳定影响效应，编组时相对态势稳定的友舰的影响为使用期间稳定持续性影响等。

上述所有影响项综合形成声呐的观察范围 OR，因此有

$$\mathrm{OR}=\mathrm{OR}_0-\sum(S_h,S_i,T_i,\mathrm{Els}) \tag{9-66}$$

5）参量优化设计

信号信息处理的设计优化，围绕的目标是得到合理的工作频段、处理增益、测量精度、观察范围等，即 $\mathrm{Vas_s}(f,G,\varDelta,\mathrm{OR})$ 可作为价值函数的基本内容（权重取值需结合实际声呐边界设置）；代价是充分的硬件资源、声呐基阵及其支持设备等，代价函数 $\mathrm{Res_s}\left(\sum_i \varXi_i\right)$ 涉及的需求项 $\varXi_i$ 因具体情况而定。将价值函数与代价函数代入式（9-1）有

$$\mathrm{Goal_s}(f)=w_{\mathrm{s}1}\mathrm{Vas_s}(f)-w_{\mathrm{s}2}\mathrm{Res_s}\left(\sum_i \varXi_i\right) \tag{9-67}$$

参量综合优化时，可以此为依据，反复调整参量取值、迭代，获取最佳 $\mathrm{Goal_s}(f)$ 值。

9.4.4　主动声呐总体设计功能性能校核与验证

前文已提出具体校核方法，本节举例说明。

【例 9-2】根据水面舰探测敷瓦潜艇主动声呐设备组成部分的参数，校核声呐作用距离性能的满足程度。

1）已知声呐参数

（1）声呐基阵：水面舰主动声呐发射基阵为带障板的圆柱阵，直径为 4.8m，高度为 1.6m。垂直安装 8 个换能器，水平圆阵包含 72 个换能器，共 576 个发射基阵阵元和相应的声波收发器。工作扇面为 120°，即 24×8=192 路发射换能器形成一个波束。

（2）工作频率为 3kHz。

（3）发射参数：每一路电功率为 100W，电声效率为 50%，发射脉冲宽度为 $T=1\text{s}$。

（4）目标强度：敷瓦潜艇目标强度 $\text{TS}=15\text{dB}$（@3kHz）。

（5）背景噪声：以平台自噪声为主，根据经验值，取 $\text{NL}=87\text{dB/Hz}$（@3kHz）。

（6）检测概率 P_{D} 为 50%、虚警概率 P_{FA} 为 0.01%。

（7）环境：浅海负梯度条件（g=−0.05s^{-1}），水面声速为 1530m/s，海底声速为 1579.9m/s。

2）噪声限制条件下探测距离校核

根据声呐方程校核声呐探测距离，其中，TS、NL 已知，分别求其他参量。

（1）指向性指数 DI 计算。

按第 7 章带障板的圆柱阵 DI 计算公式，计算工作频率 3kHz 频率处的指向性指数：

$$\text{DI}=10\lg\left[\frac{4\times\pi\times\sqrt{3}\times R\times h}{(c/f)^2}\right]=10\lg\left[\frac{4\times\pi\times\sqrt{3}\times2.4\times1.6}{(1500/3000)^2}\right]=25.2(\text{dB}) \quad (9\text{-}68)$$

（2）声源级 SL 计算。

单路电功率 100W，波束电功率为 192×100=19200(W)，电声效率为 50%，有

$$\text{SL}=170.8+10\lg P_{\text{e}}+10\lg\eta+\text{DI}=170.8+10\lg19200+10\lg0.5+25.2=235.8(\text{dB})$$

接收滤波器的中心频率与发射频率相同，处理带宽为脉冲宽度的倒数，即 $B=\dfrac{1}{T}$。这种情况，采用 FFT 处理、带宽与脉冲宽度匹配，可以认为是频率域的脉冲压缩效果，根据第 8 章，检测阈 DT 为

$$DT=10\lg d-10\lg T=10\lg 16-10\lg 1=12(\text{dB})$$

则单程优质因数为

$$\frac{1}{2}\text{FOM}=\frac{1}{2}(\text{SL+TS}-\text{NL+DI}-\text{DT})=\frac{1}{2}(235.8+15-87+25.2-12)=88.5(\text{dB})$$

假设浅海负梯度条件（g=−0.05s^{-1}），水面声速 1530m/s，海底声速 1579.9m/s，利用 KRAKEN 程序计算传播损失，其结果如图 9-9 所示。图中同时画出了 $\frac{1}{2}$FOM 值，可见此模式下，预计对目标的作用距离约为 40km。取 8dB 工程裕量（对应图中 4dB），则可达约 30km 作用距离。

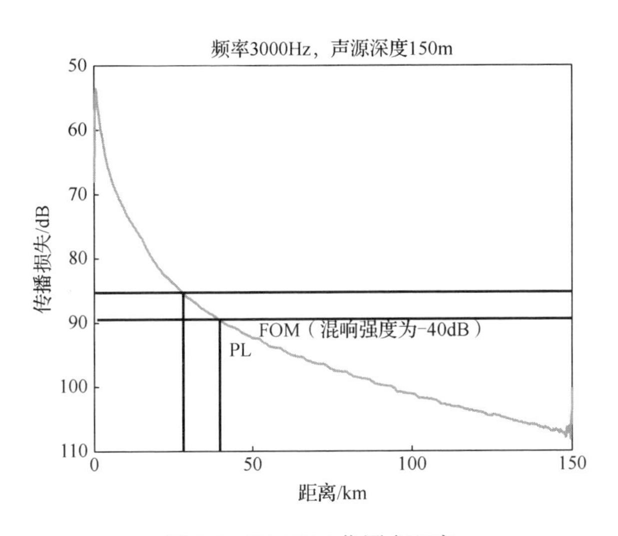

图 9-9　PL-FOM 作图求距离

9.4.5　主动声呐总体设计实例

【例 9-3】深海拖曳声呐论证。

1. 需求

某水面平台需配置声呐，探测航深覆盖 100～600m 的敷瓦安静型潜艇，要求至少达到第一会聚区；平台探测潜艇航速范围：6～18kn，最高航速 35kn。

（1）性能论证阶段，确定应配置什么样的声呐，声呐核心参量如何取值。

（2）基于上述结果，求声呐在深海探测潜艇的性能。

2. 设计

1）声呐配置论证

（1）基于平台需求选择声呐类型。

平台为水面机动平台，在深海基于会聚区探测安静型潜艇：确定需用主动声呐，结合深度覆盖要求，确定为拖曳声呐。

主动拖曳声呐第一会聚区探测敷瓦安静型潜艇，频率可确定不能大于 2kHz（2kHz 向下敷瓦效果快速下降）。

频率-距离-传播损失分析：不同频率的传播损失差别较大，在论证阶段，应采用声场计算模型、运用专门的声场计算软件，计算若干频率（分布在几个倍频程上）的传播损失，如图 9-10 所示；按有关文献所述会聚区传播损失[3]计算公式也可估算得到大致结果，如表 9-2 所示。从声传播软件计算对比看，表中 PL1 和 PL4 过于冒险或保守，PL2 和 PL3 相对更适用。

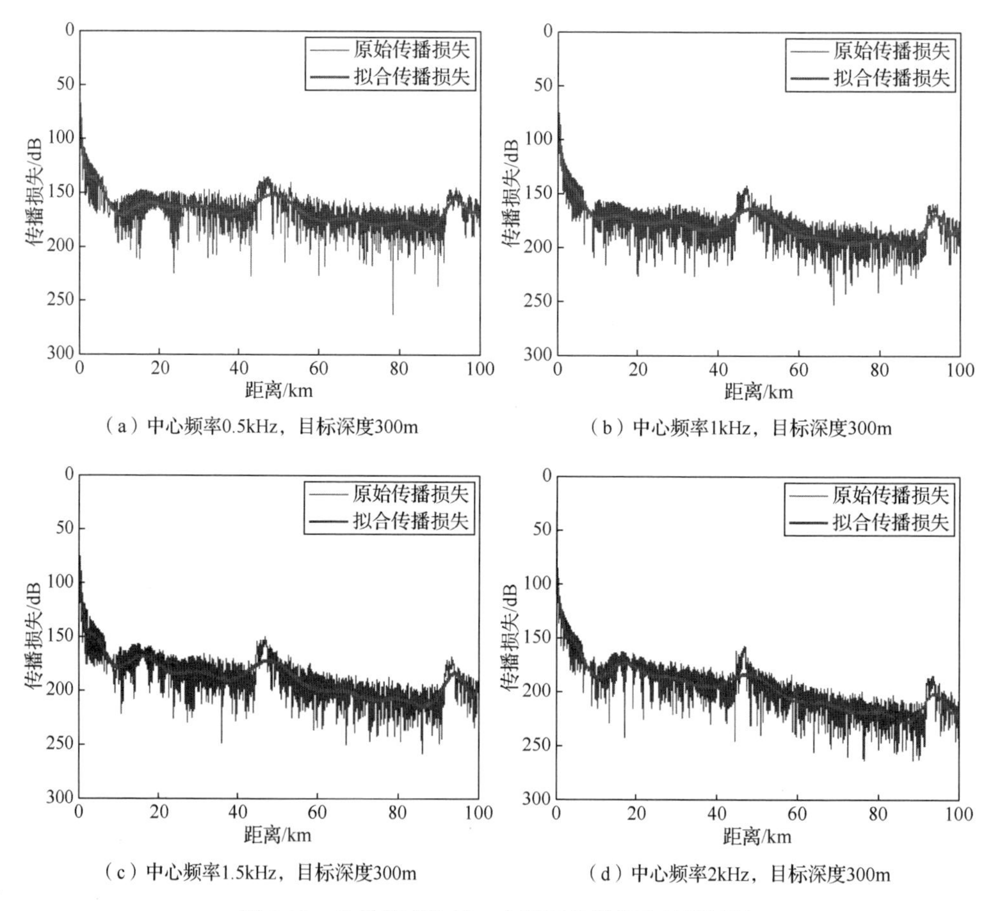

（a）中心频率0.5kHz，目标深度300m

（b）中心频率1kHz，目标深度300m

（c）中心频率1.5kHz，目标深度300m

（d）中心频率2kHz，目标深度300m

图 9-10　几种频率的第一会聚区传播损失计算情况

表 9-2 第一会聚区传播损失估算

r/km	PL1	PL2	PL3	PL4
	会聚+25dB	会聚+15dB	会聚+10dB	会聚+6dB
50	71.0	81.0	86.0	90.0
55	72.0	82.0	87.0	91.0
60	73.0	83.0	88.0	92.0
65	73.9	83.9	88.9	92.9

可见，要达到第一会聚区探测性能，被动声呐的FOM需81～89dB，主动声呐的FOM则应达162～178dB。

被动声呐排除：对安静型潜艇，被动声呐FOM达到80dB以上，其声呐基阵的规模将难以承受。简单估算一下，以1kHz为布阵频率，深海背景噪声谱级64dB（@1kHz），安静型潜艇SL为95dB（@1kHz）（也有认为不应大于90dB，此处取值高一些不影响效果），被动带宽为400Hz，积分时间为8s，检测概率P_D为50%、虚警概率P_{FA}为0.01%，被动声呐指向性指数DI为

$$\mathrm{DI}=\mathrm{PL}+\mathrm{NL}+\mathrm{DT}-\mathrm{SL}=80+64+5\lg\left(\frac{16}{400\times 8}\right)-95=37.5(\mathrm{dB})$$

为达到此DI，按1kHz频率理想的半波长布阵并获得理想增益考虑，需5623个水听器组成约4200m长的线列阵（或长37.5m、宽21m的平板，这么庞大的平板阵无法拖曳），工程实现难度太大，因此被动声呐不适合用以支撑本任务。

声呐类型选择结果：水面机动平台在深海基于会聚区探测安静型潜艇需用主动拖曳声呐，频率可确定不能大于2kHz。

（2）主动拖曳声呐参量论证。

① 传播损失PL。

从图9-10、表9-2可得500Hz、1000Hz、1500Hz和2000Hz的传播损失PL。

② 目标强度TS。

按照第3章，敷瓦安静型潜艇在低频段TS一般在10～15dB，保守仅取10dB。

③ 背景噪声级NL。

因任务在深海，NL取中等海洋环境噪声，即1kHz谱级为64dB，对应500Hz与2000Hz的海洋环境噪声级分别为70dB、58dB。考虑航速较高，流噪声可能起主导作用，分析时增加两档背景噪声级73dB、75dB。

④ 发射声源级SL。

如前所述，SL需通过参量综合结合平台支撑情况获得，考虑第一会聚区传播损失较小，SL首先确定一个取值范围为210～230dB。

⑤ 接收指向性指数 DI 。

如前所述，DI 需通过参量综合平台支撑情况获得，考虑第一会聚区传播损失较小，DI 首先确定一个取值范围为 20～26dB（即在百阵元量级）。

⑥ 检测阈 DT 。

按照 P_D 为 50%、P_{FA} 为 0.01%，深海探测可认为背景为平稳高斯噪声，则查 ROC 曲线可得，基于主动声呐匹配滤波算法的检测指数 d 介于 16 和 25，保守取为 25；考虑脉冲宽度 $T=4\text{s}$ ，则有

$$\text{DT}=10\lg\left(\frac{d}{2T}\right)=10\lg\left(\frac{25}{2\times 4}\right)=4.9(\text{dB})$$

采用数值分析法可综合得到主动拖曳声呐各参量预计配置范围，见表 9-3。

表 9-3　主动拖曳声呐各参量预计配置范围

参量	量值/dB					参量	量值/dB				
SL1	210	210	210	210	210	SL2	230	230	230	230	230
DI1	20	20	20	20	20	DI2	26	26	26	26	26
TS1	10	10	10	10	10	TS1	10	10	10	10	10
NL1	58	—	—	—	—	NL1	58	—	—	—	—
NL2	—	64	—	—	—	NL2	—	64	—	—	—
NL3	—	—	70	—	—	NL3	—	—	70	—	—
NL4	—	—	—	73	—	NL4	—	—	—	73	—
NL5	—	—	—	—	75	NL5	—	—	—	—	75
DT	4.9	4.9	4.9	4.9	4.9	DT	4.9	4.9	4.9	4.9	4.9
FOM	177	171	165	162	160	FOM	***203***	***197***	***191***	***188***	186
FOM/2	88.5	85.5	82.5	81	80	FOM/2	101.5	98.5	95.5	94	93
参量	量值/dB					参量	量值/dB				
SL1	210	210	210	210	210	SL2	230	230	230	230	230
DI1	26	26	26	26	26	DI2	20	20	20	20	20
TS1	10	10	10	10	10	TS1	10	10	10	10	10
NL1	58	—	—	—	—	NL1	58	—	—	—	—
NL2	—	64	—	—	—	NL2	—	64	—	—	—
NL3	—	—	70	—	—	NL3	—	—	70	—	—
NL4	—	—	—	73	—	NL4	—	—	—	73	—
NL5	—	—	—	—	75	NL5	—	—	—	—	75
DT	4.9	4.9	4.9	4.9	4.9	DT	4.9	4.9	4.9	4.9	4.9
FOM	183	177	171	168	166	FOM	***197***	***191***	185	182	180
FOM/2	91.5	88.5	85.5	84	83	FOM/2	98.5	95.5	92.5	91	90

注：对 SL、DI 各取两种值，NL 选取了五种值，TS 与 DT 取唯一的值，根据优质因数 FOM 的计算模型，组合上述参量取值，得到双程优质因数 FOM 和单程优质因数 FOM/2。

⑦ 参量优化选取。

考虑实际使用时背景起伏、声呐基阵畸变/频率失配、双程传播损失起伏等因素，FOM 需有工程裕量，暂定为 10dB，因此 FOM 需不小于 188dB。表 9-3 中满足此要求的配置不多，共六项，用斜体加粗表示。

声源级 SL：从数值分析看，声源级按 210dB 配置量值偏低，230dB 则有裕量。根据声源级与电功率、电声转换系数及阵元数量的关系得

$$SL = 170.8 + 10\lg P_e + 10\lg\eta + DI_t(f,\Theta) \tag{9-69}$$

式中，η 主要由换能器材料决定，难以调整，取 0.5 较适中；P_e、$DI_t(f,\Theta)$ 都和声呐基阵的阵元数量有关；声呐基阵的阵元数量结合频率决定声呐基阵的尺寸，考虑拖曳安全性，在达到性能情况下应尽量小。考虑 SL 取 223dB，取 6 个阵元组成声呐基阵（对应 2kHz，声呐基阵声孔径 2.25m；对 1.5kHz，则为 3m），P_e 取 60kW，声呐基阵的 DI 为 7.8dB。考虑发射机 80%效率，平台需提供 75kW 脉冲供电以支持发射。

接收指向性指数 DI：声呐基阵尺寸取适中值，即 DI 为 23dB。

检测阈 DT 优化控制：其控制因素为发射脉冲宽度，从 4s 增加到 8s，得到 3dB 增益。

NL 控制：进行频率选取和 18kn 航速适应性设计。频率选取：控制声呐基阵尺寸、流噪声和海洋背景噪声，取频率高端；因此，可在 1～2kHz 根据航速-流噪声控制情况选取。18kn 航速适应性设计：为实现接收基阵入水深度和控制流噪声，优化声呐基阵配置模式。将接收基阵挂在发射基阵之后，由发射基阵的入水保证接收基阵入水深度；在发射基阵与接收基阵之间挂水平拖缆、隔振段等，一方面隔离发射基阵的拖曳振动噪声，另一方面使接收基阵能够尽量远离拖曳平台；流噪声控制通过接收基阵设计实现，采用较粗的基阵是必须的，其他内部设计在声呐基阵研制过程落实。

综上所述，本例中所需的主动声呐核心参量基本形成。

频段：1～2kHz，工程研制阶段可进一步确定，频率可尽量取高。

SL：223dB。DT：1.9dB。TS：10dB。NL：≤64dB。DI：23dB。

$$FOM = SL + DI + TS - NL - DT = 223 + 23 + 10 - 64 - 1.9 = 190.1(\text{dB})$$

可见，参量设计满足对 178dB 双程传播损失情况下，有 10dB 以上裕量，参量设计合适。

上述取值可能存在的风险：一是发射基阵仍较大，高航速拖曳安全性设计在工程研制过程中需深入验证；二是因使用航速较高，接收基阵的流噪声控制需深入验证。

2）声呐在深海的性能分析

声呐在深海的性能，包含会聚区探测性能，也包含较近区域的探测性能；根据要求，分析的深海指形成了会聚区探测效应的海域，因此，不考虑海底弹跳探测模式的性能。

一种会聚区-近程结合探测示意图如图 9-11 所示。当 FOM=190dB 时，在第一会聚区有约 10km 宽度的可探测范围，同时，在不大于 34km 的范围内，可持续探测。当 FOM=180dB 时，不仅会聚区可探测范围变窄，声源附近可持续探测范围也大幅减小，甚至因声传播起伏，出现更多不连续探测区域。

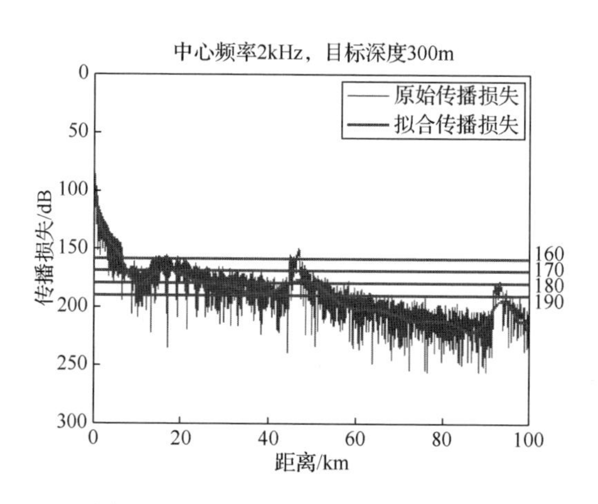

图 9-11　会聚区-近程结合探测示意图

【例 9-4】航空吊放声呐设计。

1. 需求

设计作用距离为 8km 的吊放声呐。

2. 设计

首先确定工作频率。

重点关注 PL 和 NL 与频率的关系。设传播损失由球面波宽展加吸收形成，则吊放声呐常用频段内的传播损失按下式计算[2]：

$$\mathrm{PL}=20\lg r+0.01f^2 r/1000 \tag{9-70}$$

式中，r 为目标距离，单位为码（yd，1yd=0.9144m）；f 为频率，单位为 kHz。

然后依据工作频率设计其他声呐参量。

吊放声呐布放在水中远离平台，噪声级由海洋噪声级决定，按下式计算[6]：

$$\mathrm{NL}=10\lg f^{-1.7}+6\mathrm{SS}+55 \tag{9-71}$$

式中，SS 为海况，取值 $0,1,\cdots,9$。式（9-70）、式（9-71）中，令 r =8km、SS =3，搜索计算 2PL+NL，得到表 9-4。

表 9-4　数值分析法（2PL+NL）计算结果

f/kHz	NL/dB	PL/dB	(2PL+NL)/dB	备注
3.5	63.8	79.9	223.6	r=8km，SS=3
4	62.8	80.2	223.2	
4.5	61.9	80.6	223.1	
5	61.1	81.0	223.2	
5.5	60.4	81.5	223.4	
6	59.8	82.0	223.7	

由表 9-4 可得：频率 4～5kHz，所需声源级最小；按高频点计算，即按 5kHz 计算，以降低由 SL 、DI 产生的规模需求。

对频率为 5kHz 情况，根据经验，目标强度 TS 取为 12dB。

对频率为 5kHz 的吊放声呐体积接收基阵，设计成两个同心圆，参数：圆周上均为 16 个水听器，高度上 8 个水听器，体积阵外径 0.75m，高 1.05m，8 元线阵间距 0.15m，两同心圆间距 0.075m。根据式（9-72）计算接收指向性指数 DI [2]：

$$\mathrm{DI}=10\lg(5hdf^2)=10\lg(5\times1.05\times0.75\times5^2)=19.9(\mathrm{dB}) \qquad (9\text{-}72)$$

考虑 400ms 脉冲，对 P_{D} 为 50%、P_{FA} 为 0.01%情况，由第 8 章检测阈模型计算 DT：

$$\mathrm{DT}=10\lg\left(\frac{d}{2T}\right)=10\lg\left(\frac{16}{2\times0.4}\right)=13(\mathrm{dB})$$

考虑实际探测时可能出现回波失配，检测阈取 3dB 裕量，则为 16dB。此时有

$$\mathrm{SL}=2\mathrm{PL}+\mathrm{NL}-\mathrm{TS}-\mathrm{DI}+\mathrm{DT}=223.2-12-19.9+16=207.3(\mathrm{dB})$$

即对 TS=12dB 目标，设计 DI=19.9dB 、SL=207.3dB ，发射脉宽 400ms 的航空吊放声呐，可实现 8km 距离探测。

【例 9-5】主动浮标声呐参量设计。

1. 已知条件

主动声呐浮标以声脉冲中心工作频率 7.5kHz 进行示例计算，其中，检测指数 d=15dB。T 为浮标发射的声脉冲长度，取为 0.5s。主动声呐浮标的外形长度最大为 914mm，可用于换能器阵安装布置的空间长度约为 500mm。

要求对水下目标探测距离不小于 4km。

2. 主要参量设计计算

1）换能器阵指向性指数

主动声呐浮标的外形长度最大为 914mm，可用于换能器阵安装布置的空间长度约为 500mm。对于 7.5kHz 的声脉冲，其波长为 200mm，半波长为 100mm。半

波长布阵情况下，阵元数（N）最大为 6。

$$\mathrm{DI}=10\lg N=10\lg 6=7.8(\mathrm{dB})$$

2）发射声源级

按球面波扩展加吸收模型计算 PL，为

$$\mathrm{PL}=20\lg r+\alpha r\times 10^{-3}=20\lg 4000+0.82\times 4=75.3(\mathrm{dB})$$

目标强度 TS 在此频段取为 5dB。

环境噪声取为中等环境噪声，即 1kHz 处噪声谱级 64dB；1kHz 以后海洋环境噪声谱级按−5dB/倍频程衰减，则在 7.5kHz 处，环境噪声谱级为 49.5dB。

检测阈 DT 可按下式计算：

$$\mathrm{DT}=10\lg\left(\frac{d}{2T}\right)=10\lg\left(\frac{15}{2\times 0.5}\right)=11.8(\mathrm{dB})$$

综上得

$$\mathrm{SL}=2\mathrm{PL}+\mathrm{NL}-\mathrm{TS}-\mathrm{DI}+\mathrm{DT}=2\times 75.3+49.5-5-7.7+11.8=199.2(\mathrm{dB})$$

即 SL 应不小于 200dB。

3）对用于发射声脉冲的电池要求

根据发射源级，则换能器输出的声功率为

$$P_{\mathrm{t}}=10^{\left(\frac{200-170.8-7.7}{10}\right)}=141.2(\mathrm{W})$$

考虑 70%的声电转换效率，则要求声发射电路模块输出电功率为 201.7W。

考虑 70%的发射效率，则要求在发射时，电池能提供 288.2W 的功率。当电池电压为 28V 时，则发射时的脉冲工作电流不小于 10.3A。

参考文献

[1] 钱学森. 论系统工程[M]. 上海: 上海交通大学出版社, 2007.

[2] Waite A D. 实用声呐工程[M]. 王德石, 等译. 北京: 电子工业出版社, 2004.

[3] Urick R J. 水声原理[M]. 洪申, 译. 3 版. 哈尔滨: 哈尔滨船舶工程学院出版社, 1990.

[4] Stoica P, Nehorai A. Music, maximum likelihood, and Cramer-Rao bound[J]. IEEE Transactions on Speech and Signal Processing, 1989, 37(5): 720-741.

[5] 技术状态管理: GJB 3206B—2022[S]. 北京: 国家军用标准出版发行部, 2022.

[6] 刘孟庵, 连立民. 水声工程[M]. 杭州: 浙江科学技术出版社, 2002.

第10章　声呐主要分机设计

声呐总体设计已对各组成部分（分系统或分机）的外特性和涉及声性能的主要参量进行了规定，形成了各组成部分研制任务书。分系统设计根据各自研制任务书进一步开展物化设计，形成可支撑试制（生产）的设计文件。本章涉及声呐声性能实现的主要分机（分系统）的设计要点，包括声呐基阵、前置预处理、发射机三个分机和信号信息处理分系统。

10.1　声呐基阵设计

10.1.1　概述

声呐基阵是由若干个声学换能器阵元按一定规律排成的阵列，按使用功能分为发射基阵、接收基阵和收发合置声呐基阵。对于固定安装的发射基阵一般由若干发射换能器、声学障板、水密接线盒、水密电缆、基阵架、减振器等组成，其外部一般包含流线型的导流罩；当用于拖曳使用时其外部常包含流线型的拖体、拖缆以及内部的非声传感器；对于悬浮安装的发射基阵，其布阵往往通过拓展结构实现。接收基阵的结构与发射基阵类似，用接收水听器取代了发射换能器。

常见的用于发射的声呐基阵结构形式有线阵、平面阵、圆柱阵、圆台阵、球形阵、共形阵等，发射基阵阵元有纵向振动换能器、拼镶圆环换能器、弯曲圆盘换能器、弯张换能器等；用于接收的声呐基阵常见的阵元有纵向振动换能器、圆管换能器、弯曲换能器、球形换能器、光纤水听器、压电薄膜面元水听器等。

设计参量：对于发射基阵，主要包括电阻抗、电导纳，发送电压响应、发送电流响应、发送功率响应，输入电功率、辐射声功率、电声效率，指向性指数、波束宽度；机械谐振频率、最大响应频率、响应带宽、机械品质因数，声源级、工作频带等。对于接收基阵，主要包括电阻抗、电导纳、静态电容，自由场电压灵敏度、工作频带，频率宽度，指向性指数、波束宽度，相位一致性，加速度灵敏度、水听器及基阵的噪声特性等。

另外，还有通用质量特性方面的参量，例如，工作寿命、工作水深（静水压力）、温度稳定性、耐海水腐蚀、维修可达性、机械承力安全、声空化控制、用电安全、故障可诊断、姿态监测（对拖曳阵而言）等。

10.1.2　设计要点

1. 设计仿真方法

声呐基阵设计是一个理论性和实践性结合很强的工作，理论仿真作为牵引，指明方向，并需要通过实践来验证设计准确性。声呐基阵设计包含了正向、反向的螺旋式前进，这里的正向设计是指根据性能要求，确定基阵、换能器的结构参数；反向设计是指由已知的结构参数，确定基阵、换能器的性能。

声呐基阵设计的一般步骤如下。

（1）对研制任务书进行解读，结合工程经验得出设计技术指标要求。

（2）论证、选择声呐基阵的合适结构形式，明确阵元的设计结构形式、振型。

① 在发射基阵设计时所能实现的最大发射声源级，主要有如下制约因素。

一是电功率极限。它取决于平台所能提供的最大驱动电功率和声呐基阵自身能承受的电功率极限两者中的较小者；其中，前者往往取决于平台自身供电能力以及配套的发射功率放大设备能力，后者往往与声呐基阵的驱动振子体积、功率密度、工作频率、工作脉宽等有关。

二是电场、磁场极限。声呐基阵不会发生电击穿、非线性应变影响等场极限，对于压电材料往往是电场极限，对于磁性材料往往是磁场极限，这两个极限制约了最大工作电压或最大工作电流，这往往与有源材料特性和基阵具体制作工艺有关。

三是声空化极限。它主要取决于工作深度或表面的静水压力，以及换能器表面振速分布特性等，要求不能发生辐射表面的声空化。否则，基阵将因声空化引起机械损伤而造成结构失效或电子设备损坏。

四是机械和热极限。声呐基阵振动结构不能发生因大幅度的振动、长时间工作产生的发热等引起的综合机械应力疲劳、热损伤。这种机械和热损伤将破坏振动系统的结构完整性。

五是孔径限制。越高的声源级，越要求声呐基阵具有更大的基阵空间增益，要求更多的阵元、更大的工作孔径；工作频率越低，意味着需要更大孔径、更多阵元、更大体积和重量的声呐基阵。

六是声发射的转换效率。有源材料的耦合系数通常在 0.3～0.9，声呐基阵的电声转换效率通常在 30%～70%，电声转换效率能够达到的量值与工业部门设计所采用的电声转换原理、基阵声辐射结构设计、有源和无源材料选择、基阵装配工艺等有关。

② 为了有效利用平台的安装孔径或者使用环境的噪声特性，针对目标探测需要，获得优化的阵增益，在接收基阵工程设计时，主要考虑如下因素。

一是获得尽可能大的接收指向性指数DI。为获得大的接收指向性指数，要求根据工作频率要求，结合平台的约束条件（尺寸、重量、供电等），尽可能获得最大的阵孔径，这就涉及布阵设计和成阵工艺，因此球形阵、共形阵、大面积的舷侧阵以及拖曳用的接收大孔径线列阵（包括单线阵、双线阵、多线阵）、吊放用的扩展阵等应运而生。根据使命任务，针对不同任务需求，基阵的工作频段多种多样，为适应多样性需求，平台上往往需要多种基阵（如线阵、平面阵、圆柱阵、圆台阵、球形阵、共形阵等），需要合理选择。为了实现对波束的控制，常采用相位控制、幅度控制等途径。

二是获得尽可能小的自噪声级NL。为了提高声呐基阵接收信号的信号质量，为基阵提供一个安静的工作环境十分关键，降低平台环境噪声、设备自噪声、拖曳流噪声等十分必要，可采取的措施主要有：船平台方面使用消声瓦、将设备安装在浮筏上、使用低噪声的泵推进，甚至采用主动消声的手段等；声呐方面进一步采取安装减振措施、声基阵综合噪声治理、电路噪声控制、电干扰抑制等，例如，舰载平台上安装基阵架和阵元采用减振器、流线型导流罩并对导流罩采取声学治理措施、拖曳线列阵使用隔振模块；成阵的接收信号链路使用低噪声信号放大电路、降低供电的电干扰、接收弱信号与供电大信号的空间隔离等。

三是获得最大的空间探测能力。根据接收空间探测要求，合理选择波束数量、波束覆盖范围、接收通道数量、信号的动态范围（接收灵敏度、增益放大范围），确保阵元特性与信号放大电路匹配。根据工作频段的需要，合理选择阵元的工作模式，一般有谐振工作模式、非谐振工作模式，前者具有更高的灵敏度、灵敏度响应起伏大些，后者具有更平坦的灵敏度响应、灵敏度要低些。

③ 无论是发射基阵还是接收基阵，构型设计都须具有合适的工作可靠性。

一是选择合理的阵元工作模式和结构形式，需要合理选择基阵安装结构、阵元、声学材料、水密接线盒、水密连接器、水密电缆等。

二是所选择的阵元，布阵时其数量可多达数千只，应统筹考虑与接收电路的一体化设计，应确保阵元的性能一致性、成阵的电气连接可靠性、水密可靠性，应确保基阵安装、工作时的结构完整性，暴露在海水中的材料应能满足高温、高盐、高湿等环境要求，水中布放的结构应考虑流线型设计、具有高的动态工作稳定性。

三是应考虑冗余设计、维修可达性和故障隔离设计；对于拖曳工作的声呐基阵，还须要求合适的拖曳安全性以及与相关释放、回收设备的关联性。工作可靠性应满足工作任务要求以及工作寿命要求。

（3）根据技术指标和振型，通过集中参数初步计算、类比等方法，提出阵元的初步结构参数。

阵元一般为单个换能器，设计方法有传统的集中参数法、等效电路法、平面波法、分布式模型等经典公式计算、矩阵模拟，以及有限元法、边界元法等[1-14]。对于结构简单、振型单一的换能器设计通常可先采用机电类比的方法（表 10-1）[14]，建立集中参数等效电路模型（图 10-1）[14]，对于假定结构参数、结构形式的换能器，可以计算得到换能器谐振频率、电阻抗频响、发送电压响应等参数，但等效电路模型的计算精度有一定局限性，一般通过参数计算，结果只能获取换能器的初步结构参数。

表 10-1　机械系统与电路系统类比

机械系统	电路系统
质量 M 惯性力 $F_m=Mdu/dt$ 质量元件的动能 $E_m=Mu^2/2$	电感 L 线圈上降压 $e_L=Ldi/dt$ 线圈中的磁能 $W_L=Li^2/2$
弹性系数 $K_m=1/C_m$ 弹性力 $F_k=K_mx=x/C_m$ 弹性元件位能 $E_k=K_mx^2/2$	电容 C 电容器上降压 $e_c=Q/C$ 电容器的电能 $W_c=Q^2/2C$
阻尼系数 R 阻力 $F_r=Ru$ 克服有功阻抗损耗功率 $W_r=u^2R/2$	电阻 R 电阻上降压 $e_r=Ri$ 电阻消耗功率 $W_r=i^2R/2$

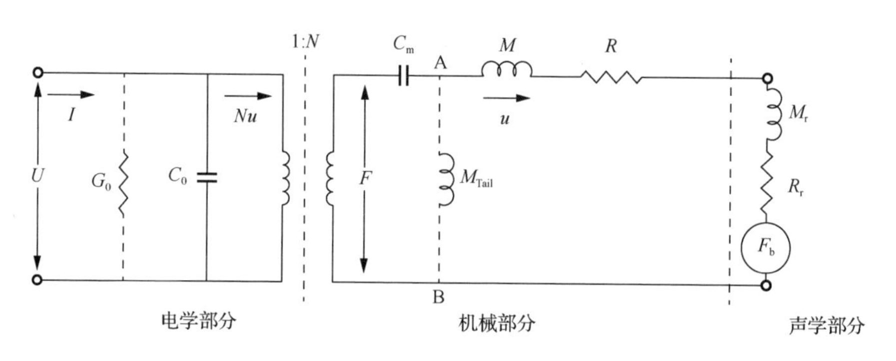

图 10-1　水声换能器集中参数等效电路模型

图 10-1 中，左边电端的 U、I、G_0、C_0 分别为驱动电压、驱动电流、并联电导、并联电容，中间机械端的 F、u 分别为驱动力、振速，N、C_m、M、R、M_{Tail} 分别为机电转换系数、换能器振子的柔性、辐射质量、机械阻尼、后质量块质量，右边声学端的 M_r、R_r、F_b 分别为负载质量、辐射阻和外部力。

（4）采用有限元等方法，设计计算阵元的电声性能，经多次迭代，得到优化后的换能器结构参数以及换能器的电声性能。

在阵元设计时所使用的有限元模型涉及动力学模态分析、谐响应分析、结构的流体分析、结构的静力分析、换能器振子的电场分析、磁场分析等。流体、结构和声学有限元/边界元法 FEM/BEM 市面上已有商业软件供应（如 ANSYS、COMSOL Multiphysics、Abaqus；专业软件 Starccm+、Infolytical MagNet、ATILA、Actran 等；结构软件 Solidworks 等）[15]；振动问题是设计的核心，如方程（10-1）给出了振动方程。

$$\begin{bmatrix} M_s & 0 \\ M_{fs} & M_f \end{bmatrix}\begin{bmatrix} \ddot{u} \\ \ddot{P} \end{bmatrix}+\begin{bmatrix} C_s & 0 \\ 0 & C_f \end{bmatrix}\begin{bmatrix} \dot{u} \\ \dot{P} \end{bmatrix}+\begin{bmatrix} K_s & K_{fs} \\ 0 & K_f \end{bmatrix}\begin{bmatrix} u \\ P \end{bmatrix}=\begin{bmatrix} F_s \\ 0 \end{bmatrix} \tag{10-1}$$

式中，M、C、K、F、P、u 分别表示质量矩阵、柔性矩阵、刚度矩阵、力向量、压力向量、位移向量；下标 s、fs、f 分别表示结构、流固耦合、流体区域。

基于等效电路模型计算或者预先假定得到的阵元基本结构参数，按照流程（图 10-2）采用有限元法进行精确计算，通过动力学谐响应分析得到换能器的谐振频率、电阻抗频响、发送电压响应、指向性、自由场电压灵敏度、声源级等电声参数。

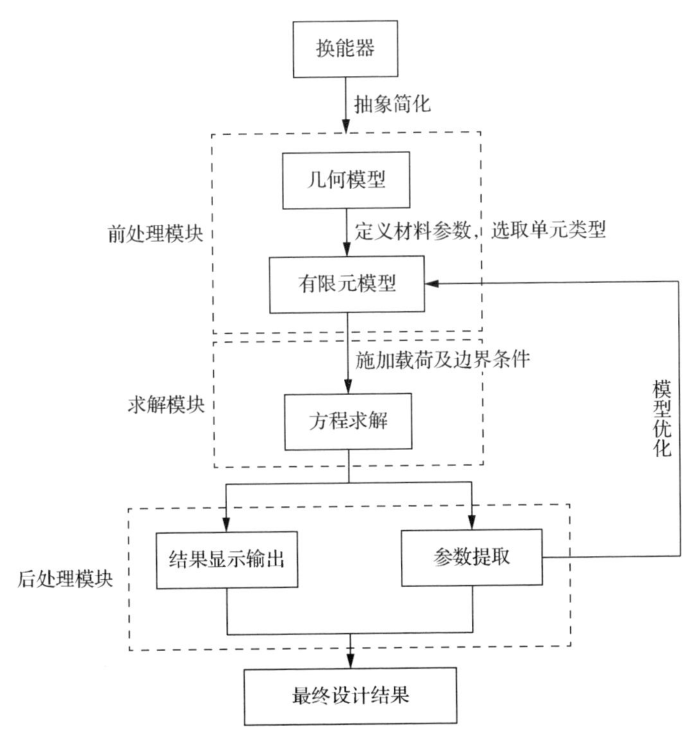

图 10-2　有限元软件分析水下换能器流程图

如图 10-2 所示，将物理问题转换成数学问题（压电耦合的本构方程、结构的振动方程、声学的亥姆霍兹方程），包含前处理（导入/建立模型、定义材料参数、定义单元或物理域、定义边界条件、加载、划分网格）、求解、后处理（提取数据并处理、生成 1D/2D/3D 结果图形和数据）。

图 10-3 给出了一种纵振换能器的有限元模型以及发送电压响应计算结果，左图为有限元模型及网格，右图纵坐标为发送电压响应、横坐标为工作频率。

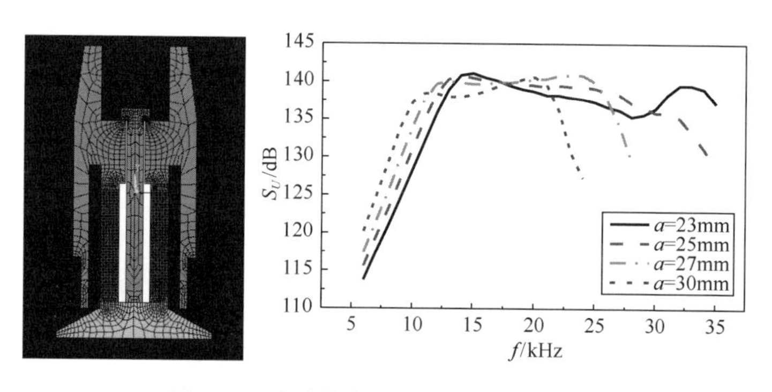

图 10-3　水声换能器的有限元建模分析

a 为纵振换能器辐射面的半径，单位为 mm

值得指出的是，有限元法具有更好的适应性，适用于任意结构的换能器设计、分析，可以建立二维模型、三维模型，适用于单个换能器甚至整个基阵的设计、分析。

（5）结合指向性计算，设计计算声呐基阵的性能，经多次迭代，得到优化的声呐基阵结构参数以及声呐基阵的电声性能。

利用射线理论建立的经典解析公式，可以计算线阵、平面阵、圆柱阵、圆台阵、球形阵、球冠阵、U 形阵等基阵指向性，这种计算一般忽略基阵中阵元间的互辐射影响、忽略阵元的不一致性，计算一般可以得到较好的工程指导性。

精确计算基阵指向性的方法也可以采用有限元法，需要建立全基阵或者基阵的一部分有限元模型，计算量往往比较大；为了降低单纯有限元法的计算量，结合边界元法，可以降低计算量、加快计算速度。通过指向性计算可以得到声呐基阵的指向性指数。

（6）根据设计预报参数与技术指标要求的吻合性，确定声呐基阵的设计方案。

（7）根据设计方案，转入技术设计的结构设计、工艺设计，并通过试制、测试和验证，经迭代最终完成声呐基阵的设计。

（8）根据声性能的设计参数，同步开展全部基阵构件的设计，对于拖曳声呐基阵还包括拖体、拖缆等设计。对于拖曳声系统，考虑拖曳速度、海况等，包括拖缆的承力设计、拖曳的流体动力设计、阵形监测；对于扩展阵还包括扩展机构的设计等。

2. 结构工艺设计

水下声系统的硬件制作十分依赖于工程经验传承，包括选材、结构设计、工艺设计与制作。可靠性结构工艺设计主要包括以下六部分。

（1）结构件设计。

（2）有源部件和声屏蔽部件设计。

（3）密封和电绝缘部件设计。

（4）有源元件受力计算。

（5）制作工序设计。

（6）材料选择。

水声换能器工艺设计，往往包括至少 20 道工序，主要包括粘接工艺、电装工艺、灌注工艺、涂覆工艺、硫化工艺和装配工艺等，以及过程中的多次检测工序。对于其中存在的关键工序、特殊过程，需要实施关键工序控制、特殊过程确认等质量管理程序，工装、模具设计是基础，应验证其有效性。

10.1.3　设计验证

声呐基阵的设计验证一般包括阵元（换能器）设计验证和声呐基阵设计验证两部分。通常，阵元（换能器）的设计验证通过研制样品并对样品进行性能测试来验证，既要测试声学性能，也要测试通用特性性能；而对声呐基阵的验证一般在阵元（换能器）设计验证的基础上通过仿真计算来进行，如果是初次设计的新型声呐基阵通常还需通过研制缩比样阵进行声学性能测试来验证。测试方法见第 11 章。

10.2　前置预处理分机设计

10.2.1　概述

前置预处理分机通常由多通道独立控制的接收电路组成，每个通道的接收电路功能框图见图 10-4，图中，U_1～U_5 表示各级的输入/输出电压，前一级的输出为后一级的输入。

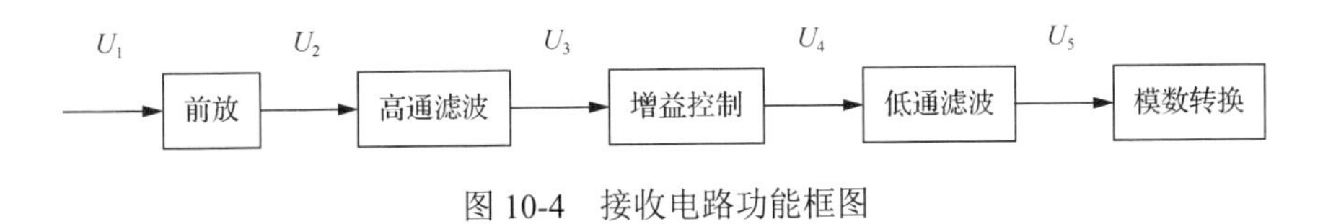

图 10-4　接收电路功能框图

前置预处理一般由前放（低噪声放大加低频白化）、可控增益、A/D 采样电路组成。其设计重点为低噪声放大、动态范围及采样设计。

10.2.2 主要设计输入

1. 输入动态范围

预处理机动态范围是指能够正常工作的输入信号的变化范围，其下限受前置预处理机噪声限制，上限通常受预处理机增益或非线性失真规定的值限制。通常，声呐总体设计时已给出电路等效噪声级控制要求 eSNR 、声通道输入动态范围 DR_{in}，据此，折合水听器灵敏度级 ML 后，得到接收电路输入端的电压动态范围（U_{1min}～U_{1max}），在此输入电压范围内，接收电路预处理过程及经 ADC 采样转换整个环节，不应出现限幅失真现象。

2. 工作频带

工作频带与基阵尺寸紧密相关，假设声呐设备低端和高端的工作频率分别为 f_H 和 f_L，那么工作频带为

$$B=f_H-f_L \tag{10-2}$$

10.2.3 设计主要技术参数

前置预处理机设计需要关注的参数主要如下。

1. 等效输入噪声

根据接收电路的输出噪声折合至电路输入端（水听器输出端）的电噪声。

2. 幅频响应

根据声呐设备的工作频率范围，接收电路对工作频带内和工作频带外信号的响应特性。

3. 增益范围

根据输入信号的幅度大小可对接收电路的增益进行相应调节，以增大接收信号的动态范围。

4. 通道间串扰

通道间串扰是指多通道接收电路中相邻通道间信号的隔离度。

5. 相位幅度响应一致性

对于多通道接收电路，工作频带内各通道间的信号幅度-频率响应和信号相位-频率响应一致。

6. 模数转换参数（ADC 输入满刻度电压、采样频率、有效量化位数）

对经调理后连续的模拟电压信号按照一定的频率进行同步采样、量化后转换为数字信号，供信号处理机进行波束形成等数字信号处理。模数转换器（analog-to-digital converter，ADC）输入满刻度电压和有效量化位数表征了 ADC 本身的有效量化范围。

7. 接收声通道传输数据率

接收声通道传输数据率是指单位时间内在传输介质中传输的数据量。现代前置预处理机采用数字化技术，模数转换后的数字信号需要送到信息处理设备，基阵的规模、模数转换器的量化字长和采样频率共同影响前置预处理机的传输数据率，从而影响数据传输的技术路线。

10.2.4　设计要点

1. 等效输入噪声

通常设计等效输入噪声应比 $U_{1\min}$ 低 10dB 以上，以使其不影响声背景噪声级。

2. ADC 采样频率

根据奈奎斯特定理，采样频率至少应高于最高工作频率的 2 倍，在工程应用中，采样频率 f_s 一般不小于 $2.5f_H$。

3. 增益范围、幅频响应、ADC 输入满刻度电压、有效量化位数

按接收电路功能框图组成，接收电路的增益 G 由前放的增益 G_1、高通滤波器的增益 G_2（这里指对宽带信号工作频带外信号成分的衰减，即负增益，并非带内信号的固定增益）、增益控制电路的增益 G_3 和低通滤波器的增益 G_4（意义同 G_2）组成，即 $G=G_1\times G_2\times G_3\times G_4$。

本小节所描述的参数是结合在一起设计的，彼此并不独立，而是相互依存的关系。这些技术参数在设计时应遵循如下原则。

一是接收电路的最大增益 G_{max} 设计，应使得 $U_{1min}\times G_{max}$ 的结果能够占到 ADC 的 4 位或以上有效位。

二是接收电路的最小增益 G_{min} 设计，应能保证 $U_{1max}\times G_{min}$ 的结果不超出 ADC 的满刻度电压范围。

三是前放的增益 G_1，应使得 $U_{1max}\times G_1$ 不限幅失真。

四是增益控制电路的增益 G_3 一般为自动或手动可调节，使得 $U_3\times G_3$ 不限幅失真。

4. 通道间串扰

各通道信号输入输出线应采取隔离保护措施，如信号线使用差分传输方式、输入线采用双绞屏蔽线、印制板布线采用地平面隔离等，降低通道间信号线互相耦合以及输出线与输入线之间的耦合。

5. 相位幅度响应一致性

接收电路中使用的非线性器件如电容会使信号产生相移，而电路增益一般由运算放大器结合电阻器件按比例实现，故为保证多通道间的相位幅度响应一致性，应根据要求选用足够精度的电容、电阻等器件。

6. 接收声通道传输数据率

$$\mathrm{DTR}=\sum_i (f_{si}\times M_i\times k_i) \tag{10-3}$$

式中，DTR 是接收声通道传输数据率；f_{si} 为第 i 种采样频率；M_i 为通道数；k_i 为数字化采样位数。

前置预处理机根据电子系统架构，在不同电路网络中可以采用不同的传输技术，以满足接收声通道传输数据率为目标，在不同电路网络中可以采用不同的传输技术。

10.2.5　电路设计

1. 前放电路

前放电路是前置放大电路的简称，其作用主要是匹配水听器的特性参数，保证水听器接收灵敏度，对水听器输出的微弱电信号进行低噪声放大，低噪声的要求是为了不使电路噪声影响水听器接收信噪比。条件允许时可将前放电路与水听器集成设计，最大限度降低前放电路与水听器间的传输线长度，减小这段传输线引入的电磁干扰，故称为前置放大电路。

由于潜艇典型工况下艇艏导流罩内背景噪声能量主要集中在工作频带之外的低频段，因此前放电路的增益 G_1 不宜过大，通常控制在 10～30dB，避免前放输出电压发生限幅失真。

前放电路一般采用低噪声运算放大器实现，或者采用差分输入方式的低噪声仪表放大器实现以取得更高的共模噪声抑制能力。另外，由于声呐接收通道数越来越多，因此低功耗也是必须考虑的方面，包括其他接收电路。

2. 高通滤波电路

为了充分利用模数转换器的动态范围，应尽量滤除工作频带外的无用信号，由于背景噪声能量主要集中在工作频带之外的低频段，能量占比甚至可达到 90%以上，因此需根据背景噪声的能量分布设计合适的滤波电路参数。高通滤波电路通常采用运算放大器构建多阶有源滤波器，宽带信号的电压值经滤波后可等效为-10～-20dB 的负增益处理。

3. 模数转换电路

模数转换是将连续的模拟电压信号按照固定的采样频率进行同步采样、量化后转换为数字信号，对于最高工作频率在 10kHz 左右的潜艇艏端声呐来说，通常可以采用 Σ-Δ 型模数转换器，其工作原理是对模拟信号进行远高于采样频率 f_s 的过采样处理，并具有数字滤波功能，通常可对 $0.55f_s$ 的信号达到 50dB 以上的衰减能力，故可以大大简化接收电路中的抗混叠滤波电路环节。目前的 Σ-Δ 型模数转换器一般可达到 90dB 的动态范围，可保证 14bit 左右的有效位。

4. 增益控制电路

增益控制电路的作用是提高接收电路的输入动态范围，首先根据 10.2.4 节中确定增益的原则确定最大增益 G_{3max}。当模数转换器的动态范围不足以匹配接收电路输入端的电压动态范围（U_{1min}～U_{1max}）时，通过增益控制电路减小增益来进行调节，使输入端电压与动态范围相匹配。

例如，模数转换器的有效位为 14bit，根据 10.2.4 节中确定增益的原则，当输入为 U_{1min} 时 ADC 输入的信号需占据低 4bit 有效位，则 ADC 还剩余 10bit 即 60dB 的动态范围，若输入端的电压动态范围（U_{1min}～U_{1max}）为 90dB，则需要增益控制电路的最小增益 G_{3min} 比 G_{3max} 低至少 30dB。

增益控制电路一般采用多路开关切换放大电路中的多个不同阻值的电阻器来实现增益调整，也可以使用集成的可编程增益放大器或压控放大器实现。

5. 低通滤波电路

低通滤波电路的作用是滤除工作频带外高频段的信号，避免在采样过程中与带内信号混叠。当采用 Σ-Δ 型模数转换器时，由于实际采样频率远高于 f_H，故对抗混叠滤波电路的要求也大大降低，一般只需采用二阶有源滤波即可保证电路性能。低通滤波通常是在模拟电路部分的最后环节，且接收电路使用的运算放大器带宽有限，故此环节产生的负增益 G_4 通常可以忽略。

6. 数据采集传输电路

数据采集传输电路是把模数转换后生成的数字信号传递给信号信息处理分系统。例如，1000 通道、25kHz 采样率、24bit 量化位数的前置预处理机，其接收声通道传输纯数据率为 600Mbit/s。对于该接收声通道传输数据率的机柜间的数据传输，当前多采用千兆以太网技术，不再赘述。

10.2.6　设计验证

根据分机功能和结构确定了分机中各功能单元电路板组成后，将分机的技术指标向下分解至各功能电路板，按单板技术指标要求和设计要点首先进行电路建模仿真验证，如各级噪声和幅频响应。仿真测试结果符合技术指标要求后才进行电路板实物制作，装配完成后对电路板进行测试应能够满足要求。各功能电路板均应符合设计要求后再对分机进行测试，以能够满足分机的技术指标要求。

10.3　发射机设计

10.3.1　概述

发射机的主要功能是根据系统指令的要求，产生用于探测、通信或对抗的多通道大功率电信号，激励对应的换能器基阵产生声波。发射机通常由主控单元、信号产生单元、功率变换单元、匹配调谐网络及高压电源等组成。表征发射机性能的主要参数有工作频率、发射功率、通道数、发射效率、信号失真度及带外谐波泄漏等。

根据任务使命，发射机分为探测、通信、对抗/干扰三类。用于探测类的发射机通常要求发射功率较高，体积重量相对较大；用于通信类的发射机通常发射功率不是太高，但对信号失真度要求较高；用于对抗/干扰的发射机通常对信号形式与对抗干扰对象的信号尽量对准，发射功率越大对抗干扰效果越好。在实际工程设计中，早期三类发射机通常分别设计，随着声呐综合程度的提高，用一套发射机同时实现以上三类任务成为趋势。

根据工作方式，发射机分为脉冲方式和连续方式两类。通常用于探测类和通信类的发射机为脉冲工作方式，或接近于连续的长脉冲工作方式，用于对抗/干扰类的发射机为连续或接近连续工作方式。

根据通道数，发射机分为单通道和多通道两类。单通道发射机通常用于要求发射功率较小的场合；多通道发射机通常用于发射功率较大或需要形成特定波束的场合，以驱动多组换能器阵列。

发射机通常由主控单元、信号产生单元、功率变换单元、匹配调谐网络及高压电源等组成，必要时配备冷却装置。其中信号产生单元、功率变换单元及匹配调谐网络通常为多通道形式，与换能器阵元相对应，如图 10-5 所示。

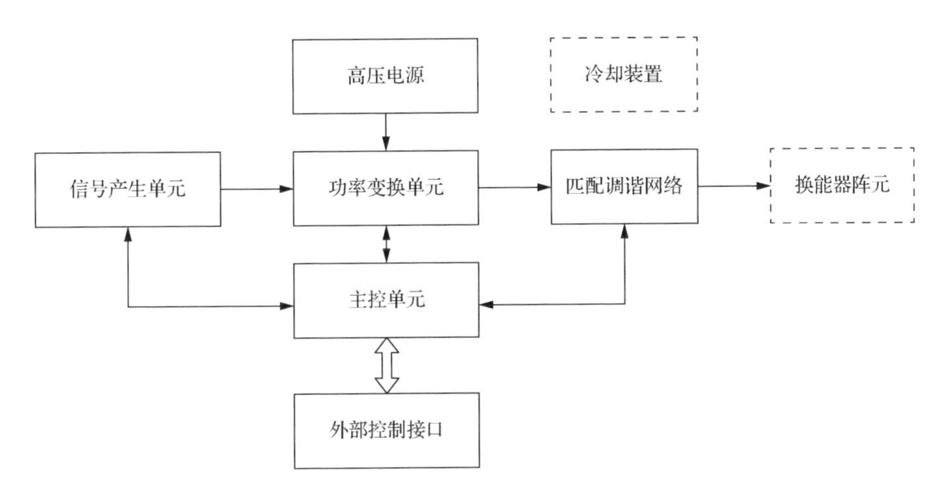

图 10-5　发射机组成框图

发射机的设计原则是根据系统任务使命需求，在体积、重量、成本和使用环境等限制条件下，确定发射机整体架构形式、功率变换方式、信号产生方法、高压电源方案、散热冷却方式及结构形式等，从而满足系统各项功能和性能指标要求。

10.3.2　设计要点

1. 主控单元设计

主控单元的功能：一是进行对外通信，接收指令或信号数据，并上传发射机工作状态信息；二是对内进行工作参数设置及工作模式控制，并采集各单元的状态信息。通常选择微处理器作为核心硬件，根据需要配置接口和存储模块，开发相应的软件完成各项发射控制功能。

2. 信号产生单元设计

发射信号有两种来源：一种是按照规定的信号形式，如频率 f、脉冲宽度 t、重复周期 T 等参数，由预设的硬件产生，或通过软件计算产生，发射时根据指令选择对应的信号形式；另一种是接收外部输入的信号或数据，转换成发射机可用的信号。对于多通道发射机，为了形成特定的波束，需要产生具有一定时序关系的多组信号。

为了实现功率放大且具有较高的能量转换效率，需要产生适合功率变换单元的信号形式，较为常见的一种是正弦脉宽调制（sinusoidal pulse width modulation，SPWM）信号。SPWM 信号是采用等幅不等宽的脉冲序列等效交流正弦波，在两波形交点时刻控制开关器件的通断，其中，调制波采用的是正弦波，载波采用的是三角波，如图 10-6 所示，为调制信号 $s(t)$的 SPWM 波形二阶输出，SPWM 波形幅度与调制度 a（小于或等于 1）呈线性关系。

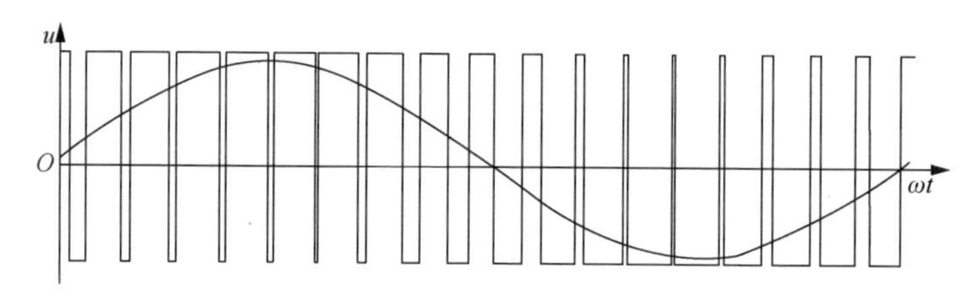

图 10-6　二阶 SPWM 波形

规则采样法每个载波周期的脉宽为

$$\delta_I = \frac{f_C}{2}[1 + as(t)] \tag{10-4}$$

式中，f_C 为载波频率；a 为 $s(t)$模拟信号调制度；$s(t)$可为任意信号（如单频、调频等）。

发射信号波束形成是指将多元基阵的各个阵元经过处理之后，形成空间指向性的方法。为了实现预期的发射声源级和指向性，对各发射基阵元采取时延或相位补偿，形成规定指向与束宽的发射波束，或同时形成多个发射指向性波束。波束扫描即发射波束的方位角 θ 按一定的规律变化。根据所对应的阵元号和发射波束角，实时计算发射信号时延并产生相应的信号驱动发射基阵阵元，形成设定的发射声波束。通过改变发射波束角，就可以控制发射基阵发射波束方向的角度。

3. 功率变换单元设计

根据工作频率、发射功率、通道数、发射效率、信号失真度或带外谐波泄漏功能性能指标的要求，选择功率放大类型，设计具体的电路拓扑结构和工作参数。发射功率较小且对失真度要求较高的应用场合通常选择线性功率放大（或称为模拟功放），发射功率较大的应用场合通常选择开关功放（或称为数字功放），功率放大主器件一般选择金属-氧化物-半导体场效应晶体管（metal-oxide-semiconductor field effect transistor，MOSFET）、绝缘栅双极型晶体管（insulated gate bipolar transistor，IGBT）等功率管。

功率变换单元一般分为驱动电路和功放主电路。驱动电路负责提供驱动电流，保证功率管能按要求的时序导通和关断；功放主电路包括功率模块、外围电路及滤波电路等，实现信号的电压、电流和功率放大。功放主电路在大功率时一般采用全桥结构，小功率时采用半桥或推挽结构。

为了进一步满足低频宽带大功率的需求，减少大功率元件选型、信号质量与带宽矛盾、低频体积重量大等困难，可以采用多重化叠加的方法。采用多个逆变桥按一定时序叠加合成的方式，形成近似的正弦波，同时提升输出电压，再辅以简单的滤波电路后，即可输出优质的低频宽带大功率信号。

4. 匹配调谐网络设计

匹配调谐的功能是将容性或感性的换能器负载适配为接近阻性的负载，并将负载阻抗值变换成功率放大器适配的值。匹配调谐电路通常由变压器、电感、电容等组成。其中变压器、电感等磁性元件的体积重量与工作频率密切相关，频率越低体积重量越大。考虑到发射机体积、重量、转换效率、带宽等因素，一般采用单阶调谐方式，特殊情况下也采用多阶调谐方式。

5. 高压电源设计

高压电源的功能是将电网交流电转换成直流电，提供能量给功率变换单元。高压电源分为两类：一类为线性电源（或称为整流电源），另一类为开关电源。两者各有优劣，根据需要选择。

整流电源由变压器和整流器等组成，电路结构较为简单。整流电源优点是可靠性高、成本低、电磁兼容性较好；缺点是体积重量大，输出电压不易控制。开关电源一般由 AC-DC、DC-DC 等环节组成，优点是输出电压稳定、体积重量小，缺点是成本较高、电磁兼容性控制难度较大。

6. 结构与冷却设计

发射机一般占整个设备的体积重量比例较大，因此结构形式和冷却散热方式需要特别设计。空间较为宽敞的舱内设备一般采用标准机柜结构形式，水下等紧凑空间采用适合的定制化结构。

发射机产生的热量较大，产生热量部位主要为功率管、电感、变压器等，散热是否良好直接影响到可靠性。冷却方式一般有三种：自然冷却、强制风冷和液冷散热。自然冷却结构简单，适合对散热要求较低的应用场合；强制风冷需要设计合理的风道，机柜不能全密封，适用于中等散热要求，且对风扇噪声不太敏感的应用场合；液冷散热优点是散热能力强，噪声低，机柜内部空间利用率高、机柜可密封，但系统设计较为复杂，对管路材质要求较高，成本较高，适用于对散热要求高、静音要求高的应用场合。

7. 通用质量特性设计

1）可靠性设计

发射机大部分器件工作在脉冲式高电压、大电流应力条件下，主要影响设备可靠性的应力为电应力和热应力。因此，可靠性设计的主要技术路线为分析极限应力条件，实现降额设计，实施充分的热设计，保障主要功率器件工作在安全应力范围，采用简化设计，控制元器件种类与数量，提高基本可靠性；采取必要的冗余设计，并采用防瞬态过应力设计，过载时自动保护，过载消除后设备自恢复措施，进一步提高任务可靠性。

2）电磁兼容性设计

发射机一般以脉冲发射模式工作，对电网容易形成冲击影响，因此其电磁兼容性设计是影响声呐平台安装的重要因素。应按照电磁兼容性设计的基本准则实施分层设计，要点为：①底层设计，应严格控制发射干扰源，对主要的干扰器件/模块采取空间隔离、屏蔽、滤波等措施，尽可能缩小影响范围；②在用电匹配设计中，应在供电输入端采用有源功率因数校正，在发射输出端采用无功补偿等方法，使功率因数、电流谐波符合设计规定；③应对所有外部/内部大功率传输线缆采取充分的屏蔽措施，结合必要的滤波和空间分离布置，降低线-线互扰；④发射机内部应实施强弱信号隔离设计，弱信号尽可能采用光传输，强电供能通路尽可能采取屏蔽隔离措施；⑤所有机箱、机柜应采取完整的电磁密封隔离措施，缝隙采用弹性导电材料填充实现完整连接；⑥采用风冷模式时，按钮开关、显示界面的所有开口位置均应采用有效的蜂窝滤波设计；⑦特别的，机箱、机柜的接地（数字地、模拟地、机壳地）设计应与上述措施通盘考虑，确保隔离、屏蔽、滤波有效性。

3）安全性设计

发射机安全性设计主要是人身安全性设计和设备安全性设计。人身安全性设计要点为机柜外表面无裸露在外的高压连接点，不会因接触引起人员触电；机柜外表面无高温区域，不会引起灼伤；机柜外无不接地的裸露金属，机柜外壳有接地点，使用时接入大地；机柜贴有警示标志，非专业人员不得维护；电缆电线采用低烟、无卤、阻燃电缆电线。设备安全性设计要点为对贵重元器件除了在选型时参数即应留有较大的裕量外，采用冗余设计，还进行自动切断信号、熔断器断开回路等多重保护；设有总输入和中间环节熔断器，进行故障隔离，阻止故障扩大化，不会对电网产生危害，确保设备安全，并通过多组分布式传感单元监测发射机重要工作状态，实时预警报警。

10.3.3　设计验证

发射机的设计验证，物化前是进行仿真计算，物化后通过功能性能测试和连续工作考核来实施。仿真计算主要包括信号参数误差范围和输出特性两方面。一是按照信号产生算法模型，根据信号产生单元的硬件能力参数等，计算信号频率、带宽、通道间时延等参数与理论值的误差，验证是否满足指标要求；二是按照功率变换单元模型，根据负载特性参数、匹配调谐参数等，计算在整个工作频带内发射输出幅度、输出功率的值，进而评估发射分系统的整体性能。功能性能测试按照相应的规范进行，值得指出的是，像发射机这种大功率设备功能性能测试完成后，加上模拟负载，在边界参数条件下进行满功率连续工作，对发射机设计性能进行综合验证是非常必要的。连续工作通常需要 8h 以上，通过连续监测输出功率、幅度、设备温度等参数可判断发射机工作是否稳定可靠。

10.4　信号信息处理分系统设计

10.4.1　概述

声呐信号信息处理分系统包括信号信息处理硬件平台和集成于硬件平台内部的应用软件。信号信息处理硬件一般选用具有高性能浮点运算能力的数字信号处理芯片，随着公共计算环境的成熟，硬件设计日益通用化，并与软件相分离。信号信息处理软件主要完成数字信号预处理、目标检测、目标定位、目标跟踪、目标识别等功能，实现对主动/被动目标的信号检测、参数估计及分类/识别。主/被动信号信息处理流程框架图一般如图 10-7 所示，图中虚线框表示适情选取。

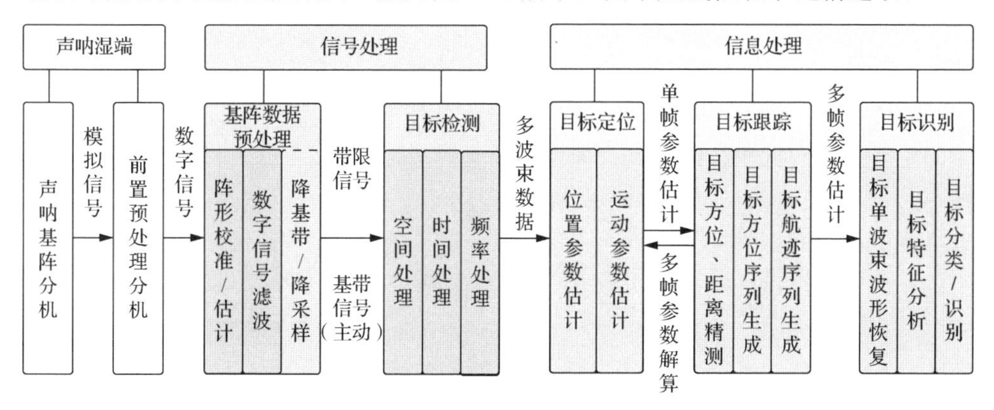

图 10-7　主/被动信号信息处理流程框架图

基阵数据预处理主要完成阵形校准/估计、数字信号滤波处理，对主动声呐信号还包括降基带/降采样处理。

目标检测主要在各类噪声、干扰影响下，基于目标能量或特征信息，依托空间处理、时间处理、频率处理等手段，实现目标有无的判决，以支撑后续跟踪、定位、识别等功能的实现，属信号检测的范畴。其中，空间处理主要利用目标信号/噪声/干扰的空间相关特性差异，采用波束形成等方法获取空间处理增益，以实现抑制噪声/干扰、提高目标信噪比的目的；时间处理主要利用目标信号/噪声/干扰在时间相关特性、概率统计特性等的差异，采用非相干处理、相干处理等方式获取时间处理增益，进一步提高抑制噪声/干扰，提高目标信噪比。频率处理主要基于目标信号的频域特征，采用谱分析等方法获取频率处理增益，实现目标的线谱、连续谱、调制谱等特征检测。

目标定位主要利用目标辐射噪声或回波信号，实现目标位置及运动参数的估计，包括方位、距离、径向速度、航向、航速等，属于参数估计的范畴。

目标跟踪主要利用目标状态量测信息，结合建立的观测/运动模型，采用各类线性/非线性估计方法，获取目标方位序列、航迹序列的过程，属于参数估计的范畴。

目标识别主要是在对目标辐射噪声或目标回波信号的特征分析、挖掘与提取等的基础上，通过模板匹配、规则判决、统计推断、机器学习等手段，实现目标属性的判决，给出目标类型、属性及置信度等信息。

10.4.2　处理方法与技术参数设计

信号信息处理的性能在很大程度依赖于信号处理方法，主要包括空间处理方法、时间处理方法、频率处理方法等。另外，经典信号处理方法在特定声呐信号信息处理中的参数设计与优选，也是决定信号信息处理性能的关键因素。

1. 处理方法设计

1）空间处理方法设计

常规波束形成器在单目标、高斯白噪声条件下，是最优的能量检测器，但当空间中存在方向性干扰时，其旁瓣泄漏将会严重影响对邻近弱目标信号的检测、跟踪与识别。采用空域加窗处理、波束响应优化等方式，可在一定程度上减少强干扰空域泄漏的影响。

自适应波束形成器具有空间分辨率高、干扰抑制能力强等优势，可有效抑制指向性干扰、空间相关性噪声等，获得较常规波束形成器更优的空间分辨率和干扰/噪声抑制增益。但对于孔径较大的声呐基阵，自适应波束形成器存在算法性能与数据平稳性之间的矛盾，也存在对阵列误差较为敏感的问题。在实际信号信息处理算法设计中，应强化子阵自适应波束形成、波束域自适应波束形成、稳健自适应波束形成等的应用设计。

传统自适应波束形成器的输出信干噪比随快拍数 N 变化，服从以下关系：

$$\mathrm{SINR}=\frac{N-M+1}{N}\mathrm{SINR}_{\mathrm{opt}} \tag{10-5}$$

式中，$\mathrm{SINR}_{\mathrm{opt}}$ 表示理论最优输出信干噪比。根据式（10-5），若要将空间处理增益损失控制在 3dB 以内，所需快拍数量应满足

$$N \geqslant 2M \tag{10-6}$$

对于各类降维自适应处理算法，所需快拍数量应满足 $N \geqslant 2M_{\mathrm{new}}$，其中，$M_{\mathrm{new}}$ 表示降维后自适应处理的维数。

子空间类高分辨空间谱估计算法可突破瑞利限，具有超分辨的目标分辨能力。但在实际中，由于涉及信号子空间与噪声子空间的划分，此类算法对目标信噪比具有较高要求。在低信噪比条件下，其性能急剧下降，因此，该类空间处理算法在实际工程中应谨慎使用。

2）时间处理方法设计

时间处理方法包括非相干处理、相干处理、时间相关处理。

在高斯白噪声背景下，非相干处理增益为 $5\lg T$，相干处理增益为 $10\lg T$，其中，T 表示处理时长。但在实际中，受制于目标信号/噪声干扰等的平稳性起伏，T 的选取有其上限，处理增益也不会随着时间的增加而无限增加。

对于被动窄带警戒、主动窄带回波检测等应用，多采用时间相干处理。其中，T 的选取，对于被动窄带警戒，需考虑的要素主要包括目标线谱的稳定性时长、声场时间相干半径、目标运动产生的多普勒频偏、目标运动导致其不在同一波束的最大时长等；对于主动窄带回波检测，需考虑的要素主要包括发射单频信号的脉冲宽度、声场时间相关半径长度、运动产生的多普勒频偏等。

时间相关处理是指主动声呐的匹配滤波、被动声呐的分裂波束互谱。对波形已知的宽带信号，在高斯白噪声环境下，匹配滤波器是最大信噪比准则下的最优线性处理器，其处理增益为 $10\lg 2T$。主动声呐通过匹配滤波实现脉冲压缩、信噪比提升。匹配滤波性能受拷贝信号失配、背景噪声场非白等因素影响。针对此，实际中应当基于传播信道响应、发射系统频响、接收分系统频响等，据实修正拷贝信号。针对噪声，采用各类频谱白化方法对背景噪声预白化处理，改善匹配滤波器的处理增益。分裂波束互谱法，对阵形时变的大孔径拖曳线列阵，前后阵段对同一目标方位估计存在偏差，需要考虑波束搜索或相位补偿，以此实现波束匹配，从而获得相关处理增益。

2. 技术参数设计

信号信息处理分系统涉及的处理参数众多，每类参数都应当依据声呐系统的

自身特点合理设计，这里聚焦共性问题，重点给出数字滤波参数、扫描波束数、积分时间设计、处理频段设计。

1）数字滤波

波形的数字滤波主要实现两个目的：频率成分限定和波形平滑削弱噪声影响。涉及的参数主要包括：通带截止频率、通带最大衰减系数、阻带截止频率、阻带最小衰减系数等。对于带宽极窄、过渡带区域尖锐的滤波器响应，其阶数通常会非常高，对此可以采用频域点乘代替时域卷积，以降低计算复杂度，代价是牺牲一部分存储空间。

以低通滤波器为例，其一般的设计准则为：通带响应起伏控制在 0.5dB 以内，阻带截止频率衰减大于−40dB。设上限截止频率为 f_{H}，阻带截止频率为 f_{c}，那么其关系应当满足

$$f_{\mathrm{H}} < f_{\mathrm{c}} \leqslant f_{\mathrm{s}}/2 \tag{10-7}$$

过渡带的斜率应大于带外噪声谱和水听器灵敏度曲线联合变化的斜率，以减小带外噪声的影响。

2）扫描波束数

预成波束应“覆盖”整个观察范围，并期望密度越大越好。但密度越大，波束数越多，所需要的硬件和软件开销就越大。预成波束过稀，信号可能会落在不同预成波束的主瓣上，就会造成信号受损。最基本的要求是这种受损不能超过 3dB。也就是说，如果预成波束的 3dB 波束宽度为 $\Delta\theta_{3\mathrm{dB}}$，覆盖范围为 Θ，则波束数为

$$N_{\mathrm{beam}} = \left[\Theta/\Delta\theta_{3\mathrm{dB}}\right] \tag{10-8}$$

式中，$[\cdot]$ 表示对小数取整，这是系统最少波束数。工程中一般取 $N_{\mathrm{beam}} \geqslant \left[1.5\Theta/\Delta\theta_{3\mathrm{dB}}\right]$，波束号的范围为 $\left[0, N_{\mathrm{beam}}-1\right]$。对于自适应波束形成器等高分辨类空间处理器，由于对失配更加敏感，波束指向误差会导致性能下降。因此，扫描波束数应当更加密集以降低波束指向失配引起的处理增益损失。其波束数一般取 3～5 倍阵元数。波束数可以按频段来设计，即高频时预成波束数多，低频时预成波束数少。

对圆柱阵、球形阵等具有垂直孔径的声呐基阵来说，除水平维波束形成外，还要作垂直维波束形成。通常，仅对某一垂向角作波束形成，称为垂直俯仰。

3）积分时间

积分时间一般有长短之分。短时间积分适用于鱼雷、侦察脉冲等幅度起伏大的目标信号的检测和分析。长时间积分有利于输出信噪比的提高，也有利于背景干扰的平滑，适用于幅相起伏较小的弱信号检测与分析。更长的积分时间要考虑到：①在积分过程中，声源与接收器相对位置的变化；②环境中的声传播条件的变化；③环境噪声的非平稳性（含起伏的干扰）。针对目标、平台运动引起的信号时间相干长度降低，应考虑基于目标运动要素解算结果，进行运动目标补偿，以增大相干时间半径，获得更长的相干处理时间，提升警戒探测的时间处理增益。

4）处理频段

被动窄带警戒给出目标辐射噪声的频谱分布，其处理频段应当基于声呐设计频段，覆盖关注目标被动辐射噪声的频段范围。

主动窄带警戒基于目标多普勒频率估计，解算径向速度估计，其处理频段由发射窄带信号自身带宽、目标径向速度、发射信号频率、声速共同决定。设窄带信号自身带宽为B，目标的最大径向速度为V，发射单频信号频率为f_0，则最大多普勒频率变化范围为$\Delta f=\pm\frac{2V}{c}f_0$，那么主动窄带处理的频段范围应当以$f_0$为中心，覆盖频率范围为

$$F\in\left[f_0-\frac{B}{2}-\frac{2V}{c}f_0, f_0+\frac{B}{2}+\frac{2V}{c}f_0\right] \tag{10-9}$$

10.4.3　被动声呐信号信息处理

1. 被动警戒探测

被动警戒探测按照频段处理方式和增益获取方式划分，可分为宽带警戒探测和窄带警戒探测，两者均接收预处理后的基阵时域/频域数据，经波束形成、数字滤波、检波、频率/时间积分、归一化、波束内插等处理，形成宽带空间能量谱和窄带多波束特征谱。被动警戒探测通用流程如图 10-8 所示。

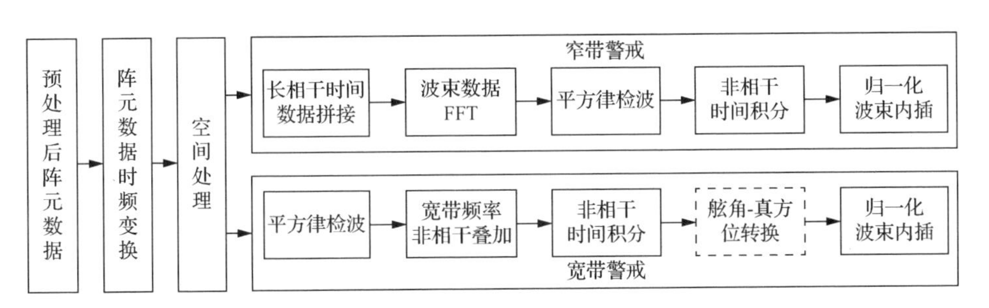

图 10-8　被动警戒探测通用流程

图中，被动宽带警戒接收空间处理形成的多波束数据，经平方律检波、非相干频率平滑、时间积分等处理，归一化波束内插后，获得宽带空间能量谱。

被动窄带警戒接收空间处理形成的多波束数据，经波束数据拼接、高分辨频谱分析、平方律检波、时间积分等处理，归一化波束内插后，获得窄带多波束特征谱。与被动宽带警戒相比，其时间积分处理为相干处理。另外，根据特征利用的差异，窄带多波束特征谱通常包括多波束低频分析和记录（LOFAR）谱和多波

束调制谱解调（detection of envelope modulation on noise，DEMON）谱，其中，前者对于线谱成分较为丰富或线谱强度较高的目标，具有较好的处理优势，而后者对于调制特征较为明显的目标，具有较好的处理优势。两者均可为具有相应特征信息目标的有效检测和快速辨识提供支撑。

2. 多目标自动跟踪

目前，在实际声呐系统中，多目标自动跟踪多依赖被动宽带警戒探测信息实施，部分方法也适度扩展利用被动窄带警戒探测信息。依据跟踪自动触发模式不同，多目标自动跟踪可分为人工手动拾取引导下的自动跟踪和自主拾取驱动下的自动跟踪两种模式，两者均输出跟踪目标批号、方位、信噪比、运动要素等属性信息，形成目标方位序列或航迹序列。

人工手动拾取引导下的多目标自动跟踪利用被动宽带空间能量谱，通过人工手动方式实现待跟踪目标的拾取，采用局域极大值搜索方式实现目标的连续跟踪，利用分裂波束互谱法、波束内插法等实现目标舷角的高精度估计。人工手动拾取引导的多目标自动跟踪主要由方位精测、真方位转换（不包含拖曳声呐）、航迹关联、预置滤波等模块组成，具体如图 10-9 所示。

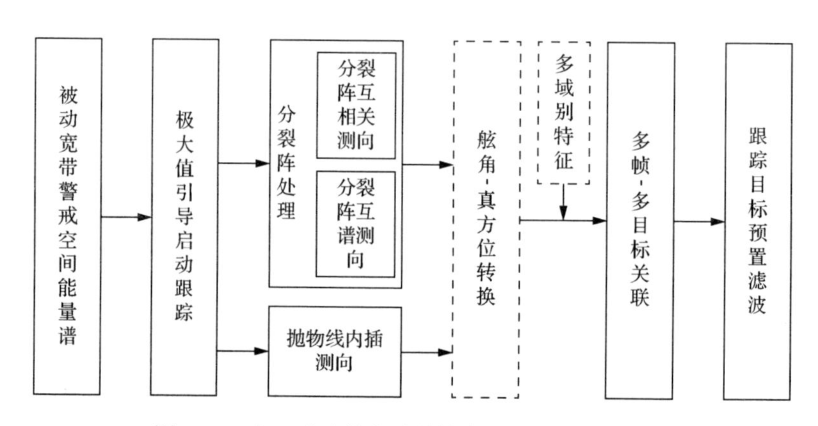

图 10-9　人工手动拾取引导的多目标自动跟踪流程

受空间干扰、环境起伏等因素影响，多目标跟踪常出现失跟、错跟等问题。采用多量测值关联、舷角序列滤波等方式，引入跟踪目标特征信息，是解决这一问题的有效途径。另外，利用跟踪获取的目标舷角序列，结合跟踪目标运动状态方程、观测方程的构建，采用各类非线性滤波器实现舷角序列的平滑、预测与更新，也是提升跟踪性能的另一有效途径，即采用预置滤波解决强干扰下丢跟、错跟等问题，当量测值与预测值的差异大于门限时，则视此时量测为野值，可采用预测值代替量测值完成后续的跟踪更新及参数解算。

自主拾取驱动下的多目标自动跟踪综合利用被动宽带警戒探测信息和窄带警戒探测信息，可实现目标数量、目标特征（含线谱、调制谱等信息）、目标航迹等的联合估计。自主拾取驱动下的多目标自动跟踪主要通过以下三个过程实现。一是声呐观测信息提取：通过线谱/调制谱/宽带连续谱特征的自适应挖掘与利用，实现目标的恒虚警检测。二是自主跟踪：采用各类多目标自动跟踪算法，完成目标自适应新生、联合预测与跟踪、多假设配对等，实现线谱数量/轨迹、调制谱数量/轨迹、目标数量与其轨迹的联合估计。三是组合特征信息的一致性鉴别：综合利用相同目标不同时间的相同特征-方位趋势等，实现线谱组合、调制谱组合以及多维信息组合，进而确定目标组合线谱/调制谱/连续谱的信息。

3. 被动目标定位

被动目标定位利用接收的目标方位、波束数据和环境数据等，通过几何定位、模基定位、目标运动分析等方式，实现被动目标的定位及目标运动要素的解算。

几何定位利用跟踪目标子阵单波束数据完成高精度时延估计，结合子阵间相对位置关系，实现目标位置的解算，该类方法仅适用于近场目标；模基定位将环境信息驱动生成的信道拷贝场与目标测量场进行匹配处理，模糊度图的极大峰值点即对应目标距离、深度等位置参数的估计值；目标运动分析利用与运动状态密切相关的多维参数信息，包括方位、线谱频率等，结合构建的运动状态方程和测量方程，实现目标的位置参数及运动要素的计算。最后，将定位结果融合处理，输出跟踪目标的距离、航速、航向等信息。

4. 被动目标分类/识别

被动目标分类/识别接收跟踪目标的单波束数据，完成时域、频域等多域别特征分析与提取，并基于多域别特征设计分类/识别器，完成被动目标的分类/识别。

被动目标分类/识别包括特征提取和分类判决两个阶段。

对于特征提取，考虑到特征分析及参数估计对时域波形连续性的更高要求，通常采用时域波束形成恢复目标波形。以 LOFAR 谱、DEMON 谱分析为主要处理手段，提取目标线谱、轴频、叶频、桨叶数等参数。综合考虑其他域别特征分析方法，例如梅尔倒谱、波形相关性等，还可应用各类新兴的智能化处理模型提取目标特征。统计目标多维特征的概率分布特性，形成目标特征集。

分类判决涉及目标分类/识别器的设计，基于目标运动参数解算信息、多维特征提取信息，采用模板匹配+规则判决（含非声信息）的混合识别体制，应用第 8 章给出的各类分类判决器，随数据更新节奏顺序对目标进行分类/识别，输出目标属性、类型、国别、船号、舷号等信息的识别结果及其概率。

5. 全域威胁目标自动筛选

为解决对目标的有效检测与快速辨识问题，全域威胁目标自动筛选必不可少。该模块基于多波束时域波形，进行特征分析、特征提取、特征净化、全域威胁目标自动筛选等处理，如图 10-10 所示。

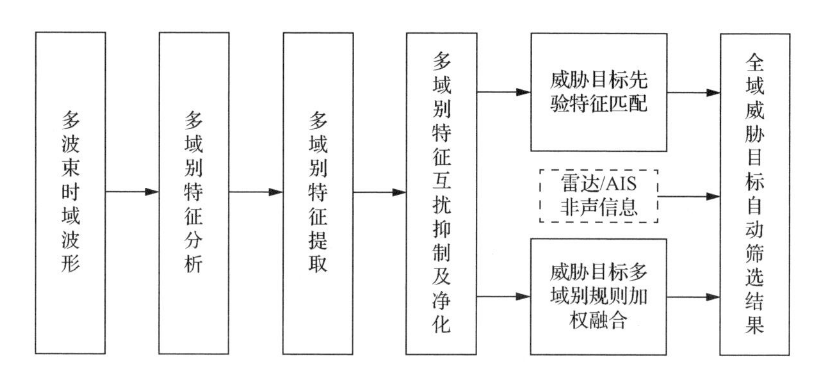

图 10-10　被动声呐全域威胁目标自动筛选处理流程

AIS 为自动识别系统（automatic identification system）

对多波束时域波形进行 LOFAR 谱、DEMON 谱以及其他域别特征分析，提取各波束的特征参数，形成多波束多维特征向量。综合考虑线谱、调制谱的空间-频率多维分布及泄漏特性，对各个波束的特征进行互扰抑制，剔除特征的空-频泄漏，净化后，获得各个波束归属的独立特征向量。

对于具有先验特征信息的威胁目标，可采用模板匹配方式实施全域筛选，并给出匹配度、威胁度提示；对于无先验特征信息的威胁目标，通常采用规则判决方式实施全域筛选，综合判决给出全域威胁目标筛选结果。

6. 声呐脉冲信号侦察检测与参数解算

声呐脉冲信号侦察检测与参数解算包含侦察信号捕获检测与信号参数解算两部分。利用脉冲信号在时间上的能量突变性、在频率上的窄带特性以及周期特性等实现主动声呐脉冲信号的侦察。在完成宽带预成多波束全向警戒的基础上，对目标信号分别作检波、峰选、积分处理，当峰选后的某一波束输出的积分值连续数次超过门限所规定的阈值时，即判定该波束所对应的方位为声呐脉冲信号捕获的方位。对捕获的信号作频谱分析，计算其功率谱，直至声呐脉冲信号消失，求取累积的功率谱的平均值，解算声呐脉冲的中心频率和脉冲宽度，当同一方位连续两次捕获相同的声呐脉冲信号时，解算其重复周期。

10.4.4　主动声呐信号信息处理

主动声呐信号信息处理主要包括主动数据预处理、主动警戒探测、主动多目标自动跟踪、主动目标识别以及全域威胁目标自动筛选等模块。

1. 主动数据预处理

主动数据预处理包括降采样以及直达波检测。

通常，主动发射信号为带通信号，为有效降低信号/信息计算量，降低信息冗余度，可采用将采样处理，即将基阵原始数据复带移至基带，再根据主动发射信号的带宽，确定低通滤波器参数、降采样倍数，完成复带移、降采样处理。

对于直达波检测，根据发射启动标志，结合发射点、接收点的相对位置，利用各类直达波前沿检测算法，完成发射直达波检测，以此驱动后续主动信号信息处理模块的实施。

2. 主动警戒探测

主动警戒探测主要包括主动宽带警戒和主动窄带警戒。其通用流程如图 10-11 所示。

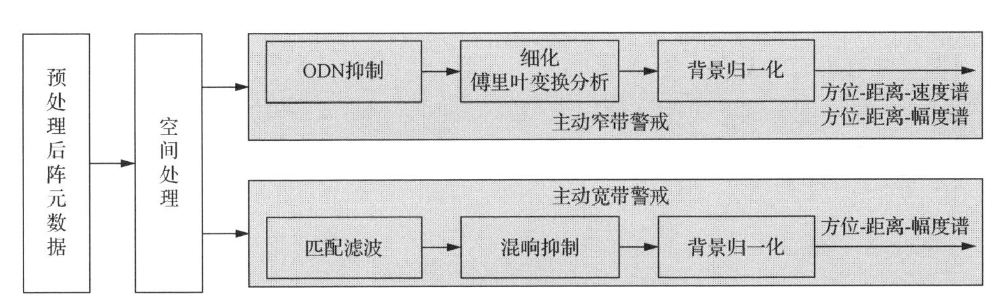

图 10-11　主动警戒探测通用流程

ODN 为本船多普勒归零（own Doppler nullification）

1）主动宽带警戒

利用预处理后的基阵数据，经空间处理、匹配滤波、混响抑制和背景归一化等过程，输出主动宽带方位-距离-幅度谱。

空间处理即为波束形成处理，同被动宽带警戒设计。

主动宽带警戒的时间处理即为匹配滤波处理，工程中考虑到运算效率及存储空间的问题，采用接收信号与拷贝信号频域点乘再逆傅里叶变换到时域的处理方式，代替传统的时域卷积滤波的处理方式。

对于常规延时求和波束形成器和匹配滤波器，由于它们都是线性处理器，其处理顺序不影响最终的处理结果，即先波束形成后匹配滤波、先匹配滤波后波束形成的结果相同。但是对于如自适应波束形成器等非线性处理器，不满足线性变换。在存在通道失配的实际工程设计中，应当先进行匹配滤波获得时间处理增益，再进行空间处理获得空间处理增益，以避免时间处理增益损失。

混响抑制主要利用混响与目标回波在空/时/频多域别的差异性统计特征，基于频谱白化、波形高斯化等处理实现，以改善混响背景下目标检测性能。

2）主动窄带警戒

利用空间处理提供的多波束时域数据，结合本船多普勒归零补偿和细化傅里叶变换分析，实现各方位-距离点的多普勒频率估计和相对本船的径向速度解算。根据单频信号频率、窄带处理中心频率，以及本舰相对于静止目标的多普勒频移，对多波束时域数据复带移和无限冲激响应（infinite impulse response，IIR）高通滤波处理，然后进行细化傅里叶变换分析，最后进行多普勒频率估计和径向速度解算。其中，细化傅里叶变换时间长度根据单频信号脉宽确定。

3. 主动多目标自动跟踪

主动多目标自动跟踪同样可分为人工手动拾取引导下的自动跟踪和自主拾取驱动下的自动跟踪两种模式，输出跟踪目标批号、距离-方位、信噪比、运动要素等信息，形成目标航迹序列。

人工手动拾取引导下的自动跟踪：接收主动宽带警戒的空间谱，人工手动拾取引导后在设定范围内由极大值引导跟踪启动，包括距离-方位精测、真方位转换、航迹关联、预置滤波等处理。

自主拾取驱动下的自动跟踪：在新生目标位置未知、目标个数及状态未知且时变的条件下，利用主动宽带警戒方位-距离-能量谱数据，实现目标个数、目标轨迹的联合估计。包含三个部分：①自适应恒虚警检测，依据低频混响的空变、时变机理，以及混响中的杂波特性，基于模型自主认知目标检测环境，实现目标恒虚警检测；②目标提取与杂波过滤，通过聚类方法提取目标信息，利用回声形态、深度神经网络、杂波密度控制等实现单帧杂波滤除；③自主跟踪，基于序贯检测、多假设关联、交互多模型跟踪、航迹管理等实现目标个数与轨迹的准确估计。

4. 主动目标识别

主动目标识别包括目标的精细化特征分析及分类/识别。

精细化特征分析是基于跟踪目标回波时域波形，经过多域别特征分析，提取目标的回波亮点数、回波相似度、回波信噪比、径向速度、径向尺度、航迹/运动参数等多物理特征。基于目标回波的多物理特征，结合目标被动特征信息与雷达/AIS 等非声辅助信息，建立专家系统规则，依据多物理量的置信度，设计分类判决器准则，将目标分类判别为水面目标、海底固定物或潜艇目标，并给出相应的概率。

5. 全域威胁目标自动筛选

与被动声呐一样，主动声呐全域威胁目标自动筛选功能有助于解决对目标的有效检测与快速辨识问题。处理基于宽带/窄带方位-距离-能量谱数据、窄带方位-距离-速度谱数据，综合回波亮点运动要素解算、多维特征参数估计结果，实现威胁目标的初步筛选，可支撑对威胁目标的有效发现、精细化特征分析与分类/识别。主动声呐全域威胁目标自动筛选处理流程如图 10-12 所示。

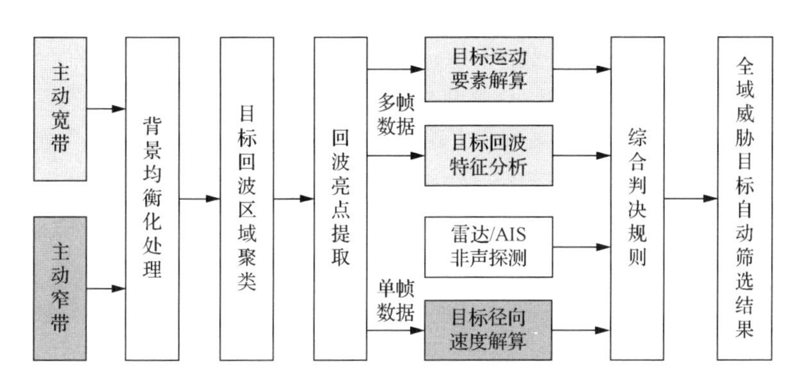

图 10-12　主动声呐全域威胁目标自动筛选处理流程

10.4.5　多源多维信息融合处理

现代声呐系统已从传统的单平台单传感器向单平台多传感器、多平台多传感器方向发展。多源多维信息处理通过对多平台、多传感器长时水下感知信息的融合处理，实现提高检测概率、降低虚警概率、提高参数解算精度、提高目标识别置信度等目的。多源多维信息融合处理主要涉及信息管理、信息关联、信息融合等内容。

1. 多源多维信息融合处理层级

根据处理的层级与处理的信息不同，信息融合处理可分为三级，即数据级融合处理、特征级融合处理和决策级融合处理。

数据级融合处理层级最低，先对多传感器原始数据进行关联或配准，再融合处理，以期产生新的有价值的数据或信息。

特征级融合处理层级属于中间层级，先对各个传感器的原始信息进行特征提取，然后对特征信息进行分类、聚集和综合，如方位序列、点迹序列、目标航迹的融合，实现信息压缩，最大限度地获取决策分析所需的特征信息。

决策级融合处理层级最高，首先，各传感器完成本地处理，包括预处理，特征提取、识别或判决，得到所观察目标的初步决策；然后，通过关联处理，保证参与融合的决策是源于同一观察目标；最后，进行决策的融合判决，获得联合推断结果。

2. 典型的多源多维信息融合处理应用

声呐信息融合按照参与融合的传感器数量、平台数量，可分为单平台单传感器信息融合、单平台多传感器信息融合、多平台多传感器信息融合。

1）单平台单传感器信息融合

对于包含主/被动功能的综合性声呐，单传感器信息融合处理的是将不同探测方式（主动、被动、主动多基地等）获取的目标航迹/方位序列分类关联处理，融合形成局部航迹的过程，涉及主动航迹与被动方位序列的数据关联及融合。可归结为具有方位/距离信息的目标与仅有方位信息目标的关联融合，即方位+距离与方位的航迹关联及融合。

对于该类处理，首先依据主动声呐、被动声呐的数据更新周期，通过数据内插、平滑滤波，实现时空对准。在此基础上，联合利用方位序列关联度计算、主/被动探测效能匹配预估等过程，实现主/被动目标的关联处理。对关联成功的多个航迹/方位序列，依据主/被动工作频段量测误差大小，设计航迹融合滤波器，完成航迹融合及运动要素解算。

2）单平台多传感器信息融合

单平台多传感器信息融合是将多传感器（含雷达、AIS 等）、多种探测方式（主动、被动等）获取的目标航迹分类关联处理，进一步融合形成局部航迹的过程，可分为集中式、分布式、混合式三种融合处理架构，主要包括数据预处理、航迹关联、航迹融合等过程。

（1）数据预处理。

在数据预处理阶段，对数据进行时间/空间统一、误差配准、统一编批。数据时间/空间统一采用线性插值和外推法，将同步/异步的跟踪目标在不同时刻测量到的航迹统一到时间轴上的同一时刻，再将独立量测的方位、距离信息转换到同一坐标系。误差配准是对系统误差进行校准补偿，然后对量测中存在的野值平滑滤除。

（2）航迹关联。

综合利用多传感器被动/主动声学目标航迹/特征等探测信息、雷达/AIS 等非声学探测信息，实现主动目标-被动目标-非声学目标的关联，主要包括主动探测目标与主动探测目标的关联、被动探测目标与被动探测目标的关联、主动探测目标与被动探测目标的航迹关联，以及声与非声探测目标的关联，可统一归结为具有方位+距离信息的多个目标间的关联、仅有方位信息的多个目标间的关联以及具有方位+距离信息的目标与仅有方位信息目标的关联，具体如下。

① 方位+距离与方位+距离的航迹关联：首先进行航迹间距离差、方位差粗关联预判，然后计算多条航迹的关联度，完成主动目标与主动目标，或主动目标与非声（雷达/AIS）探测目标的航迹关联。

② 方位+距离与方位序列的航迹关联：提取主动航迹的方位信息，计算方位序列与方位序列的关联度，综合考虑主/被动探测最大作用距离约束，完成被动目标与主动目标，或被动目标与非声（雷达/AIS）探测目标的航迹关联。

③ 方位与方位序列的航迹关联：采用纯方位序列的关联算法，计算多个方位序列的关联度，联合考虑被动探测最大作用距离约束、目标运动参数约束（包括航速、加速度等约束）、多维特征关联度（含调制谱、轴频、叶频、桨叶片数等特征），完成被动目标与被动目标的航迹关联。

（3）航迹融合。

在正确关联的基础上，对关联成功的目标，通过融合处理给出融合航迹/方位序列、融合特征等结果。融合过程综合考虑各传感器探测、跟踪性能对融合的影响及贡献，对性能高的传感器信息在融合过程中给予较大权重，对性能低的传感器信息在融合过程中给予较小的权重。航迹融合主要包含以下三类。

① 方位+距离与方位+距离的航迹融合：依据传感器量测误差大小，设计多节点航迹滤波器，完成航迹融合及目标运动要素解算。

② 方位+距离与方位序列的航迹融合：依据传感器量测误差大小，设计多节点纯方位融合滤波器，解算目标运动要素，综合考虑主动航迹提取的距离信息，以及主/被动声呐探测距离约束，完成航迹融合与运动要素解算。

③ 方位+方位序列的航迹融合：依据传感器量测误差大小，设计多节点纯方位融合滤波器，综合考虑被动声呐探测距离约束、目标运动航速/加速度约束等，完成方位序列融合与运动要素解算。

对关联目标的特征融合，主要包含以下三类数据融合处理。

① 对于关联成功的被动目标，综合考虑各传感器的特征参数类型、估计精度、值域范围，设计特征融合处理器，完成线谱、调制谱等融合处理，对多维特征剔除虚假信息、增加真实信息、提高参数估计精度。

② 对于关联成功的主动目标，综合考虑各传感器的特征参数估计精度，设计特征融合处理器，完成回波亮点结构、回波多普勒等多维特征的融合。

③ 对于关联成功的主动-被动目标，可以基于目标方位、距离、航速、航向等参数估计，对被动目标的特征参数修正，估计目标的原始特征线谱频率、谱级、声源级等信息。

3）多平台多传感器信息融合

现代声呐已由传统的单平台工作向体系化协同发展，声呐接收的信息也以自身传感器为主转向接收空、天、海、岸、水下多平台多源信息。多平台多传感器信息融合一般采用分布式信息融合体系结构。多平台向综合信息处理中心发送经过处理的多传感器目标航迹信息、特征信息、平台自身参数信息、时统信息等。上述信息融合处理完成后，形成全局航迹，再将部分信息分发共享至系统内平台，其处理流程同样包括数据预处理、航迹关联、航迹融合等步骤。多平台多传感器信息融合可以在单平台信息融合的基础上，对时空对准、航迹关联、航迹融合做适应性升级设计。

随着数据融合理论的日渐成熟，信息关联、信息融合、信息管理技术也在不断发展，神经网络方法、模糊集理论等新技术新方法的引入，不断改善着多源多维信息处理的实际工程应用效能[16-17]。

10.4.6　设计验证

信号信息处理分系统的设计验证工作，主要包括四个方面的内容：一是检验信号信息处理增益是否满足要求，如空间处理增益、时间处理增益、最小可检测信噪比等；二是测试各类参数估计精度是否满足要求，如测向精度、测距精度、目标特征提取精度等；三是系统检验信号信息处理对各类误差的宽容性，如阵列位置误差、环境参数误差、噪声/干扰特性偏差等；四是验证分系统信号信息处理流程的合理性以及与其他分系统的兼容性，旨在完成信号信息接口的检验以及功能完整性、流程合理性的检验等。在工程实际中，该项工作通常在实验室完成，即根据检验验证要求，搭建尽可能逼真的模拟环境，通过基阵阵元级、目标波束级数据生成方式，检验信号信息处理分系统各项功能性能。其中，模拟环境搭建、测试流程构建、检验标准设计等是整个设计验证过程的关键。对于模拟环境，应尽可能地覆盖声呐系统实际工作中面临的各类目标环境、误差环境、水文环境等，且相关参数灵活可调；对于测试流程，除应满足分系统检验需求外，还需在一定程度上贴近声呐系统实际工作时的使用流程；对于检验标准设计，设置的检验项应全面覆盖各项功能性能，采用的分析方法，如增益比较、误差分析、宽容性分析等方法应可量化表征，采集的数据样本数量应满足统计分析要求。必要时，在实验室检验阶段，还应结合具体的声呐系统特性，采用已有的相近声呐系统采集的实际湖海试验数据，开展专项验证。

10.5　设 计 文 件

声呐装备研制是一个复杂的系统工程，既是技术过程，也是管理过程，相互交织。当前基于文本的系统工程方法，产生的信息均以文件形式描述和记录，包括技术文件、管理文件、设计文件和工艺文件。声呐设计文件是记录声呐生产、实现所需设计信息，用来组织和指导生产和使用的一类文件[18]，是声呐工程设计最为重要的输出和目的所在。

声呐工程设计的目的是要研制、生产出在规定的场景和环境下完成预期用途、使用功能、技术性能的声呐装备，而“规定的场景和环境”“预期用途、使用功能、技术性能”都需要通过设计文件加以定义或界定。这样的目的决定了声呐设计形成的文件不能“随心所欲”地编制，而是必须按编制时现行有效的声呐装备研制的有关规定来编制，这些规定通常给出了需要编制的产品设计文件种类和各种设计文件内容的顶层要求。具体到某一型号声呐装备的设计文件，在项目设计策划阶段就要依据装备研制项目工作结构和关键技术攻关情况，综合确定声呐设备的产品分解结构，通过对该型声呐设计输出进行策划，明确对产品及其组成部分输出设计文件种类的选择。

10.5.1　设计文件的编制原则

声呐是典型的电子信息装备，按照组成的复杂程度一般属于成套设备（包括声呐系统和声呐设备），少量属于整机（如声呐浮标），均可由硬件和软件两部分构成。随着声呐精细化研制要求的不断提高，产品设计文件已成为实现工程质量可控制、生产过程可复用、使用维修可保障的必要条件。为保证设计文件编制质量，需要遵循下列基本原则。

（1）准确反映设计思想。设计文件应全面表述声呐设计过程中的需求分析和技术设计结果，准确定义其作战效能、使用功能、技术性能及应用场景和考核条件，使设计思想可见、可控。应根据声呐复杂程度、继承程度、使用要求、试制及生产组织方式、阶段划分等特点确定设计文件的种类及内容，用图样表达所有物理组成部分的加工、装配、外形、安装要求，用简图表达所有电气装配连接、各种原理和其他示意性信息，综合使用文字内容和表格形式给出组成及接口的明确表述，提供试制、验收、使用、维护等必要的数据和说明。设计文件的质量和水平反映了声呐装备研制团队的技术能力水平，也将在很大程度上决定其制造、生产出的装备质量和水平。

（2）简明清晰、标准规范。在满足研制、生产和使用需要的前提下，设计文件的编制应坚持少而精的原则；图样和简图的绘制、文字内容和表格形式的设计文件编制应符合技术和机械制图、电气简图绘制及软件文件编写等有关国家军用标准、国家标准、行业标准；程序代码应符合各类语言的编码规范；提出的加工、装配、连接要求应考虑经济性、工艺合理性和可实现性，与配套的工业基础和生产能力相适应；有关分析、计算、验证和校核方法应科学合理、逻辑清晰、正确无误，具有可操作性。

（3）协调统一、完整成套。同一设计文件前后内容、不同设计文件的相关内容应协调统一。每份设计文件应有唯一性标识，一般用编号和版本号区分。声呐是电子信息装备，其设计文件推荐采用电子行业“十进分类”编号规则进行编号，版本号应遵循“线性版本模型”；不同载体（纸质、电子）记录的同一设计文件，其编号、名称、版本和内容应完全一致[18]。产品设计完成后形成的设计文件应系统成套，即逐级、逐层以明细表或目录的方式完整无遗漏地汇集产品设计文件的总和。

现行声呐设计文件成套性基本要求参见表 10-2，典型声呐按组成层级的设计文件成套性示例参见图 10-13。

表 10-2　现行声呐设计文件成套性基本要求

序号	文件名称	产品		产品组成部分		
		成套设备	整机	整件	部件	零件
		1 级	2 级、3 级、4 级	2 级、3 级、4 级	5 级、6 级	7 级、8 级
1	产品规范	●	●	—	—	—
2	技术条件	—	—	○	○	○
3	技术说明书	●	●	○	—	—
4	使用说明书	○	○	—	—	—
5	维修说明书/维修手册	○	○	—	—	—
6	零件图	—	—	—	—	●
7	装配图	—	●	●	●	—
8	媒体程序图	—	○	○	—	—
9	外形图	—	○	○	○	○
10	安装图	○	○	—	—	—
11	总布置图	○	—	—	—	—
12	框图	○	○	○	—	—
13	电路图/逻辑图	○	○	○	—	—
14	接线图	—	○	○	○	—
15	线缆连接图/电缆芯线表	○	○	—	—	—
16	机械传动图	○	○	○	○	—
17	液压原理图	○	○	○	—	—
18	管路图	○	○	○	—	—
19	三维模型文件、工程源文件	—	○	○	○	○
20	明细表	—	●	●	—	—
21	成套设备明细表	●	—	—	—	—
22	关键件重要件汇总表	○	○	—	—	—
23	整件汇总表、外购件汇总表	○	○	—	—	—
24	备附件及工具汇总表	○	○	—	—	—
25	寿命件、易损易耗件汇总表	○	○	—	—	—

续表

序号	文件名称	产品		产品组成部分		
		成套设备	整机	整件	部件	零件
		1 级	2 级、3 级、4 级	2 级、3 级、4 级	5 级、6 级	7 级、8 级
26	成套运用文件清单	○	○	—	—	—
27	随机文件目录、鉴定文件目录	○	○	—	—	—
28	照片图册	○	○	—	—	—
29	产品配套表	○	○	—	—	—
30	履历书	○	○	—	—	—
31	其他图、表、说明、文件	○	○	○	○	—
32	软件设计文件	根据需要参照表 10-3 进行成套				

注：“●”表示应编制的文件；“○”表示根据需要编制的文件；“—”表示不需要编制的文件。

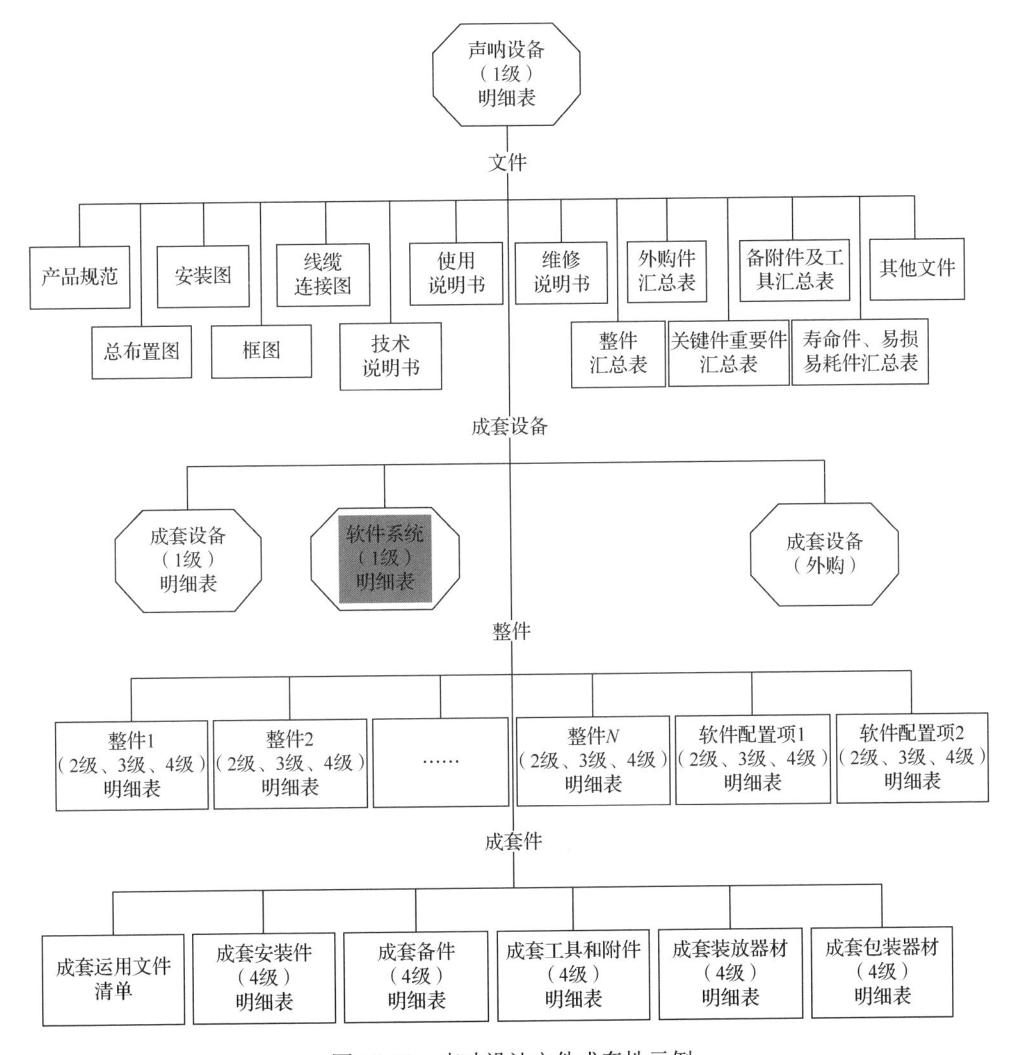

图 10-13　声呐设计文件成套性示例

图 10-13 中：1 级、2 级、3 级、4 级表示产品及其组成部分按结构特征和用途的分级代号，其中，1 级表示成套设备，2 级、3 级、4 级表示整件。

现行声呐软件设计文件成套性基本要求参见表 10-3，声呐设备组成中的软件系统设计成套性示例参见图 10-14。

表 10-3　现行声呐软件设计文件成套性基本要求

序号	文件名称	可交付软件或其组成部分		软件的组成部分	
		软件系统	软件	软件配置项	数据库/数据
		1 级	2 级	2 级	2 级
1	产品规范	□	□	—	—
2	系统/子系统规格说明	■	—	—	—
3	系统/子系统设计说明	■	—	—	—
4	接口需求规格说明	□	□	□	—
5	软件需求规格说明	—	■	■	—
6	接口设计说明	□	□	□	—
7	软件设计说明	—	■	■	—
8	数据库/数据设计说明	—	—	—	■
9	程序	—	■	■	—
10	数据库/数据文件	—	—	—	■
11	媒体程序图	—	□	□	□
12	固件保障手册	—	□	□	□
13	明细表	—	■	■	■
14	软件系统明细表	■	—	—	—
15	软件测试说明	■	■	□	□
16	软件产品规格说明	■	■	□	—
17	软件版本说明	□	□	□	—
18	软件用户手册	■	■	—	—
19	计算机操作手册	□	□	—	—
20	其他图、说明、表	□	□	□	—
21	软件汇总表	■	—	—	—
22	外购件汇总表	■	—	—	—
23	其他汇总表、清单	□	□	—	—
24	其他文件	□	□	□	□

注：表中“■”表示应编制的文件；“□”表示根据需要编制的文件；“—”表示不需要编制的文件。

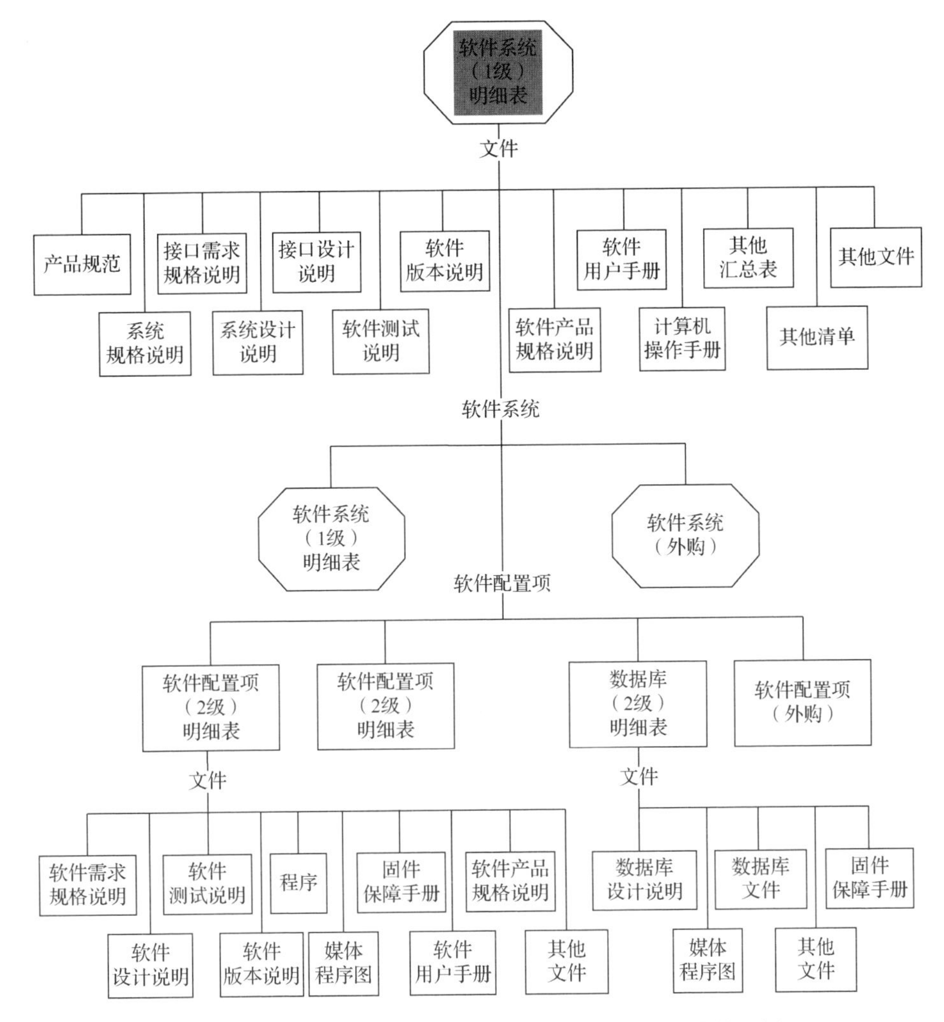

图 10-14　声呐设备组成中的软件系统设计文件成套性示例

图 10-14 中：1 级、2 级表示软件按用途的分级代号，其中，1 级表示软件系统；2 级表示软件配置项或数据库。

10.5.2　设计文件编制注意事项

工程实践表明，编制设计文件要注意以下方面事项。

（1）保证设计文件必需、能用、好用。能用一份文件表述的不生成多份文件，减少设计文件之间不必要的重复、交叉，不编制后续工作不使用的设计文件；避免编制的设备关键、重要组成部分设计文件规定的能力要求低，降低、影响装备整体效能，或非关键、非重要组成部分设计文件规定的能力要求普遍过高，造成不必要的装备成本提升；真正发挥评审、试制等过程作用，及时发现设计文件存在的不足和问题。

（2）设计文件应经过规定的审批机制才能生效、使用，避免使用未生效的设计文件进行生产、验证和校核。规定的设计文件审批机制一般包括校对/审核、工艺会签、标准化检查、质量及其他会签、批准。所有审批环节不能只签字不履职，避免形同虚设。其中，校对/审核要真正从设计文件是否满足前端输入要求、设计要素表达是否正确合理、文件之间是否协调统一等方面对设计文件进行审查与校对；工艺会签要对工艺要素先进性、经济性、可实现性、可检验性等进行综合审查；标准化检查要对贯彻装备选用的有关标准情况，文件编制的规范性、成套性等进行全面审查；质量及其他会签要对质量要求及质量保障条件合理性、质量条款符合有关规定、标准规范的情况进行审查；批准要协调解决拟、审、签中的争议问题，确保签署完整。

（3）设计文件的变更要符合技术状态控制要求，受到合适等级的控制，并进行影响分析，保证关联文件内容需要变化的同步更改。设计文件变更应全面考虑技术先进性、生产可行性和经济合理性，不要做无依据的变更。对声呐设备而言，引起设计文件变更的原因通常包括：设计改进、工艺改进、标准贯彻、外购器材的改变、用户要求、消除错误、加“阶段标记”等[19]，确需变更的，要按照所处装备研制、生产阶段及更改变化对基线的影响等对更改进行规定的审批控制。经验表明：95%以上的设计文件变更是需要识别对相关文件的关联更改的，否则难以保证设计文件变更的完整、正确、统一和协调。

（4）设计文件的编制要符合具体声呐型号工程管理规定选用的相关标准，当选用的相关标准修订变化时应重新确定对该型号工程后续设计文件编制的适用性。

（5）设计文件中使用的各种计量单位的名称和符号应符合法定计量单位有关规定。同一产品设计文件中使用的术语、符号、代号应前后一致，做到同一术语始终表达同一概念，同一概念始终采用同一术语。

（6）软件设计文件的编制要注重将各类需求显现化、无遗漏地发掘出来，不开发、实现多余需求，保证从需求开发到软件交付、运行维护全寿命的需求双向可追踪性，宜用图、表方式表达。

参 考 文 献

[1] 白瑞纳克. 声学[M]. 章启馥, 译. 北京: 高等教育出版社, 1959.

[2] 布列霍夫斯基赫. 分层介质中的波[M]. 杨训仁, 译. 北京: 科学出版社, 1960.

[3] 王荣津. 水声材料手册[M]. 北京: 科学出版社, 1983.
[4] Wilson O B. Introduction to theory and design of sonar transducers[M]. California Los Altos:Peninsula Publishing, 1988.
[5] Stansfield D. Underwater electroacoustic transducers[M]. Bath: Bath University Press and Institute of Acoustics, 1990.
[6] Hamonic B F, Wilson O B. Power transducers for sonics and ultrasonics[C]. Proceedings of the International Workshop, 1990.
[7] McCollum M D, Hamonic B F, Wilson O B. Transducers for sonics and ultrasonics[C]. Proceedings of the Third International Workshop, 1992.
[8] 缪荣兴. 水声无源材料技术概要[M]. 杭州: 浙江大学出版社, 1995.
[9] 郑士杰, 袁文俊, 缪荣兴, 等. 水声计量测试技术[M]. 哈尔滨: 哈尔滨工程大学出版社, 1995.
[10] Arrays and beamforming in sonar[C]. Proceedings of the Institute of Acoustics, 1996.
[11] 刘孟庵, 连立民. 水声工程[M]. 杭州: 浙江科学技术出版社, 2002.
[12] Rossing T D, Flectcher N H. Principles of vibration and sound[M]. Berlin: Springer, 2003.
[13] 栾桂冬, 张金铎, 王仁乾. 压电换能器和换能器阵[M]. 北京: 北京大学出版社, 2005.
[14] Butler J L, Sherman C H. Transducers and arrays for underwater sound[M]. 2nd ed. Berlin: Springer, 2016.
[15] 黄奕勇, 李星辰, 田野, 等. COMSOL 多物理场仿真入门指南[M]. 北京: 机械工业出版社, 2020.
[16] Zhang P F, Li T R, Wang G Q, et al. Multi-source information fusion based on rough set theory: A review[J]. Information Fusion, 2021, 68: 85-117.
[17] Zhang J X. Multi-source remote sensing data fusion: Status and trends[J]. International Journal of Image and Data Fusion, 2010,1(1): 5-24.
[18] 设计文件管理制度　第 1 部分: 设计文件的分类和组成: SJ/T 207.1—2018[S]. 北京: 中国电子技术标准化研究院, 2018.
[19] 设计文件管理制度　第 5 部分: 设计文件的更改: SJ/T 207.5—2018[S]. 北京: 中国电子技术标准化研究院, 2018.

第 11 章　声呐性能测试

声呐工程设计是否全面满足需求，要待设计物化完成后通过一系列的测试来加以验证。声呐性能测试包括功能测试、专用特性测试和通用特性测试等内容，一般分为实验室测试、湖上试验、陆上联调试验和海上试验等阶段。本章主要阐述与声呐性能指标密切相关的声呐声学性能测试。

11.1　实验室测试

实验室测试，顾名思义，是在实验室条件下对声呐各组成部件、整件、分机、整机和成套设备的机电性能（包括电磁兼容、环境适应性等通用特性）对照各自的技术条件进行验证测试。这个阶段，跟声学性能相关的测试主要是构成声呐基阵的水声换能器阵元的性能测试。

水声换能器的电声参数大致可以分为发射特性参数和接收特性参数两类。其中，发射特性参数主要包括等效电阻抗、发送响应、指向性、声功率等，由等效电阻抗的频率曲线可获得谐振频率和带宽；接收特性参数主要包括灵敏度和指向性等。

11.1.1　换能器等效电阻抗测量

水声换能器的阻抗（或导纳）是指其在电路端测得的等效电阻抗（或电导纳），是换能器复数输入电压与电流之比，反映了换能器机械振动性能[1]。

换能器的等效电阻抗测量通常采用复电压电流比法，即小信号激励下的等效电阻抗测量技术，通过使用阻抗分析仪可直接测量小信号激励下水声换能器的等效电阻抗。测量时，将小激励信号施加到自由场中的发射换能器 P 上，并使用阻抗分析仪测量复激励电压 U_{P} 与复激励电流 I_{P} 之比，从而直接获得测量结果，如图 11-1 所示。这种方法适用于小信号激励下的测量，可用于评估换能器的基本性能，并为匹配电路的设计提供有用的数据。

$$Y_{\mathrm{P}}=\frac{|I_{\mathrm{P}}|}{|U_{\mathrm{P}}|}\mathrm{e}^{\mathrm{j}\varphi_{\mathrm{P}}}=\frac{|I_{\mathrm{P}}|}{|U_{\mathrm{P}}|}\cos\varphi_{\mathrm{P}}+\mathrm{j}\frac{|I_{\mathrm{P}}|}{|U_{\mathrm{P}}|}\sin\varphi_{\mathrm{P}}=G+\mathrm{j}B \tag{11-1}$$

$$Z_P = \frac{|U_P|}{|I_P|}e^{-j\varphi_P} = \frac{|U_P|}{|I_P|}\cos\varphi_P - j\frac{|U_P|}{|I_P|}\sin\varphi_P = R + jX \tag{11-2}$$

式中，φ_P 为 I_P 与 U_P 之间的相位差。

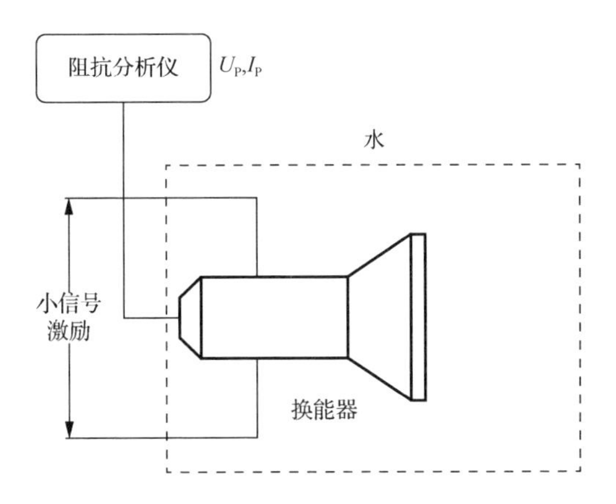

图 11-1　小信号激励下的等效电阻抗测量技术示意图

实际测量得到的水声换能器阻抗（或导纳）数据通常采用图形化表示的方式。图 11-2 给出了某圆柱换能器的等效电导纳曲线图。

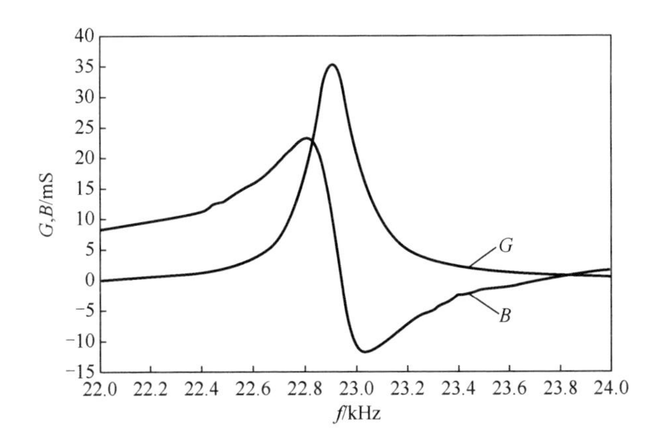

图 11-2　某圆柱换能器的等效电导纳曲线图

11.1.2　换能器发送响应测量

发送响应是评价发射换能器在自由场远场条件下工作特性的主要参数。根据参考电学量的不同，发送响应可分为发送电压响应、发送电流响应和发送功率响应，可根据实际需要进行选择。测量发送响应时必须在自由场远场条件下进行，以保证测量结果的准确性，其测量原理如图 11-3 所示。

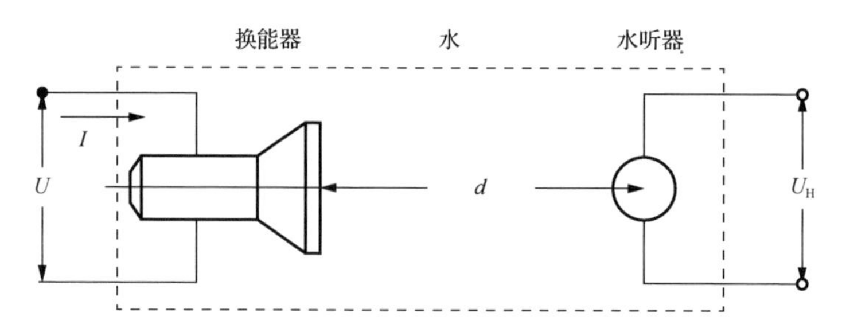

图 11-3　发送响应测量原理图

发送响应是某频率下发射换能器指定方向上离其参考中心 1m 处的表观声压与其输入端激励信号之比值。表观声压是根据远场声压折算得到的等效声压，它等于球面扩散远场中 d 处测得的声压 p_d 乘以该点到发射换能器参考中心的距离 d。

当激励信号为电压 U 时，称为发送电压响应 S_U ①，单位为 dB（基准值为 1μPa·m/V），表达式为

$$S_U = 20\lg\left(\frac{p_d}{U}d\right) \tag{11-3}$$

当激励信号为电流 I 时，称为发送电流响应 S_I，单位为 dB，表达式为

$$S_I=20\lg\left(\frac{p_d}{I}d\right) \tag{11-4}$$

当激励信号为电功率 W_e 时，称为发送功率响应 S_W，单位为 dB，表达式为

$$S_W=10\lg\left(\frac{p_d^2}{W_e}d^2\right) \tag{11-5}$$

测量时，被测换能器在电压 U 或电流 I 激励下发射声波，在离其参考中心 d 距离处的轴向远场布置一水听器接收声波，在声波作用下水听器输出开路电压 U_H，在已知水听器自由场灵敏度 M_H 的情况下，根据发送响应的定义式，可确定发射换能器的发送电压响应 S_U、发送电流响应 S_I 和发送功率响应 S_W。

依据式（11-3）～式（11-5），发送电压响应、发送电流响应、发送功率响应（dB，基准值为 1 μPa·m/V）可展开表示为

$$S_U = 20\lg U_H - M_H + 20\lg d - 20\lg U \tag{11-6}$$

$$S_I = 20\lg U_H - M_H + 20\lg d - 20\lg I \tag{11-7}$$

$$S_W = 20\lg U_H - M_H + 20\lg d - 10\lg W_e \tag{11-8}$$

① 本章大写变量为以“级”形式表示相对量值，小写变量为未取对数时的物理量，但电压、电流、功率、阻抗/阻容除外。

11.1.3　换能器发送声功率测量

目前，最为常用且准确的发射声功率测量方法为自由场声压法。自由场声压法是在换能器辐射所产生的自由远场中的某个点处测量球面扩散声压，应用换能器的指向性因数求算发射换能器声功率的方法。对于具有轴对称指向性的换能器，往往选择换能器的声轴方向为声压测量方向。因此，自由场声压法也称轴向声压法。图 11-4 给出了自由场声压法的测量球面坐标示意，发射换能器向水域空间辐射声波，换能器参考中心处于球面坐标原点 O，在半径为 r 的球面 S 上的小面积元 ds 处的声强为 $I(\theta,\varphi)$，这里的 θ 和 φ 分别为 ds 所处的垂直角和水平角。

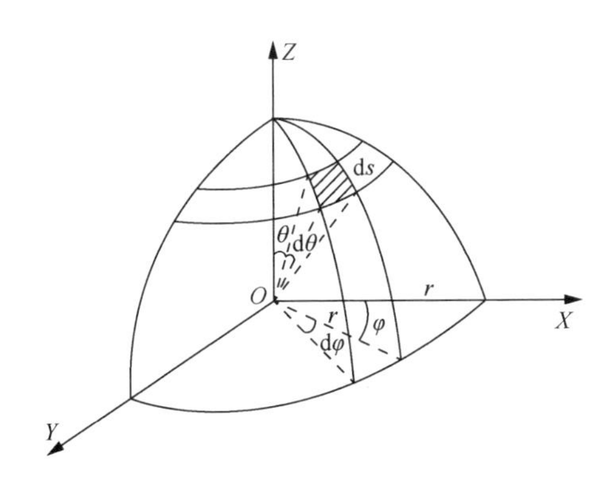

图 11-4　求算声功率的球面坐标

若以 X 轴（即 $\theta=0°,\varphi=0°$）方向为指向性函数 $D(\theta,\varphi)$ 的参考方向（亦即归一化方向），则发射换能器的指向性函数可表示为

$$D(\theta,\varphi)=\frac{p(\theta,\varphi)}{p(0,0)}=\frac{p(\theta,\varphi)}{p_0} \tag{11-9}$$

式中，$p_0=p(0,0)$ 为参考方向的声压。若声轴方向为参考方向，则 p_0 即为轴向声压。

由指向性因数 R_θ 的表达式可表示为

$$\int_0^{2\pi}\int_0^{\pi}D^2(\theta,\varphi)\sin\theta\,\mathrm{d}\theta\,\mathrm{d}\varphi=\frac{4\pi}{R_\theta} \tag{11-10}$$

即

$$\int_0^{2\pi}\int_0^{\pi}p^2(\theta,\varphi)\sin\theta\,\mathrm{d}\theta\,\mathrm{d}\varphi=\frac{4\pi p_0^2}{R_\theta} \tag{11-11}$$

则换能器的发射声功率可表示为

$$W_{\mathrm{a}}=\iint_s\frac{p^2(\theta,\varphi)}{\rho c}\mathrm{d}s=\frac{r^2}{\rho c}\int_0^{2\pi}\int_0^{\pi}p^2(\theta,\varphi)\sin\theta\,\mathrm{d}\theta\,\mathrm{d}\varphi=\frac{4\pi r^2p_0^2}{\rho cR_\theta} \tag{11-12}$$

由式（11-12）可见，在已知换能器指向性因数 R_θ 的情况下，只需测定发射换能器的远场轴向声压 p_0，按式（11-12）计算即可求得声功率 W_a。测试原理图与发射换能器发送响应一致，即如图 11-3 所示。

11.1.4　水听器的接收电压灵敏度测量

灵敏度是水听器最重要的技术指标，反映了换能器对声场的感知能力。自由场互易法是水听器灵敏度测量的一种经典方法，它是在自由场条件下应用互易原理开展水听器灵敏度的绝对校准。使用此法时不需要任何参考标准，而只需一个线性、无源、可逆互易换能器和一个辅助发射换能器。

假设把一个线性、可逆、无源的具有 A_m 工作面积的互易换能器 T 置于具有任意边界的媒质中的 A 点，用电流 I_A 激励，在距离为 d、工作面积为 B_m 的 B 点上产生平均声压为 $\overline{p}_B$，见图 11-5（a）。反之，已知 $\overline{u}_A A_\mathrm{m} = Q_A$ 是互易换能器 T 发射时的源强度，同时假设在 B 点有一声源以源强度 q_VB 发射，在工作面积 A_m 上产生平均声压为 $\overline{p}_A$，见图 11-5（b）[2]。

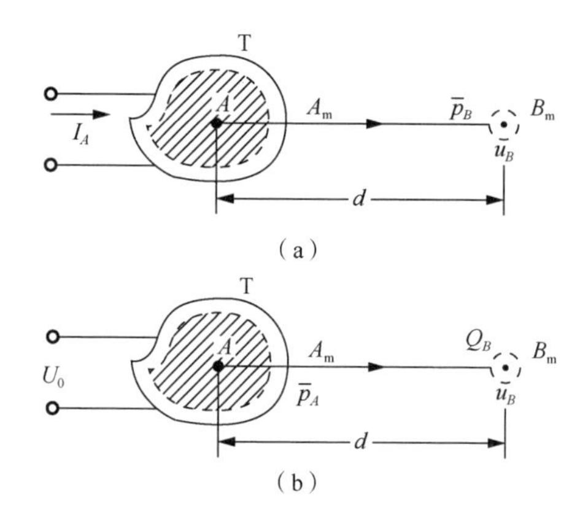

图 11-5　电声系统的电声互易关系

根据声场互易原理（在线性声学范围内，声场中任意两点的发射与接收状态都互换等价），令 U_0 是由作用于互易换能器 T 声中心处的声压 p_A 产生的，则有

$$\frac{m_\mathrm{T}}{s_I} = \frac{q_\mathrm{VB}}{\overline{p}_A} \tag{11-13}$$

式中，m_T 和 s_I 分别为互易换能器 T 的开路电压灵敏度和参考距离 d 处产生的发送电流响应。

基于上述原理，互易法校准须应用发射换能器 P、互易换能器 T 和被测水听器 H。其中，发射换能器 P 只作发射声波使用，被测水听器 H 只作接收声波使用，互易换能器 T 既作发射用又作接收用，并且要满足线性、无源、可逆的条件。如图 11-6 所示，球面波互易法按以下三步进行校准。

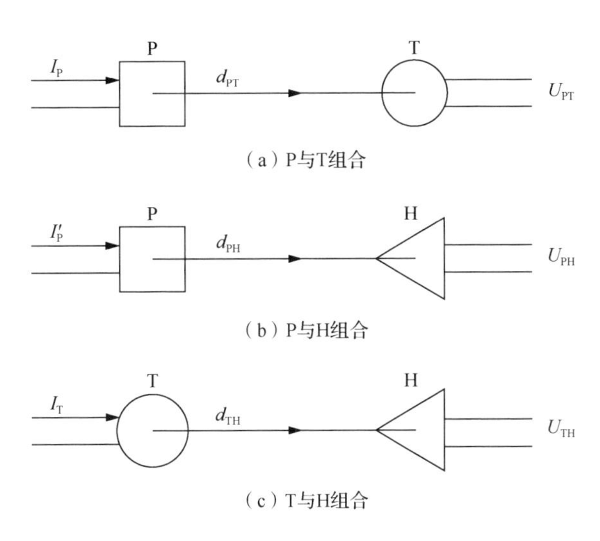

图 11-6　互易法校准原理图

第一步，发射换能器 P 与互易换能器 T 组合进行测量，两者参考中心之间的距离为 d_{PT}，满足球面波远场扩散条件。以电流 I_P 激励发射换能器 P 发射声波，互易换能器 T 接收声波产生开路电压 U_{PT}，得到：

$$\frac{U_{PT}}{I_P} = \left|Z_{PT}\right| = \frac{s_{IP} m_T}{d_{PT}} \tag{11-14}$$

式中，$|Z_{PT}|$是发射换能器 P 与互易换能器 T 组合下的电转移阻抗模；s_{IP} 是发射换能器 P 以 1m 为参考距离的发送电流响应；m_T 是互易换能器 T 的自由场电压灵敏度。

第二步，发射换能器 P 与水听器 H 组合进行测量。同样，可得到

$$\frac{U_{PH}}{I'_P} = \left|Z_{PH}\right| = \frac{s_{IP} m_H}{d_{PH}} \tag{11-15}$$

式中，$|Z_{PH}|$是发射换能器 P 与水听器 H 组合下的电转移阻抗模；m_H 是水听器 H 的自由场电压灵敏度；d_{PH} 是发射换能器 P 与水听器 H 的参考中心之间的距离；I'_P 是发射换能器 P 的激励电流；U_{PH} 是水听器 H 的开路输出电压。

第三步，互易换能器 T 与水听器 H 组合进行测量。同样，可得到：

$$\frac{U_{TH}}{I_T} = \left|Z_{TH}\right| = \frac{s_{IT} m_H}{d_{TH}} \tag{11-16}$$

式中，$|Z_{TH}|$是互易换能器 T 与水听器 H 组合下的电转移阻抗模；s_{IT} 是互易换能器 T 以 1m 为参考距离的发送电流响应；d_{TH} 是互易换能器 T 与水听器 H 的参考中心之间的距离；I_T 是互易换能器 T 的激励电流；U_{TH} 是水听器 H 的开路输出电压。

根据球面波声场特性，球面波互易常数 J_S 可表示为

$$J_S = \frac{2d\lambda}{\rho c} \tag{11-17}$$

式中，d 是互易换能器 T 与发出球面波的源点之间的距离，即互易换能器 T 发送电流响应的参考距离。

水听器 H 和互易换能器 T 的自由场电压灵敏度[2]为

$$m_H = \sqrt{\frac{|Z_{PH}||Z_{TH}|}{|Z_{PT}|}\frac{d_{PH}d_{TH}}{d_{PT}}J_S} \tag{11-18}$$

$$m_T = \sqrt{\frac{|Z_{PT}||Z_{TH}|}{|Z_{PH}|}\frac{d_{PT}d_{TH}}{d_{PH}}J_S} \tag{11-19}$$

同样，可求得发射换能器 P 和互易换能器 T 的发送电流响应为

$$s_{IP} = \sqrt{\frac{|Z_{PH}||Z_{PT}|}{|Z_{TH}|}\frac{d_{PH}d_{PT}}{d_{TH}}\frac{1}{J_S}} \tag{11-20}$$

$$s_{IT} = \sqrt{\frac{|Z_{PT}||Z_{TH}|}{|Z_{PH}|}\frac{d_{PT}d_{TH}}{d_{PH}}\frac{1}{J_S}} \tag{11-21}$$

实际校准中，如果取 $d_{PH}=d_{PT}=d_{TH}=d$，则式（11-18）～式（11-21）可作进一步简化。为使用方便，水听器 H 和互易换能器 T 的自由场电压灵敏度、发射换能器 P 和互易换能器 T 的发送电流响应常用“级”表示，水听器 H 和互易换能器 T 的自由场电压灵敏度、发射换能器 P 和互易换能器 T 的发送电流响应（dB，基准值为 1μPa·m/V）可表示为

$$\mathrm{ML} = 10\lg|Z_{PH}| + 10\lg|Z_{TH}| - 10\lg|Z_{PT}| + 10\lg\frac{d_{PH}d_{TH}}{d_{PT}} + 10\lg J_s - 120 \tag{11-22}$$

$$M_T = 10\lg|Z_{PT}| + 10\lg|Z_{TH}| - 10\lg|Z_{PH}| + 10\lg\frac{d_{PT}d_{TH}}{d_{PH}} + 10\lg J_s - 120 \tag{11-23}$$

$$S_{IP} = 10\lg|Z_{PH}| + 10\lg|Z_{PT}| - 10\lg|Z_{TH}| + 10\lg\frac{d_{PH}d_{PT}}{d_{TH}} + 10\lg J_s + 120 \tag{11-24}$$

$$S_{IT} = 10\lg|Z_{PT}| + 10\lg|Z_{TH}| - 10\lg|Z_{PH}| + 10\lg\frac{d_{PT}d_{TH}}{d_{PH}} + 10\lg J_s + 120 \tag{11-25}$$

11.1.5　换能器指向性测试

水声换能器的指向性是指其在不同方向上发射换能器发送响应或水听器自由场灵敏度随着发送方向或入射声波方向的变化特性，代表着换能器在不同方向上接收或发射声波的能力。指向性测试的主要目的是测量换能器在不同方向上的响应和灵敏度，并绘制出其指向性图。一般情况下，人们使用极坐标形式表示指向性图，如图 11-7（a）所示。但是对于大尺寸的基阵或高指向性多旁瓣的指向性图，使用分辨率更高的直角坐标表示更为常见。一般而言，X 轴表示角度，Y 轴表示归一化的幅度，幅度可以用线性或分贝刻度表示。这种表示方式如图 11-7（b）所示。

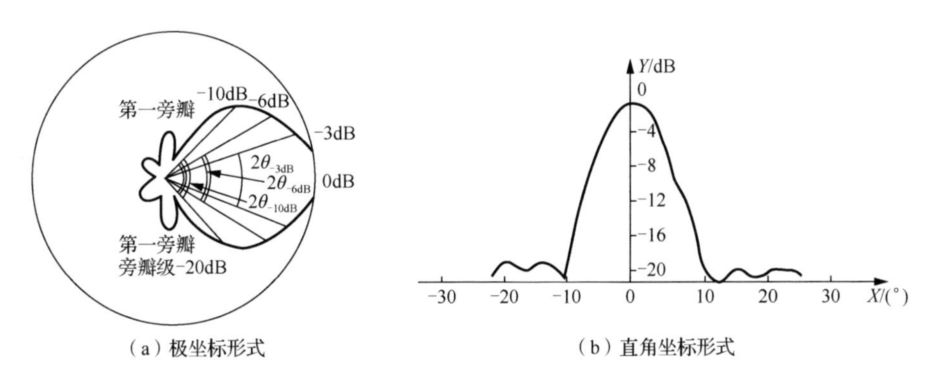

（a）极坐标形式　　（b）直角坐标形式

图 11-7　指向性图案的表示

测量换能器的指向性图需要满足充分的自由场和远场条件，并需要配备与测量或记录系统同步运动的回转机构。相比于测量换能器的轴向发送响应和灵敏度，测量指向性图需要更加严格的信噪比、声场条件和测试距离。指向性测量原理如图 11-8 所示。测量时，发射换能器 P 和水听器 H 处于水面下同一深度，两者之间的距离为 d。在激励电压 U_P 作用下发射换能器 P 向水中发射声波，水听器输出开路电压 U_{PH}。发射指向性测量时，水听器 H 不动，旋转改变发射换能器 P 的角度［图 11-8（a）］，在垂直角 $\theta=0^\circ$ 的情况下改变水平角φ，则可以得到发射换能器 P 的水平指向性图案；在水平角 $\varphi=0^\circ$ 的情况下改变垂直角θ，则可以得到发射换能器 P 的垂直指向性图案。水听器 H 接收指向性的测量则与之相反，发射换能器 P 不动，旋转改变水听器 H 的角度［图 11-8（b）］。同样，可得到水听器 H 的垂直指向性和水平指向性图。

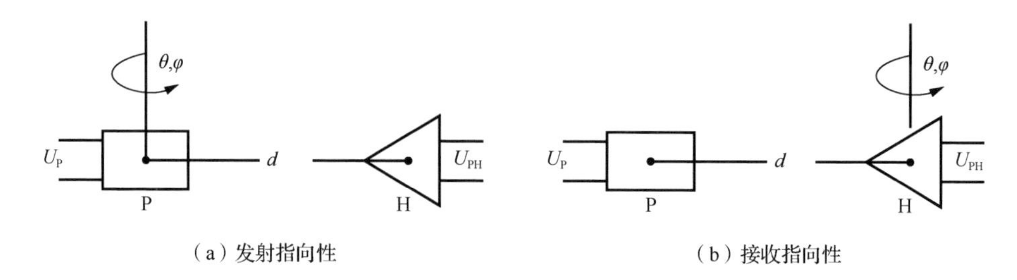

图 11-8　换能器指向性测量原理图

通常，换能器指向性图案的测量是在换能器发送响应或灵敏度等电声参数测量的基础上，通过同步采集回转角度和水听器的输出电压，由记录仪直接记录指向性图案或计算机处理测量数据后画出指向性图案。

波束宽度 θ_{-3dB} 可以从指向性图中得到，即通过从主轴最大响应下降 3dB 时左右两个方向间的角度计算得出。最大旁瓣级也可以从指向性图中得到，即通过计算最大旁瓣与主轴响应之间差值的分贝数来确定。在指向性图上，需要标明参考方向，并注明测试频率、定位平面以及环境条件（如温度、静压等）。对于无空间对称的换能器，需要在较多的定向平面内测试指向性图，以表明其空间指向性图，并方便计算指向性因数。

指向性测量是相对声压级的测量，要求测量仪器和水听器应保持良好的线性和稳定性，但指向性测量的最大误差主要来源于远场测量条件和自由场条件的不满足、参考中心与旋转轴偏离以及回转装置的回转精度不够等。若以上误差能控制在 1%以内，则在最大响应区域内指向性函数值测量的不确定度不大于 0.5dB。

11.2　湖 上 试 验

湖上试验是利用天然湖泊作为水声传播条件开展的声呐整机性能静态测试。因为环境相对于实验室宽阔很多且特性已知、条件可控、设施齐备，通过湖上试验，可对声呐的声学性能进行较全面的验证。

11.2.1　声呐基阵测试

发射基阵性能测试重点关注其阵元间互辐射阻抗、发射声源级及其发射指向性，接收基阵关注其指向性和阵元间相位一致性，其幅度一致性在测量阵元灵敏度时可一并得到。

1. 发射基阵阵元间互辐射阻抗的测量

当发射基阵中的多个阵元同时向水中辐射声波时，每个阵元辐射面上除存在自身的辐射阻抗外，还有由于其他阵元辐射而产生的附加辐射阻抗，即互辐射阻抗[3]。换能器成阵后，由于互辐射的存在，其指向性及辐射功率会受到影响。

大功率声呐阵一般都在谐振状态下工作，而且互辐射影响也是在此时最为严重，可通过大信号激励下的等效电阻抗测量技术实现发射基阵相对互辐射阻抗的测量。

在由 N 个阵元组成的阵中，第 n（$n \leqslant N$）个阵元的总辐射阻抗均为

$$Z_n = R_n + \mathrm{j}X_n = \sum_{i=1}^{N} z_{ni}\left(\frac{v_i}{v_n}\right) \tag{11-26}$$

式中，v_i 为第 i 个阵元的振速；v_n 为第 n 个阵元的振速。当 $i=n$ 时，$z_{ni}=z_{nn}$ 为第 n 个阵元的自辐射阻抗；当 $i \neq n$ 时，z_{ni} 为第 i 个阵元对第 n 个阵元的互辐射阻抗。当前直接精确地测定阵元互辐射阻抗的绝对值仍比较困难。但在实际应用中，人们感兴趣的往往是它们对总辐射阻抗影响大小的相对值，即有互作用时的总辐射阻抗与无互作用时的辐射阻抗之比。实际测量中，通过大信号激励下的等效电阻抗测量技术测定获得阵元等效电阻抗图，即可获得谐振频率处及其附近的发射基阵相对互辐射阻抗。

根据当前的测量设备，大信号激励下的等效电阻抗测量时，测得的激励电压信号 U_P 与电流信号 I_P 是高保真的取样信号，其幅度正比于实际信号，相位与实际信号相同。电压信号取样的正比例系数称为电压取样系数 c_V，电流信号取样的正比例系数称为电流取样系数 c_I。因此，大信号激励下测得的等效电阻可表示为

$$Z = \frac{|U_V|}{|U_I|}\frac{c_I}{c_V}\mathrm{e}^{-\mathrm{j}\varphi_\mathrm{P}} \tag{11-27}$$

式中，U_V 是激励电压的取样电压；U_I 是激励电流的取样电压；φ_P 是 U_I 与 U_V 之间的相位差，即为导纳的幅角。

可见，大信号激励下等效电阻抗（或电导纳）测量的准确与否直接与取样有关。因此，取样器的取样系数应精确已知，并且相位失真小至可忽略[3-4]。目前，取样电压测量方法主要有电压分压器取样法，取样电流测量方法主要有电流变换器取样法和精密小电阻取样法。

1）电压分压器取样法

如图 11-9 所示，分压器由电阻 R_1、R_2 和电容 C_1、C_2 等组成。测量时，分压器与发射换能器的电端并联相接，分压器的输出电压即为取样电压 U_V，即

$$U_V = kU_\mathrm{P} \tag{11-28}$$

式中，k 是分压器的分压比，可表示为

$$k=\frac{U_V}{U_{\mathrm{P}}}=\frac{\dfrac{R_2}{1+\mathrm{j}\omega R_2C_2}}{\dfrac{R_1}{1+\mathrm{j}\omega R_1C_1}+\dfrac{R_2}{1+\mathrm{j}\omega R_2C_2}} \tag{11-29}$$

可见，当电阻和电容调节至 $R_1C_1=R_2C_2$ 时，式（11-29）变为

$$k=\frac{R_2}{R_1+R_2} \tag{11-30}$$

式（11-30）表示分压比 k 是不变的已知值，而且是实数，这表明分压器输出信号的相位与输入信号相同。如果输入阻抗 R_1+R_2 比发射换能器阻抗大 100 倍以上，测量电路的输入阻抗比输出阻抗 R_2 大 100 倍以上，则这样的分压器是一个理想的分压器。另外，为了使输出线的电容和测量电路输入电容不影响分压器性能，C_2 应足够大。

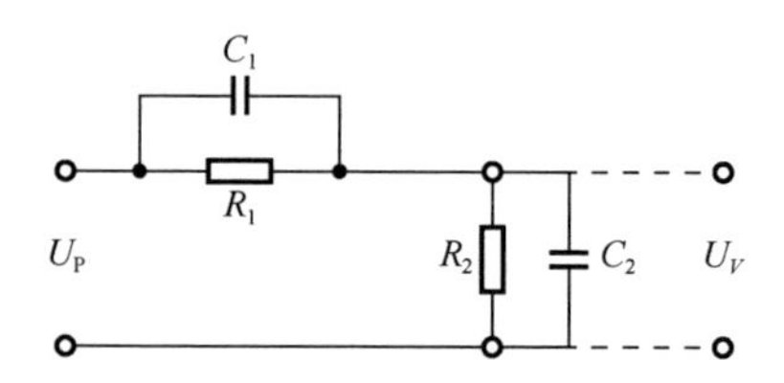

图 11-9　取样分压器的构造原理图

2）电流变换器取样法

如图 11-10 所示，在功率源的高位输出端接入一电流变换器。电流变换器的输出电压正比于流过该变换器和发射器的电流，电流变换器输出的取样电压为

$$U_I=nI_{\mathrm{P}} \tag{11-31}$$

式中，n 是电流变换器的灵敏度；I_{P} 是发射器的激励电流。

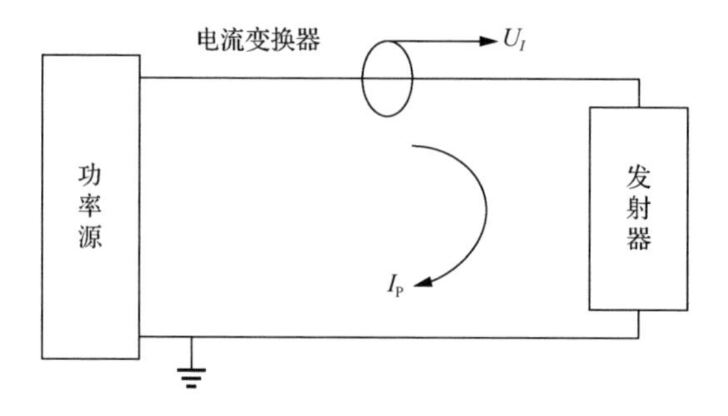

图 11-10　电流变换器取样法的工作原理图

3）精密小电阻取样法

如图 11-11 所示，取样用的精密标准小电阻 R 串联在发射器的低端，连接方式与功率源、发射器的接地状态有关。当发射器不接地、功率源接地时[图 11-11（a）]，R 上的电压降即为激励电流 I_P 的取样电压：

$$U_I = RI_P \tag{11-32}$$

当发射器接地、功率源不接地时［图 11-11（b）]，激励电流 I_P 的取样电压为

$$U_I = -RI_P \tag{11-33}$$

此时，取样电压 U_I 的相位与激励电流 I_P 相差 180°。

当功率源与发射器 P 都接地时，在两者之间应插入一个隔离变压器[图 11-11（c）]，激励电流 I_P 的取样电压 U_I 同样可由式（11-33）计算得出。

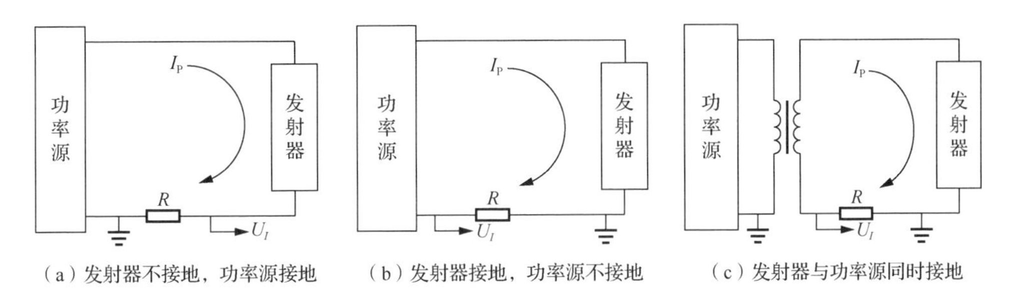

图 11-11　精密小电阻取样法原理图

需要说明的是，这里所用的精密小电阻应为无感电阻，阻值不大于发射器阻抗的 1%，同时还应有足够的功率容量，不会因温度升高而使阻值发生明显变化。

2. 发射基阵发射声源级的测量

换能器的水下电声参数测量重点关注其发送响应，而基阵通常不评价其发送响应，以其发射声源级的评估为主。

基阵的发射声源级的测量原理图与发送响应的测量原理图一致，如图 11-3 所示，发射基阵声源安装在水下特定深度，并以规定电压 U_P 或电流 I_P 激励发射声波，标准水听器放置在基阵主波束声轴上（标准水听器与发射基阵声源之间的距离 d 应满足远场条件，因而通常只能在湖上进行），并输出开路电压 U_H，在已知水听器自由场电压灵敏度 M_H 的情况下，根据声源级的定义，可得到基阵发射声源级的计算式为

$$\mathrm{SL} = 20\lg U_H - M_H + 20\lg d \tag{11-34}$$

3. 接收基阵阵元间相位一致性测量

相位一致性就是两个以上阵元的开路电压信号与作用于声中心处平面波声压信号在所有频率上的相位差保持一致的程度。用逐个单频频率激励电信号作为参考信号，分别测出第 i 个和第 j 个水听器输出的开路电压信号与参考信号的相位差 φ_i 和 φ_j，则它们的相位一致性也就是两个水听器之间的相位差为

$$\varphi_{ij} = \varphi_i - \varphi_j \tag{11-35}$$

可想而知，只要用自由场互易法对各阵元的灵敏度相位进行绝对校准，就可方便地求得它们间的相位一致性。但这种绝对校准方法实施技术复杂，测量过程比较长，不适合大批量阵元相位一致性的测量。目前，相位一致性的测量主要采用与参考水听器的开路电压信号的相位相比较的方法。

测量时，需要用到两只辅助换能器，一只是性能稳定的发射换能器 P，另一只是性能稳定的标准水听器 H。把被测水听器 X_i（或 X_j）与标准水听器 H 同时放在发射换能器 P 的自由场远场中接收声波，三者之间的相对距离和相对方位（即距离 d、d_1）均严格保持不变，测量它们与标准水听器输出开路电压的相位差，如图 11-12 所示。相位差由两部分组成，一是声场中不同位置的传播相位差，二是水听器自身的起始相位差。

由于测量过程中界面反射声的存在，一般采用脉冲正弦信号进行测量。测量时，严格保持发射换能器 P、标准水听器 H 与被测水听器 X_i（或 X_j）的位置不变，即确保传播相位相同，则每次测出一个被测水听器与标准水听器的相位差 φ_i（或 φ_j），利用式（11-35）计算即可求得两只被测水听器 X_i（或 X_j）之间的相位一致性。

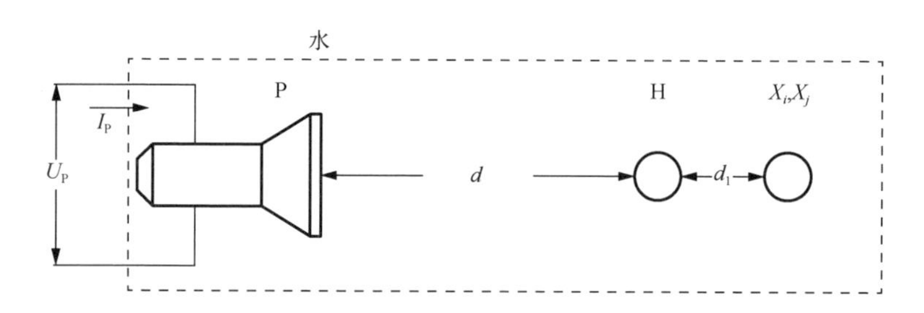

图 11-12　阵元间相位一致性测量原理图

在两相位差相减时，传播相位差已被消除。该方法适合几十千赫兹以下的同类型水听器的相位一致性测量。测量时，通常要求信号源具有较高的稳定性，测量放大器、滤波器和示波器等具有良好的通道间一致性。

4. 阵指向性的测量

阵的指向性图的测量方法与单个换能器指向性图的测量方法类似。需要注意的是，由于阵列自身重量较大，指向性较为尖锐，在圆柱形及平板型等基阵类型测试时应充分考虑回转驱动机构的转动惯性对测量的影响。而对于线列阵由于其孔径过大，即使湖上也难以满足远场条件，所以通常不测试其指向性，而是通过计算获得[3-4]。

5. 声呐导流罩声性能测量

声呐实际工作时，基阵大多是安装在导流罩中的，基阵实际工作性能还受到导流罩的影响。声呐导流罩是附加在声呐基阵外的一种流线型透声罩，其作用是减小湍流，延迟空化的发生，减小舰艇运动时在声呐阵表面产生的水动力噪声，并使基阵与流噪声源相隔离。

1）声呐导流罩主要声参数

表示声呐导流罩声学性能的参数主要有以下几种。

（1）导流罩插入损失 R_{L}，即在声呐基阵的指定方向上，由于放入导流罩后所引起的插入损失，显然，其中包含了导流罩内散射声的作用。通常用导流罩插入损失图表示，包括了罩内基阵（或基阵波束）与导流罩相对位置不变情况下，导流罩插入损失随基阵不同方向的变化，以及罩内基阵（或基阵波束）在回转情况下，导流罩插入损失随波束轴方向的变化。

（2）导流罩透声损失 R_{T}，即导流罩内散射声对其中换能器（基阵）的干扰可忽略情况下，导流罩的插入损失，仅仅表示导流罩本身的透声性。通常用导流罩透声损失图表示。此指向性图仅与导流罩本身有关，而与罩内换能器（基阵）的状态无关。

（3）罩致换能器波束变化，包括波束宽度变化率 δ_θ，即由于插入导流罩引起导流罩内换能器波束宽度的变化率；主轴偏移 $\Delta\varphi$，即由于插入导流罩引起导流罩内换能器主轴的偏移；旁瓣级的变化量 $\Delta\mathrm{LB}$，即由于插入导流罩引起导流罩内换能器波束最大旁瓣级的变化量。

（4）罩致换能器电声参数变化，包括罩致换能器等效电阻变化率 δ_R 和等效电抗变化率 δ_X，即由于插入导流罩后引起罩内换能器等效电阻和等效电抗的变化率；罩致换能器谐振频率的偏移量 Δf_0，即插入导流罩后，导流罩内换能器谐振频率的偏移量，谐振频率的变化也可用偏移率 δ_f 表示。

2）导流罩电声参数测试技术

根据以上表征声呐导流罩声学性能的主要参数可知，要了解和掌握声呐导流罩的声学性能，需要建立插入损失、透声损失、罩致换能器电声参数变化等导流罩电声参数测试技术。

（1）插入损失及插入损失图测试技术。

根据导流罩插入损失 R_L 的定义，只要像图 11-13 所示那样，在有罩和无罩情况下用水听器 H 测量发射换能器 P 在某一方向上远场中 d 距离处的发射声压，比较两次测得的声压值就可求得 R_L。在这样测量的整个过程中，要求所有测量条件和测量状态都保持不变，但在实际的测量中往往难以严格办到。为了避免有这样的要求，可以不直接测量声压值，而换作测量 P 在有罩和无罩情况下的发送响应值。即首先在无罩情况下测量 P 的发送电压响应 S_U 或发送电流响应 S_I，然后在有罩情况下测量 P 的发送电压响应 S_{UD} 或发送电流响应 S_{ID}，则可求得导流罩的插入损失：

$$R_L = S_U - S_{UD} \quad 或 \quad R_L = S_I - S_{ID} \tag{11-36}$$

由于上述测量实际上也是有导流罩和无导流罩情况下的相对量，因此可以作进一步的简化，通过测量 P 和水听器 H 对的转移阻抗来确定。即首先在无导流罩情况下，测量 P-H 对在 d 间距下的转移阻抗 $Z=U_0/I_T$；然后，在有导流罩情况下，测量 P-H 对在同样间距下的转移阻抗 $Z_D=U_{0D}/I_{TD}$，则可求得

$$R_L = 20\lg Z - 20\lg Z_D \tag{11-37}$$

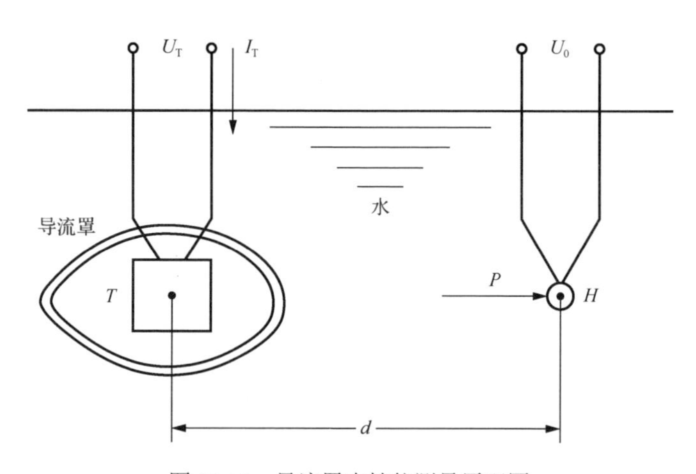

图 11-13　导流罩声性能测量原理图

在换能器和导流罩相对位置固定不变的情况下一起回转换能器和导流罩，测量不同回转角下的插入损失，就可得到换能器不同方向对应的插入损失图；在换能器（或其波束轴）固定不变的情况下回转导流罩，测量不同回转角下的插入损失，就可得到导流罩不同方向对应的插入损失图。为了能使换能器和导流罩可以同轴相对回转，测量中最好能使用同轴的升降回转机构。

为了确保测量能在优良的自由场条件下进行，上述测量多数都应用脉冲声信

号。但由于测量的插入损失中应计及导流罩内全部声散时的影响，因此，要求脉冲宽度应设计得使其稳态信号能充分作用到导流罩内的各个部分。

（2）透声损失及透声损失图测量技术。

导流罩透声损失 R_T 的测量方法和过程类同于上述插入损失的测量。若要测量透声损失图案，则在保持发射换能器声轴对准水听器的情况下，导流罩绕垂直轴回转。根据导流罩插入损失和透声损失定义的不同，在透声损失的测量中应避免导流罩内其他结构的声反射和声散射对测量的影响，因此，要求测量用脉冲信号的宽度应尽可能地窄，并且用于测量的换能器和水听器应具有较尖锐的指向性。一般情况下，尤其是对于低频小尺寸导流罩，透声损失的准确测量是很困难的。

（3）罩致基阵电声参数变化测量技术。

应用基阵指向性测量方法，在无导流罩和带有导流罩的情况下测试换能器（基阵）的水平指向性图，通过对两者的比较可求得罩致波束宽度变化率δ_θ、罩致主轴偏移 $\Delta\varphi$ 和罩致旁瓣级变化量ΔLB：

$$\delta_\theta = \frac{2\theta - 2\theta_0}{2\theta_0} \times 100\% \tag{11-38}$$

$$\Delta\varphi = \varphi - \varphi_0 \tag{11-39}$$

$$\Delta LB = LB_{max} - LB_0 \tag{11-40}$$

式中，$2\theta_0$ 是无导流罩时换能器的波束宽度；2θ是带导流罩时换能器的波束宽度；φ_0 是无导流罩时换能器主轴的水平方位角；φ 是带导流罩时换能器主轴的水平方位角；LB_0 是无导流罩时换能器指向性图的最大旁瓣级；LB_{max} 是带导流罩时换能器指向性图的最大旁瓣级。

应用换能器等效电阻抗测试方法，在无导流罩和安装导流罩情况下测量换能器的等效电阻抗（或等电导纳）的频率响应，通过对两者的比较，可求得在所需频率处的罩致等效电阻变化率δ_R 和罩致等效电抗变化率δ_X，也可以求得罩致谐振频率的偏移量 Δf_0 和偏移率 δ_f ：

$$\delta_R = \frac{R_1 - R_0}{R_0} \times 100\% = \frac{G_0 - G_1}{G_1} \times 100\% \tag{11-41}$$

$$\delta_X = \frac{X_1 - X_0}{X_0} \times 100\% = \frac{B_0 - B_1}{B_1} \times 100\% \tag{11-42}$$

$$\Delta f_0 = f_1 - f_0 \tag{11-43}$$

$$\delta_f = \frac{\Delta f_0}{f_0} \times 100\% \tag{11-44}$$

式中，R_0 是无罩时等效电阻值；R_1 是带导流罩时等效电阻值；G_0 是无导流罩时等效电导值；G_1 是带导流罩时等效电导值；X_0 是无罩时等效电抗值；X_1 是带导流罩时等效电抗值；B_0 是无导流罩时等效电纳值；B_1 是带导流罩时等效电纳值；f_0 是无导流罩时谐振频率；f_1 是带导流罩时谐振频率。

导流罩插入损失和透声损失测量时，要同时用到两个测量换能器，一个位于导流罩内，另一个位于导流罩外。当测量主动声呐导流罩的插入损失与透声损失时，一般罩内放置发射换能器，罩外放置接收换能器（水听器）；当测量被动声呐导流罩的插入损失与透声损失时，则反之，罩内放置接收换能器，罩外放置发射换能器。

在测量导流罩插入损失和各种罩致换能器电声性能变化参数时，罩内的测量换能器应尽可能选用与实际声呐换能器（基阵）结构及指向性等电声性能相接近的换能器，也可以按照具体被测导流罩技术条件的规定来选用。当测量导流罩的透声损失时，为了避免罩内反射声和散射声的影响，要求使用具有高指向性的换能器作为测量用换能器。

11.2.2　被动声呐总体参数测试

被动声呐总体参数测试是对被动声呐的整体性能进行测试，包括以下参数：背景噪声级、通道接收频率范围、阵增益、最小可检测信噪比、方位分辨力、测向精度等。通过测试能较全面评估被动声呐的性能，支持声呐系统设计优化。

1．背景噪声级

背景噪声级描述声呐水下环境中的噪声水平，应在没有目标、没有指向性干扰、在一定时间长度上较平稳的情况下进行测量，且针对关心的频带进行测量。

被测被动声呐选择不同安装位置的多路接收通道接收噪声，其输出电压为 $U_j(t_i)$（j 为通道号，i 为时间采样点号），对输出在时间维求均方根值（设对 N 点进行），该通道的噪声响应电压级输出为

$$\mathrm{UL}_j = 20\lg\left\{\sum_{i=1}^{N}[U_j(t_i)]^2/(N-1)\right\} \tag{11-45}$$

对输出进行时频变换，得到频域响应 $P_{Nj}(f)=\mathrm{FFT}[U_{Nj}(t_i)]$。$j$ 通道背景噪声谱级为

$$\mathrm{NL}_j(f_k) = 20\lg P_{Nj}(f_k) - M_j(f_k) \tag{11-46}$$

式中，$M_j(f_k)$ 为以分贝表示的 j 通道 f_k 频率的灵敏度。

背景噪声也可以用波束输出进行测量。被测被动声呐在各个方向（可选择在相应的预成波束）上形成波束，测得各波束输出时域信号幅值为 $u_{Ni}(t_k)$（i 为波束号），噪声级、谱线计算同式（11-45）和式（11-46），应用此方法时需满足如下条件。

（1）噪声是各向同性且在各通道平稳，即没有时间维和方向维强烈起伏。

（2）波束形成过程中完成了背景噪声功率不变处理。

2. 通道接收频率范围

声源发射待测频率范围内的某一频率 f_k，标准水听器接收发射声信号，其开路输出电压为$U_0(f_k)$，$U_0(f_k)$对应电压级应比背景噪声级至少大 6dB。同时被测被动声呐选择一路或多路接收通道接收发射信号并输出电压$U_j(f_k)$，计算 j 通道在 f_k 频率下的相对标准水听器的通道响应电压为

$$U_j(f_k)=\frac{U_j(f_k)}{U_0(f_k)} \tag{11-47}$$

用对数表示为

$$P_j(f_k)=20\lg V_j(f_k)=20\lg\frac{V_j(f_k)}{V_0(f_k)} \tag{11-48}$$

一种测量方法是调整声源发射频率，用同样的方法测得各个频率的通道响应，以最大幅度为参考，可绘出归一化的频率响应曲线。由此查出-3dB 频带带宽为接收频率范围。

另外一种测量方法为调整发射声源频率的同时调整发射声源级，使标准水听器接收信号的开路输出电压不变，此时的被动声呐通道输出级，即为声呐通道频率响应曲线，对曲线按最大值为 0dB 进行归一化处理，在曲线上找出两个-3dB 频率点，即为-3dB 定义的接收频率范围。

3. 阵增益

阵增益的测量按图 11-14 所示的布置和连接进行测试。

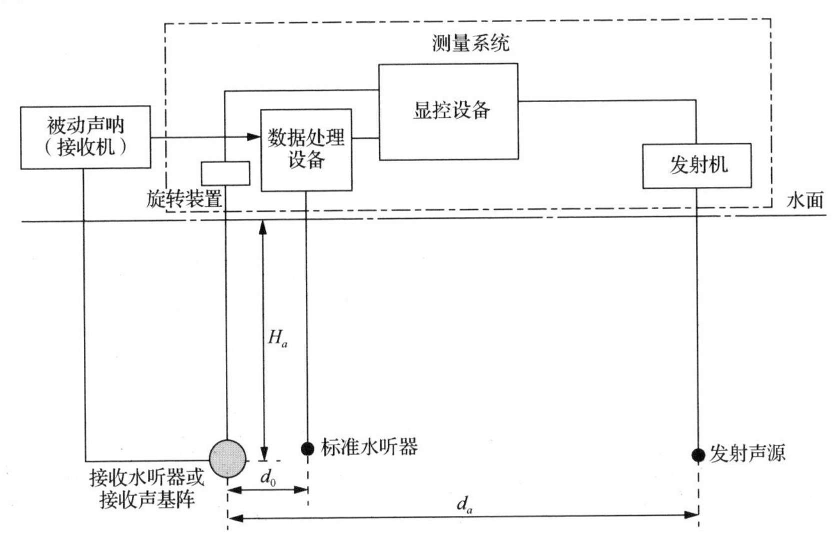

图 11-14　接收水听器阵测试布置和连接示意图

测量阵增益的一种方法是声源发射规定频率 f_k 的信号，被动声呐对发射声源方向形成波束，并接收和处理发射信号，测得的输出信号幅度为 $U_a(f_k)$ 。前置预处理机放大倍数为 k 。标准水听器同时接收发射信号，其开路电压为 $U_0(f_k)$ 。同样测得不发射时背景噪声的波束输出幅度和水听器输出噪声开路电压 $U_{Na}(f_k)$ 和 $U_{N0}(f_k)$ 。经基阵处理后分贝表示的信号和背景噪声放大级为

$$M(f_k)=20\lg\left[\frac{U_a(f_k)}{kU_0(f_k)}\times\frac{d_a}{d_0}\right]+M_0(f_k) \tag{11-49}$$

$$M_N(f_k)=20\lg\left[\frac{U_{Na}(f_k)}{kU_{N0}(f_k)}\times\frac{d_a}{d_0}\right]+M_0(f_k) \tag{11-50}$$

阵增益为

$$\mathrm{AG}(f_k)=M(f_k)-M_N(f_k)=20\lg\left[\frac{U_a(f_k)U_{N0}(f_k)}{U_{Na}(f_k)U_0(f_k)}\right] \tag{11-51}$$

式中，$M_0(f_n)$ 为标准水听器的灵敏度。前置预处理机放大倍数 k 是一个控制变量。

在进行阵增益测量时，标准水听器应该放置在自由场下声呐基阵所在位置，以测得信号和噪声开路电压结果。此外，在进行测量时，需要与声呐基阵的测量同步，以保证测量结果的准确性。测量中的噪声场应该是各向同性的噪声场，以确保不同方向上的测量结果一致。

如果噪声场不是各向同性的，不同方向上的噪声放大量可能会不同，即阵增益不仅是频率的函数，还是方向的函数。因此，在测量过程中，应充分考虑不同的布置结构、不同的环境可能会导致不同的测量结果，以保证测量结果的准确性。

测量阵增益的另一种方法是通过测量、计算阵元间的信号与背景噪声的相关系数得到阵增益[4]：声源发射一定频率的信号，接收端根据驾驶波束所需要的时延，对每一个阵元时间序列进行延迟处理，在信号方向形成波束。对阵元信号进行两两相关，得到阵元信号相关矩阵 R_S；在相同的阵元时延结构条件下，可测得阵噪声相关矩阵 R_N。

各通道间信号相关性求和为

$$A_\mathrm{S}=\sum_{i=1}^{N}\sum_{j=1}^{N}R_\mathrm{S}(i,j) \tag{11-52}$$

各通道间噪声相关性求和为

$$A_\mathrm{N}=\sum_{i=1}^{N}\sum_{j=1}^{N}R_\mathrm{N}(i,j) \tag{11-53}$$

阵增益为

$$\mathrm{AG}=10\lg\left(\frac{A_\mathrm{S}}{A_\mathrm{N}}\right)$$

4. 最小可检测信噪比

被动声呐系统的最小可检测信噪比是指在特定的噪声环境下，声呐系统能够有效检测到目标信号所需的最小信噪比。测量最小可检测信噪比时要求发射换能器的输出电压与输出声压之间为线性关系，背景足够理想（即要求背景噪声为平稳高斯白噪声的前提基本成立，且没有指向性干扰）。

设定声呐工作频段。通过标准水听器测量接收基阵附近的环境噪声，计算与声呐处理频带内的噪声输出有效值为V_{0_a}。

确定环境噪声带级后，通过声源发射规定频段的宽带噪声信号，发射声源位于声呐基阵接收波束主瓣方向。声呐设备接收声源发射的信号，并在声呐显控台显示画面上观察对应目标。调整发射声源发射电压U_S，使标准水听器接收到的处理频带内信号输出有效值U_0比噪声输出U_{0_a}高 20dB，即$U_0 = 100U_{0_a}$，记录此时的发射电压作为基准，逐渐减小发射声源信号，并观察球形阵警戒画面，直至在显示画面上目标时有时无（约各 50%），记录此时的发射电压 U_{S_min}。得到最小可检测信噪比为

$$\text{MDSNR} = 20\lg\left(\frac{U_{S\_min}}{U_S}\right) + 20 \tag{11-54}$$

改变不同的频段，重复上述测试内容，可完成相应频段的最小可检测信噪比测试。

注：若在湖海环境进行此项测量，背景噪声的起伏、声传播的不稳定性将成为影响测量的主要因素，若存在指向性干扰，可能测出远“优于”技术指标的数值，此值不是最小可检测信噪比，而是信干比，且常因干扰变化而难以有效量化。

5. 方位分辨力

测试中设置了两个远场声源，两声源同时发射等强度、相同频段的噪声信号。随着一个声源的逐渐移动，观察声呐显控台上目标方位的分辨情况。当显示不能分辨出两个目标时，即视为方位分辨力的极限。此时，可以读出两个目标相对于基阵的夹角，即为方位分辨力，一般存在接近时的分辨力和离开时的分辨力两种数值。

6. 测向精度

远场声源发射相应频段的宽带噪声（当进行主动测向精度测量时，则远场应答器发射模拟目标回波），接收基阵输入端处的信噪比一般应比最小可检测信噪比 MSDNR 大 3～6dB。测试时，首先启动跟踪器并跟踪目标，从声呐显控台上读取跟踪器输出的目标舷角测试值，并计算其与均值之差，即为测向误差。在特定的

观察范围内，等间隔地选取 M 个目标舷角进行测试，每个舷角上进行 K_i（K_i 不少于 5 次）次测试。通过式（11-55）统计计算所有测试结果的均方根值，即为测向误差的最终测试结果。

$$\Delta\alpha=\sqrt{\frac{1}{N-1}\sum_{i=1}^{M}\left[\sum_{j=1}^{N_i}\left(\alpha_{ij}-\frac{\sum_{j=1}^{N_i}\alpha_{ij}}{N_i-1}\right)^2\right]}\tag{11-55}$$

式中，α_{ij} 为跟踪通道对第 i 个舷角第 j 次测试的跟踪方位值。对个别偏离平均规律（测试值大于 3 倍的偏差值）的 α_{ij}，视为“野值”应予剔除，对应有效测量次数因此由 K_i 减少为 N_i；M 为被测试的舷角数；N_i 为第 i 个舷角的总有效测试数；N 为测试有效总数，$N=\sum_{i=1}^{M}N_i$（N 足够大，一般应大于 50）。

11.2.3　主动声呐总体参数测试

主动声呐总体参数测试是指对主动声呐系统的各项性能参数进行测试和评估，以确保其满足设计要求和应用要求的一系列测试活动。主动声呐的背景噪声级、接收基阵增益、最小可检测信噪比、测向误差测量与被动声呐在基本方法上是一致的，本节不复述；本节对主动作用距离测试及相对测距误差测试进行说明。

主动作用距离测量湖上布置示意图如图 11-15 所示。测量一般基于应答器实施，且在应答器内实现高精度的可调时间延迟量，实现各种距离回波信号产生。

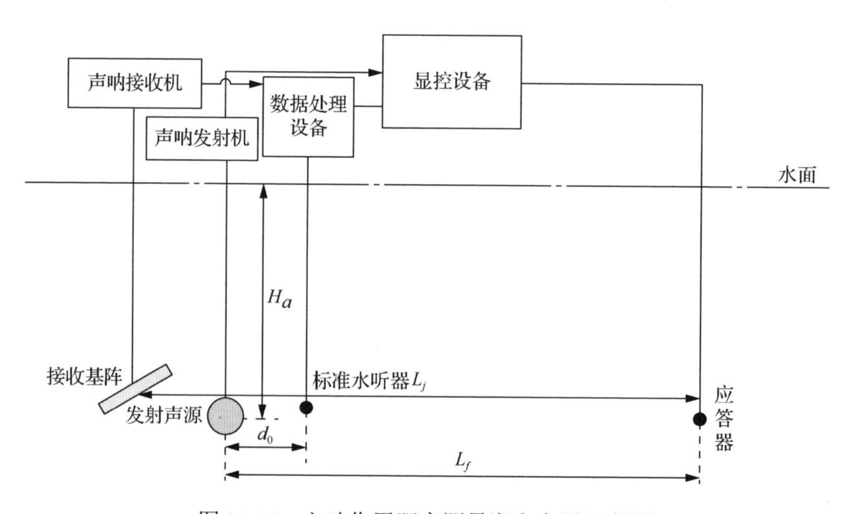

图 11-15　主动作用距离测量湖上布置示意图

应答器接收声呐声源发射信号，产生应答信号、经规定时延后发射，声呐接收基阵接收应答发射的信号。从声呐显控台上读取目标距离测试值，可直接得到主动作用距离测试值。该值与设置的距离值之差即为测距误差，而测距误差与设置的距离值之比则为测距相对误差［计算可参照式（11-55），其中 α_{ij} 需除以距离实际值或均值］。

由于应答式测距中距离主要由应答器的延时产生，距离测量误差的影响因素与实际远距离海上探测时存在较大差别，湖上进行距离测量误差测试一般用于校核声呐内部时延，而不用于性能指标考核。

11.3　陆上联调试验

大型声呐或由多部声呐组成的声呐系统通常在海上试验前还需开展陆上联调试验，旨在陆上具备条件的场所验证装备内外接口设计的正确性、信息传输的可靠性、联动工作的协调性，以及检验系统主要功能和性能，为海上试验奠定基础。

陆上联调试验因为无法包含湿端，联调需要使用一个或多个基阵等模拟器，需要注意的是，所有参加联调试验的模拟器进场前需完成本身的确认。

11.4　海 上 试 验

海上试验按需要进行系泊试验和航行试验两个阶段。

系泊试验的目的如下。

（1）平台实际安装情况，基于码头系泊条件，进行系统各设备的恢复调试，检查本设备在平台安装的正确性、适配性。

（2）进行设备各分机之间的对接联调，检查各机柜之间电缆连接的正确性；进行声呐与其他设备、平台的各类对接联调，检查声呐与其他设备的接口正确性、协调性、完整性。检查设备对平台环境的适应性。

系泊试验所在的水域，其水深应不小于 15m，具有自由场条件，水中不存在其他干扰源。水面应平静且海流很小，以便使测量换能器保持垂直，并能够稳定可靠地工作。

图 11-16 为系泊试验设备布置图。发射声源放置在声呐基阵的远场区，与声呐基阵的等效声中心同深度，且保持相对稳定。

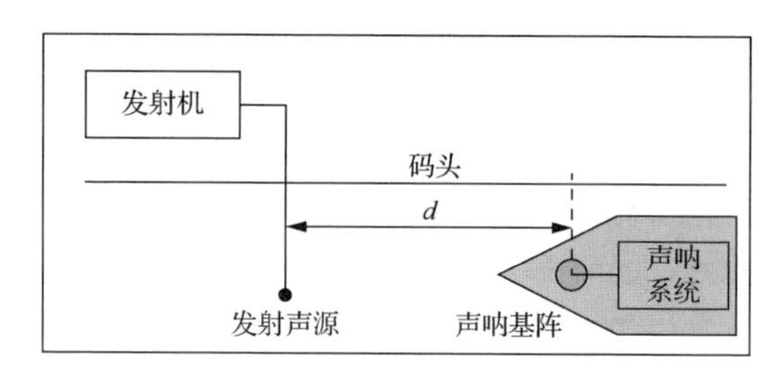

图 11-16　系泊试验设备布置图

航行试验的目的是在平台航行条件下，检查声呐主要功能和性能是否达到规定要求。

航行试验应满足以下条件。

（1）试验应选择在海底平坦开阔海域进行，平均海深应满足声呐使用要求（安全性和海底界面影响是主要的考虑因素），长度应不小于声呐最大探测距离的 1.5 倍，宽度应满足平台安全机动需求、声呐不同舷角探测位置调整需求，试验期间海域内应无其他无关船只干扰（尽量支持有效量化现场环境）。

（2）试验应选择在无风或微风、无降雨等较好气象条件下进行，试验海域海况应不高于 3 级（环境安静，声呐可实现的性能更强，可以更好发挥海上试验区域大的优势）。

（3）海域的海底底质、平坦度以及声速剖面等应有较完整的数据，海域内无特殊海洋内波，现场可进行试验海域声速剖面测量。

（4）应有相应的试验、测量设备与平台保障。

11.4.1　系泊试验

系泊试验通常按相应的试验大纲或手册逐项进行，需要指出的是“声信号零位校准”。声信号零位校准是校准由声呐基阵实际安装引入的声中心偏差，降低由此引起的方位估计系统误差。

经纬仪（其精度优于声呐精度容差的三分之一）放在声呐基阵中心上方，中心垂直通过阵中心，并以舰艇艏艉线作为舷角 0° 方向。校准用发射声源置于舰艇声呐基阵的 0° 方向的远场区，深度与声基阵声中心等深，并保持自然垂直吊放状态；发射规定频段的宽带信号。声呐设备与经纬仪同时读数。

操作声呐设备显控台选择合适的优选俯仰角，利用被动跟踪器对声源发射的被动目标进行稳定跟踪。通过经纬仪监测声源吊放缆绳，当其与经纬仪（艇艏艉线方向）中心垂线重合时，同步读取经纬仪舷角读数 $\alpha_{经i}$ 及声呐被动跟踪器的跟踪舷角值 $\alpha_{声i}$ 作为舷角声零位误差的一组样本记入表，重复上述方法读取 N 组（N 应足够大，一般不小于 20）样本。按式（11-56）计算出舷角声零位均方根误差。

$$\sigma=\left[\frac{1}{N-1}\sum_{i=1}^{N}(\Delta\alpha_i-\Delta\bar{\alpha})^2\right]^{\frac{1}{2}} \tag{11-56}$$

式中，$\Delta\bar{\alpha}=\dfrac{1}{N}\sum\limits_{i=1}^{N}\Delta\alpha_i$；$\Delta\alpha_i=\alpha_{声i}-\alpha_{经i}$。

设定的 σ 应小于规定的跟踪系统误差。如果声呐接收基阵舷角声零位与艇艏艉线基本一致，不需要对其进行校准修正；若 σ 大于规定要求，则表明此时声呐接收基阵舷角声零位与艇艏艉线偏差较大，需对其进行校准修正，校准一般应通过软件完成（声呐基阵一般都较大，难以通过安装调整实施；若具备条件，则调整基阵安装是最优的），且在校准修正后应重复上述试验，直到满足要求为止。

所有在平台固定安装的声呐基阵均应进行上述过程。

11.4.2　航行试验

航行试验通常按相应的试验大纲或手册逐项进行，主要项目包括被动作用距离、主动作用距离、被动测向精度、方位分辨力、主动测距精度。

1. 被动作用距离

被动作用距离试验一般采用接近法试验或远离法试验。

1）接近法

接近法被动作用距离试验可按图 11-17 所示航路进行，应将目标布置在声呐有效观察舷角范围。在试验时，携带声呐设备的载体（称为本体）与作为目标对象的载体（称为目标体）均要作详细的航迹图，记录本体在 t 时刻位置参数 $[x_0(t),y_0(t)]$ 和目标体在 t 时刻位置参数 $[x_1(t),y_1(t)]$。

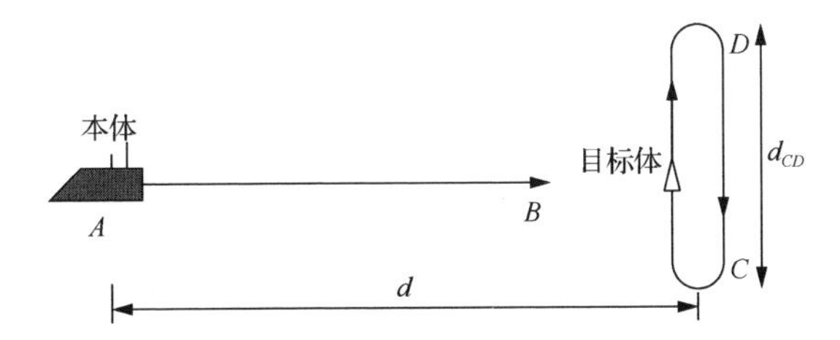

图 11-17　被动作用距离试验航路示意图（接近法）

试验中，若试验海区干扰目标较多，可采用目标体间隔 5min 向本体发射主动声呐脉冲信号的方式，以便辅助判别目标。试验时可根据现场情况适时调整增益挡位和警戒幅度，以利于目标的观察和稳定跟踪。

本体与目标体按预定时间在 *A*、*C* 点就位，*A*、*C* 点初始距离不小于 *d*（应大于所考核的最大作用距离，并充分考虑各就位时间余量）。开始试验后，本体以一定航速由 *A* 点向 *B* 点方向直线航行；目标体以一定的航速往返于 *C*、*D* 两点之间（*C*、*D* 两点相距约 d_{CD}）。声呐处于被动工作方式，并选择合适的俯仰角及工作频段，进行全向观察和听测。记录所有视、听觉发现，稳定跟踪目标的时间、舷角、信噪比等。根据初始发现时间和初始稳定跟踪时间，计算当时本体与目标体的距离，将其作为探测作用距离和跟踪作用距离。

2）远离法

远离法被动作用距离试验可按图 11-18 所示航路进行，应将目标布置在声呐有效观察舷角范围。在试验时，本体和目标体均要作详细的航迹图。本体与目标体按预定时间在 *A*、*B* 点就位。开始试验后，本体和目标体以各自的航速和航向直线航行。声呐处于被动工作方式，并选择工作频段，对目标进行观察和跟踪。当目标体远离本体一定距离时，目标消失，记录目标消失的时间、舷角、信噪比等。根据消失的时间，计算当时本体与目标体的距离，将其作为探测作用距离。

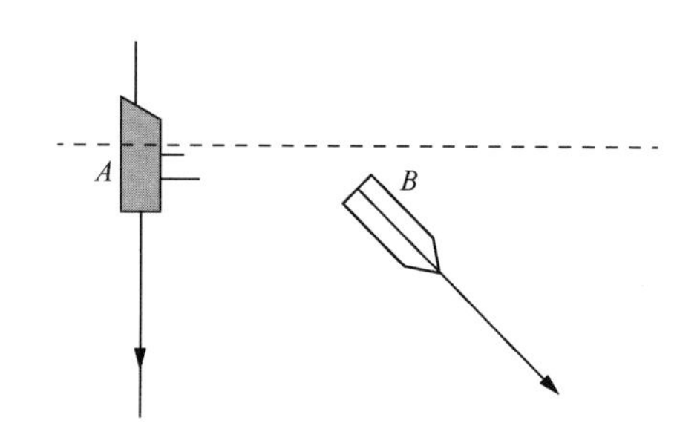

图 11-18　被动作用距离试验航路示意图（远离法）

作用距离 *r* 按式（11-57）计算：

$$r = \sqrt{[x_1(t-\Delta t) - x_0(t)]^2 + [y_1(t-\Delta t) - y_0(t)]^2} \tag{11-57}$$

式中，*r* 为距离真值（m）；$[x_1(t), y_1(t)]$ 为 *t* 时刻目标的位置数据；$[x_0(t), y_0(t)]$ 为 *t* 时刻本体位置数据；Δt 为声速滞后修正（s），由式（11-58）计算得出：

$$\Delta t = \sqrt{[x_1(t) - x_0(t)]^2 + [y_1(t) - y_0(t)]^2} \,/\, c \tag{11-58}$$

其中，*c* 为水中平均声速（m/s）。

2. 主动作用距离

主动作用距离试验方法类似于被动作用距离方法。

本体与目标体之间距离大于主动测距的距离。声呐处于主动测距工作模型。当声呐检测到目标体的回波时对应的距离则为主动发现作用距离。

航路设计时，需综合考虑声呐发射声波到达目标时的入射角，以保证目标强度 TS 在预期范围内；应考虑目标回波到达声呐接收基阵的舷角，以避开各类干扰因素，保证试验有效性；需考虑海底界面引起的混响影响，尽量使声呐工作在噪声限制状态。

3. 被动测向精度

被动测向精度试验航路示意图如图 11-19 所示。

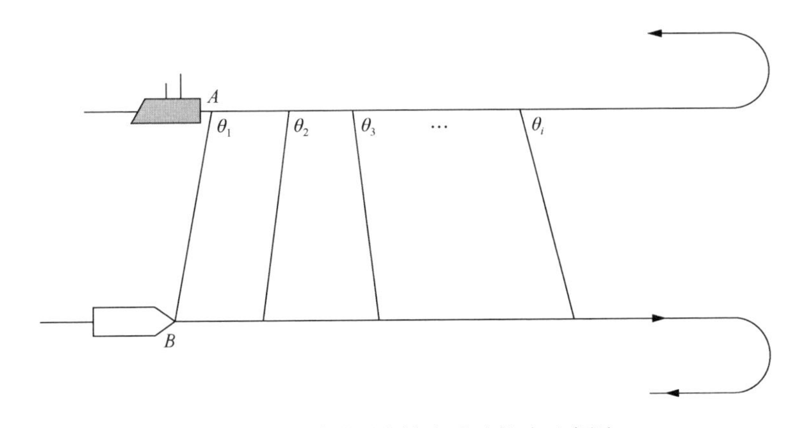

图 11-19　被动测向精度试验航路示意图

本体与目标体按预定时间在 A、B 点就位，目标舰初始位于本体左舷（或右舷）135° 附近，A、B 点初距约 d（确定声呐可连续稳定跟踪目标舰距离内，可根据实际水文条件调整）。试验开始时，本体和目标体同时启航，航线平行，本体以一定的航速直线航行，目标体以大于本体航速的速度直线航行，试验过程中全程记录本体和目标位置参数。

操作声呐系统处于被动工作方式，并选择工作频段和其他参数，进行全向观察和听测，发现目标体后对其实施稳定跟踪，每 10s 读取 1 次目标舷角值，读出并记录序号 i 和对应目标舷角值 θ_i，中间不得遗漏数据（即出现失跟情况，也应记录），单侧记录数为 N（N 应足够大，至少 50 次），左、右舷各进行一次试验。

$$\sigma_{om}=\sqrt{\frac{1}{N-1}\sum_{i=1}^{N}(\theta_i-\theta_{i0})^2} \tag{11-59}$$

式中，σ_{om} 为测向误差；θ_i、θ_{i0} 分别为第 i 次测量值和对应的实际值[应与式(11-38)类似，实际值选取时考虑到时延量]，后者由本体和目标体的位置参数计算得到。式（11-59）计算得到的是测向原点矩，包含所有随机误差与系统误差。

若考虑将系统误差影响降低，则采用中心矩，按式（11-60）计算：

$$\sigma_{cm}=\sqrt{\frac{1}{N-1}\sum_{i=1}^{N}(\Delta\theta_i-\Delta\overline{\theta})^2} \tag{11-60}$$

式中，$\Delta\theta_i$ 为第 i 次测量修正后的声呐舷角读数与修正后的真值之间的偏差值；$\Delta\overline{\theta}$ 为所有 $\Delta\theta_i$ 的均值，可以理解为测量存在的系统误差。

对于测量数据准确度分析，必须先对数据进行合理性检验，找出并剔除一些不合理的数据。假定测量误差满足近似正态分布，规定采用“3σ 准则”，即如果测量值大于 3σ，则这个测量值被剔除。试验中因干扰引入的跟踪偏离，需及时人工引导恢复有效跟踪，过程中产生的奇异点应剔除。

4. *方位分辨力*

方位分辨力试验航路示意图如图 11-20 所示，为保证试验有效进行，需选用相同类型（噪声水平相当）的目标舰，舰可较高航速航行。

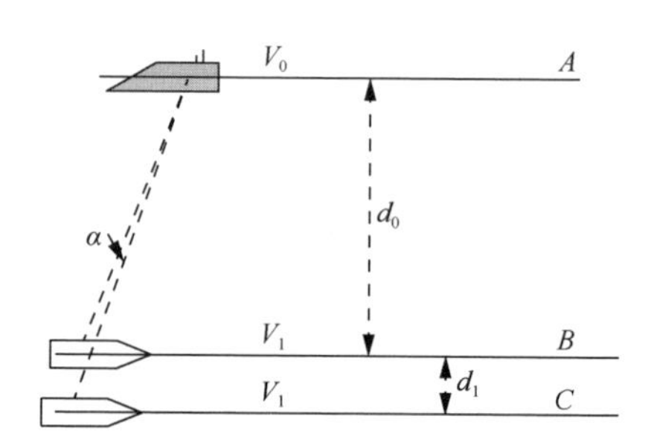

图 11-20　方位分辨力试验航路示意图

本体航行于 A 航线，相对前置；两相同类型（噪声水平相当）的目标体分别在 B、C 航线，就位点相对后置，应保证初始舷角差 α 清晰可分辨，$V_1>V_0$，本体与目标体同向航行。d_0 可调，以保证充分的目标信噪比和远场条件为目的；d_1 可调，保证两目标安全航行的同时尽量小。

操作声呐设备处于被动工作方式，并选择工作频段，进行全向观察和听测，发现目标舰后持续观察；此时，两个目标应该能分辨。持续记录两个目标舷角值，直至目标方位重合。最后一次可分辨的两目标舷角差值为声呐方位分辨力（接近模式)；继续航行，两目标再次分离，最小可分辨舷角差值也为声呐方位分辨力(远离模式)。

5. 主动测距精度

主动测距精度试验航路示意图如图 11-21 所示。本体和目标体分别按航线 A 和 B 航行，两者之间的初始距离为 d_0，结束距离 d_1；图 11-21 中还给出了 α_1、α_2、β_1、β_2、θ_1、θ_2 及 V_0、V_1 和 V_2 各类参数，重点描述主动测距精度试验中的航路设计，一方面需保证发射信号对目标的入射舷角 $\alpha_1 \sim \alpha_2$、接收舷角 $\theta_1 \sim \theta_2$ 满足相关要求，另一方面还需能检查测试“不同航行速度”下、“距离 $d_0 \sim d_1$ 范围内”的测距精度。其中 β_1、β_2 和 V_0、V_1、V_2 的具体值选取根据需要优化调整。

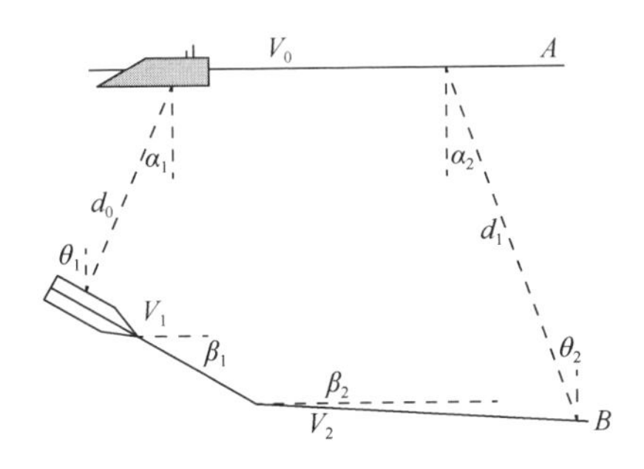

图 11-21　主动测距精度试验航路示意图

试验测试过程中，本体与目标体按规定航线、航速、航向及航深机动。本体上的声呐发射机向目标体发射信号，声呐接收机接收回波信号并测出与目标之间的距离，记录每 i 时刻的距离读数值 R_i。同时通过其他更高精度的设备测出本体与目标体之间距离，或用导航设备分别精确测量本体和目标体的位置，并计算出本体和目标体之间的距离 R_{i0}，作为距离真值。

在距离 $d_0 \sim d_1$ 内的主动测距精度为

$$\sigma_{om} = \sqrt{\frac{1}{N-1}\sum_{i=1}^{N}(\Delta d_i)^2} \tag{11-61}$$

一般情况下，主动测距精度还用相对值表示，即如式（11-62）所示：

$$\sigma_{pom} = 100\% \times \sqrt{\frac{1}{N-1}\sum_{i=1}^{N}(\Delta d_i / d_{i0})^2} \tag{11-62}$$

式中，$\Delta d = d_i - d_{i0}$。由式（11-61）和式（11-62）可见，主动测距精度是原点矩定义下的测量精度，所有误差均被包含。因此，采用各类距离真值测量方法时，应将测量中心高精度转换到声呐的基准距离，避免人为引入误差。

11.5　关于测试结果的评估

如前所述，声呐的性能受环境、目标及声呐自身参数选择影响强烈，不同条件下的声呐对相同的目标，可实现的探测距离可能是数十上百倍的差别。因此，测试得到的数据应进行必要的评估，特别是对测量过程中参量量化精度较低的海上测试，尤其需要评估分析。本节描述基于传播损失校核的声呐作用距离评估方法。

11.5.1　主动作用距离评估

1. 目标和环境

需根据相关的标准对参试目标和现场环境的以下参数进行测量：声传播衰减、海水层的声速剖面。

按被测声呐的实际工作频段，计算出目标强度 TS_1，并与指标规定的目标强度值 TS_0 对比。应充分考虑不同入射角时的差异性。

2. 模型及参数的选用

根据海域条件选择声传播模型，模型可选用抛物线方程（PE）和简正波模型。并根据声传播测量中现场测得的PL和声速剖面，对声传播预报模型进行校定和拟合。模型参数的确定采用以下步骤：

（1）根据该海域海图的底质类型初步选取等效海底声学参数、密度 ρ 、声速 c 、衰减系数 $\beta(f)$ 的初值，初步预报声传播衰减曲线。

（2）将初步预报的声传播衰减曲线与实际测量得到的传播衰减曲线比较，反复调整 ρ 、 c 、 $\beta(f)$ ，直到预报的声传播预报衰减曲线符合得较好为止。

（3）对不同频率重复上述步骤，估计声呐工作频段的海底介质参数 ρ 、 c 、 $\beta(f)$ ， $\beta(f)$ 与频率有关。

3. 作用距离指针的计算

（1）将作用距离试验中现场测量的声速剖面、目标的深度、声呐发射和接收声基阵的深度输入计算模型，得到实际环境的声传播衰减（PL）曲线。

（2）将声速剖面、目标深度、声呐发射和接收声基阵深度输入模型，得到指标环境的声传播衰减（PL）曲线。

（3）由指标规定的最大作用距离 $R_{\max}$ 从指标环境声传播衰减（PL）曲线中，

得到 PL_{max}，即认为是考核声呐指标条件下的优质因数 FOM_i。

（4）目标强度 TS_1 与指标的要求进行比较，对优质因数 FOM_i 进行调整，得到指标要求的 FOM_{zi}。

（5）基于 FOM_{zi}，从实际环境声传播衰减（PL）曲线中对应得到作用距离 R_{zi}。

（6）评估两类模型的适用性，分析可能存在的偏差因素，必要时对结果进行加权平均。

11.5.2　被动作用距离评估

1. 目标和环境

需根据相关的标准对参试目标和现场环境的以下参数进行测量：目标辐射噪声级、声传播衰减、海水层的声速剖面。并按被测声呐的实际工作频段，计算出目标辐射噪声带级 SL_B、指标规定的目标辐射噪声带级 SL_{B0}。

2. 模型及参数的选用

与主动作用距离评估时模型的选用一样，根据海域条件选择声传播模型，模型可选用抛物线方程（PE）和简正波模型。并根据声传播测量中现场测得的 PL 和声速剖面，对声传播预报模型进行校定和拟合。模型参数的确定采用以下步骤：

（1）根据该海域海图的底质类型初步选取等效海底声学参数、密度 ρ、声速 c、衰减系数 $\beta(f)$ 的初值，初步预报声传播衰减曲线。

（2）将初步预报的声传播衰减曲线与实际测量得到的传播衰减曲线比较，反复调整 ρ、c、$\beta(f)$，直到预报的声传播预报衰减曲线符合得较好为止。

（3）对不同频率重复上述步骤，估计声呐工作频段的海底介质参数 ρ、c、$\beta(f)$，$\beta(f)$ 与频率有关。

3. 作用距离指标的计算

（1）将作用距离试验中现场测量的声速剖面、目标的深度、声呐接收声基阵的深度输入计算模型，得到实际环境的声传播衰减（PL）曲线。

（2）将声速剖面、目标的深度、声呐接收声基阵深度输入模型，得到指标环境的声传播衰减（PL）曲线。

（3）由指标规定的最大作用距离 R_{max} 从指标环境声传播衰减（PL）曲线中，得到 PL_{max}，即认为是考核声呐指标条件下的优质因数 FOM_i。

（4）目标辐射噪声带级 SL_B 与指标的要求进行比较，对优质因数 FOM_i 进行调整，得到指标要求的 FOM_{zi}。

（5）基于FOM_{zi}，从实际环境声传播衰减（PL）曲线中对应得到作用距离R_{zi}。

（6）评估两类模型的适用性，分析可能存在的偏差因素，必要时对结果进行加权平均。

声呐的功能性能项很多、涉及的声学物理量也很多，本节没有全面描述，有兴趣的读者可参考水声测量的专门文献；一些水声物理量的计量，请参阅水声计量方面的文献。因声呐试验中涉及的要素较多、环境复杂，在试验过程中不可避免地会出现实际试验条件与预期条件及要求条件不一致的情况，应通过条件测量、数值分析方式给出对声呐性能的综合性评价。

11.6　设计确认

设计确认是指在规定的使用条件下（包括操作方式、环境等），验证产品是否满足使用要求，证实设计是否成功的一种检查手段。设计确认一般需在装备生产前完成。由具备资格的第三方制定功能性能、装备通用特性试验大纲与实施细则、装备软件测试大纲等鉴定试验文件，对声呐装备进行全面试验考核，出具试验报告。设计师系统按要求备齐见证材料，办理设计确认审批手续。设计确认报告批准后，声呐工程设计方告完成。

参考文献

[1] 国防科学技术工业委员会科技与质量司. 声学计量[M]. 北京: 原子能出版社, 2002.
[2] 陈毅, 赵涵, 袁文俊. 水下电声参数测量[M]. 北京: 兵器工业出版社, 2017.
[3] 郑士杰, 袁文俊, 缪荣兴, 等. 水声计量测试技术[M]. 哈尔滨: 哈尔滨工程大学出版社, 1995.
[4] Urick R J. 水声原理[M]. 洪申, 译. 3 版. 哈尔滨: 哈尔滨船舶工程学院出版社, 1990.

索 引

J

K

L

M

N

P

Q

R

S

T

X

Y

Z

后　记

在本书撰写期间，为应对突如其来的新冠疫情，“数字化”转型按下了快进键。“线上”成为常态，“产业数字化”“数字产业化”成为时代洪流。当代数字化技术的迅猛发展也为水声建模开辟了崭新的方向：一是数据密集型的水声建模，利用水声大数据结合超大规模的智能计算来探索新规律，建立以相关性、自主进化为特征的量化模型，将成为水声建模技术及相关理论创新的新热点；二是海洋数字孪生（Digital Twin of the Ocean，DTO），联合国“海洋十年”（2021～2030年）实施计划将“创建海洋的综合数字化虚拟体”作为海洋可持续发展的十大挑战之一。海洋数字孪生将为水声建模开辟一条全新的道路，有力推动声呐从效能受制于环境向利用环境效应从而提高效能的方向演进。

与此同时，基于模型的系统工程（MBSE）推广在声呐工程设计中得以加速。MBSE从需求分析开始，用系统建模语言把设计文档中描述系统结构、功能、性能、规格需求和行为的名词、动词、形容词、参数全部转化为数字化模型加以表达和运算，实现“用模型定义产品，用数据描述产品”。它从设计语言、设计工具和设计方法论三个维度给声呐研发带来根本性的变革。其优势如下。

一是大大提升了需求分析的深度和广度。通过全面的数字化建模消除概念、定义等表述的二义性，提高沟通效率，支持并行工程、一体化设计和需求跟踪管理，实现需求本身的工程化、精细化管理，保证需求从定义、功能分解到系统综合与整合验证整个过程不失真，从而更精准更全面地满足各类相关方的需求。

二是成倍提高研发效率。与传统声呐工程设计通过原理样机、初样机、正样机研制对设计进行验证不同，基于模型的声呐工程设计在样机物化前，可以在各设计阶段几乎以零成本在虚拟空间进行验证、优化、迭代，大大拓宽多方案比较的范围，物化前可消除大部分潜在缺陷，并通过内容复用，极大提升声呐装备研发的效率，缩短研制周期。

三是支持虚实互动。通过单一数据源，实现声呐设计—生产—服务—改进全寿命周期数字化，通过虚拟世界与物理世界实时联动，为大数据、人工智能等前沿技术作用于实体世界提供虚拟计算载体，实现模型与实物的共同演进、迭代和预测，最终达到虚实共生共智、共同进化。

在上述转型过程中，水声建模将在声呐工程设计和声呐实际使用中发挥越来越重要的作用。希望本书的出版有助于声呐工程设计从基于文本向基于模型演进。

海洋约占地球表面积的 71%，它是生命的摇篮，也是未来人类赖以发展的资源宝库。神秘的海洋还有大量的自然规律等待我们去发现，众多复杂的高新技术有待我们去发明。“纵观世界经济发展的历史，一个明显的轨迹，就是由内陆走向海洋，由海洋走向世界，走向强盛。”[①]相信广大新时代有志青年一定能够在实现中华民族伟大复兴中国梦的征程上，向海图强，奋力攀登声呐工程科技高峰，作出无愧于时代的业绩，为全人类的进步与发展作出中国贡献！

① 摘自 2003 年 8 月 18 日习近平在浙江省海洋经济工作会议上的讲话。

彩　　图

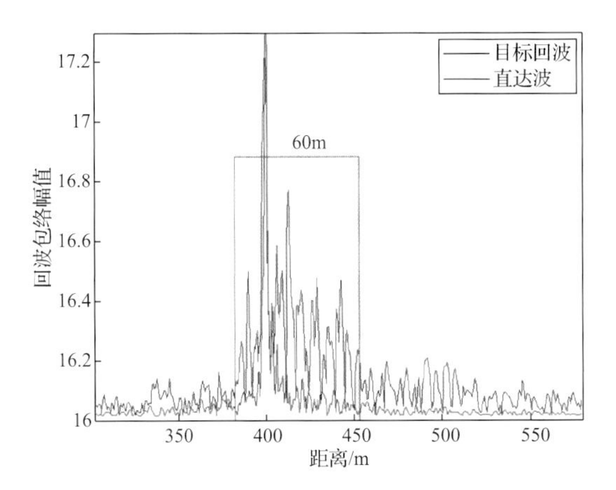

图 3-17　目标回波与友舰同频直达波的时延扩展比较

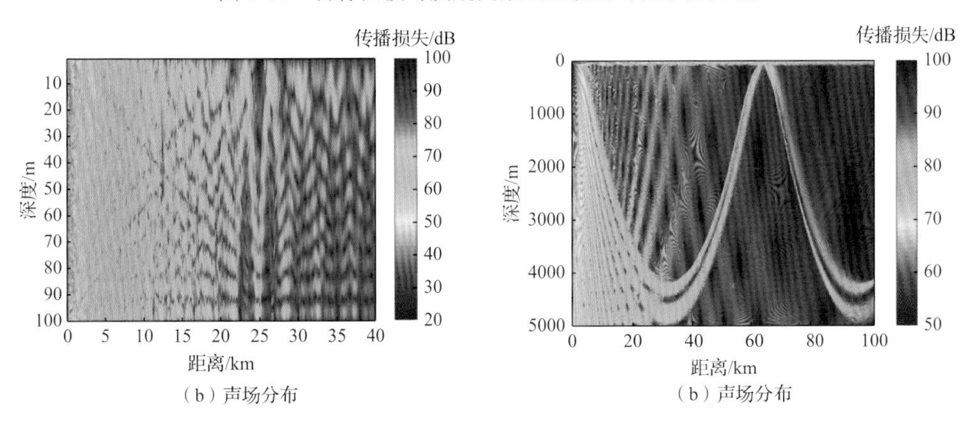

图 4-6　浅海环境下的声场分布

图 4-9　深海环境下的声场分布

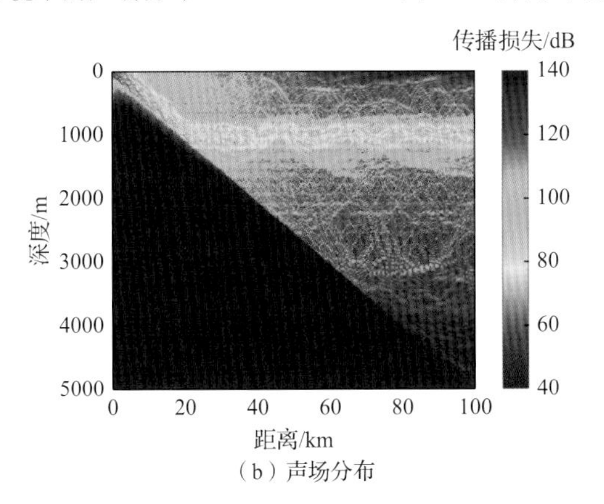

（b）声场分布

图 4-10　斜坡环境下的声场分布

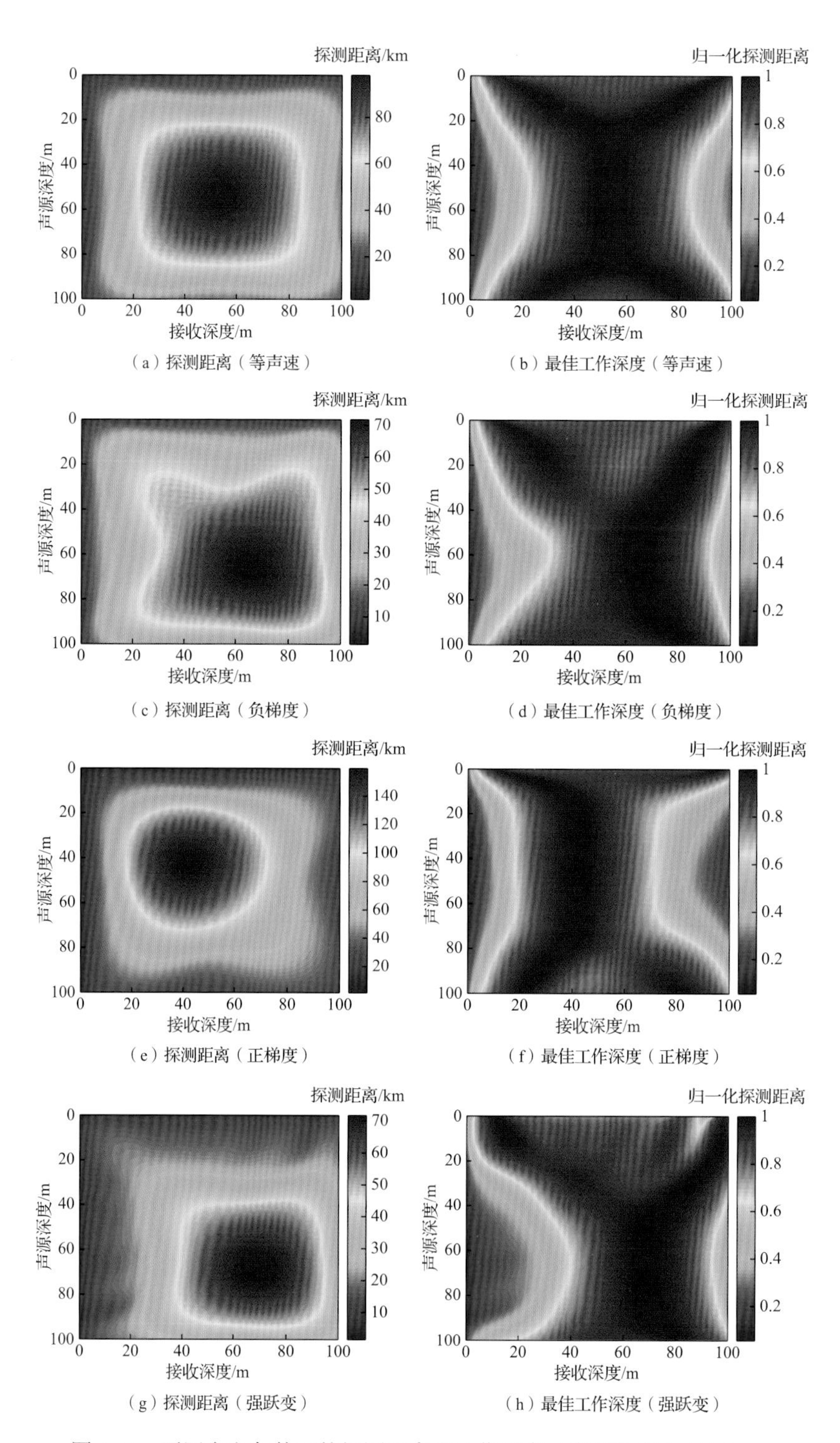

图 4-11　不同水文条件下的探测距离和工作深度（声源频率为 150Hz）

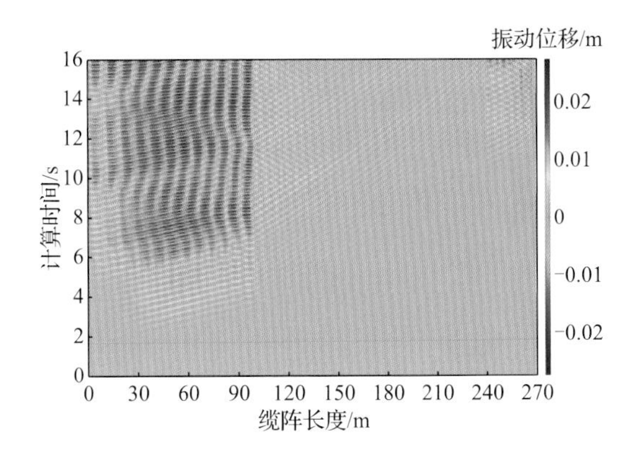

图 5-15　缆阵的横向振动位移沿缆阵长度方向的分布图

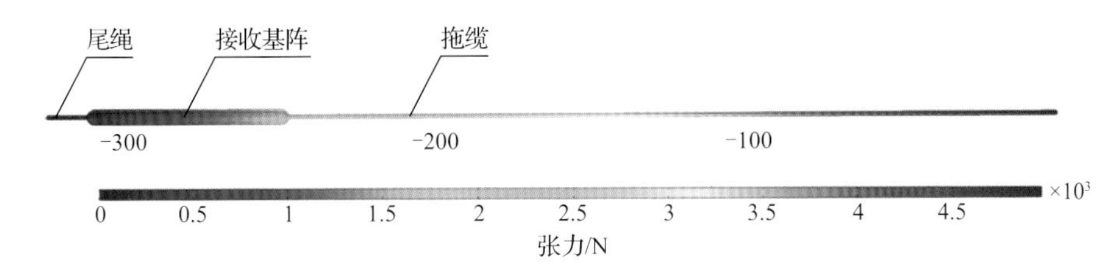

图 5-17　拖缆上的张力沿揽阵长度方向的分布图

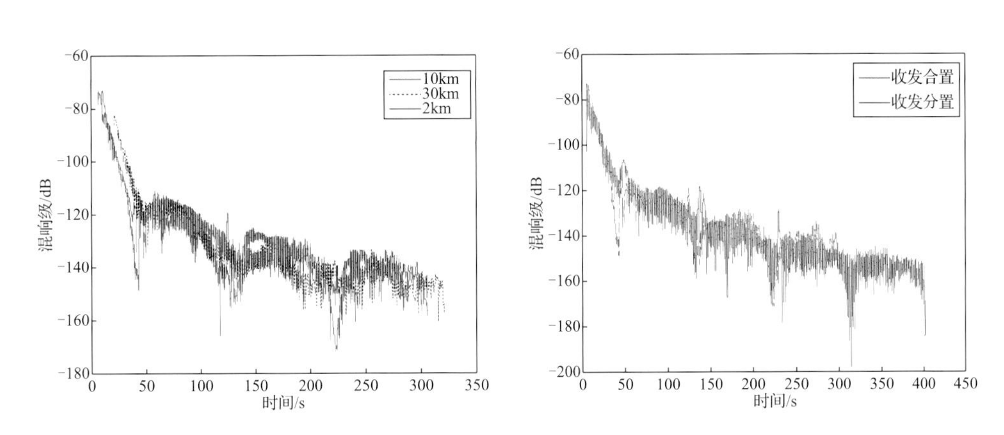

图 6-10　声源与接收水听器距离不同的收发分置海底混响

图 6-11　收发合置与收发分置海底混响对比

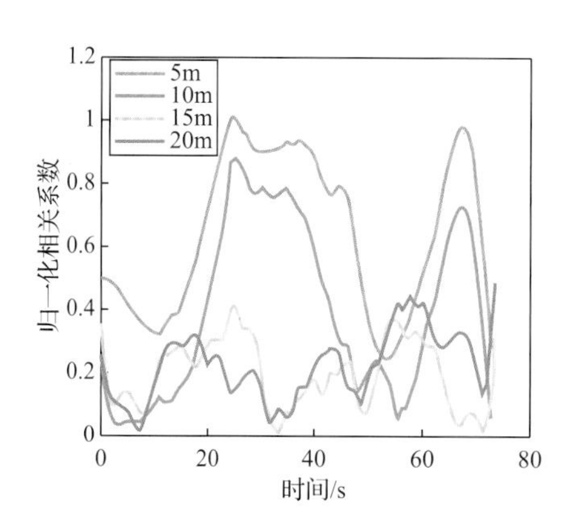

图 6-15　不同间距水听器之间的混响相关系数

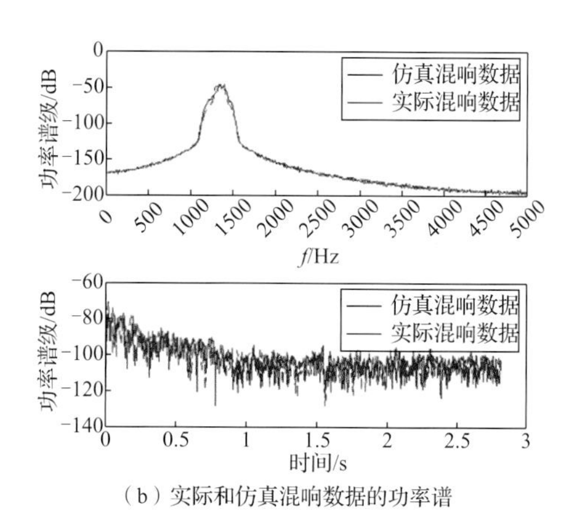

（b）实际和仿真混响数据的功率谱

图 6-17　实际混响与仿真混响数据的比较

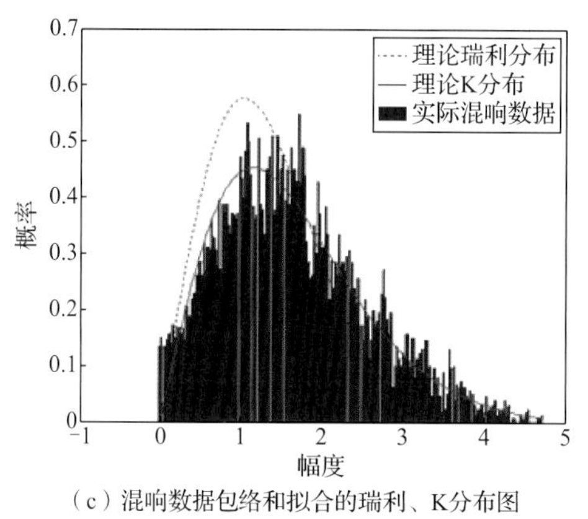

（c）混响数据包络和拟合的瑞利、K分布图

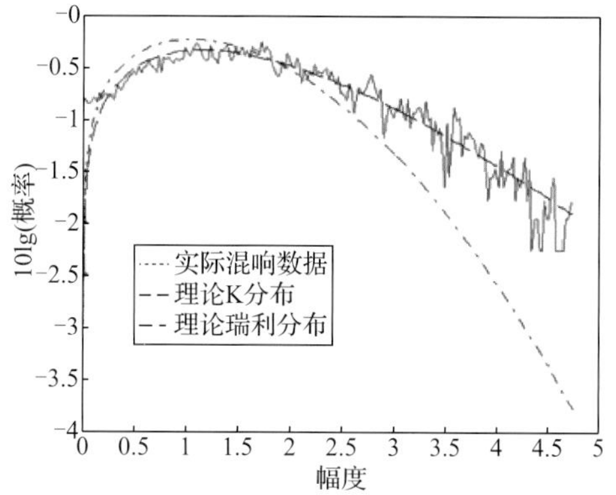

（d）混响数据包络和拟合的瑞利、K分布的尾部分布图

图 6-18　混响数据统计特性分析

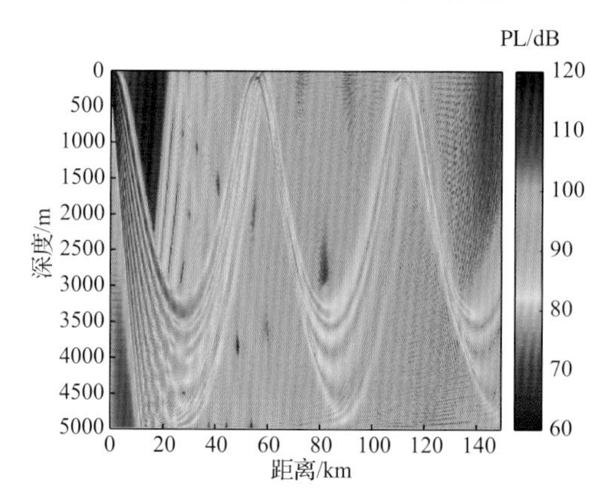

图 9-6　传播损失